Atmel 中国大学计划教材

ARM Cortex-M0+ 微控制器原理与应用

——基于 Atmel SAM D20 系列

沈建华　郝立平　编著

北京航空航天大学出版社

内 容 简 介

本书全面、系统地介绍 Atmel 公司基于 ARM Cortex-M0＋内核的 SAM D20 系列 32 位超低功耗微控制器的特点、原理和基本应用开发。主要内容包括：ARM Cortex－M0＋内核简介，SAM D20 特点、功能和体系结构，SAM D20 系统控制（时钟系统、电源管理和中断/事件系统等），SAM D20 外设（GPIO、多功能串行接口、定时器、模拟外设和触摸控制器等）的原理和使用方法，软硬件开发工具和 ASF 软件库，应用系统设计举例等。本书有丰富的外设测试、应用实例和源代码。

本书可供从事微控制器产品设计、开发的工程技术人员参考，也适合于广大 MCU 爱好者作为自学、实践的参考用书。

图书在版编目(CIP)数据

ARM Cortex-M0＋微控制器原理与应用 ：基于 Atmel SAM D20 系列 / 沈建华，郝立平编著. -- 北京 ：北京航空航天大学出版社，2014.8

ISBN 978－7－5124－1418－1

Ⅰ.①A… Ⅱ.①沈… ②郝… Ⅲ.①微控制器一研究 Ⅳ.①TP332.3

中国版本图书馆 CIP 数据核字(2014)第 166002 号

ARM Cortex-M0＋微控制器原理与应用
——基于 Atmel SAM D20 系列
沈建华 郝立平 编著
责任编辑 王 实
*
北京航空航天大学出版社出版发行
北京市海淀区学院路 37 号(邮编 100191) http://www.buaapress.com.cn
发行部电话：(010)82317024 传真：(010)82328026
读者信箱：emsbook@gmail.com 邮购电话：(010)82316524
北京楠海印刷厂印装 各地书店经销
*
开本：710×1 000 1/16 印张：26 字数：554 千字
2014 年 8 月第 1 版 2014 年 8 月第 1 次印刷 印数：3 000 册
ISBN 978－7－5124－1418－1 定价：59.00 元

前　言

微控制器(MCU/单片机)的应用日趋广泛,对其综合性能、功能要求也越来越高。随着物联网时代的到来,新的应用出现了一些新的需求,主要体现在以下几方面:

(1) 以电池供电的应用越来越多,而且由于产品体积的限制,很多是用小型电池供电,要求系统功耗尽可能低,如智能仪表、玩具等。

(2) 随着应用复杂性的提高,对处理器的功能和性能要求不断提高,既要外设丰富、功能灵活,又要有一定的运算能力,能处理一些实时算法、协议,如基于 ZigBee、WiFi 的网络化产品。

(3) 产品更新速度快,开发时间短,希望开发工具简单、廉价,功能完善。特别是开发环境、工具要有延续性,便于代码移植,同时有丰富的软件库支持。

Atmel 公司推出的 SAM D20 系列 32 位超低功耗微控制器,集多种领先技术于一体,整合了 32 位 RISC 处理器、超低功耗技术、高性能模拟技术、丰富的外设、SWD 仿真调试及丰富的软件库,是新一代高性能、低功耗单片机。

在低功耗方面,其处理器功耗在正常运行模式可低至约 70 μA/MHz,在 IDLE 模式约为 2 mA,在 STANDBY 模式约为 5 μA,还支持外设"梦游"。这些特性、指标非常有助于开发出低功耗的终端产品。

在性能方面,SAM D20 单片机采用 ARM Cortex-M0+ 32 位 RISC 内核,工作时钟频率可达 48 MHz(性能达 2.14 Coremark/MHz),多达 256 KB Flash 和 32 KB 的 SRAM,并具有单周期 32 位硬件乘法器。高效的 CPU 和足够的存储器,大大增强了它的数据处理和运算能力,可以有效地实现一些数字信号处理的算法(如 FFT、DTMF 等)和网络协议栈,非常适合物联网应用。

在系统整合方面,SAM D20 系列单片机集成了多种高性能外设模块,包括多个内部、外部时钟源、电源管理、8 通道事件系统、可编程中断控制器、多达 8 个 16 位定时/计数器(可级联使用成 32 位)、模拟比较器、多达 6 个串行模块(可配置为 SPI/I^2C/UART)、12 位 ADC(支持过采样、增益控制)、10 位 DAC、看门狗定时器(WDT)、多达 52 个 GPIO 及电容式触摸(最多 256 点)。SAM D20 系列单片机均为工业级产品,性能稳定,可靠性高,可用于各种民用、工业产品。

在开发工具方面,SAM D20 系列单片机支持二线串行调试(SWD),可使用非常廉价、通用的 ARM 仿真器(如 JLink、ULink 等)。其软件开发环境有 Atmel Studio

和通用的 IAR EWARM、Keil MDK 等，应用代码可以非常方便地移植到其他 ARM Cortex-M 系列微控制器上（如 Cortex-M3/M4）。

华东师范大学计算机系嵌入式系统实验室曾与多家全球著名的半导体厂商（如 Atmel、ST、TI 等公司）合作，在 MCU 应用开发、推广方面积累了丰富的经验。为了方便广大学生和研发工程师尽快掌握 SAM D20 微控制器的使用，更好地推广 Atmel 公司的最新 MCU 技术和产品，在 Atmel 公司美国总部、Atmel 公司大学计划部（中国）和北京航空航天大学出版社的支持下，我们编著了此书，目的是为广大读者提供一本较为完整、系统的 SAM D20 应用和设计参考书。本书主要以 Atmel SAM D20 原版数据手册的内容为基础，增加了 ARM Cortex-M0 内核、Atmel Studio 开发工具、Atmel ASF，以及硬件评估板、开发板介绍等。为了方便学习和实践，我们还开发了较完整的配套实验例程，以及一个"WiFi 气象站"的应用实例。

参与本书编写和资料整理、硬件设计和代码验证等工作的还有华东师范大学计算机系林晓祥、王昕、李凯、胡旭、郑佳敏和方岑等。Atmel 公司的技术经理 John Xiong 还对本书初稿进行了修改。在成书过程中，得到了 Atmel（上海）有限公司大学计划部经理姜宁、Tan AK，上海德研电子科技有限公司陈宫、姜哲及北京航空航天大学出版社胡晓柏的大力支持，在此向他们表示衷心的感谢。

由于时间仓促和水平所限，同时在成书过程中（直至交稿时）Atmel 公司的官方资料还在不断更新，所以本书有些内容不尽完善，错误之处也在所难免，恳请读者批评指正，以便我们及时修正。有关此书的信息和配套资源，会及时发布在网站上（www.emlab.net）。

作　者

2014 年 2 月于华东师范大学

目　录

第1章

SAM D20 微控制器概述

本章将介绍 Atmel SAM D20 系列 Cortex-M0＋内核微控制器的主要特点和系列产品，包括 ARM Cortex-M0＋处理器内核、SAM D20 系列微控制器的引脚及功能定义、主要的交流和直流电气特性，以及 Atmel 公司的 ARM Cortex-M 系列 MCU 产品。

1.1 ARM Cortex-M 系列内核简介

微控制器(Microcontroller Unit，简称 MCU)是将微型计算机的主要部分(包括 CPU、存储器、外设和输入/输出接口等)集成在一个芯片上的单片微型计算机，具有体积小、价格低、使用方便和可靠性高等一系列优点，一经问世就显示出强大的生命力。微控制器诞生于 20 世纪 70 年代中期，经过了约 40 年的发展，其成本越来越低，而性能、功能越来越强大，其应用已经遍及各个领域，如电机控制、条码阅读器/扫描器、消费类电子、游戏设备、电话、HVAC、楼宇安全与门禁控制、工业控制与自动化和白色家电(如空调、洗衣机、微波炉)等。

近年来，随着 ARM 处理器的盛行及其良好的开发生态环境，各大半导体厂商纷纷加入 ARM 阵营。ARM 早期的内核产品以 ARM7、ARM9、ARM10 等命名，自 ARM11 内核之后，ARM 公司根据微处理器不同的应用，将 ARM 产品线分为Cortex-A/R/M三大系列。A 系列内核集成 DSP 加速功能，主频很高，多用于 OS 系统(如 Linux、Android、iOS 等)的消费电子，如智能手机、平板电脑等；R 系列内核主要用于要求实时、可预测、稳定的场合，多用于医疗、工业和汽车领域；M 系列内核小巧快速，具有最好的性能/功耗比，价格低，多用于工业控制、仪器仪表和物联网等领域。

ARM Cortex-M 系列主要针对成本和功耗敏感的 MCU 和终端应用，如智能测量、人机接口设备、汽车和工业控制系统、家用电器、消费性产品和医疗器械等。目前，Cortex-M 系列主要有 M0、M1、M3、M4 等几种内核。图 1.1.1 所示为 Cortex-M 系列内核产品。

Cortex-M0 主要用于低功耗、低成本的 MCU，Cortex-M3/M4 主要用于性能要求较高的 MCU。Cortex-M 系列所有内核都保持代码的兼容性，其应用软件的移植非常方便。表 1.1.1 列出了 Cortex-M0/M3/M4 系列内核主要功能和特点的比较。

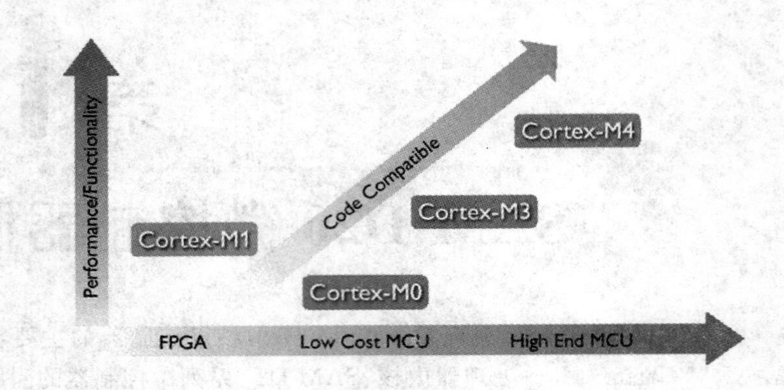

图 1.1.1　Cortex-M 产品线

表 1.1.1　Cortex-M 系列内核比较

内核系统	Cortex-M0	Cortex-M3	Cortex-M4
架构版本	V6M	V7M	V7ME
指令集	Thumb，Thumb-2 系统指令	Thumb + Thumb-2	Thumb + Thumb-2，DSP，SIMD，FP
DMISP/MHz	0.9	1.25	1.25
总线接口	1	3	3
集成 NVIC	是	是	是
中断数	1～32 + NMI	1～240+NMI	1～240 + NMI
中断优先级	4	8～256	8～256
断点、观察点	4/2/0.2/1/0	8/4/0.2/1/0	8/4/0.2/1/0
存储器保护单元(MPU)	否	是(可选)	是(可选)
集成跟踪选项(ETM)	否	是(可选)	是(可选)
故障健壮接口	否	是(可选)	是(可选)
单周期乘法	是(可选)	是	是
硬件除法	否	是	是
WIC 支持	是	是	是
借助位段(Bit Banding)	否	是	是
单周期 DSP/SIMD	否	否	是
硬件浮点	否	否	是
总线协议	AHB Lite	AHB Lite，APB	AHB Lite，APB
CMSIS 支持	是	是	是
应用	传统 8/16 位应用	16/32 位应用	32 位/DSC 应用
特性	低成本和简单	高性能效率	高效的数字信号控制

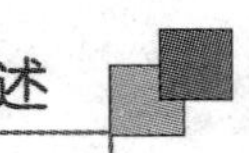

ARM Cortex-M0 处理器用了不到 12K 门，能耗仅有 85 μW/MHz (0.085 mW)。该处理器把 ARM 内核扩展到超低功耗的 MCU 和 SoC 应用中。

2012 年 3 月，ARM 公司发布了一款拥有全球最低功耗效率的微处理器——ARM Cortex-M0+处理器，它支持 ARMv6M 指令集。该款在 Cortex-M0 基础上经过优化的 Cortex-M0+处理器，可针对许多嵌入式应用，提供超低功耗、低成本的微控制器(MCU)。ARM Cortex-M0+处理器是能效极高的 ARM 处理器，它以极为成功的 Cortex-M0 处理器为基础，保留了全部指令集和控制的兼容性，同时进一步降低了能耗，提高了性能。

Cortex-M0+处理器，是市场上现有的最小芯片尺寸(硅片面积)、最节能的 ARM 处理器。该处理器能耗非常低、门数量少、代码效率高(占用空间小)，使得 MCU 开发人员能够以 8 位处理器的成本，获得 32 位处理器的性能。超低门数还使其能够用于模拟信号和数字混合信号设备及 MCU 应用中，可以明显节约系统成本。现在已有多家半导体公司获得 Cortex-M0 处理器授权，如 STMicroelectronics STM32F0 系列、NXP LPC1xxx 系列等。Atmel SAM D20 微控制器则采用了更高效的 Cortex-M0+处理器。

Cortex-M0+处理器不仅延续了易用性和 C 语言编程模型的优势，而且能够用二进制代码兼容已有的 Cortex-M0 处理器工具和实时操作系统(RTOS)。而其软件兼容性使其能够方便地被移植到更高性能的 Cortex-M3 或 Cortex-M4 处理器中。

1.2 SAM D20 系列微控制器

SAM D20 系列微控制器是美国爱特梅尔公司(Atmel Corporation)最新发布的超低功耗 32 位 ARM MCU。这是基于 ARM Cortex-M0+处理器内核的 Flash 微控制器中的首个产品系列，采用双流水线技术和单周期 I/O 访问，拥有事件系统和快速稳定的中断控制器(NVIC)，主频最高可达 48 MHz，最多 256 KB 的 Flash 和 32KB 的 SRAM。芯片包含很多灵活的外设，并支持电容式触摸按键、滑块和滚轮。

SAM D20 具有系统内可编程 Flash、8 通道事件系统、可编程中断控制器、多达 52 个可编程 I/O 引脚、32 位实时时钟和日历及多达 8 个 16 位定时器/计数器(TC)。每个 TC 可被配置用来实现频率和波形生成，产生准确的程序执行时序，或用于捕捉输入信号的跳变时间并测量数字信号的频率。TC 可以工作在 8 位或 16 位模式，并且可以通过连接两个 TC 形成一个 32 位的 TC。该系列提供多达 6 个串行通信模块(串口)，每一个都可以被配置为 USART、SPI 或 I^2C，I^2C 时钟可达 400 kHz。SAM D20 有多达 20 通道的 12 位 350 ksps ADC，具有可编程增益和可选的过采样抽取功能，最高可支持 16 位分辨率。D20 还有一个 10 位 350 ksps 的 DAC、两个模拟比较器及触摸控制器，可支持多达 256 个按钮、滑块或滚轮；此外，还有可编程看门狗定时器、掉电检测和上电复位、两线串行线调试(SWD)编程和调试接口等。

SAM D20系列产品主要针对低功耗、高性能的物联网应用，可以实现对功耗有苛刻要求的ZigBee和WiFi等网络协议栈。目前，市场上的一些32位微控制器，尽管有优越的性能，但往往需要消耗更多的电流。32位Cortex-M0+内核可以避免这一矛盾，很好地适应低端控制要求。其低功耗、高性能的特性使其成为家庭自动化、消费、智能计量和工业应用的理想选择。

1.2.1 SAM D20的特点

SAM D20系列微控制器的主要性能参数如下：

- ARM Cortex-M0+ 32位内核，最高工作频率可达48 MHz；
- 上电复位(POR)、欠压检测器(BOD)；
- 最多可达256 KB的Flash；
- 最多可达32 KB的SRAM；
- 宽的工作电压范围为1.62～3.63 V；
- 时钟控制器；
- 32位实时时钟定时器(RTC)，带有时钟和日历功能；
- 看门狗定时器；
- 8个16位定时器/计数器；
- 支持事件系统的智能外设；
- 8个可配置的事件通道；
- 32位的CRC发生器；
- 6个串行通信模块(SERCOM)，支持USART、UART、SPI和I^2C；
- 外设触摸控制器(PTC)；
- 多达20通道12位350 ksps ADC及增益、过采样控制；
- 10位350 ksps DAC；
- 两个模拟比较器；
- 32、48和64引脚封装选择。

SAM D20的所有外设，都可使用准确和低功耗的外部或内部振荡器。SAM D20系列MCU有6种内部或外部振荡器(见1.3.6小节)，根据不同应用需求，组合了不同的外设和时钟，封装成不同型号。所有的振荡器都可以作为系统时钟源，可以独立配置不同的时钟源工作在不同的频率下，使每个外设在其最佳的时钟频率下运行，以达到节电的效果，从而保持较高的CPU频率，同时可以降低系统功耗。

SAM D20有两个软件可选的休眠模式，即空闲(IDLE)和待机(STANDBY)。在空闲模式下，CPU停止工作，而其他所有的功能都可以保持运行；在待机模式下，除了那些选择继续运行的外设，所有的时钟和功能都停止运行。D20还支持Sleep-Walking(梦游模式)。该模式有能力唤醒自身和时钟，因此可以在CPU休眠的情况下，执行预定义的任务。CPU只是在需要时，如结果超过阈值或结果准备就绪时被

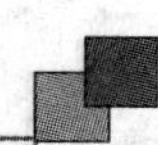

唤醒。事件系统支持同步和异步事件,即使在待机模式下也允许外设接收、反馈和发送事件。

通过2线串行 SWD 调试接口,Flash 存储器可在系统内编程。相同的接口,可用于应用程序代码的非侵入片上调试。引导装载程序运行时,可以使用任何通信接口下载和升级 Flash 中的应用程序。

Atmel SAM D20 有全套完整的程序和系统开发工具,包括C编译器、宏汇编、程序调试器/模拟器、编程器和评估套件,详见第5章的介绍。

在 SAM D20 系列中,所有型号的微控制器均包含多个串行通信接口(SERCOM)。该 SERCOM 是一个非常灵活的串行通信接口,可配置成 I^2C、SPI 或 USART。开发者可以灵活选择串行接口,并方便 PCB 设计布局。此外,每个 SERCOM 模块可以分配到不同的 I/O 引脚,通过 I/O 复用,进一步增加了灵活性。

该系列芯片包括多个16位定时器/计数器(Timer/Counter,TC)。每个 TC 可以单独编程以产生需要的频率和波形,实现准确的程序执行时间、输入捕获、输出比较、时间和频率测量等。TC 可以配置为8位和16位模式操作,两个16位 TC 还可以级联成一个32位的 TC。

SAM D20 系列芯片包含多个时钟振荡器:0.4～32 MHz 外部晶体振荡器(XOSC)、32.768 kHz 外部晶体振荡器(XOSC32K)、32.768 kHz 高精度内部振荡器(OSC32K)、32.768 kHz 超低功耗内部振荡器(OSCULP32K)、8 MHz 内部振荡器(OSC8M),以及一个可配置高达48 MHz 的数字锁频环(DFLL48M)。这些振荡器都可用于系统的时钟源,以适应不同的应用需求。芯片内部不同的时钟域可以独立配置,运行在不同的速度,使得用户能够根据实际应用需求,选择最合适的时钟频率,从而在保持较高的运行速度和吞吐量的同时,降低系统的整体功耗。

为了帮助工程师缩短开发时间,Atmel 公司在自有的开发工具 Atmel Studio 中,集成了大量代码和例程,又叫做 Atmel Software Framework(ASF)。这些资源中有免费的协议栈,傻瓜化的初始化代码等,是工程师做开发不可或缺的好帮手。

1.2.2 SAM D20 系列产品

Atmel 公司的单片机种类繁多,在介绍应用选型之前,首先要了解 SAM D20 系列单片机的命名规则,如图1.2.1所示。

以 SAM D20J18A-MUT 为例,SAMD:表示产品线;20:表示内核为 Cortex-M0+;J:表示引脚总数为64个;18:表示 Flash 存储空间为256 KB;A:表示默认变型(版本);M:表示封装类型为 QFN;U:表示工作温度为－40～85 ℃ Matte Sn 电镀;T:表示封装载体为编带和卷轴。

SAM D20 分为 J/G/E 系列,三者区别不是很大,仅是引脚数和内部资源的不同,如表1.2.1所列。

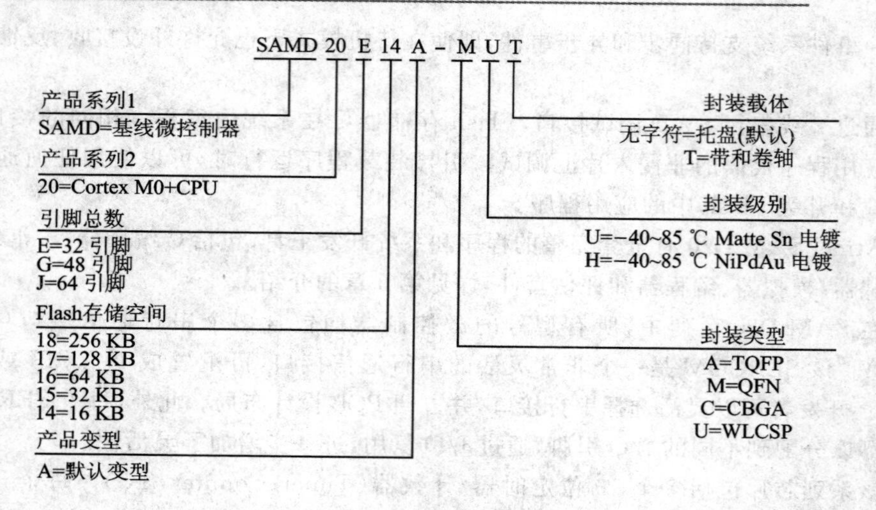

图 1.2.1 SAM D20 系列的命名规则

表 1.2.1 SAM D20 J/G/E 系列异同点

系 列	不同点					相同点
	Flash/KB	SRAM/KB	ADC	SERCOM	封装类型	
J系列	256/128/64/32/16	32/16/8/4/2	20 通道 12 位 ADC	6	64 引脚 TQFP、QFN	· 内核为 ARM Cortex-M0+，主频最高可达 48 MHz · 低功耗，小于 150 μA/MHz · 支持硬件触摸 · 均为 10 位 DAC
G系列	256/128/64/32/16	32/16/8/4/2	14 通道 12 位 ADC	6	48 引脚 TQFP、QFN	
E系列	256/128/64/32/16	32/16/8/4/2	10 通道 12 位 ADC	4	32 引脚 TQFP、QFN	

应用系统总体设计时，要考虑 SAM D20 系列单片机的选型问题。选择 SAM D20 系列单片机型号应该遵循以下原则：

➢ 选择最容易实现设计目标且性能/价格比高的型号。

➢ 在研制任务重、时间紧的情况下，优先选择自己熟悉的机型。

➢ 欲选的机型在市场上要有稳定充足的货源。

SAM D20 E/G/J 系列依次资源更丰富，性能更强。表 1.2.1 简单列举了 SAM D20E/G/J 三个系列的异同点，下面对其资源做详细介绍。

1. SAM D20Exx 系列

SAM D20Exx 系列单片机的规格，如表 1.2.2 所列。

➢ 采用 ARM Cortex-M0+ 内核；

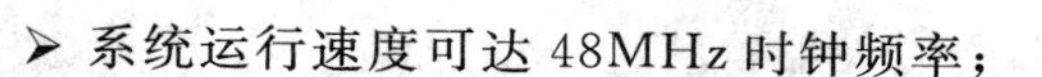

➢ 系统运行速度可达48MHz时钟频率；
➢ 片内集成最高达128 KB的Flash存储器；
➢ 片内集成最高达16 KB的RAM存储器；
➢ 低功耗，消耗电流< 150 μA/MHz；
➢ 4个串行通信模块(SERCOM)；
➢ 10路12位的ADC通道，1路10位的DAC通道；
➢ 支持硬件触摸模块；
➢ 32引脚，可选封装类型为TQFP或QFN。

表1.2.2　SAM D20Exx系列单片机规格

型　号	Flash/KB	SRAM/KB	封　装	载体类型
SAM D20E14A－AU	16	2	TQFP32	托盘
SAM D20E14A－AUT				带和卷轴
SAM D20E14A－MU			QFN32	托盘
SAM D20E14A－MUT				带和卷轴
SAM D20E15A－AU	32	4	TQFP32	托盘
SAM D20E15A－AUT				带和卷轴
SAM D20E15A－MU			QFN32	托盘
SAM D20E15A－MUT				带和卷轴
SAM D20E16A－AU	64	8	TQFP32	托盘
SAM D20E16A－AUT				带和卷轴
SAM D20E16A－MU			QFN32	托盘
SAM D20E16A－MUT				带和卷轴
SAM D20E17A－AU	128	16	TQFP32	托盘
SAM D20E17A－AUT				带和卷轴
SAM D20E17A－MU			QFN32	托盘
SAM D20E17A－MUT				带和卷轴
SAM D20E18A－AU	256	32	TQFP32	托盘
SAM D20E18A－AUT				带和卷轴
SAM D20E18A－MU			QFN32	托盘
SAMD 20E18A－MUT				带和卷轴

2. SAM D20Gxx系列

SAM D20Gxx系列单片机的规格参数，如表1.2.3所列。

➢ 采用ARM Cortex-M0＋ 内核；
➢ 系统运行速度可达48 MHz时钟频率；

- 片内集成最高达 256 KB 的 Flash 存储器；
- 片内集成最高达 32 KB 的 RAM 存储器；
- 低功耗，消耗电流＜ 150 μA/MHz；
- 6 个串行通信模块(SERCOM)；
- 14 路 12 位的 ADC 通道，1 路 10 位的 DAC 通道；
- 支持硬件触摸模块；
- 48 引脚，可选封装类型为 TQFP 或 QFN。

表 1.2.3 SAM D20Gxx 系列单片机规格

型 号	Flash/KB	SRAM/KB	封 装	载体类型
SAM D20G14A－AU	16	2	TQFP48	托盘
SAM D20G14A－AUT				带和卷轴
SAM D20G14A－MU			QFN48	托盘
SAM D20G14A－MUT				带和卷轴
SAM D20G15A－AU	32	4	TQFP48	托盘
SAM D20G15A－AUT				带和卷轴
SAM D20G15A－MU			QFN48	托盘
SAM D20G15A－MUT				带和卷轴
SAM D20G16A－AU	64	8	TQFP48	托盘
SAM D20G16A－AUT				带和卷轴
SAM D20G16A－MU			QFN48	托盘
SAM D20G16A－MUT				带和卷轴
SAM D20G17A－AU	128	16	TQFP48	托盘
SAM D20G17A－AUT				带和卷轴
SAM D20G17A－MU			QFN48	托盘
SAM D20G17A－MUT				带和卷轴
SAM D20G18A－AU	256	32	TQFP48	托盘
SAM D20G18A－AUT				带和卷轴
SAM D20G18A－MU			QFN48	托盘
SAM D20G18A－MUT				带和卷轴

3. SAM D20Jxx 系列

SAM D20Jxx 系列单片机的规格，如表 1.2.4 所列。

- 采用 ARM Cortex-M0＋ 内核；
- 系统运行速度可达 48 MHz 时钟频率；
- 片内集成最高达 256 KB 的 Flash 存储器；

- 片内集成最高达 64 KB 的 RAM 存储器；
- 低功耗，消耗电流＜150 μA/MHz；
- 6 个串行通信模块(SERCOM)；
- 20 路 12 位的 ADC 通道，1 路 10 位的 DAC 通道；
- 支持硬件触摸模块；
- 64 引脚，可选封装类型为 TQFP 或 QFN。

表 1.2.4 SAM D20Jxx 系列单片机规格

型 号	Flash/KB	SRAM/KB	封 装	载体类型
SAM D20J14A-AU	16	2	TQFP64	托盘
SAM D20J14A-AUT				带和卷轴
SAM D20J14A-MU			QFN64	托盘
SAM D20J14A-MUT				带和卷轴
SAM D20J15A-AU	32	4	TQFP64	托盘
SAM D20J15A-AUT				带和卷轴
SAM D20J15A-MU			QFN64	托盘
SAM D20J15A-MUT				带和卷轴
SAM D20J16A-AU	64	8	TQFP64	托盘
SAM D20J16A-AUT				带和卷轴
SAM D20J16A-MU			QFN64	托盘
SAM D20J16A-MUT				带和卷轴
SAM D20J17A-AU	128	16	TQFP64	托盘
SAM D20J17A-AUT				带和卷轴
SAM D20J17A-MU			QFN64	托盘
SAM D20J17A-MUT				带和卷轴

表 1.2.5 更清晰、详细地列出了 SAM D20 系列 3 种微控制器的片内资源。

表 1.2.5 SAM D20 系列器件资源

功能模块	SAM D20J 18/17/16/15/14	SAM D20G 18/17/16/15/14	SAM D20G 18/17/16/15/14
Flash/KB	256/128/64/32/16	256/128/64/32/16	256/128/64/32/16
SRAM/KB	32/16/8/4/2	32/16/8/4/2	32/16/8/4/2
定时、计数器(TC)	8	6	6
定时、计数器波形输出通道	2	2	2
串行通信(SERCOM)	6	6	4
模/数转换器(ADC)	20	14	10

续表 1.2.5

功能模块	SAM D20J 18/17/16/15/14	SAM D20G 18/17/16/15/14	SAM D20G 18/17/16/15/14
模拟比较器(AC)	2	2	2
数/模转换器(DAC)	1	1	1
实时时钟(RTC)	1	1	1
RTC 报警	1	1	1
RTC 比较值	1个32位数或者2个16位数	1个32位数或者2个16位数	1个32位数或者2个16位数
通用I/O引脚数(GPIOs)	52	38	26
外部中断源	16	16	16
触摸外设控制器(PTC)	16×16	12×10	10×6
最大运行速度/MHz	48		
引脚总数	64	48	32
封装类型	QFN TQFP	QFN TQFP	QFN TQFP
时钟振荡器	32.768 kHz晶体振荡器(XOSC32K) 0.4~32 MHz晶体振荡器(XOSC) 32.768 kHz高精度内部振荡器(OSC32K) 32.768 kHz内部超低功耗内部振荡器(OSCULP32K) 8 MHz内部振荡器(OSC8M) 48 MHz数字频率锁相环(DFLL48M)		
事件系统通道	8	8	8
SWD调试接口	1	1	1
看门狗定时器(WDT)	1	1	1

1.2.3 引脚与功能定义

SAM D20系列微控制器的封装类型有TQFP和QFN。

1. TQFP

TQFP(Thin Quad Flat Package,薄塑封四角扁平封装)封装对中等性能、引线数量要求的应用而言,是最有效的低成本封装方案,而且质量很轻。TQFP系列支持宽范围的印模尺寸和引线数量,尺寸范围为7~28 mm,引线数量为32~256。

2. QFN

QFN(Quad Flat No-lead Package,方形扁平无引脚封装)是一种无引脚封装,呈正方形或矩形,封装底部中央位置有一个大面积裸露焊盘用来导热,围绕大焊盘封装外围的四周有实现电气连接的导电焊盘。引脚数量一般为 14～100。

SAM D20Exx 系列单片机引脚图,如图 1.2.2 所示。

SAM D20Gxx 系列单片机引脚图,如图 1.2.3 所示。

SAM D20Jxx 系列单片机引脚图,如图 1.2.4 所示。

SAM D20 各系列芯片的引脚功能描述,如表 1.2.6 所列。所有引脚在默认情况下,可作为一个通用的 I/O 端口引脚,并且可被配置为 A、B、C、D、E、F、G 或 H 外设功能引脚。要使能某个 I/O 引脚的外设功能时,需要将端口配置寄存器的相应位(PINCFGn. PMUXEN,n=0～31)置 1。A～H 外设功能的选择,是通过外设复用寄存器的相应位(PMUXn. PMUXE/O)来配置的,具体内容将在后续章节详细介绍。

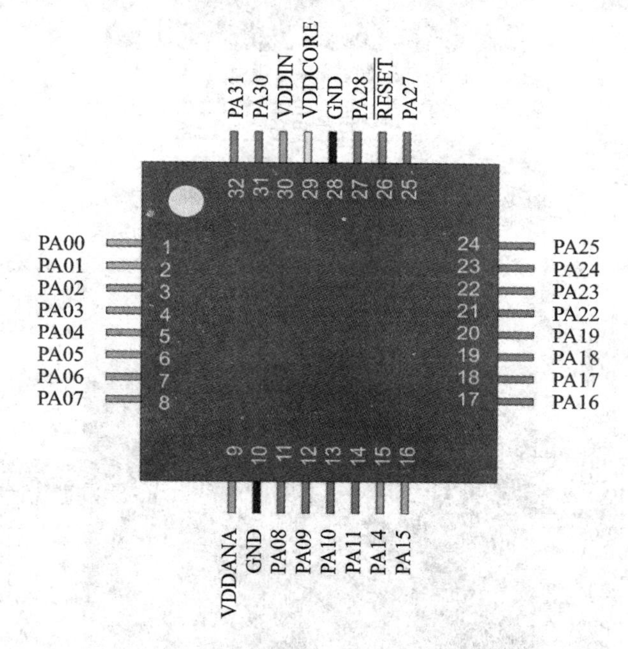

图 1.2.2 SAM D20Exx 系列单片机引脚图

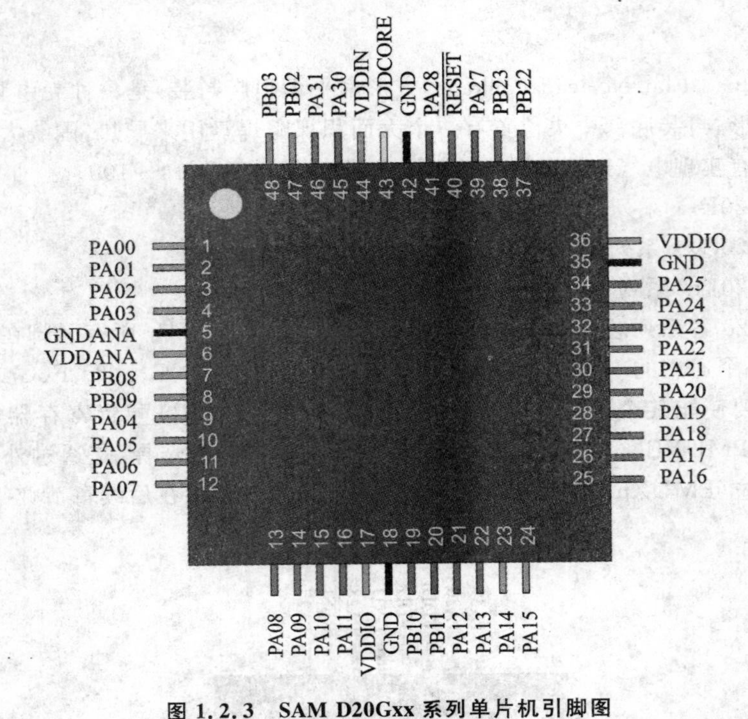

图 1.2.3 SAM D20Gxx 系列单片机引脚图

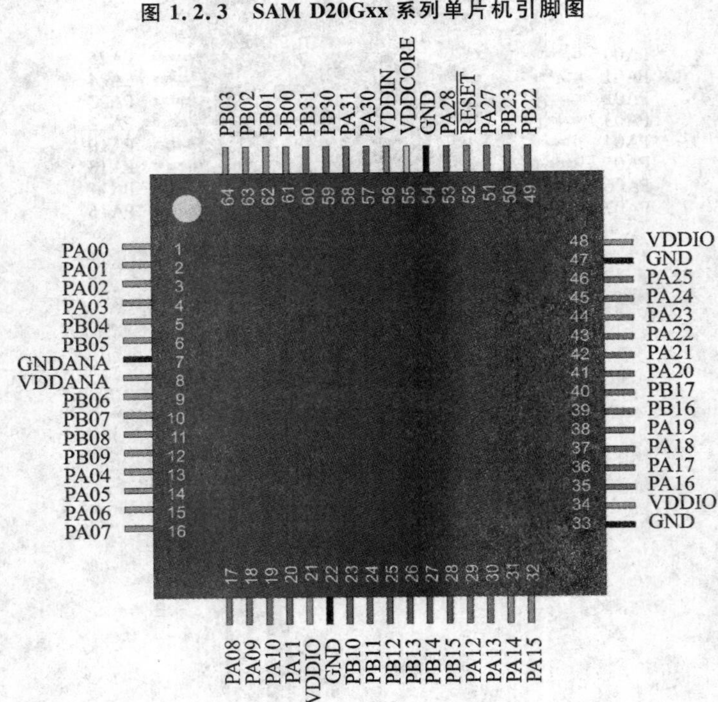

图 1.2.4 SAM D20Jxx 系列单片机引脚图

表1.2.6 SAM D20xxx系列单片机引脚功能表

引脚号			I/O引脚	供 电	引脚类型	A	B[1]					C	D	E	F	G	H
SAM D20E	SAM D20G	SAM D20J				EIC	REF	ADC	AC	PTC	DAC	SERCOM[2]		TC[3]			AC/GCLK
1	1	1	PA00	VDDANA		EXTINT[0]							SERCOM1/PAD[0]		TC2/WO[0]		
2	2	2	PA01	VDDANA		EXTINT[1]							SERCOM1/PAD[1]		TC2/WO[1]		
3	3	3	PA02	VDDANA		EXTINT[2]		AIN[0]		Y[0]	VOUT						
4	4	4	PA03	VDDANA		EXTINT[3]	ADC/VREFA DAC/VREFA	AIN[1]		Y[1]							
		5	PB04	VDDANA		EXTINT[4]		AIN[12]		Y[10]							
		6	PB05	VDDANA		EXTINT[5]		AIN[13]		Y[11]							
		9	PB06	VDDANA		EXTINT[6]		AIN[14]		Y[12]							
		10	PB07	VDDANA		EXTINT[7]		AIN[15]		Y[13]							
	7	11	PB08	VDDANA		EXTINT[8]		AIN[2]		Y[14]			SERCOM4/PAD[0]		TC4/WO[0]		
	8	12	PB09	VDDANA		EXTINT[9]		AIN[3]		Y[15]			SERCOM4/PAD[1]		TC4/WO[1]		
5	9	13	PA04	VDDANA		EXTINT[4]	ADC/VREFB	AIN[4]	AIN[0]	Y[2]			SERCOM0/PAD[0]		TC0/WO[0]		
6	10	14	PA05	VDDANA		EXTINT[5]		AIN[5]	AIN[1]	Y[3]			SERCOM0/PAD[1]		TC0/WO[1]		
7	11	15	PA06	VDDANA		EXTINT[6]		AIN[6]	AIN[2]	Y[4]			SERCOM0/PAD[2]		TC1/WO[0]		
8	12	16	PA07	VDDANA		EXTINT[7]		AIN[7]	AIN[3]	Y[5]			SERCOM0/PAD[3]		TC1/WO[1]		
11	13	17	PA08	VDDIO	I^2C	NMI		AIN[16]		X[0]		SERCOM0/PAD[0]	SERCOM2/PAD[0]	TC0/WO[0]			
12	14	18	PA09	VDDIO	I^2C	EXTINT[9]		AIN[17]		X[1]		SERCOM0/PAD[1]	SERCOM2/PAD[1]	TC0/WO[1]			
13	15	19	PA10	VDDIO		EXTINT[10]		AIN[18]		X[2]		SERCOM0/PAD[2]	SERCOM2/PAD[2]	TC1/WO[0]			GCLK/IO[4]
14	16	20	PA11	VDDIO		EXTINT[11]		AIN[19]		X[3]		SERCOM0/PAD[3]	SERCOM2/PAD[3]	TC1/WO[1]			GCLK/IO[5]
	19	23	PB10	VDDIO		EXTINT[10]							SERCOM4/PAD[2]		TC5/WO[0]		GCLK/IO[4]
	20	24	PB11	VDDIO		EXTINT[11]							SERCOM4/PAD[3]		TC5/WO[1]		GCLK/IO[5]

续表1.2.6

引脚号			I/O引脚	供电	引脚类型	A	B(1)					C	D	E	F	G	H
SAM D20E	SAM D20G	SAM D20J				EIC	REF	ADC	AC	PTC	DAC	SERCOM(2)		TC(3)			AC/GCLK
		25	PB12	VDDIO	I^2C	EXTINT[12]				X[12]		SERCOM4/PAD[0]		TC4/WO[0]			GCLK/IO[6]
		26	PB13	VDDIO	I^2C	EXTINT[13]				X[13]		SERCOM4/PAD[1]		TC4/WO[1]			GCLK/IO[7]
		27	PB14	VDDIO		EXTINT[14]				X[14]		SERCOM4/PAD[2]		TC5/WO[0]			GCLK/IO[0]
		28	PB15	VDDIO		EXTINT[15]				X[15]		SERCOM4/PAD[3]		TC5/WO[1]			GCLK/IO[1]
	21	29	PA12	VDDIO	I^2C	EXTINT[12]						SERCOM2/PAD[0]	SERCOM4/PAD[0]	TC2/WO[0]			AC/CMP[0]
	22	30	PA13	VDDIO	I^2C	EXTINT[13]						SERCOM2/PAD[1]	SERCOM4/PAD[1]	TC2/WO[1]			AC/CMP[1]
15	23	31	PA14	VDDIO		EXTINT[14]						SERCOM2/PAD[2]	SERCOM4/PAD[2]	TC3/WO[0]			GCLK/IO[0]
16	24	32	PA15	VDDIO		EXTINT[15]						SERCOM2/PAD[3]	SERCOM4/PAD[3]	TC3/WO[1]			GCLK/IO[1]
17	25	35	PA16	VDDIO		EXTINT[0]				X[4]		SERCOM1/PAD[0]	SERCOM3/PAD[0]		TC2/WO[0]		GCLK/IO[2]
18	26	36	PA17	VDDIO		EXTINT[1]				X[5]		SERCOM1/PAD[1]	SERCOM3/PAD[1]		TC2/WO[1]		GCLK/IO[3]
19	27	37	PA18	VDDIO		EXTINT[2]				X[6]		SERCOM1/PAD[2]	SERCOM3/PAD[2]		TC3/WO[0]		AC/CMP[0]
20	28	38	PA19	VDDIO		EXTINT[3]				X[7]		SERCOM1/PAD[3]	SERCOM3/PAD[3]		TC3/WO[1]		AC/CMP[1]
		39	PB16	VDDIO	I^2C	EXTINT[0]						SERCOM5/PAD[0]		TC6/WO[0]			GCLK/IO[2]
		40	PB17	VDDIO	I^2C	EXTINT[1]						SERCOM5/PAD[1]		TC6/WO[1]			GCLK/IO[3]
	29	41	PA20	VDDIO		EXTINT[4]				X[8]		SERCOM5/PAD[2]	SERCOM3/PAD[2]	TC7/WO[0]			GCLK/IO[4]
	30	42	PA21	VDDIO		EXTINT[5]				X[9]		SERCOM5/PAD[3]	SERCOM3/PAD[3]	TC7/WO[1]			GCLK/IO[5]
21	31	43	PA22	VDDIO	I^2C	EXTINT[6]				X[10]		SERCOM3/PAD[0]	SERCOM5/PAD[0]		TC4/WO[0]		GCLK/IO[6]

续表1.2.6

引脚号			I/O引脚	供电	引脚类型	A	B(1)					C	D	E	F	G	H
SAM D20E	SAM D20G	SAM D20J				EIC	REF	ADC	AC	PTC	DAC	SERCOM(2)		TC(3)			AC/GCLK
22	32	44	PA23	VDDIO	I^2C	EXTINT[7]				X[11]		SERCOM3/PAD[1]	SERCOM5/PAD[1]		TC4/WO[1]		GCLK/IO[7]
23	33	45	PA24	VDDIO		EXTINT[12]						SERCOM3/PAD[2]	SERCOM5/PAD[2]		TC5/WO[0]		
24	34	46	PA25	VDDIO		EXTINT[13]						SERCOM3/PAD[3]	SERCOM5/PAD[3]		TC5/WO[1]		
	37	49	PB22	VDDIO		EXTINT[6]							SERCOM5/PAD[2]		TC7/WO[0]		GCLK/IO[0]
	38	50	PB23	VDDIO		EXTINT[7]							SERCOM5/PAD[3]		TC7/WO[1]		GCLK/IO[1]
25	39	51	PA27	VDDIO		EXTINT[15]											GCLK/IO[0]
27	41	53	PA28	VDDIO		EXTINT[8]											GCLK/IO[0]
31	45	57	PA30	VDDIO		EXTINT[10]							SERCOM1/PAD[2]		TC1/WO[0]	SWCLK	GCLK/IO[0]
32	46	58	PA31	VDDIO		EXTINT[11]							SERCOM1/PAD[3]		TC1/WO[1]		
		59	PB30	VDDIO	I^2C	EXTINT[14]							SERCOM5/PAD[0]		TC0/WO[0]		
		60	PB31	VDDIO	I^2C	EXTINT[15]							SERCOM5/PAD[1]		TC0/WO[1]		
		61	PB00	VDDANA		EXTINT[0]		AIN[8]		Y[6]			SERCOM5/PAD[2]		TC7/WO[0]		
		62	PB01	VDDANA		EXTINT[1]		AIN[9]		Y[7]			SERCOM5/PAD[3]		TC7/WO[1]		
	47	63	PB02	VDDANA		EXTINT[2]		AIN[10]		Y[8]			SERCOM5/PAD[0]		TC6/WO[0]		
	48	64	PB03	VDDANA		EXTINT[3]		AIN[11]		Y[9]			SERCOM5/PAD[1]		TC6/WO[1]		

(1) 使用外设功能B的所有模拟功能引脚，必须禁用引脚的数字功能。

(2) 只有部分引脚可用于 SERCOM的I^2C模式。

(3) SAM D20E没有TC6和TC7。

表1.2.7列出了SAM D20外设名称及信号引脚的功能描述，后续章节介绍中会使用这些名称。

表1.2.7 SAM D20xxx系列单片机外设信号功能描述表

外设名称	功能描述	类 型	有效电平
AC——模拟比较器			
AIN[3:0]	AC模拟输入	模拟	
CMP[1:0]	AC比较器输出	数字	
ADC——模/数转换器			
AIN[19:0]	ADC的模拟输入	模拟	
VREFP	ADC外部参考电压	模拟	
DAC——数/模转换器			
VOUT	DAC输出电压	模拟	
VREFP	DAC电压外部参考	模拟	
EIC——外部中断控制器			
EXTINT[15:0]	外部中断	输入	
NMI	外部不可屏蔽中断	输入	
GCLK——通用时钟发生器			
IO[7:0]	通用时钟(时钟源或通用时钟发生器输出)	I/O	
PM——电源管理			
RESET	复位	输入	低电平
SERCOMx——串行通信接口			
PAD[3:0]	SERCOM I/O 端口	I/O	
SYSCTRL——系统控制			
XIN	晶振输入	模拟/数字	
XIN32	32 kHz的晶体输入	模拟/数字	
XOUT	晶体输出	模拟	
XOUT32	32 kHz晶体输出	模拟	
TCx——定时器/计数器			
WO[1:0]	输出波形	输出	低电平
PTC——外设触摸控制器			
X[15:0]	PTC输入	模拟	

续表 1.2.7

外设名称	功能描述	类 型	有效电平
Y[15:0]	PTC 输入	模拟	
PORT——通用 I/O(GPIO)端口			
PA25 - PA00	并行 I / O 控制器 I / O 端口 A	I/O	
PA28 - PA27	并行 I / O 控制器 I / O 端口 A	I/O	
PA31 - PA30	并行 I / O 控制器 I / O 端口 A	I/O	
PB17 - PB00	并行 I / O 控制器 I / O 端口 B	I/O	
PB23 - PB22	并行 I / O 控制器 I / O 端口 B	I/O	
PB31 - PB30	并行 I / O 控制器 I / O 端口 B	I/O	

1.3 SAM D20 电气特性

本节将介绍 SAM D20 的主要交直流(AC/DC)电气特性，这些特性数据对某些应用非常重要。Atmel 公司也会经常更新器件的特性数据，详细的电气特性请参考 Atmel 公司官网最新的数据手册。

1.3.1 芯片供电

表 1.3.1 列出了芯片工作时电压电流的常规值和极限值，运行在此范围内可确保芯片所有的电气和其他特性均符合规定。超出该阈值可能会导致器件的永久损伤，长期在极限环境中可能会影响器件的稳定性。为避免内核电压供给不正常，请不要用 V_{DDCORE} 给外部元器件供电。

表 1.3.1 电压电流参数常规值和极限值

参 数	最小值	典型值	最大值
供电电压 V_{DD}/V	1.62	3.3	3.63
模拟供电电压 V_{DDANA}/V	1.62	3.3	3.63
VDD 引脚电流 I_{VDD}/mA	—	—	92
相对于 VDD 和 GND 的引脚电压 V_{PIN}/V	GND－0.3 V	—	V_{DD}+0.3 V
输入电压范围 V_{DDIN}/V	1.62	3.3	3.63
数字校正输出电压 V_{DDCORE}/V	1.1	1.23	1.30

1.3.2 芯片时钟和功耗

芯片工作的最大时钟频率为48 MHz。SAM D20的低功耗是其重要特性之一，以下是关于功耗指标的条件说明：

- 运行状态 V_{DDIN}= 3.3 V。
- 从唤醒信号的边沿开始到执行从Flash取来的第一条指令，这段时间即为休眠模式的唤醒时间。
- 振荡器：
  - XOSC (crystal oscillator)晶振停止；
  - XOSC32K(32 kHz晶振)使用外部32 kHz晶振作为源；
  - DFLL48M使用XOSC32K为参考时钟源，最高可倍频到48 MHz。
- 时钟：
  - DFLL48M用做主时钟源；
  - CPU，AHB时钟未分频；
  - APBA时钟4分频；
  - APBB和APBC短接。
- 以下AHB模块时钟运行：NVMCTRL，APBA桥。
  - 所有其他AHB时钟均停止。
- 以下外围时钟运行：PM，SYSCTRL，RTC。
  - 所有其他外围时钟均停止。
- I/O口内部上拉时为触发。
- CPU运行Flash上的程序，需要一个等待状态。
- 使能低功耗Cache。
- 禁止BOD33。

表1.3.2列出了在不同运行模式下消耗电流的大小。

表1.3.2 运行模式及其消耗电流

模 式	条 件	T_A/℃	最小值	典型值	最大值	单 位
ACTIVE	CPU在进行算法运算	25	3.04	3.22	3.48	mA
		85	3.17	3.31	3.57	
	CPU在进行算法运算，V_{DDIN}=1.8 V，CPU运行在Flash上，包含3个等待状态	25	3.04	3.22	3.48	
		85	3.18	3.32	3.58	
	CPU在进行算法运算，CPU运行在Flash，包含3个等待状态，GCLKIN为作参考	25	62×freq+64	66×freq+114	68×freq+188	μA/MHz
		85	66×freq+24	66×freq+192	68×freq+414	

续表 1.3.2

模　式	条　件	T_A /℃	最小值	典型值	最大值	单　位
ACTIVE	CPU在进行斐波那契运算	25	5.02	5.37	5.83	mA
		85	5.17	5.45	5.87	
	CPU 在进行斐波那契运算，V_{DDIN}=1.8 V，CPU运行在Flash上，包含3个等待状态	25	5.03	5.38	5.83	
		85	5.19	5.47	5.87	
	CPU在进行斐波那契运算，CPU运行在Flash上，包含3个等待状态，GCLKIN为作参考	25	100×freq+68	106×freq+116	112×freq+188	μA/MHz
		85	104×freq+30	106×freq+192	110×freq+412	
	CPU在进行CoreMark运算	25	5.74	6.14	6.60	mA
		85	5.91	6.32	6.83	
	CPU在进行CoreMark运算，V_{DDIN}=1.8 V，CPU运行在Flash上，包含3个等待状态	25	5.20	5.51	5.87	mA
		85	5.37	5.63	5.99	
	CPU在进行CoreMark运算，CPU运行在Flash上，包含3个等待状态，GCLKIN为作参考	25	100×freq+62	106×freq+118	112×freq+192	μA/MHz
		85	106×freq+30	106×30freq+194	110×freq+410	
IDLE0	—	25	2.18	2.30	2.18	mA
		85	2.28	2.39	2.60	mA
IDLE1	—	25	1.77	1.87	2.03	mA
		85	1.85	1.95	2.14	mA
STANDBY	XOSC32K运行	25	—	3.80	11.95	μA
		85	—	39.91	137.86	
	RTC运行在1 kHz	25	—	2.46	11.13	
		85	—	38.23	141.45	

从各种低功耗休眠模式下的唤醒时间，如表 1.3.3 所列。

表 1.3.3　休眠模式唤醒时间

μs

模　式	条　件	T_A/℃	最小值	典型值	最大值
IDLE0	OSC8M 用于主时钟源，禁止低功耗 Cache	25	3.3	4.0	4.5
		85	3.4	4.0	4.5
IDLE1	OSC8M 用于主时钟源，禁止低功耗 Cache	25	10.5	12.1	13.7
		85	12.1	13.6	15.0
IDLE2	OSC8M 用于主时钟源，禁止低功耗 Cache	25	11.7	13.0	14.3
		85	13.0	14.5	15.9
STANDBY	OSC8M 用于主时钟源，禁止低功耗 Cache	25	17.5	19.6	21.4
		85	18.0	19.7	21.4

图 1.3.1 所示为芯片功耗测量电路。搭建该电路后，软件选择不同低功耗模式，就可以测量芯片的电流消耗。

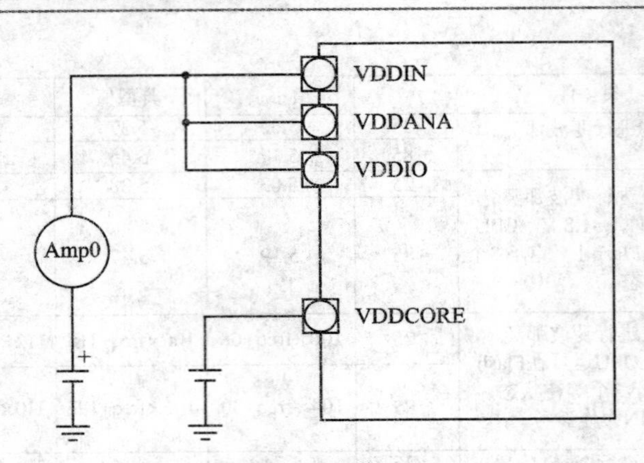

图 1.3.1 功耗测量电路

1.3.3 芯片端口

表 1.3.4 列出了 I/O 口作为通用输入/输出端口(GPIO)时,不同模式下的参数。

表 1.3.4 通用 I/O 参数

参 数	条 件	最小值	典型值	最大值
上拉、下拉电阻 R_{PULL}/kΩ	—	20	40	60
输入低电压 V_{IL}/V	V_{DD}= 1.62~2.7 V	—	—	0.25V_{DD}
	V_{DD}= 2.7~3.63 V			0.3V_{DD}
输入高电压 V_{IH}/V	V_{DD}= 1.62~2.7 V	0.7V_{DD}	—	—
	V_{DD}= 2.7~3.63 V	0.55V_{DD}	—	—
输出低电压 V_{OL}/V	V_{DD}>1.6 V, $I_{OL,max}$	—	0.1V_{DD}	0.2V_{DD}
输出高电压 V_{OH}/V	V_{DD}>1.6 V, $I_{OH,max}$	0.8V_{DD}	0.9V_{DD}	—
输出低电流 I_{OL}/mA	V_{DD}= 1.62~3 V PORT.PINCFG.DRVSTR=0	—	—	3
	V_{DD}= 3~3.63 V PORT.PINCFG.DRVSTR=0	—	—	10
	V_{DD}= 1.62~3 V PORT.PINCFG.DRVSTR=1	—	—	1
	V_{DD}= 3~3.63 V PORT.PINCFG.DRVSTR=1	—	—	2.5
输出高电流 I_{OH}/mA	V_{DD}= 1.62~3 V PORT.PINCFG.DRVSTR=0	—	—	2
	V_{DD}= 3~3.63 V PORT.PINCFG.DRVSTR=0	—	—	7

续表 1.3.4

参 数	条 件	最小值	典型值	最大值
输出高电流 I_{OH}/mA	V_{DD}= 1.62～3 V PORT.PINCFG.DRVSTR=1	—	—	0.7
	V_{DD}= 3～3.63 V PORT.PINCFG.DRVSTR=1	—	—	2
上升时间 t_{RISE}/ns	C_{load}= 20 pF, V_{DD}= 3.3 V	—	—	15
下降时间 t_{FALL}/ns	C_{load}= 20 pF, V_{DD}= 3.3 V	—	—	15
输入漏电流 I_{LEAK}/μA	禁用上拉电阻	−1	±0.015	1

1.3.4 模拟特性

模拟特性包括上电复位(POR)、欠压检测(BOD33)、模/数转换器(ADC)、数/模转换器(DAC)、模拟比较器(AC)及片上温度传感器的工作特性。

1. POR特性

表1.3.5列出了SAM D20上电复位的特性参数。

表 1.3.5 上电复位的特性参数

参 数	条 件	最小值	典型值	最大值
V_{DDIN}电压上升阈值 V_{POT+}/V	电压变化速度为1 V/ms或更慢	1.27	1.45	1.58
V_{DDIN}电压下降阈值 V_{POT-}/V		0.72	0.99	1.02

2. BOD33特性

表1.3.6所列为SAM D20欠压检测的电压级别参数。

表 1.3.6 BOD33欠压检测的电压级别参数

V

BOD33.LEVEL	条 件	最小值	典型值	最大值
6	使能迟滞	—	1.715	1.745
7		—	1.750	1.779
39		—	2.84	2.92
48		—	3.2	3.3
6	禁用迟滞	1.62	1.64	1.67
7		1.64	1.675	1.71
39		2.72	2.77	2.81
48		3.0	3.07	3.2

表 1.3.7 所列为 SAM D20 欠压检测的特性参数。

表 1.3.7 BOD33 欠压检测的特性参数

参 数	条 件	最小值	典型值	最大值
BOD33.LEVEL 相邻两个级别的电压差值/mV	—	—	34	—
迟滞 V_{HYST}/mV	—	35	—	170
检测时间 t_{DET}/μs	V_{DDANA}<V_{TH}时，需要产生一个复位信号	—	0.9	—
电流消耗 I_{BOD33}/μA	连续工作模式	2.9	3.3	52.2
	采样工作模式	—	23	75.5
启动时间 $t_{STARTUP}$/μs	—	—	2.2	—

3. ADC 特性

表 1.3.8 所列为 SAM D20 ADC 工作特性。

表 1.3.8 ADC 工作特性

参 数	条 件	最小值	典型值	最大值
分辨率 RES/bits	—	8	—	12
ADC 时钟频率 f_{CLK_ADC}/kHz	—	30	—	2 100
采样率/ksps	单次采样	5	—	323
	连续采样	5	—	350
采样时间/cycles	—	0.5	—	—
转换时间/cycles	1x Gain	—	6	—
参考电压范围 V_{REF}/V	—	1.0	—	$V_{DDANA}-0.6$
内部 1 V 参考电压 $V_{REFINT1V}$/V	—	—	1.0	—
内部比例参考 0 $V_{REFINTVCC0}$/V	—	—	$V_{DDANA}/1.48$	—
内部比例参考 1 $V_{REFINTVCC1}$/V	$V_{DDANA}>2.0$ V	—	$V_{DDANA}/2$	—
转换范围/V	差分模式	$-V_{REF}$/Gain	—	$+V_{REF}$/Gain
	单端模式	0.0	—	$+V_{REF}$/Gain
采样电容 C_{SAMPLE}/pF	—	—	3.5	—
输入通道源阻抗 R_{SAMPLE}/kΩ	—	—	2.8	2.8
直流供应电流 I_{DD}/mA	$f_{CLK\_ADC}=2.1$ MHz	—	1.25	1.79

表1.3.9列出了ADC在差分模式的特性参数。

表1.3.9 差分模式的特性参数

参 数	条 件	最小值	典型值	最大值
差分非线性度 DNL/LSB	1×Gainn	±0.3	±0.5	±0.95
增益误差/mV	Ext. Ref 1×	−10.0	2.5	+10.0
	$V_{REF}=V_{DDANA}/1.48$	−15.0	1.5	+10.0
	Bandgap	−20.0	5.0	+20.0
增益精度/%	Ext. Ref. 0.5×	±0.1	±0.2	±0.45
	Ext. Ref. 2× to 16×	±0.05	±0.1	±0.11
偏移误差/mV	Ext. Ref. 1×	−5.0	−1.5	+5.0
	$V_{REF}=V_{DDANA}/1.48$	−5.0	0.5	+5.0
	Bandgap	−5.0	3.0	+5.0
无失真动态范围 SFDR/dB	1×Gain F_{CLK_ADC}= 2.1 MHz F_{IN}= 40 kHz A_{IN}= 0.95FSR T=25 ℃	62.7	70.0	75.0
信噪和失真 SINAD/dB		54.1	65.0	68.5
信噪比 SNR/dB		54.5	65.0	68.5
总谐波失真 THD/dB		−77.0	−64.0	−63.0
RMS 噪声/mV		0.6	1.0	1.6

表1.3.10列出了ADC在单端模式的特性参数。

表1.3.10 单端模式的特性参数

参 数	条 件	最小值	典型值	最大值
有效位数 ENOB/bits	随着增益补偿	—	9.5	9.8
总不可调整误差 TUE/LSB	1×Gainn	—	10.5	14.0
积分非线性 INL/LSB	1×Gainn	1.0	1.6	3.5
差分非线性度 DNL/LSB	1×Gainn	±0.5	±0.6	±0.95
增益误差/mV	Ext. Ref 1×	−5.0	1.5	+5.0
增益精/%	Ext. Ref. 0.5×	±0.2	±0.34	±0.4
	Ext. Ref. 2x to 16×	±0.01	±0.1	±0.2
偏移误差/mV	Ext. Ref. 1×	−5.0	−1.5	+5.0
无失真动态范围 SFDR/dB	1×Gain F_{CLK_ADC}= 2.1 MHz F_{IN}= 40 kHz A_{IN}= 0.95FSR T=25 ℃	63.1	65.0	67.0
信噪和失真 SINAD//dB		47.5	59.5	61.0
信噪比 SNR/dB		48.0	60.0	64.0
总谐波失真 THD/dB		−65.4	−63.0	−62.1
RMS 噪声/mV		—	1.0	—

表 1.3.11 所列为 ADC 的平均数特性参数。

表 1.3.11　ADC 的平均数特性参数

平均数	条　件	SNR/dB	SINAD/dB	SFDR/dB	ENOB/bits
1	差分模式下，1×Gain，V_{DDANA}=3.0 V，V_{REF}=1.0 V，350 ksps	66.0	65.0	72.8	9.75
8		67.6	65.8	75.1	10.62
32		69.7	67.1	75.3	10.85
128		70.4	67.5	75.5	10.91

表 1.3.12 所列为 ADC 的偏移和增益校正特性参数。

表 1.3.12　ADC 的偏移和增益校正特性参数

增益系数	条　件	偏移误差/mV	S增益误差/mV	总不可调整误差/LSB
0.5×	差分模式下，1×Gain，V_{DDANA}=3.0 V，V_{REF}=1.0 V，350 ksps	0.25	1.0	2.4
1×		0.20	0.10	1.5
2×		0.15	−0.15	2.7
8×		−0.05	0.05	3.2
16 ×		0.10	−0.05	6.1

4. DAC 特性

表 1.3.13 列出了 SAM D20 DAC 的工作特性。

表 1.3.13　DAC 工作特性

参　数	条　件	最小值	典型值	最大值
模拟供电电压 V_{DDANA}/V	—	1.62	—	3.63
外部参考电压 AV_{REF}/V	—	1.0	—	V_{DDANA}−0.6 V
内部参考电压 1/V	—	—	1	—
内部参考电压 2/V	—	—	V_{DDANA}	—
线性输出电压范围/V	—	0.05	—	V_{DDANA}−0.05 V
最小负载电阻/kΩ	—	5	—	—
最大负载电容/pF	—	—	—	100
直流供应电流 I_{DD}/μA	电压泵被禁用	—	160	230

表 1.3.14 所列为 DAC 的时钟和定时特性参数。

表 1.3.14 DAC 的时钟和定时特性参数

参 数	条 件	最小值	典型值	最大值
转化率/ksps	C_{load}=100 pF，正常模式	—	—	350
启动时间/μs	V_{DDNA}> 2.6 V	—	—	2.85
	V_{DDNA}< 2.6 V	—	—	10

表 1.3.15 列出了 DAC 的精度参数。

表 1.3.15 DAC 的精度特性参数

参 数	条 件		最小值	典型值	最大值
输入分辨率 RES/bits	—		—	—	10
积分非线性 INL/LSB	V_{REF}= Ext 1.0 V	V_{DD}= 1.6 V	0.75	1.1	2.5
		V_{DD}= 3.6 V	0.6	1.2	1.5
	V_{REF}=V_{DDANA}	V_{DD}= 1.6 V	1.4	2.2	2.5
		V_{DD}= 3.6 V	0.9	1.4	1.5
	V_{REF}=INT1 V	V_{DD}= 1.6 V	0.75	1.3	1.5
		V_{DD}= 3.6 V	0.8	1.2	1.5
差分非线性度 DNL/LSB	V_{REF}= Ext 1.0 V	V_{DD}= 1.6 V	±0.9	±1.2	±1.5
		V_{DD}= 3.6 V	±0.9	±1.1	±1.2
	V_{REF}=V_{DDANA}	V_{DD}= 1.6 V	±1.1	±1.5	±1.7
		V_{DD}= 3.6 V	±1.0	±1.1	±1.2
	V_{REF}=INT1V	V_{DD}= 1.6 V	±1.1	±1.4	±1.5
		V_{DD}= 3.6 V	±1.0	±1.5	±1.6
增益误差/mV	Ext. V_{REF}		±1.5	±5	±10
偏移误差/mV	Ext. V_{REF}		±2	±3	±6

5. 模拟比较器(AC)特性

表 1.3.16 所列为 SAM D20 模拟比较器(AC)的特性参数。

表 1.3.16 模拟比较器的特性参数

参 数	条 件	最小值	典型值	最大值
正极输入电压范围/V	—	0	—	V_{DDANA}
负极输入电压范围/V	—	0	—	V_{DDANA}

续表 1.3.16

偏置/mV	Hysteresis =0，快速模式	−15	0.0	+15
	Hysteresis = 0，低功耗模式	−25	0.0	+25
迟滞/mV	Hysteresis =1，快速模式	20	50	80
	Hysteresis = 1，低功耗模式	15	40	75
传播延迟/ns	$V_{ACM}=V_{DDANA}/2$ 100 mV 过载，快速模式	—	60	116
	$V_{ACM}=V_{DDANA}/2$ 100 mV 过载，低功耗模式	—	225	370
启动时间 $t_{STARTUP}/\mu s$	使能预备延时，快速模式	—	1	2
	使能预备延时，低功耗模式	—	12	19
INL V_{SCALE}/LSB	—	−1.4	0.75	+1.4
DNL V_{SCALE}/LSB	—	−0.9	0.25	+0.9
补偿误差 V_{SCALE}/LSB	—	−0.200	0.260	+0.920
增益误差 V_{SCALE}/LSB	—	−0.89	0.215	0.89

6. 片上温度传感器特性

表 1.3.17 列出了 SAM D20 芯片内部温度传感器的特性参数。

表 1.3.17 温度传感器的特性参数

参 数	条 件	最小值	典型值	最大值
温度传感器输出电压/V	T= 25 ℃，V_{DDANA} = 3.3 V	—	0.667	—
温度传感器的斜坡/(mV・℃$^{-1}$)	—	2.3	2.4	2.5
V_{DDANA}电压变化/(mV・V^{-1})	V_{DDANA}=1.62~3.6 V	−1.7	1.0	3.7

1.3.5 非易失性存储器(NVM)特性

表 1.3.18 所列为 NVM 的最大工作频率特性参数。

表 1.3.18　NVM 的最大工作频率特性参数

V_{DD}范围	NVM等待状态	最大工作频率/MHz
1.62～2.7 V	0	14
	1	28
	2	42
	3	48
2.7～3.63 V	0	24
	1	48

表 1.3.19 所列为 NVM 的闪存耐写性和数据保留特性参数。

表 1.3.19　NVM 的闪存耐写性和数据保留特性参数

符　号	参　数	条　件	最小值	典型值	最大值	单　位
Ret_{NVM25k}	保存至 25 KB	环境平均温度 55 ℃	10	50	—	年
$Ret_{NVM2.5k}$	保存至 2.55 KB	环境平均温度 55 ℃	20	100	—	年
Ret_{NVM100}	保存至 100 B	环境平均温度 55 ℃	25	>100	—	年
Cyc_{NVM}	循环耐写性	$-40℃ < T_a < 85$ ℃	25×10^3	150×10^3	—	次

表 1.3.20 所列为 NVM 的 EEPROM 耐写性和数据保留特性参数。

表 1.3.20　NVM 的 EEPROM 耐写性和数据保留特性参数

符　号	参　数	条　件	最小值	典型值	最大值	单　位
$Ret_{EEPROM100k}$	保存至 100 KB	环境平均温度 55 ℃	10	50	—	年
$Ret_{EEPROM10k}$	保存至 10 KB	环境平均温度 55 ℃	20	100	—	年
Cyc_{EEPROM}	循环耐写性	-40 ℃ $< T_a < 85$ ℃	100×10^3	600×10^3	—	次

表 1.3.21 所列为 NVM 工作特性。

表 1.3.21　NVM 工作特性

参　数	条　件	最小值	典型值	最大值
页编程时间 t_{FPP}/ms	—	—	—	2.5
行擦除时间 t_{FRE}/ms	—	—	—	6
DSU 芯片擦除时间 (CHIP_ERASE) t_{FCE}/ms	—	—	—	240

1.3.6　振荡器特性

SAM D20 有 6 种时钟振荡源，包括 0.4～32 MHz 外部晶体振荡器(XOSC)、32.768 kHz 外部晶体振荡器(XOSC32K)、32.768 kHz 高精度内部振荡器(OSC32K)、32.768 kHz 超低功耗内部振荡器(OSCULP32K)、8 MHz 内部振荡器

(OSC8M)、数字锁频环(DFLL48M)。内部振荡器由于受到芯片环境影响可能不够精准,此时可以使用外部晶体振荡器以适应产品要求。

1. 外部晶体振荡器(XOSC)的工作特性

图1.3.2所示为XOSC振荡器外围连接图。

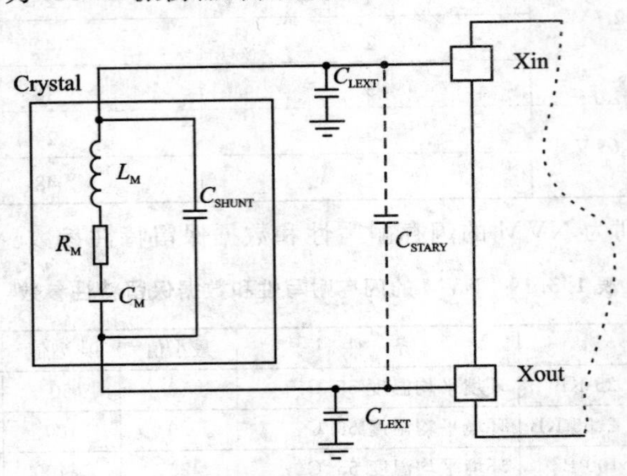

图1.3.2 XOSC振荡器外围连接图

表1.3.22所列为XOSC振荡器的工作特性。

表1.3.22 XOSC振荡器的工作特性

参 数	条 件	最小值	典型值	最大值
XIN时钟频率 f_{CPXIN}/MHz	—	—	—	32
晶体振荡器频率 f_{OUT}/MHz	—	0.4	—	32
晶体等效串联电阻 ESR/kΩ 安全系数=3 AGC不会对这些测量任何明显的影响	f = 0.455 MHz, C_L = 100 pF XOSC. GAIN = 0	—	—	35.1
	f = 2 MHz, C_L = 20 pF XOSC. GAIN = 0	—	—	4.8
	f = 4 MHz, C_L = 20pF XOSC. GAIN = 1	—	—	2.7
	f = 8 MHz, C_L = 20 pF XOSC. GAIN = 2	—	—	0.34
	f = 16 MHz, C_L = 20 pF XOSC. GAIN = 3		—	0.34
	f = 32 MHz, C_L = 18 pF XOSC. GAIN = 4		—	0.28

续表 1.3.22

参　数	条　件	最小值	典型值	最大值
寄生电容负载 C_{XIN}/pF	—	—	5.85	—
寄生电容负载 C_{XOUT}/pF	—	—	3.11	—
电流消耗/μA	f = 2 MHz，C_L = 20 pF，AGC off	27	65	65
	f = 2 MHz，C_L = 20 pF，AGC on	14	52	73
	f = 4 MHz，C_L = 20 pF，AGC off	61	117	150
	f = 4 MHz，C_L = 20 pF，AGC on	23	74	100
	f = 8 MHz，C_L = 20 pF，AGC off	131	226	296
	f = 8 MHz，C_L = 20 pF，AGC on	56	128	172
	f = 16 MHz，C_L = 20 pF，AGC off	305	502	687
	f = 16 MHz，C_L = 20 pF，AGC on	116	307	552
	f = 32 MHz，C_L = 18 pF，AGC off	1031	1622	2 200
	f = 32 MHz，C_L = 18pF，AGC on	278	615	1 200
启动时间 $t_{STARTUP}$/时钟周期	f = 2 MHz，C_L = 20 pF，XOSC. GAIN = 0，ESR = 600 Ω	—	14×10^3	48×10^3
	f = 4 MHz，C_L = 20 pF，XOSC. GAIN = 1，ESR = 100 Ω	—	6 800	19.5×10^3
	f = 8 MHz，C_L = 20 pF，XOSC. GAIN = 2，ESR = 35 Ω	—	5 550	13×10^3
	f = 16 MHz，C_L = 20 pF，XOSC. GAIN = 3，ESR = 25 Ω	—	6 750	14.5×10^3
	f = 32 MHz，C_L = 18 pF，XOSC. GAIN = 4，ESR = 40 Ω	—	5.3×10^3	9.6×10^3

2. 32.768 kHz 外部晶体振荡器(XOSC32K)的工作特性

表 1.3.23 所列为 XOSC32K 振荡器的工作特性。

表 1.3.23　XOSC32K 振荡器的工作特性

参　数	条　件	最小值	典型值	最大值
XIN32 时钟频率 $f_{CPXIN32}$/kHz	—	—	32.768	—
XIN32 时钟占空比 $f_{CPXIN32}$/%	—	—	50	—
晶体振荡器频率 f_{OUT}/kHz	—	—	32.768	—
启动时间 $t_{STARTUP}$/时钟周期	ESR_{XTAL}=39.9 kΩ，C_L = 12.5 pF	—	28×10^3	30×10^3

续表 1.3.23

参 数	条 件	最小值	典型值	最大值
晶体负载电容 C_L/pF	—	—	—	12.5
晶体并联电容 C_{SHUNT}/pF	—	—	0.1	—
寄生电容负载 C_{XIN32}/pF	TQFP64/48/32 封装	—	3.05	—
寄生电容负载 C_{XOUT32}/pF	TQFP64/48/32 封装	—	3.29	—
电流消耗 $I_{XOSC32K}$/μA	AGC off	—	1.22	2.19
电流消耗 $I_{XOSC32K}$/μA	AGC on	—	—	—
晶振等效串联电阻ESR/kΩ F = 32.768 kHz 安全系数 = 3	C_L = 12.5 pF (幅度控制增益 = 63)	—	—	348

3. 数字锁频环(DFLL48M)的工作特性

表 1.3.24 所列为 DFLL48M 振荡器的工作特性。

表 1.3.24 DFLL48M 振荡器的工作特性

参 数	条 件	最小值	典型值	最大值
晶体振荡器频率 f_{OUT}/MHz	在室温下校准后的开环模式下	47	48	49
参考频率 f_{REF}/kHz	—	—	32.768	—
最大微调步进值/%	开环模式下	—	—	0.15
最大粗调步进值/%	开环模式下	—	—	2.5
V_{DDANA}上的功耗 I_{DFLL}/μA	开环模式,对 48 MHz 的粗校准, F_{INE} = 128	—	140	—
启动时间 $t_{STARTUP}$/时钟周期	对 48 MHz 校准后的开环模式 (f_{OUT}在最大值的 90%以内)	—	6.1	—
粗调频率锁定时间 $t_{LCOARSE}$/μs	启用快速锁定,禁用冷周期 C_{STEP} = 3 f_{REF} = 32.768 kHz	—	260	—
微调频率锁定时间 t_{LFINE}/μs	禁用快速锁定,禁用冷周期 C_{STEP} = 3,F_{STEP} = 1, f_{REF} = 32.768 kHz	—	700	—

4. 32.768 kHz 高精度内部振荡器(OSC32K)的工作特性

表 1.3.25 所列为 OSC32K 振荡器的工作特性。

表 1.3.25 OSC32K 振荡器的工作特性

参 数	条 件	最小值	典型值	最大值
输出频率 f_{OUT}/kHz	25℃下，校准参考频率 32.768 kHz 温度范围 −40～80 ℃ 电压范围 1.62～3.63 V	28.508	32.768	34.734
	25 ℃，V_{DD}=3.3 V下， 校准参考频率 32.768 kHz	32.276	32.768	33.260
	25 ℃，校准参考频率 32.768 kHz 电压范围 1.62～3.63 V	31.457	32.768	34.079
电流消耗 I_{OSC32K}/μA	—	—	0.67	1.31
启动时间 $t_{STARTUP}$/时钟周期	—	—	1	2
占空比 Duty/%	—	—	50	—

5. 32.768 kHz 超低功耗内部振荡器(OSCULP32K)的工作特性

表 1.3.26 列出了 OSCULP32K 振荡器的工作特性。

表 1.3.26 OSCULP32K 振荡器的工作特性

参 数	条 件	最小值	典型值	最大值
输出频率 f_{OUT}/kHz	25℃下，校准参考频率 32.768 kHz 温度范围 −40～80 ℃ 电压范围 1.62～3.63 V	25.559	32.768	38.011
	25 ℃，V_{DD}=3.3 V下， 校准参考频率 32.768 kHz	31.293	32.768	34.570
	25 ℃，校准参考频率 32.768 kHz 电压范围 1.62～3.63 V	31.293	32.768	34.570
电流消耗 $I_{OSCULP32K}$/nA	—	—	—	125
启动时间 $t_{STARTUP}$/时钟周期	—	—	10	—
占空比 Duty/%	—	—	50	—

6. 8 MHz 内部振荡器(OSC8M)的工作特性

表 1.3.27 所列为 OSC8M 振荡器的工作特性。

表 1.3.27　OSC8M 振荡器的工作特性

参　数	条　件	最小值	典型值	最大值
输出频率 f_{OUT}/MHz	25°C 下，校准参考频率 8 kHz 温度范围 −40～80 ℃ 电压范围 1.62～3.63 V	7.8	8	8.16
	25 ℃，V_{DD}=3.3 V 下， 校准参考频率 8 MHz	7.94	8	8.06
	25 ℃，校准参考频率 8 MHz 电压范围 1.62～3.63 V	7.92	8	8.08
电流消耗 I_{OSC8M}/μA	启用 IDLE2 上 OSC32K 与 IDLE2 上 OSC8M(8 MHz 校准) (FRANGE= 1,PRESC= 0)	34.5	71	96
启动时间 $I_{OSCULP32K}$/μs	—	—	2.1	3
占空比 Duty/%	—	—	50	—

1.3.7　触摸控制器的典型特性

下面将给出，在 f=48 MHz，V_{CC} = 3.3 V 时，几种情况下触摸控制器(PTC)的一些典型特性。

① 图 1.3.3 和图 1.3.4 所示为外接 1 个电容感应器时，禁用和启用反噪声措施下的 PTC 功耗特性。其中，纵坐标为消耗电流，横坐标为进行采样的均计算次数。

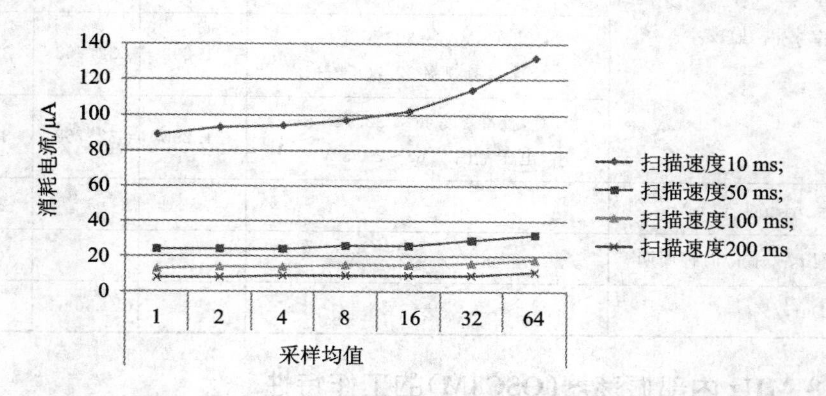

图 1.3.3　禁用反噪声措施，1 个传感器时，PTC 的特性

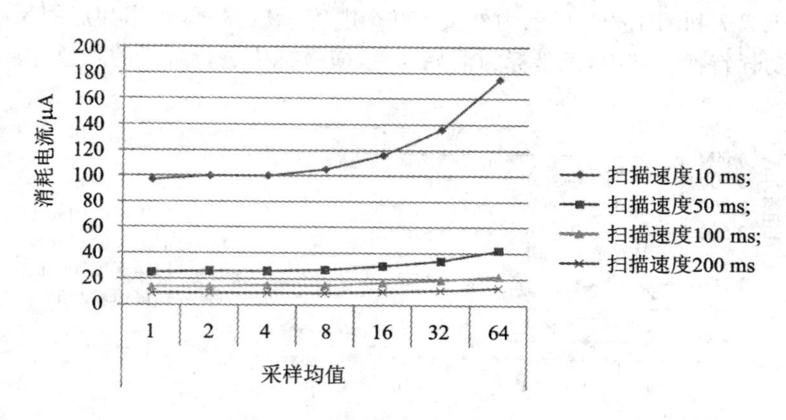

图 1.3.4　启用反噪声措施,1 个传感器时,PTC 的特性

② 图 13.5 和图 1.3.6 所示为外接 10 个电容感应器时,禁用和启用反噪声措施下的 PTC 功耗特性。其中,纵坐标为消耗电流,横坐标为进行采样的均值计算次数。

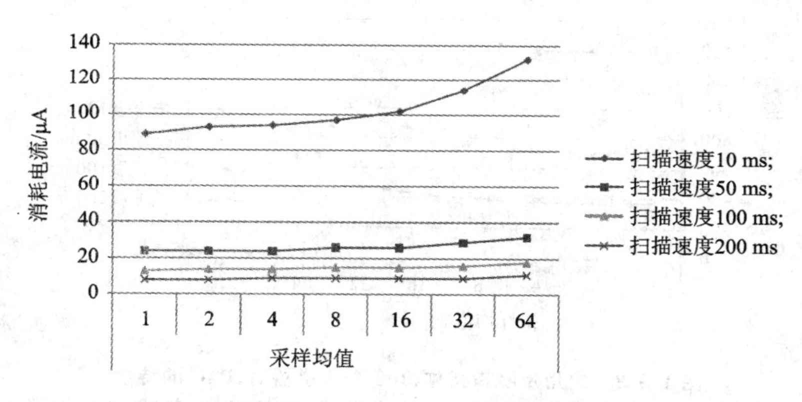

图 1.3.5　禁用反噪声措施,10 个传感器时,PTC 的特性

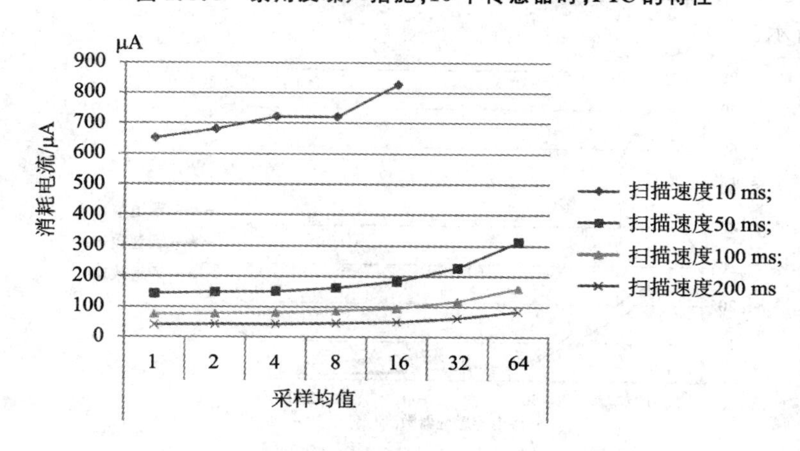

图 1.3.6　启用反噪声措施,10 个传感器时,PTC 的特性

③ 图 1.3.7 和图 1.3.8 所示为外接 100 个电容感应器时,禁用和启用反噪声措施下的 PTC 功耗特性。其中,纵坐标为消耗电流,横坐标为进行采样的均值计算次数。

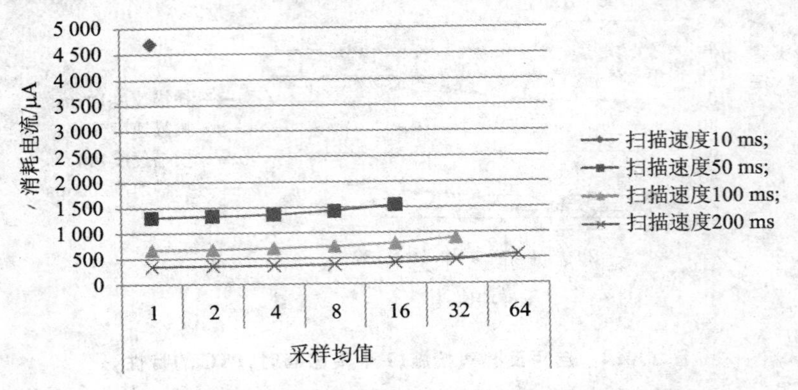

图 1.3.7　禁用反噪声措施,100 个传感器时,PTC 的特性

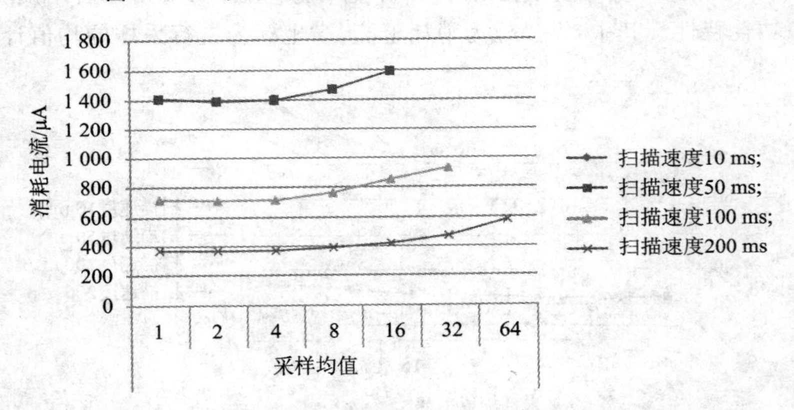

图 1.3.8　启用反噪声措施,100 个传感器时,PTC 的特性

④ 在使用不同通道的情况下,CPU 的利用率和外接电容感应器的数量关系如图 1.3.9 所示。

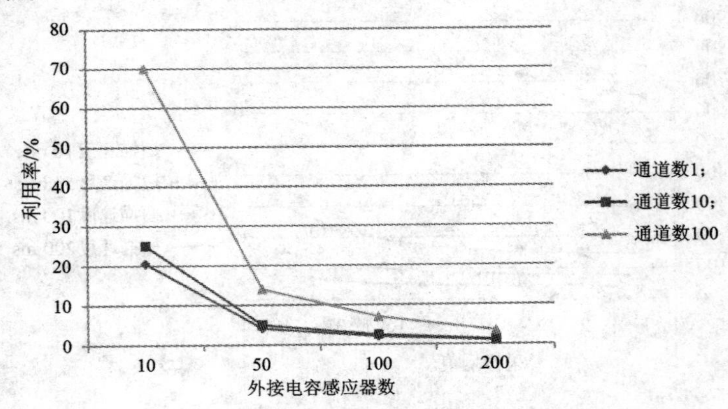

图 1.3.9　不同通道数情况下,CPU 的利用率

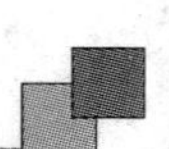

1.3.8　时序特性

① 外部复位时序特性如表 1.3.28 所列。

表 1.3.28　外部复位时序特性

参　数	条　件	最小值	典型值	最大值
最小复位脉冲宽度 t_{EXT}/ns	—	10	—	—

② SERCOM 在 SPI 模式下的时序特性如表 1.3.29 所列。

表 1.3.29　SERCOM 在 SPI 模式下的时序特性　ns

参　数	条　件		最小值	典型值	最大值
SCK 周期 t_{SCK}	主设备		与时钟发生器有关		
SCK 高/低电平宽度/t_{SCKW}	主设备		—	$0.5\times t_{SCK}$	—
SCK 上升时间 t_{SCKR}	主设备		—	—	—
SCK 下降时间 t_{SCKF}	主设备		—	—	—
MISO 建立时间(SCK)t_{MIS}	主设备		—	29	—
MISO 保持时间(SCK)t_{MIH}	主设备		—	8	—
MOSI 建立时间(SCK)t_{MOS}	主设备		—	$t_{SCK}/2-16$	—
MOSI 保持时间(SCK)t_{MOH}	主设备		—	16	—
从机 SCK 周期 t_{SSCK}	从设备		$1\times t_{CLK\_APB}$	—	—
SCK 高/低电平宽度 t_{SSCKW}	从设备		$0.5\times t_{SSCK}$	—	—
SCK 上升时间 t_{SSCKR}	从设备		—	—	—
SCK 下降时间 t_{SSCKF}	从设备		—	—	—
MOSI 建立时间(SCK)t_{SIS}	从设备		$t_{SSCK}/2-19$	—	—
MOSI 保持时间(SCK)t_{SIH}	从设备		$t_{SSCK}/2-5$	—	—
SS 建立时间(SCK)t_{SSS}	从设备	PRELOADEN=1	$2\times t_{CLK\_APB}+t_{SOS}$	—	—
		PRELOADEN=0	$t_{SOS}+7$	—	—
SS 保持时间(SCK)t_{SSH}	从设备		$t_{SIH}-4$	—	—
MISO 建立时间(SCK)t_{SOS}	从设备		—	$t_{SSCK}/2-20$	—
MISO 保持时间(SCK)t_{SOH}	从设备		—	20	—
SS 为低后，MISO 建立时间 t_{SOSS}	从设备		—	16	—
SS 为高后，MISO 保持时间 t_{SOSH}	从设备		—	11	—

③ I^2C 接口时序特性如表 1.3.30 所列。

表 1.3.30 I²C 接口时序特性 ns

参 数	条 件	最小值	典型值	最大值
SDA 和 SCL 的上升时间 t_R	—	—	—	300
输出从 V_{IHmin} 至 V_{ILmax} 的时间 t_{OF}	10 pF $< C_b <$ 400 pF	7.0	10.0	50.0
START 保持时间(重复)$t_{HD,STA}$	$f_{SCL} >$ 100 kHz，主设备	$t_{LOW}-9$	—	—
SCL 时钟的低电平时间 t_{LOW}	$f_{SCL} >$ 100 kHz	113	—	—
STOP 和 START 间的总线空闲时间 t_{BUF}	$f_{SCL} >$ 100 kHz	t_{LOW}	—	—
START 的建立时间 $t_{SU,STA}$	$f_{SCL} >$ 100 kHz，主设备	$t_{LOW}+7$	—	—
数据保持时间 $t_{HD,DAT}$	$f_{SCL} >$ 100 kHz，主设备	9	—	12
数据建立时间 $t_{SU,DAT}$	$f_{SCL} >$ 100 kHz，主设备	104	—	—
STOP 的建立时间 $t_{SU,STO}$	$f_{SCL} >$ 100 kHz，主设备	$t_{LOW}+9$	—	—
数据建立时间(接收模式)$t_{SU,DAT,TX}$	$f_{SCL} >$ 100 kHz，从设备	51	—	56
数据保持时间(发送模式)$t_{HD,DAT,TX}$	$f_{SCL} >$ 100 kHz，从设备	71	90	138

④ SWD 接口时序特性如表 1.3.31 所列。

表 1.3.31 SWD 接口时序特性 n

参 数	条 件	最小值	最大值
SWDCLK 高电平周期 t_{high}	V_{DDIO}范围：3.0～3.6 V 最大外部电容为 40 pF	10	500 000
SWDCLK 低电平周期 t_{low}		10	500 000
SWDCLK 上升沿与 SWDIO 输出的偏移时间 t_{os}		−5	5
SWDIO 输入建立时间 t_{is}		4	—
SWDIO 与 SWDCLK 上升沿之间的输入保持时间 t_{ih}		1	—

1.4 Atmel ARM MCU 和 MPU 产品

Atmel 公司是 20 多年微控制器(MCU)领域的领导与创新者，包括拥有工业界的许多第一：第一个 Flash MCU；第一个 ARM7 的 32 位 Flash MCU；第一个100 nA MCU(RAM 保持)；第一个 ARM9 的 Flash MCU 等。

Atmel 基于 ARM 的 Flash MCU，主要包括基于 ARM Cortex-M0、M3、M4，

ARM926EJ－S和ARM7TDMI内核的系列产品，其产品线极其丰富，既有入门级器件，也有连接性广泛、接口优化、安全性强、高度集成的高级微控制器。其他优势还包括高带宽架构、高功效和软件的兼容、高效。这些产品的主要特征包括：

- 多达2 MB的Flash和160 KB的SRAM存储器，工作频率可达200 MHz。
- 创新的DMA和存储器系统实现，可在高速数据传输的同时，把CPU资源释放给用户的应用。
- 使用Atmel QTouch电容式触摸技术。
- SAM D20系列全软件配置和极其灵活的串行通信模块(SERCOM)。
- ARM Cortex-M4 MCU中最低的功率消耗。

除了基于ARM的MCU产品，Atmel公司还提供了基于ARM的、不带片上Flash的MPU产品，如基于ARM926EJ－S的AT91SAM9261、基于ARM Cortex-A5的SAMA5D3系列等。这些处理器工作频率可达536 MHz(850DMIPS)，具有大量高性能外设，支持DDR2和NAND闪存，并且为降低工业应用的系统成本而进行了相应的优化。这些器件随附了免费的Linux和Android开发包及Microsoft Windows Embedded CE BSP等。

基于ARM的微控制器，可以依托由业界顶级提供商提供的各种开发工具、操作系统和协议栈、编程软件和全球技术支持组成的全球生态系统。Atmel公司最新推出的Atmel Studio 6集成开发环境，目前支持Atmel公司的ARM Cortex-M处理器的微控制器及Atmel AVR器件。该IDE包含Atmel Software Framework，借助其中的1 100多个带源代码的示例项目，免去了设计代码中绝大部分的低级代码编写工作，可以大大加快应用系统的开发。

详细的Atmel ARM MCU和MPU系列产品介绍及最新相关资料，可以查阅Atmel公司官网：http://www.atmel.com/products/microcontrollers/arm/default.aspx。

第2章

SAM D20 处理器结构

本章将主要介绍 SAM D20 微控制器的体系结构，包括 ARM Cortex-M0＋处理器的配置和外设、嵌套向量中断控制器(NVIC)，以及 SAM D20 的存储器与空间映射。关于 Cortex-M0＋内核的配置和外设，是 MCU 厂商实现的，一般用户只要了解即可，不用太多关心。本章与一般用户应用开发编程相关的，是 NVIC 和存储器映射部分内容。本章最后介绍一个非常简单的 SAM D20 最小系统硬件结构。

2.1 SAM D20 的内部组成

SAMD20 系统结构框图如图 2.1.1 所示，是在 ARM Cortex-M0＋内核上扩充的一个实例。从图中可以看出，SAM D20 内部主要由以下几个模块构成：

➢ Cortex-M0＋内核；

➢ 程序存储器 Flash；

➢ 数据存储器 RAM；

➢ 各个时钟、外设、I/O 端口及调试接口。

其中，Cortex-M0＋内核采用了基于 ARMv6 的架构，并支持 Thumb－2 指令集，可以完全向上兼容 Cortex-M3 和 M4 的指令集，并提供了一些可选配置。

用于连接以上各个模块之间的数据传输线称为总线(Bus)，主要可以划分为以下几种类型：

➢ 高性能总线 AHB(Advanced High performance Bus)；

➢ 片上外设总线 APB(Advanced Peripheral Bus)；

➢ I/O 总线；

➢ 调试接口总线。

其中，AHB 总线主要用于内核对 RAM 和 Flash 进行数据访问操作，其传输速度一般较高；APB 总线主要用于片上外设与内核的数据通信，其传输速度一般较低；I/O 总线用于内核与外部 I/O 的输入和输出的数据交互；调试接口总线用于传输内核调试时的数据。

以上各个总线的最高工作频率均为 48 MHz。在总线上进行 8 位、16 位访问操作时，该访问会被自动转换成 32 位的数据操作，即总线会自动将 8 位或 16 位的数据

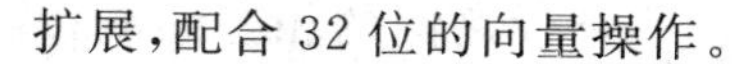
扩展，配合32位的向量操作。

同时，由于片内外设数量较多，AHB/APB总线又分为A桥（Bridge）、B桥和C桥，每个桥用来管理不同类型的片内外设。

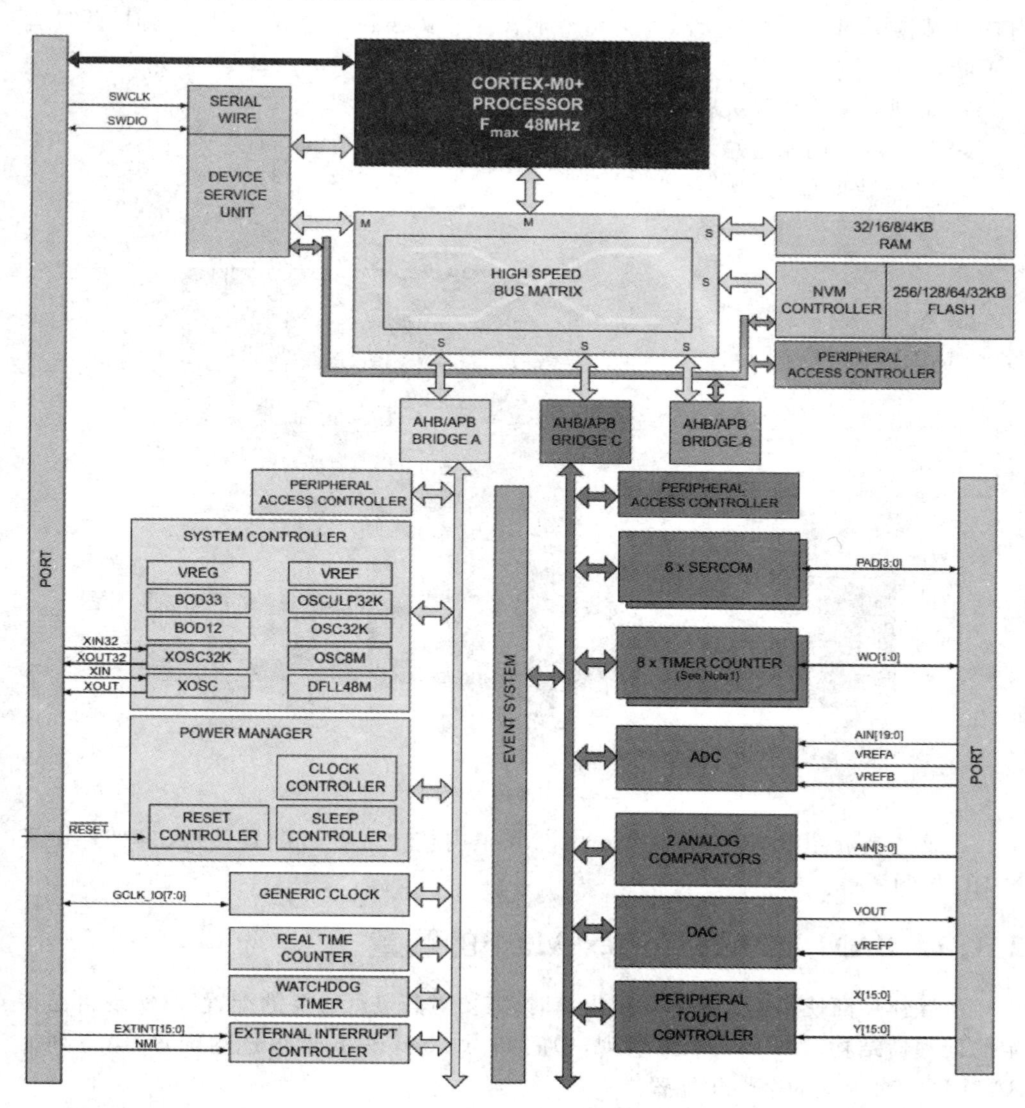

图2.1.1 SAMD20系统结构框图

一般来说，A桥主要连接与系统相关的外设，如系统控制器（SYSCTRL）、通用时钟控制器（GCLK）和电源管理控制器（PM）等；B桥连接与存储访问相关的外设，如外设访问控制器（PAC）、NVM控制器等；而C桥主要连接一些通用的外设，如串行接口控制器（SERCOM）、定时器（TC）、模/数和数/模转换器（ADC和DAC）等。

此外，外设之间还设有一个事件系统(EVSYS)，可提供外设之间的相互同步和通信的功能。这也是SAM D20系统的一大特点，将在第3章中详细介绍。

连接内核与各个总线之间的接口称为高速总线矩阵(High Speed Bus Matrix)，其内部结构图如图2.1.2所示。主要用于管理和切换各个总线之间的数据，并具有以下特性：

- 实现交叉总线开关；
- 允许从不同的主总线并发访问不同的从主线；
- 32位数据总线；
- 与总线工作频率一致。

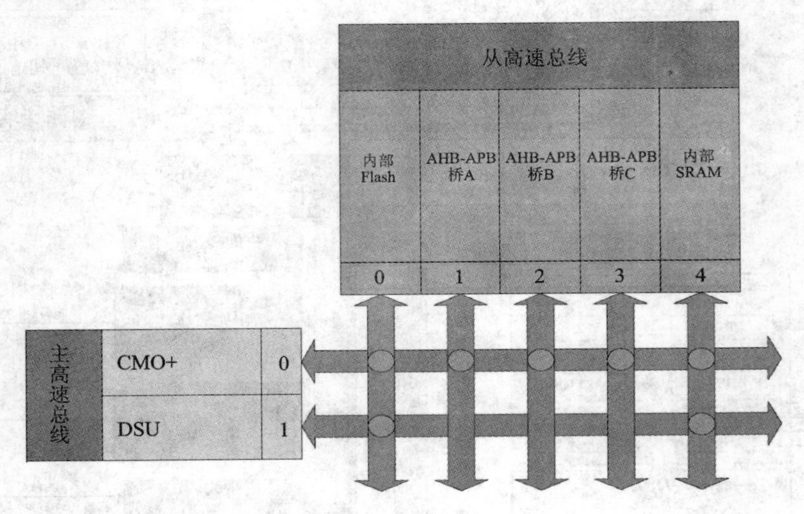

图2.1.2　高速总线矩阵

下面主要介绍SAM D20的Cortex-M0＋内核中一些可配置特性、自带外设及NVIC控制器等。

2.1.1　SAM D20对Cortex-M0＋的配置

半导体厂商使用Cortex-M0＋内核时，需要对其进行必要的配置，以实现自己特定的处理器结构。如表2.1.1所列，中间列为Cortex-M0＋可选的配置，第三列为SAM D20对内核的个性化配置。

表2.1.1　SAM D20 Cortex-M0＋配置

特　征	配置选项	SAM D20配置
中断	外部中断0～32	32
数据大小端	小端或大端	小端
SysTick定时器	存在或不存在	存在

续表 2.1.1

特　征	配置选项	SAM D20 配置
视点比较器数	0,1,2	2
断点比较器数	0,1,2,3,4	4
支持停止模式(halting)调试	存在或不存在	存在
乘法器	支持或不支持	快速(单周期)
单周期 I/O 端口	存在或不存在	存在
唤醒中断控制器	支持或不支持	不支持
中断向量表偏移寄存器	支持或不支持	存在
支持非特权/特权	存在或不存在	不存在
内存保护单元	不存在或 8 段	不存在
重置所有的寄存器	存在或不存在	不存在
指令预取宽度	仅 16 位,最多 32 位	32 位

注意：

① 所有软件均运行在 ARM 的特权模式下。

② ARM Cortex-M0＋核拥有两个总线接口：

➢ 32 位 AMBA3 的 AHB－Lite 系统总线,提供了外设和系统存储器(包括 Flash 和 RAM)的连接；

➢ 32 位 I/O 总线,load 和 store 命令执行时间为 1 个周期。

2.1.2 Cortex-M0＋的内核外设

针对 MCU 的一般用途,Cortex-M0＋已包含一些基本的系统外设,在 SAM D20 中也包含这些系统外设,主要有以下四个部分：

➢ 系统控制域(System Control Space,SCS)　在 SCS 的寄存器中,主要向用户提供了外部调试功能。

➢ 系统定时器(System Timer,SysTick)　系统定时器是一个内核外扩的 24 位定时器,并占用一个 NVIC 的中断源。

➢ 嵌套向量中断控制器(Nested Vectored Interrupt Controller,NVIC)　NVIC 使用一张中断(异常)向量表,管理各个中断源的优先级和嵌套关系,为内核处理器提供高效、低延时的中断处理功能。NVIC 有关功能将在 2.1.3 小节中详细描述。

➢ 系统控制模块(System Control Block,SCB)　SCB 提供了内核的常规管理和控制,包括配置、报告系统异常等。

有关 SCS 和 SCB 的内容,请参考 Cortex-M0＋参考手册。

在 SAM D20 中,Cortex-M0＋内核外设地址映射表如表 2.1.2 所列。

表 2.1.2 Cortex-M0+内核外设地址映射表

地 址	外 设	地 址	外 设
0xE000E000	系统控制空间(SCS)	0xE000E100	嵌套中断向量控制器(NVIC)
0xE000E010	系统定时器(SysTick)	0xE000ED00	系统控制块(SCB)

2.1.3 SAM D20的嵌套向量中断控制器

与传统的MCU相比，SAM D20采用了Cortex-M0+的嵌套向量中断控制器(NVIC)作为整个中断系统的核心，其强大的管理功能使得系统的中断响应实时性更高，切换效率更快，也能更好地与低功耗模式相结合。本小节将结合NVIC对SAM D20的中断源的配置和使用进行阐述。

1. 中断向量表

SAM D20具有32个中断源，每个中断源对应一个外设中断或异常，并都有独立的中断向量，从而构成了一张中断向量表。在默认情况下，该表位于零地址处，即上电复位后程序计数指针(PC)指向的地址，表中每个向量占4字节，保存了相对应的中断服务程序的入口地址，其详细内容如表2.1.3所列。

表 2.1.3 SAM D20中断向量表

编 号	中断源类型	说 明	编 号	中断源类型	说 明
RESET	Reset	系统复位	9	SERCOM2	串行通信接口2
NMI	EIC NMI	来自外部NMI引脚的不可屏蔽中断	10	SERCOM3	串行通信接口3
HARD	Hard Fault	内核的硬件故障	11	SERCOM4	串行通信接口4
RV	Reserve	系统保留	12	SERCOM5	串行通信接口5
SVC	SVCall	执行系统服务指令SVC后引发的异常	13	TC0	定时器0
PSV	PendingSV	可挂起请求异常	14	TC1	定时器1
SYSTICK	SysTick	系统节拍器	15	TC2	定时器2
0	PM	电源管理	16	TC3	定时器3
1	SYSCTRL	系统控制器	17	TC4	定时器4
2	WDT	看门狗	18	TC5	定时器5
3	RTC	实时时钟	19	TC6	定时器6
4	EIC	外部中断控制器	20	TC7	定时器7
5	NVMCTRL	非易失性内存控制器	21	ADC	A/D转换器
6	EVSYS	事件管理系统	22	AC	模拟比较器
7	SERCOM0	串行通信接口0	23	DAC	D/A转换器
8	SERCOM1	串行通信接口1	24	PTC	外设触摸控制器

表中编号仅仅表示默认的排列顺序，并不完全表示中断的优先级。在这些中断源中，包含了6个系统异常、25个片内外设中断及1个保留项。这些外设中断的具体用法和意义将在第3、4章中详述，这里不再介绍。

系统复位中断Reset是一个特殊的异常源，在系统复位后，主程序指针(PC)便会指向这个向量地址，并跳转执行复位中断服务程序。在该中断服务函数中，一般会初始化必要的段和向量表的基地址，然后使程序直接跳转到用户的主函数main继续执行。

EIC NMI中断为外部不可屏蔽中断，在软件使能之后，当外部NMI引脚上发生电平跳变时，即使MCU在处理其他中断或异常，它也将会立即打断其他中断，并执行该中断服务程序。具体可以参考外部中断部分。

硬件故障异常是指对MCU内核中的一些硬件错误产生的响应，通常是在内核触发了内存异常、总线异常等错误之后发生。SVCall、PendingSV、SysTick这3个异常一般为RTOS所用。

2. NVIC的中断管理与配置

在SAM D20中，各个中断源的优先级、嵌套层次、中断的屏蔽与检测，都由嵌套向量中断控制器(NVIC)来管理。

一般情况下，SAM D20对一个中断的响应过程为：当某个外设向MCU发送中断请求后，该外设的中断状态寄存器(INTFLAG)中该类型中断状态位将置1，当NVIC检测到这个中断请求后，如果当前没有执行其他异常或中断，并且该中断源没有被屏蔽，则会通知内核将当前的8个寄存器(包括SP、PC、LR等)的值压入堆栈，并从向量表中取出中断服务程序的入口地址，之后将更新堆栈寄存器(SP)、链接寄存器(LR)及程序计数寄存器(PC)，开始执行中断服务程序，同时外设的中断状态寄存器(INTFLAG)中该类型中断状态位将被硬/软件清0。当中断服务执行完毕后，内核会从堆栈中取出8个值，恢复到之前的寄存器中，并返回执行原来的程序。

NVIC的效率要比传统的中断系统高很多，这里将做一比较。在中断嵌套功能开启的情况下，图2.1.3所示为NVIC和传统中断系统分别对迟到的高优先级中断的响应过程。

如图2.1.3所示，如果系统正在对某个中断请求进行入栈操作，另一个高优先级的中断被触发，则NVIC会立即提取新中断的向量地址，并执行新的中断服务程序，利用尾链(Tail-Chaining)中断技术，NVIC能够快速地切换执行第二个中断服务程序，这要比传统中断系统更高效。

其他详细原理和更多功能，请参考ARM公司的《Cortex-M0权威指南》一书。

3. 中断与休眠

SAM D20的低功耗模式分为IDLE和STANDBY模式。

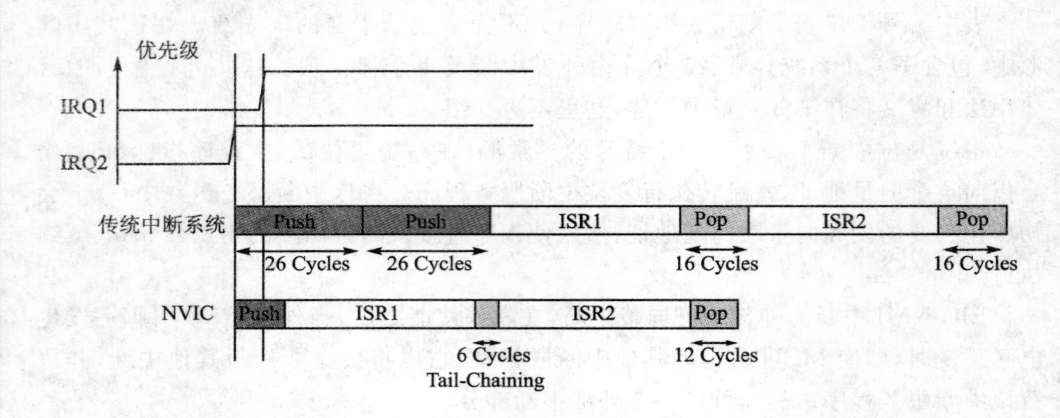

图 2.1.3 传统中断系统与 NVIC 中断响应的比较

IDLE 模式下，以 WFI 指令进入后，则可由任何中断将 MCU 异步唤醒。如果系统有多个中断，则会先执行被响应的中断服务程序，然后继续执行 WFI 指令之后的代码；如果系统中只有一个低优先级中断，则执行完中断服务程序后，MCU 将继续进入 IDLE 模式。

STANDBY 模式下，以 WFI 指令进入后，则当 MCU 被任何中断异步唤醒后，系统将执行中断服务程序并继续执行 WFI 指令之后的代码；当 MCU 被任何异步事件唤醒后，系统将直接执行 WFI 指令之后的代码。

有关低功耗模式的内容可参考 3.3.4 小节。

2.2 存储器与 I/O 空间映射

ARM Cortex-M0＋是 32 位架构，采用程序、数据和 I/O 空间混合编址方式，整个寻址空间是 4 GB。本节将介绍 SAM D20 的存储器与 I/O 空间映射。

2.2.1 空间映射

SAM D20 在最大 Flash 和 SRAM 容量，并保留全部外设时的空间映射情况，如图 2.2.1 所示。

一般来说，A 桥主要连接与系统相关的外设，地址范围为 0x40000000～0x40FFFFFF；B 桥连接与存储访问相关的外设，地址范围为 0x41000000～0x41FFFFFF；C 桥主要连接一些通用的外设，地址范围为 0x42000000～0x42FFFFFF。

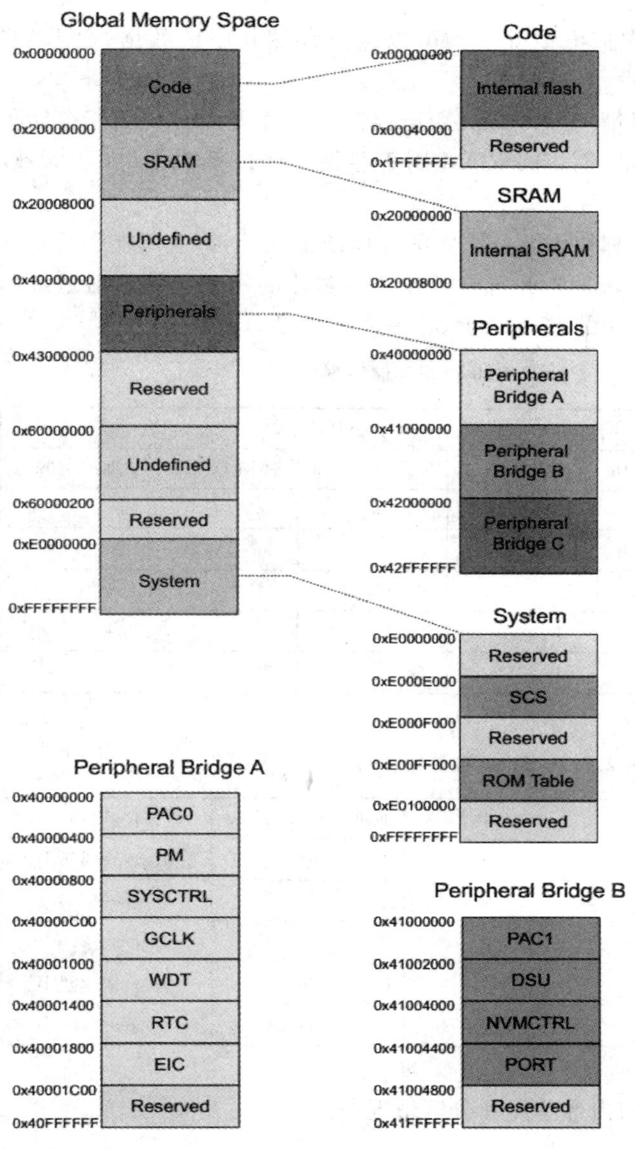

图 2.2.1　SAM D20 空间映射

2.2.2　存储器

SAM D20 的片上嵌入式存储器包括：

➢ 高速 Flash；

➢ 高速 RAM；

➢ Flash模拟的EEPROM。

其中,Flash和EEPROM在掉电情况下均可以保持存储其中的数据,而RAM在掉电后其中的数据会全部丢失。

根据它们的各自特性,一般情况下,Flash用于存储程序代码,RAM用于存储程序运行时所需的堆栈数据及变量,而EEPROM用于存储一些外部数据(配置参数、校正系数等)。

SAM D20的所有型号芯片都使用统一固定的存储映射地址,并且不能进行重映射,即便在系统引导时也不行。表2.2.1列出了各型号芯片的物理存储映射地址和大小,表2.2.2列出了各型号芯片的Flash的大小和相关参数。

表2.2.1 SAM D20物理存储映射

存储器	起始地址	大小/KB				
		SAM D20x18	SAM D20x17	SAM D20x16	SAM D20x15	SAM D20x14
内部Flash	0x0000 0000	256	128	64	32	16
内部SRAM	0x2000 0000	32	16	8	4	2
外设桥A	0x4000 0000	64	64	64	64	64
外设桥B	0x4100 0000	64	64	64	64	64
外设桥C	0x4200 0000	64	64	64	64	64

注:x表示G、J或E。

表2.2.2 Flash存储器参数

型 号	Flash大小/KB	页面数(NVMP)	页面大小(PSZ)/B	行(ROW)大小
SAM D20x18	256	4 096	64	4pages=256 B
SAM D20x17	128	2 048	64	4pages=256 B
SAM D20x16	64	1 024	64	4pages=256 B
SAM D20x15	32	512	64	4pages=256 B
SAM D20x14	16	256	64	4pages=256 B

注:x表示G、J或E。

下面将介绍Flash存储器的内部单元和分区情况。

1. 存储单元的基本概念

存储器的最小逻辑单元是字节(B),即一字节对应一个逻辑地址(存储器是以字节编址的)。存储器以4字节对齐,对齐的4字节称为一个字(word),偶地址开始的2字节可称为一个半字(half word)。

对于整个存储器,可分为若干页(page),根据器件不同,每页字节数可能不同,可从页字节位(PARAM.PSZ)来读出确定,一般默认为64字节,并定义对齐的4页组成一行(ROW),即每行默认为256字节。

在SAM D20中，写操作的最小单元是页，而擦除操作的最小单元是行。表2.2.3所列为页和行的关系，其中n为行号。

表2.2.3 页和行的关系

Page($n*4$)+3	Page($n*4$)+2	Page($n*4$)+1	Page($n*4$)+0

同时，可将整个存储器固定分为16个区域(Region)，每个区域的大小由存储器总容量而定，并各自带有一个LOCK状态位(LOCK. LOCK[x])，用来读取区域的加解锁的状态，对区域的加锁和解锁过程将在下文中描述。

2. 存储器的分区

整个存储器的逻辑地址范围为0x00000000～0x1FFFFFFF。根据不同的器件型号，主代码区域有不同的范围，其最大逻辑地址是0x00040000，其余部分的少数地址被用做校正附加区域。表2.2.4所列为这两个区域的起始地址及大小。

表2.2.4 NVM的分区结构

存储区域	起始地址	大 小
主代码区域	0x0000_0000	最大256 KB
校正附加区域	0x0080_4000	若干

主代码区域对应了器件的主存储器的实际容量大小，校正附加区域的逻辑地址实际上均指向一些片内附加的存储空间，不占用主存储器的实际容量。

以下将分别对这两个区域做进行描述。

(1) 主代码区域

主代码区域包含3块地址空间，分别为BOOT空间、用户代码空间及EEPROM空间。这3块空间的大小可由用户区域的一些位域来改变，其中BOOT和EEPROM空间大小可以配置为0。BOOT空间主要用于存放Bootloader程序，用户代码空间用于存放应用程序，EEPROM空间用于存放用户数据。图2.2.2所示为主代码区域的结构。

(2) 校正附加区域

校正附加区域主要存放了一些重要的校正和设备参数，并分为若干个地址空间。其中AUX0空间的NVM用户区域、AUX1空间的软件校正区域较为重要，下面将详细阐述这两个区域的参数内容。图2.2.3所示为校正附加区域的结构。

1) 软件校正区域

软件校正区域的起始地址是0x00806020，其中的参数在芯片生产测试后被写入，是只读属性，不能被再次写入。这些参数的详细内容如表2.2.5所列。

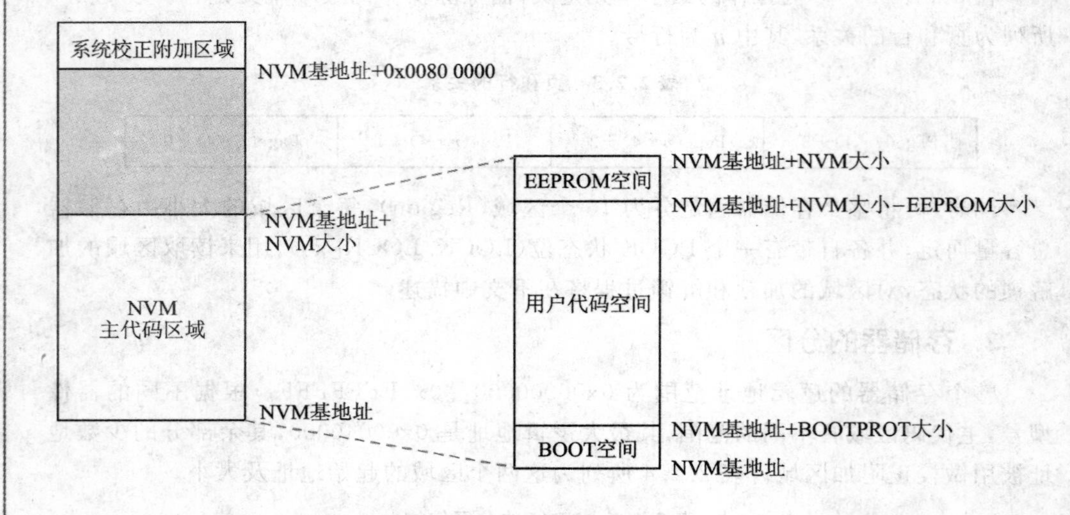

图 2.2.2 主代码区域结构

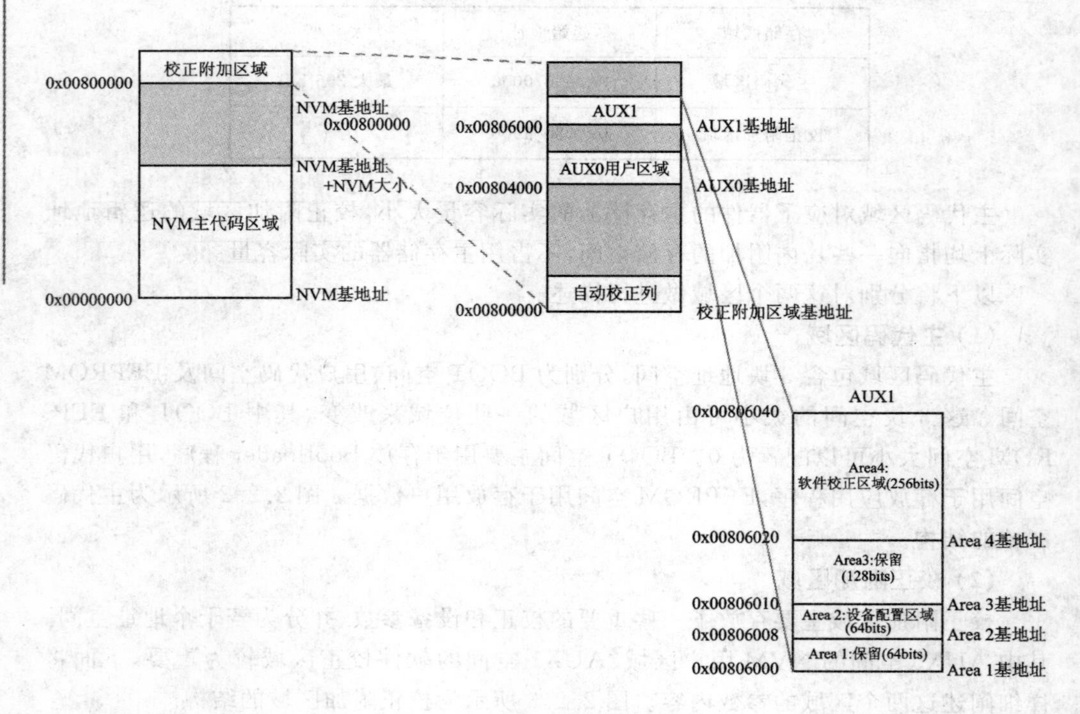

图 2.2.3 校正附加区域结构

表 2.2.5 软件校正区域

位	校正参数	意 义
2:0	保留	
14:3	保留	
26:15	保留	
34:27	ADC LINEARITY	ADC线性校正系数
37:35	ADC BIASCAL	ADC偏移校正系数
44:38	OSC32K CAL	32K晶振校正系数
57:45	保留	
63:58	DFLL48M COARSE CAL	DFLL粗调校正系数
73:64	DFLL48M FINE CAL	DFLL微调校正系数
127:74	保留	

2）用户区域(USER ROW)

用户区域的起始地址为00804000，其中存放了存储器空间划分的默认配置、NVM的锁保护配置及欠压和看门狗的配置。这些参数在设备上电后自动生效，并且对任何参数的改动都只在重新复位后才会生效。表2.2.6所列为用户区域的详细参数。

表 2.2.6 用户区域

位	参 数	意 义
2:0	BOOTPROT	设定BOOT区域的大小(默认值为7，即区域大小为0)
3	保留	
6:4	EEPROM	设定EEPROM区域的大小(默认值为7，即区域大小为0)
7	保留	
13:8	BOD33 Level	BOD33的阈值电平(默认值为7)
14	BOD33使能	BOD33是否使能(默认值为1)
16:15	BOD33 Action	BOD33事件发生后的行为类型(默认值为1)
24:17	保留	BOD12的配置(默认值为0x70)
25	WDT使能	WDT是否使能(默认值为0)
26	WDT Always-On	上电时WDT Always-On(默认值为0)
30:27	WDT Period	上电时WDT窗口模式时间截止(默认值为0xB)
34:31	WDT窗口	上电时WDT Period(默认值为0xB)
38:35	WDT EWOFFSET	上电时WDT预警中断时间偏移(默认值为0xB)
39	WDT WEN	上电时使能WDT定时器窗口模式(默认值为0)
40	BOD33 Hysteresis	BOD33是否使能迟滞功能(默认值为0)
41	BOD12 Hysteresis	BOD12是否使能迟滞功能(默认值为0)
47:42	保留	
63:48	LOCK	各个区域的LOCK位

其中，参数 BOOTPROT 和 EEPROM 分别占用 3 位，BOOTPROT 位可将 BOOT 空间分为 0～32 KB 的 8 种不同的大小，而 EEPROM 位可将 EEPROM 空间分为 0～16 KB 的 8 种不同的大小。

参数 LOCK 占用 16 位，每一位对应一个区域，当一个 LOCK 位置 1 并复位生效后，相对应的一个区域就被上锁保护了，之后对这个区域的擦除和写操作都是无效的，芯片出厂后每个区域都默认是处于解锁状态的。

另外，BOOT 空间内的区域都是写保护的，而 EEPROM 空间内的区域无论对应的 LOCK 位什么状态，都可以被写入。

3. 设备序列号

每一个设备（芯片）在出厂时，都会带有一个 128 位的序列号，每一个序列号都是唯一的，可用于芯片识别、软件加密等。芯片序列号由 4 个 32 位字（word）组成，具体如表 2.2.7 所列。

表 2.2.7　序列号地址

32 位字	地　址	32 位字	地　址
WORD0	0x0080A00C	WORD2	0x0080A044
WORD1	0x0080A040	WORD3	0x0080A048

2.3 SAM D20 最小系统

最小系统主要用来测试、判断系统是否可以完成正常的启动与运行，可以将系统问题的判断简单化，分析出是芯片本身的问题，还是外围器件的问题。由于 SAM D20 内部外设非常齐全，其最小应用系统可以非常简单，仅需给芯片正常供电即可。

图 2.3.1 所示为一个 SAM D20 的最小系统示例。由于 SAM D20 内部集成了上电复位、8 MHz 和 32.768 kHz 振荡器，图 2.3.1 中的外部晶振和手动复位也是可选的。留出串行调试接口（SWD）用于下载和调试程序，一个 LED 指示灯用来观察程序执行的状态。

上电复位（POR）后，OSC8M 将作为默认的时钟源。8 分频后使用 1 MHz（通用时钟发生器 0_GCLK0）作为此刻的系统时钟。同时，启动 GCLK_WDT 用于看门狗，其余时钟均禁止。

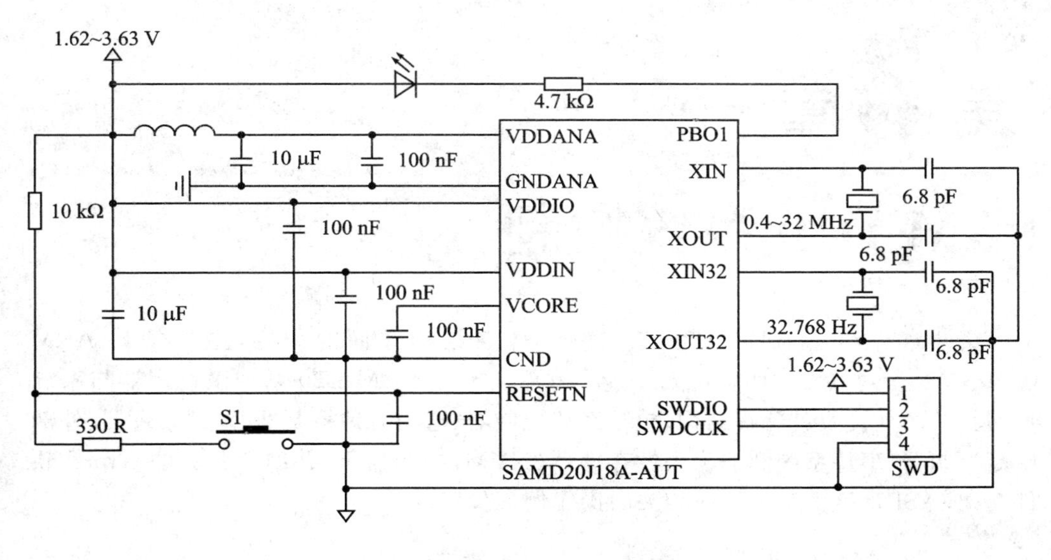

图 2.3.1　SAM D20 最小系统图

第3章

SAM D20 系统控制

第 2 章介绍了 SAM D20 微控制器体系结构方面的内容，主要是与 ARM Cortex-M0+内核相关的资源及功能。本章将介绍 SAM D20 系列微控制器与系统控制相关的外设及其编程结构，包括系统控制器、通用时钟控制器、电源管理器、外部中断控制器、事件系统和非易失性存储器(NVM)控制器等，并结合相关的 Atmel 软件框架(ASF)，给出每个外设相关的操作例程代码。

3.1 系统控制器

SAM D20 系列微控制器的系统控制器(SYSCTRL)为用户提供了一系列时钟、电源、监控等系统级模块的操作接口，如外部晶振 XOSC、外部 32.768 kHz 晶振 XOSC32K、内部高精度 32.768 kHz 振荡器 OSC32K、内部超低功耗 32.768 kHz 振荡器 OSCULP32K、内部高速 8 MHz 振荡器 OSC8M、数字锁频环(倍频器) DFLL48M、低电压检测 BOD33、BOD12、内部电压调节器 VREG 以及内部参考 VREF 等，实现对这些子模块的配置和控制。本节将着重介绍 SAM D20 系列微控制器的系统控制器(SYSCTRL)原理及相关操作。

3.1.1 SAM D20 系统控制器的工作原理

SAM D20 系统控制器(SYSCTRL)的结构框图如图 3.1.1 所示。用户可以通过系统控制器提供的接口寄存器，对系统控制器的各个子模块进行启用、禁用、校准和监测等操作。当指定的时钟源工作时，系统控制器(SYSCTRL)可以继续运行在任何休眠模式。

其中，电源时钟状态寄存器(PCLKSR)用来记录由 SYSCTRL 控制的子模块的有关状态。在相应的中断被启用时，这些状态的改变可以触发系统中断。此外，通过一个可编程的掉电检测器，产生欠压检测 BOD33 和 BOD12 中断，可以将微控制器从待机休眠模式中唤醒。

系统控制器主要实现以下几个子模块的控制：

(1) 振荡器控制

➢ 0.4～32 MHz 外部晶体振荡器(XOSC)；

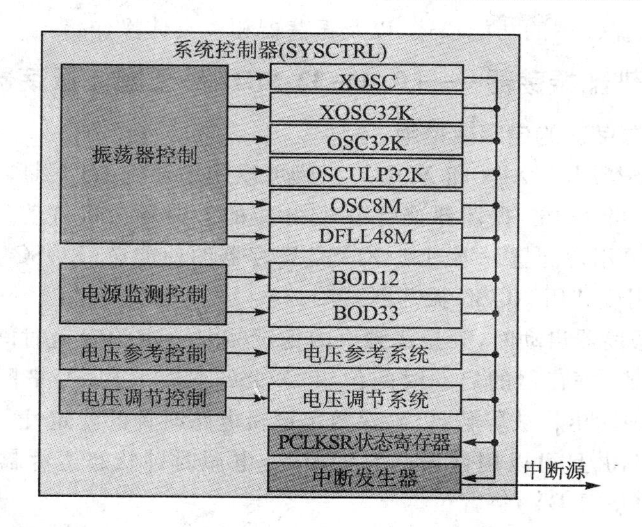

图 3.1.1 系统控制器(SYSCTRL)的结构框图

➢ 32.768 kHz外部晶体振荡器(XOSC32K);

➢ 32.768 kHz的高精度内部振荡器(OSC32K);

➢ 32.768 kHz的超低功耗内部振荡器(OSCULP32K);

➢ 8 MHz内部振荡器(OSC8M);

➢ 数字锁频环(DFLL48M)。

2. 电源监测控制

➢ 1.2 V欠压检测(BOD12);

➢ 3.3 V欠压检测(BOD33)。

3. 电压调节控制(VREG)

➢ 内核电压调节;

➢ 启动时自动加载出厂校准的电压值。

4. 电压参考控制(VREF)

➢ 可编程的带隙电压基准发生器;

➢ 温度传感器;

➢ 复位启动时自动加载出厂校准的带隙校准值。

3.1.2 振荡器控制

SAM D20微控制器的系统控制器(SYSCTRL)集中了微控制器所有振荡器相关的控制操作,并为通用时钟控制器(GCLK)提供时钟源。SAM D20有6种时钟振荡源,包括0.4~32 MHz外部晶体振荡器(XOSC)、32.768 kHz外部晶体振荡器(XOSC32K)、32.768 kHz高精度内部振荡器(OSC32K)、32.768 kHz超低功耗内部振荡器(OSCULP32K)、8 MHz内部振荡器(OSC8M)、数字锁频环(DFLL48M)。下面介绍各个时钟振荡器的功能描述，以及振荡器相关具体操作。

1. XOSC外部振荡器——0.4～32 MHz外部晶体振荡器

(1) XOSC振荡器的启用或禁用

在XOSC被禁用时，XIN和XOUT引脚可以用做通用I/O引脚(GPIO)或作为外设功能引脚。当XOSC振荡器被启用时，相应的I/O端口将自动配置为相应的功能引脚，而不需要用户配置。通过对XOSC寄存器的使能位(XOSC.ENABLE)置1或清0，可以启用或禁用XOSC振荡器。

在XOSC振荡器启动时，其振荡频率的稳定需要一定的启动时间。这个启动时间可以通过XOSC寄存器的启动时间位组(XOSC.STARTUP)来配置。在启动期间，XOSC的时钟输出将被屏蔽，以确保数字逻辑电路时钟的稳定性。当外部时钟或晶体振荡器稳定，并且可以用做振荡时钟源时，电源时钟状态寄存器的XOSC就绪位(PCLKSR.XOSCRDY)将置位。

在中断使能设置寄存器的XOSC位(即中断使能位INTENSET.XOSCRDY)为1的情况下，当PCLKSR.XOSCRDY寄存器位从0变为1时，将产生相应的中断。

XOSC振荡器引脚信号描述，如表3.1.1所列。

表3.1.1 XOSC振荡器引脚信号描述

信号名称	引脚类型	功能描述
XIN	模拟输入	0.4～32 MHz晶体振荡器或外部时钟发生器输入引脚
XOUT	模拟输出	0.4～32 MHz晶体振荡器时钟频率输出引脚

(2) XOSC振荡器的两种工作模式

用户可通过配置XOSC.XTALEN寄存器位，让XOSC振荡器采用以下两种工作模式：

1) 外部时钟模式，外部时钟信号连接到XIN引脚

通过对XOSC.XTALEN寄存器位清0，配置XOSC振荡器采用外部时钟模式。在此模式下，只有XIN引脚被SYSCTRL重新配置和控制，而XOUT引脚仍然可以作为一个GPIO引脚使用。

2) 晶体振荡器模式，外接0.4～32 MHz的晶振到XIN和XOUT引脚

通过对XOSC.XTALEN寄存器位置1，将配置XOSC振荡器采用外部晶体振荡器模式。在此模式下，XIN和XOUT引脚由系统控制器(SYSCTRL)控制，这两个引脚功能将被重新配置。0.4～32 MHz的晶体振荡器必须被连接到XIN和XOUT引脚，以及所需的负载电容。

在晶体振荡器模式时(XOSC.XTALEN寄存器位为1)，必须设置XOSC振荡器的增益寄存器位(XOSC.GAIN)与外部晶体振荡器频率匹配。如果XOSC振荡器的振幅自动增益控制寄存器位(XOSC.AMPGC)为1，则XOSC振荡器的振幅将自动调整,并且可以保持较低的功耗。

(3) 不同休眠模式下,XOSC振荡器的工作状态

在不同休眠模式下,可通过配置XOSC.RUNSTDBY、XOSC.ONDEMAND和XOSC.ENABLE寄存器位,来控制XOSC振荡器的工作状态,如表3.1.2所列。

表3.1.2 不同休眠模式下,XOSC振荡器的工作状态

XOSC.RUNSTDBY	XOSC.ONDEMAND	XOSC.ENABLE	休眠情况
—	—	0	XOSC振荡器禁用
0	0	1	IDLE休眠模式下,XOSC振荡器继续运行;STANDBY休眠模式下,XOSC振荡器将禁用
0	1	1	IDLE休眠模式下,当外设需要XOSC作为时钟源时,XOSC才继续运行;STANDBY休眠模式下,XOSC振荡器将禁用
1	0	1	IDLE休眠模式或STANDBY休眠模式下,XOSC振荡器都继续运行
1	1	1	IDLE休眠模式或STANDBY休眠模式下,在外设需要XOSC作为时钟源时,XOSC才继续运行

2. XOSC32K外部振荡器—— 32.768 kHz晶体振荡器

(1) XOSC32振荡器的启用或禁用

在XOSC32K被禁用时,XIN32和XOUT32引脚可以用做通用I/O引脚(GPIO)或作为外设功能引脚。当XOSC32K振荡器被启用时,相应的I/O端口将自动配置为相应的功能引脚,而不需要用户配置。通过对XOSC32K寄存器的使能位(XOSC32K.ENABLE)置1或清0,可以启用或禁用XOSC32K振荡器。

在XOSC32K振荡器启动时,其振荡频率的稳定需要较长的启动时间(可达1 s)。这个启动时间可以通过XOSC32K寄存器的启动时间位组(XOSC32K.STARTUP)来配置。在启动期间,XOSC32K振荡器的时钟输出将被屏蔽,以确保相关数字逻辑电路时钟的稳定性。当外部时钟或晶体振荡器稳定,并且可以用做时钟振荡源时,电源时钟状态寄存器的XOSC32K就绪位(PCLKSR.XOSC32KRDY)将置位。

在中断使能寄存器的XOSC32K就绪位(即中断使能位INTENSET.XOSC32KRDY)为1的情况下,当PCLKSR.XOSC32RDY寄存器位从0变为1时,将产生相应的中断。

在进入休眠模式之前,如果事先启用了XOSC32K振荡器,则该振荡器将继续处于工作状态。在复位(除了上电复位)期间,XOSC32K振荡器仍保持运行状态。

XOSC32K振荡器引脚信号描述如表3.1.3所列。

表 3.1.3 XOSC32K振荡器引脚信号描述

信号名称	引脚类型	功能描述
XIN32	模拟输入	32 kHz晶体振荡器或外部时钟发生器输入引脚
XOUT32	模拟输出	32 kHzMHz晶体振荡器时钟频率输出引脚

(2) XOSC32K振荡器的两种工作模式

用户可通过配置XOSC32K.XTALEN寄存器位，让XOSC32K振荡器采用以下两种工作模式：

① 外部时钟模式，外部时钟信号连接到XIN32引脚。

通过对XOSC32K.XTALEN寄存器位清0，将配置XOSC32K振荡器采用外部时钟模式。在此模式下，只有XIN32引脚被SYSCTRL重新配置和控制，而XOUT32引脚仍然可以作为一个GPIO引脚。

② 晶体振荡器模式，外接32.768 kHz的晶振到XIN32和XOUT32引脚。

通过对XOSC32K.XTALEN寄存器位置1，将配置XOSC32K振荡器采用晶体振荡器模式。在此模式下，XIN32和XOUT32引脚由系统控制器(SYSCTRL)控制，这两个引脚功能将被重新配置。32.768 kHz的晶体振荡器必须连接到XIN32和XOUT32引脚，以及所需的负载电容。

(3) XOSC32K振荡器的两种时钟输出

XOSC32K振荡器采用晶体振荡器模式时，可配置相应的寄存器输出两种时钟频率：

- XOSC32K输出频率为32.768 kHz的时钟信号。通过对XOSC32K寄存器的32 kHz输出使能位(XOSC32K.EN32K)置1实现。
- XOSC32K输出频率为1.024 kHz的时钟信号。通过对XOSC32K寄存器的1 kHz输出使能位(XOSC32K.EN1K)置1实现。

注意：如果XOSC32K振荡器采用外部时钟模式，则没有这两种输出选择。

3. OSC32K内部振荡器—— 32.768 kHz高精度内部振荡器

OSC32K振荡器为系统提供一个可调、低速、低功耗的时钟振荡源。

(1) OSC32K内部振荡器的启用或禁用

OSC32K内部振荡器在默认情况下是禁用的。通过对OSC32K寄存器的使能位(OSC32K.ENABLE)置1或清0，可以启用或禁用OSC32K振荡器。

(2) OSC32K内部振荡器的两种时钟输出

- OSC32K输出频率为32.768 kHz的时钟信号。通过对OSC32K寄存器的32 kHz输出使能位(OSC32K.EN32K)置1实现。
- OSC32K输出频率为1.024 kHz的时钟信号。通过对OSC32K寄存器的1 kHz输出使能位(OSC32K. EN1K)置1实现。

OSC32K 振荡频率，由 OSC32K 寄存器的振荡器校准位组(OSC32K.CALIB)控制。出厂校准值存储在非易失性存储器中，新的校准值必须由用户写入。在新的校准值作用于振荡器之前，用户必须等待 PCLKSR.OSC32KRDY 位变为 1。

4. OSCULP32K 内部振荡器—— 32.768 kHz 超低功耗内部振荡器

OSCULP32K 振荡器为系统提供一个可调、低速、超低功耗的时钟振荡源。OSCULP32K 是在典型的电压和温度条件下，经过出厂校准的内部振荡器。在功耗要求比时钟频率的稳定性和精度更重要的场合，应该选用 OSCULP32K 内部振荡器，而不选用 OSC32K 内部振荡器。

在上电复位后，OSCULP32K 振荡器在默认情况下是启用的，并且一直处于运行状态(除了上电复位期间)。OSCULP32K 可以一直输出 32.768 kHz 和 1.024 kHz 的时钟频率。

OSCULP32K 振荡频率，由 OSCULP32K 寄存器的振荡器校准位组(OSCULP32K.CALIB)控制。出厂校准值在振荡器启动时，会被自动加载到 OSCULP32K.CALIB 寄存器位组，用于对振荡器的运行频率进行补偿。用户也可以向 OSCULP32K.CALIB 写入新的校准值。

5. OSC8M 内部振荡器—— 8 MHz 内部振荡器

OSC8M 是在典型的电压和温度条件下，经过出厂校准的内部高速振荡器。OSC8M 振荡器运行在开环模式下，可产生一个 8 MHz 左右的时钟频率。

上电复位(POR)后，OSC8M 将作为默认的时钟源。OSC8M 可以用做通用时钟发生器的时钟源，也可作为主时钟出故障时的备用时钟。通过对 OSC8M 寄存器的使能位(OSC8M.ENABLE)置 1 或清 0，可以启用或禁用 OSC8M 振荡器。当启用 OSC8M 振荡器时，用户需要读取 OSC8M.ENABLE 位，直到此位为 1 时(表示正常起振)，才能使用 OSC8M 时钟振荡源。在进入休眠模式后，OSC8M 振荡器会自动关闭，以降低功耗。

OSC8M 振荡频率，可由 OSC8M 寄存器的振荡器校准位(OSC8M.CALIB)控制。出厂校准值在振荡器启动时，会被自动加载到 OSC8M.CALIB 位组，用于对振荡器的运行频率进行补偿。用户可以通过修改 OSC8M 寄存器的频率范围位组(OSC8M.FRANGE)和校准位组(OSC8M.CALIB)来调节 OSC8M 的振荡频率。只有在 OSC8M 被禁用时，才能修改 FRANGE 和 CALIB 寄存器位组的值。由于 OSC8M 运行在开环模式，其频率将会受供电电压、温度和工艺等因素的影响。

6. DFLL48M 振荡器——数字锁频环

数字锁频环可以用于频率倍增(升频)，使得 MCU 内核可以选用高于振荡器振荡频率的工作时钟信号。

(1) DFLL48M 振荡器的两种工作模式

1) 开环运行模式

任何复位后，DFLL48M 默认的工作模式为开环模式。当此模式下，DFLL48M 输出频率由 DFLL 寄存器的粗调寄存器位组(DFLLVAL. COARSE)和微调寄存器位组(DFLLVAL. FINE)共同决定。在 DFLL48M 运行中，用户可以通过修改 DFLLVAL. COARSE 和 DFLLVAL. FINE 寄存器位组值，来改变 DFLL48M 时钟的输出频率(CLK_DFLL48M)。在启用 DFLL48M 后，用户必须查询 PCLKSR. DFLLRDY 寄存器位，为 1 时(表示锁频环就绪)，CLK_DFLL48M 才能启用。

2) 闭环运行模式

在闭环运行模式时，通过与参考时钟的比较，DFLL48M 会不断地自动调整输出时钟频率。当倍乘系数被设置后，DFLL48M 振荡器微调控制将自动进行调整。

在启用 DFLL48M 之前，必须通过下面的方式正确配置好闭环运行模式：

- 选择并启用参考时钟(CLK_DFLL48M_REF)。CLK_DFLL48M_REF 为通用时钟通道 0。
- 选择最大的频率调整步值。通过向 DFLL 倍频寄存器的最大粗调步值寄存器位组(DFLLMUL. CSTEP)和最大微调步值的寄存器位组(DFLL MUL. FSTEP)写入适当的值来配置。较小的频率调整步值，可以保证输出频率的超调量较小(波动较小)，但会导致较长的频率锁定时间；而较大的频率调整步值，可能会导致较大的超调量(波动较大)，但可以缩短频率锁定的时间。另外，DFLLMUL. CSTEP 和 DFLLMUL. FSTEP 的值，不应该高于 DFLLVAL. COARSE 和 DFLLVAL. FINE 的最大值的 50%。
- 配置 DFLL 倍频寄存器的倍频因数寄存器位组(DFLLMUL. MUL)，选择 DFLL 倍频因数。必须注意的是：在配置 DFLLMUL. MUL 时，要保证输出频率不超过微控制器运行的最大时钟频率。如果目标输出频率比 DFLL48M 的最小频率还要低，则将以 DFLL 的最小频率值输出。
- 最后，通过将 DFLL 控制寄存器的模式选择位(DFLLCTRL. MODE)置 1，启用闭环模式。

(2) DFLL48M 输出频率 CLK_DFLL48M($F_{clkdfll48m}$)的计算方法

DFLL48M 输出频率 $F_{clkdfll48m}$ 由下面公式给出：

$$F_{clkdfll48m} = \text{DFLLMUL. MUL} \times F_{clkdfll48mref}$$

其中：$F_{clkdfll48mref}$ 为参考时钟频率(CLK_DFLL48M_REF)。在闭环模式下，DFLLVAL. COARSE 和 DFLLVAL. FINE 寄存器位组只能读，不能写，并且由频率调谐器控制，以满足用户指定的频率控制。在闭环模式下，DFLLVAL. COARSE 的值作为频率调谐器粗调的起始值。在进入闭环模式前，事先将最靠近目标频率的配置值写入 DFLLVAL. COARSE 寄存器位组可以缩短频率粗调的锁定时间。

(3) 频率锁定

在闭环模式下，频率的锁定可分为以下两个阶段：

第一阶段：粗调阶段。控制逻辑快速地找到适合的值，写入DFLLVAL.COARSE，使输出的频率接近目标频率。频率粗调锁定时，电源时钟状态寄存器的DFLL粗调锁定位(PCLKSR.DFLLLOCKC)将置1。

第二阶段：微调阶段。控制逻辑通过调整DFLLVAL.FINE的值，使输出频率更加接近目标频率。频率微调锁定时，电源时钟状态寄存器的DFLL微调锁定位(PCLKSR.DFLLLOCKF)将置1。

在INTENSET.DFLLLOCKC或INTENSET.DFLLLOCKF中断使能位配置为1的情况下，当检测到PCLKSR.DFLLLOCKC或PCLKSR.DFLLLOCKF位从0到1的跳变时，都将产生一个相应的中断。

当电源时钟状态寄存器的DFLL就绪位(PCLKSR.DFLLRDY)为1时，表示时钟CLK_DFLL48M可以启用。

(4) 频率误差测量

在DFLL48M闭环模式下，系统将自动测量CLK_DFLL48M_REF和CLK48M_DFLL之间的比率值。这个比率与DFLLMUL.MUL的差值，将会存于DFLLVAL寄存器的倍频比率差分位组(DFLLVAL.DIFF)。

CLK_DFLL48M与目标频率的相对误差，可以通过下面公式计算得到：

$$\mathrm{ERROR} = \frac{\mathrm{DIFF}}{\mathrm{MUL}}$$

(5) 漂移补偿

设置DFLLCTRL寄存器的DFLL频率稳定位(DFLLCTRL.STABLE)为0，频率调谐器将自动补偿CLK_DFLL48M时钟的漂移，而且不会失去已锁定的粗调和微调频率。这意味着：在每次测量CLK_DFLL48M后，都可以修改DFLLVAL.FINE寄存器位组(用于频率的微调)。

由于温度或者电压漂移较大，而引起DFLLVAL.FINE的值出现上溢或下溢时，则电源时钟状态寄存器的DFLL输出边界位(PCLKSR.DFLLOOB)将置1。出现这种情况时，用户必须重新配置DFLLMUL.MUL的值，以确保得到合适、正确的CLK_DFLL48M时钟频率。

在中断使能设置寄存器的DFLL输出边界位(INTENSET.DFLLOOB)为1的情况下，如果检测到PCLKSR.DFLLOOB位从0到1跳变，将产生一个中断。在频率调谐器无法锁定频率粗调值时，也会产生此中断。

(6) 参考时钟的检测

如果参考时钟CLK_DFLL48M_REF停止或运行在一个非常低的频率(频率值小于CLK_DFLL48M/(2×$\mathrm{MUL}_{\mathrm{MAX}}$))，电源时钟状态寄存器的DFLL参考时钟停止位(PCLKSR.DFLLRCS)将会置位。

检测参考时钟停止,可能需要很长的时间(2^{17} 个 CLK_DFLL48M 时钟周期)。当参考时钟 CLK_DFLL48M_REF 停止时,DFLL48M 将运行在开环模式。在 CLK_DFLL48M_REF 重新有效时,闭环模式操作将自动恢复。

在中断使能设置寄存器的 DFLL 参考时钟停止位(INTENSET. DFLLRCS)为 1 的情况下,如果检测到 PCLKSR. DFLLRCS 位从 0 到 1 跳变,将产生相应的中断。

(7) DFLL48M 时钟精度

影响时钟频率 $F_{clkdfll48m}$ 的精度,主要有以下 3 个参数。调整这些参数,可以在频率微调锁定时获得最高的频率精度。

- 微调分辨率:两个微调间的频率步值。对于较高的输出频率,微调分辨率相对较小。
- 测量分辨率:如果测量 $F_{clkdfll48m}$ 的分辨率较低,即 CLK_DFLL48M 频率与 CLK_DFLL48M_REF 频率间的比率值较小,从而使 DFLL48M 锁定的频率可能比目标频率要低。为了避免这个问题,建议使用 32 kHz 或低于 32 kHz 的参考时钟频率。
- 参考时钟(CLK_DFLL48M_REF)的精度。

(8) 处理在闭环模式下 DFLL 的延迟

从设置一个新的 CLK_DFLL48M 频率值,到最后 DFLL48M 的输出频率之间,可能会有几微秒的延迟时间。如果 DFLLMUL. MUL 的值过小,可能会导致 DFLL48M 锁定机构的不稳定,使 DFLL48M 无法锁定频率(失锁)。

为了避免这种情况,系统将启动一个冷却周期(chill_cycle)。在这期间,系统不测量 CLK_DFLL48M 的频率值。这个冷却周期,在默认情况为启用状态。也可以通过对 DFLL 控制寄存器的冷却周期禁用位(DFLLCTRL. CCDIS)置位,来禁用这个冷却周期。使用冷却周期可能会使锁定时间加倍。

这个问题还可以通过快速锁定(QL)来解决。快速锁定功能也是默认启用的,但可以通过对 DFLL 控制寄存器的快速锁定禁止位(DFLLCTRL. QLDIS)置位,来禁用快速锁定功能。与采用冷却周期方法相比,采用快速锁定可能会导致输出频率波动更大,但是平均输出频率是相同的。

3.1.3 电源监测控制

系统控制器提供了两个欠压检测控制器(BOD),用来检测电源模块状态,包括检测 3.3 V 的模拟供电 VDDANA 电源(BOD33)和 1.2 V 的内核供电 VDDCORE 电源(BOD12)。这两个欠压检测器都支持连续工作模式和采样工作模式。

每一个 BOD 的阈值动作(复位微控制器或产生中断)、迟滞配置及启用/禁用的设置,都会在启动时,自动加载闪存 NVM 的用户校准值,并且可以通过修改相应的用户寄存器位组来修改这些配置值。

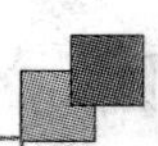

1. 两种欠压检测控制器

(1) BOD33——3.3 V欠压检测器

3.3 V欠压检测器(BOD33),通过与BOD33寄存器的级别位组(BOD33.LEVEL)设置的欠压阈值比较,来监测VDDANA的电压。欠压检测器在监测到VDDANA的电压低于设置的欠压阈值时,可以产生中断或系统复位。复位后,用户可以从电源时钟状态寄存器的BOD33检测位(PCLKSR.BOD33DET),判断此次复位是否由此欠压复位引起。在启动或上电复位(POR)时,系统将闪存中的用户配置值加载到BOD33寄存器。

(2) BOD12——1.2 V欠压检测器

1.2 V欠压检测器(BOD12),通过与BOD12寄存器的级别位组(BOD12.LEVEL)设置的欠压阈值比较,来监测VDDCORE的电压。欠压检测器在监测到VDDCORE的电压低于设置的欠压阈值时,可以产生中断或系统复位。复位后,用户可以从电源时钟状态寄存器的BOD12检测位(PCLKSR.BOD12DET),判断此次复位是否由此欠压复位引起的。在启动或上电复位(POR)时,系统将闪存中的用户配置值加载到BOD12寄存器。

2. 欠压检测的两种工作模式

(1) 欠压检测的连续工作模式

在启用BOD33,并且BOD33寄存器的模式配置位(BOD33.MODE)设置为0时,BOD33将以连续模式运行。在此模式下,BOD33将连续监测VDDANA的电源电压。

在启用BOD12,并且BOD12寄存器的模式配置位(BOD12.MODE)设置为0时,BOD12将以连续模式运行。在此模式下,BOD12将连续监测VDDCORE的电源电压。注意:当微控制器处于待机休眠模式时,BOD12不能使用连续模式。

BOD12和BOD33的默认工作模式都是连续模式。

(2) 欠压检测的采样工作模式

BOD33或BOD12的采样工作模式,是一种低功耗的工作模式。在每个采样周期到来时,BOD33或BOD12将进行一次相应的欠压检测。检测完成之后,BOD33或BOD12马上进入低功耗的禁用状态,直到下一个采样周期到来时,再进行相应的欠压检测。图3.1.2所示为欠压检测采样模式的结构框图。

通过对BOD33.MODE寄存器位或BOD12.MODE寄存器位置1,来启用相应检测器工作在采样模式。采样周期频率$F_{clksampling}$由BOD33寄存器中的预分频选择位组(BOD33.PSEL)或BOD12寄存器中的预分频选择位组(BOD12.PSEL)决定。计算公式如下:

$$F_{clksampling} = \frac{F_{clkprescaler}}{2^{(PSEL+1)}}$$

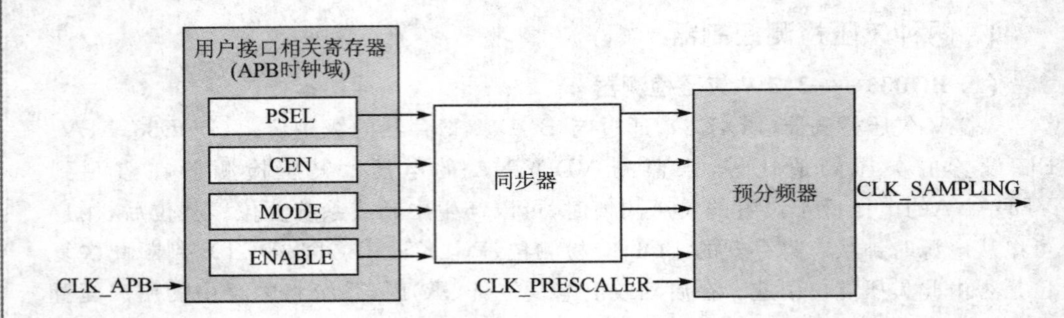

图 3.1.2 欠压检测采样模式的结构框图

式中，预分频器的频率 $F_{clkprescaler}$ 为从 32 kHz 超低功耗振荡器(OSCULP32K)输出得到的 1 kHz。

采样模式的时钟与 APB 的时钟模块不同，采样模式的时钟需要进行同步操作。在电源时钟状态寄存器的 BOD33 或 BOD12 的同步就绪位(PCLKSR. B33SRDY 或 PCLKSR. B12SRDY)，显示同步器的同步就绪状态。PCLKSR. B33SRDY 寄存器位为 0 时，对 BOD33 寄存器的写操作将无效。同样，PCLKSR. B12SRDY 寄存器位为 0 时，对 BOD12 寄存器的写操作将无效。

在修改预分频器的分频值之前，BOD33 寄存器的时钟使能位(BOD33. CEN)或 BOD12 寄存器的时钟使能位(BOD12. CEN)必须设置禁用(为 0)。在 BOD33 或 BOD12 采样模式期间，修改预分频器的分频值，需要采取以下步骤：

- 等到 PCLKSR. B33SRDY 位或者 PCLKSR. B12SRDY 位为 1；
- 将选择的分频值写入 BOD33. PSEL 或 BOD12. PSEL 寄存器位组。

3. 迟滞功能

迟滞功能可用于连续和采样模式。通过对 BOD33 寄存器的迟滞位(BOD33. HYST)置 1，可以在 BOD33 阈值水平增加迟滞功能。通过对 BOD12 寄存器的迟滞位(BOD12. HYST)置 1，可以在 BOD12 阈值水平增加迟滞功能。增加迟滞可以避免一些电源瞬态干扰对欠压检测电路的影响。

3.1.4 电压调节控制

该稳压器有以下两种工作模式：

- 普通模式：在 CPU 和外设运行时使用。
- 低功耗(LP)模式：稳压器有更小的静态电流。也可用在待机模式。

3.1.5 电压参考控制

电压参考系统(VREF)由一个带隙参考电压发生器和一个温度传感器组成。带隙参考电压发生器是在典型的电压和温度条件下，经过出厂校准的。在复位时，系统将出厂校准值加载到 VREF. CAL 的寄存器位组。

该温度传感器可以在规定的温度范围($C_{MIN} \sim C_{MAX}$摄氏度)内,采样得到一个绝对温度值。同时,该传感器还可以输出与温度成线性关系的电压值。可以通过下面的公式,将得到的电压值转换为温度值:

$$C = C_{MIN} + (V_{mes} - V_{out\ MAX}) \frac{\Delta_{temperature}}{\Delta_{voltage}}$$

通过对 VREF 寄存器中的温度传感器使能位(VREF. TSEN)置 1,可以启用温度传感器。此温度传感器还可以重新配置,用于 ADC 转换模块。通过对 VREF 寄存器中的带隙输出使能位(VREF. BGOUTEN)置 1,同样可以将带隙参考电压发生器的输出连接到 ADC 模块。

带隙参考电压发生器的输出电压值,由 VREF 寄存器中的校正 CALIB 位组来决定。用户也可以重新修改 CALIB 位组,覆盖之前默认的校准值。

3.1.6 系统控制器的中断控制

图 3.1.1 所示为系统控制器的结构框图,SYSCTRL 的所有类型中断请求共用一个中断源。用户必须通过读取 INTFLAG 寄存器值,才能判断具体的中断类型。每个中断类型都有一个相对应的中断标志位,当中断发生时,中断标志状态和中断清除寄存器中的中断标志位将置 1。通过对中断使能设置寄存器(INTENSET)的相应位置 1,可以使能相应的中断类型,或者对中断使能清除寄存器(INTENCLR)的相应位置 1,可以禁用相应的中断类型。

当中断标志位为 1,并且该中断类型使能时,才能产生相应的中断请求。该类型中断将一直有效,直到中断标志位清零,或者该中断类型被禁用,或者该外设模块被重启。注意,只有在系统总中断被打开时,才能产生中断请求。

通过系统控制器所产生的中断请求,微控制器可从休眠模式中被唤醒。系统控制器的所有中断类型,如表 3.1.4 所列。

表 3.1.4 系统控制器的中断类型列表

系统控制器的中断类型	产生中断的条件
XOSCRDY — 0.4～32 MHz 晶体振荡器就绪	当检测到 PCLKSR. XOSCRDY 位从 0 到 1 跳变
XOSC32KRDY — 32 kHz 晶体振荡器就绪	当检测到 PCLKSR. XOSC32KRDY 位从 0 到 1 跳变
OSC32KRDY — 32 kHz 的内部振荡器就绪	当检测到 PCLKSR. OSC32KRDY 位从 0 到 1 跳变
OSC8MRDY — 8 MHz 内部振荡器就绪	当检测到 PCLKSR. OSC8MRDY 位从 0 到 1 跳变
DFLLRDY — DFLL48M 就绪	当检测到 PCLKSR. DFLLRDY 位从 0 到 1 跳变
DFLLOOB — DFLL48M 输出超出边界	当检测到 PCLKSR. DFLLOOB 位从 0 到 1 跳变
DFLLLOCKF — DFLL48M 锁频微调	当检测到 PCLKSR. DFLLLOCKF 位从 0 到 1 跳变
DFLLLOCKC — DFLL48M 锁频粗调	当检测到 PCLKSR. DFLLLOCKC 位从 0 到 1 跳变

续表 3.1.4

系统控制器的中断类型	产生中断的条件
DFLLRCS — DFLL48M 参考时钟停止	当检测到 PCLKSR.DFLLRCS 位从 0 到 1 跳变
BOD33RDY — BOD33 就绪	当检测到 PCLKSR.BOD33RDY 位从 0 到 1 跳变
BOD33DET —检测到 BOD33	当检测到 PCLKSR.BOD33DET 位从 0 到 1 跳变
B33SRDY — BOD33 同步就绪	当检测到 PCLKSR.B33SRDY 位从 0 到 1 跳变
BOD12RDY — BOD12 就绪	当检测到 PCLKSR.BOD12RDY 位从 0 到 1 跳变
BOD12DET —检测到 BOD12	当检测到 PCLKSR.BOD12DET 位从 0 到 1 跳变
B12SRDY — BOD12 同步就绪	当检测到 PCLKSR.B12SRDY 位从 0 到 1 跳变

3.1.7 系统控制器相关 ASF 库函数及使用

本小节对 ASF 库中系统控制器相关的几个重要结构体和函数进行介绍，完整 API 可以参考附录 A。

1. 振荡源配置

振荡源部分的相关结构体较多，根据振荡源的分类，一共分为 5 个，表 3.1.5 列出了这 5 个结构体的类型名以及相关描述。

表 3.1.5 有关振荡源的结构体

类 型	描 述
struct system_clock_source_dfll_config	有关 DFLL 振荡源的配置结构体
struct system_clock_source_osc32k_config	内部低频振荡源配置结构体
struct system_clock_source_osc8m_config	内部高频振荡源配置结构体
struct system_clock_source_xosc32k_config	外部低频振荡源配置结构体
struct system_clock_source_xosc_config	外部高频振荡源配置结构体

由于其占用篇幅较大，这里仅以 DFLL 振荡源和外部低频振荡源的配置结构体为例进行介绍。

表 3.1.6 列出了 DFLL 结构体的相关成员变量及其描述。

表 3.1.6 system_clock_source_dfll_config 结构体成员

类 型	变量名	描 述
enumsystem_clock_dfll_chill_cycle	chill_cycle	是否开启冷冻周期
uint8_t	coarse_max_step	粗调最大间隔(闭环模式下使用)
uint8_t	coarse_value	粗调值(开环模式下使用)
uint8_t	fine_max_step	微调最大间隔(闭环模式下使用)

续表 3.1.6

类型	变量名	描述
uint8_t	fine_value	微调值(开环模式下使用)
enumsystem_clock_dfll_loop_mode	loop_mode	选择开环或者闭环模式
uint16_t	multiply_factor	倍乘因子
bool	on_demand	是否启用按需模式
enumsystem_clock_dfll_quick_lock	quick_lock	是否启用快速锁频
bool	run_in_standby	在 standby 模式下是否运行
enumsystem_clock_dfll_stable_tracking	stable_tracking	是否启用频率反馈跟踪的补偿漂移
enumsystem_clock_dfll_wakeup_lock	wakeup_lock	在唤醒后是否迅速稳定锁频

表 3.1.6 中,coarse_max_step 和 fine_max_step 分别对应 DFLLMUL. CSTEP 和 DFLL MUL. FSTEP 位组;coarse_value 和 fine_value 分别对应 DFLLVAL. COARSE 和 DFLLVAL. FINE 位组;multiply_factor 对应 DFLLMUL. MUL 位组;其他的枚举或者布尔变量用于开启或关闭一些 DFLL 的相关功能,详细可以参考前文数字锁频环部分。

表 3.1.7 列出了外部低频振荡源配置结构体的相关成员变量及其描述。

表 3.1.7 system_clock_source_xosc32k_config 结构体成员

类型	变量名	描述
bool	auto_gain_control	自动增益控制
bool	enable_1khz_output	使能 1 kHz 输出
bool	enable_32khz_output	使能 32 kHz 输出
enum system_clock_external	external_clock	外部连接输入时钟或晶振
uint32_t	frequency	晶振或输入时钟频率
bool	on_demand	是否启用按需模式
bool	run_in_standby	在 standby 模式下是否运行
enum system_xosc32k_startup	startup_time	设置起振时间

表 3.1.7 中,变量 enable_1khz_output 和 enable_32khz_output 分别对应了 XOSC32K. EN1K 和 XOSC32K. EN32K 位组;external_clock 对应了 XOSC32K. XTALEN 位组;startup_time 用于设置稳定起振等待时间,如果 external_clock 选择外部时钟输入,则 startup_time 可以设置为零等待时间,而如果 external_clock 选择外部晶振,则 startup_time 需要视具体的晶振起振情况而定;其他的变量用于控制外部低频振荡源,相关功能可详细参考前文 XOSC32K 外部振荡器部分。

以上详细介绍了 2 种振荡源的结构体配置,其他 3 种振荡源结构体与其类似,这里不再列举。接下来,介绍相关的振荡源的 API。

ASF 库中提供了常用振荡源的配置管理函数，主要以内部/外部高频振荡源、内部/外部低频振荡源以及 DFLL48M 这 5 种振荡源为主。函数类型主要有获取/设置配置、使能/禁止振荡源、校正参数等几类 API。下面以 DFLL48M 为例，列举与其相关的 API。

表 3.1.8 所列为 system_clock_source_dfll_get_config_defaults()函数。

表 3.1.8 system_clock_source_dfll_get_config_defaults()函数

函　数	void **system_clock_source_dfll_get_config_defaults**(struct system_clock_source_dfll_config * const config)
参　数	config：存放默认配置的结构体地址
返回值	无
描　述	将获取的 DFLL 默认配置存放到 config 中，默认配置如下： ● 启用开环模式并快速锁频； ● 启用测量 DFLL 的输出； ● 启用频率反馈跟踪的补偿漂移； ● 默认适中的粗调值和微调值； ● Standby 模式禁止运行； ● 唤醒后迅速稳定锁频； ● 启用按需模式

为了使振荡源配置生效，必须调用表 3.1.9 所列的 system_clock_source_dfll_set_config()函数。

表 3.1.9 system_clock_source_dfll_set_config()函数

函　数	void **system_clock_source_dfll_set_config**(struct system_clock_source_dfll_config * const config)
参　数	config：存放需要配置的结构体指针
返回值	无
描　述	将 DFLL 的 config 配置生效

为了使振荡源工作，必须调用表 3.1.10 所列的 system_clock_source_enable()函数。

表 3.1.10 system_clock_source_enable()函数

函　数	enum status_code **system_clock_source_enable**(const enum system_clock_source system_clock_source)
参　数	system_clock_source：需要使能的振荡源
返回值	tatus_code 分为 2 种： ● STATUS_OK：使能时钟源成功； ● STATUS_ERR_INVALID_ARG：给定的时钟源无效
描　述	使能需要的时钟源

除了上述的使能振荡源函数，库中还提供了禁止时钟源函数 system_clock_source_disable()、获取振荡源频率函数 system_clock_source_get_hz()、写入时钟校正参数函数 system_clock_source_write_calibration()。限于篇幅，这里不再详述。

2. 欠压检测配置

ASF 库中提供了一个有关欠压检测配置的结构体 bod_config，表 3.1.11 所列为该结构体的相关成员变量及其描述。

表 3.1.11　bod_config 结构体成员

类　型	变量名	描　述
enum bod_action	action	检测到欠压后，选择复位或中断
bool	hysteresis	是否打开迟滞功能
uint8_t	level	设置欠压阀值
enum bod_mode	mode	选择采样模式
enum bod_prescale	prescaler	选择采样时钟分频系数
bool	run_in_standby	在 standby 模式下是否运行

表 3.1.11 中，成员变量 mode 对应 BOD33. MODE 或 BOD12. MODE 位组；prescaler 对应 BOD12. PSEL 或 BOD33. PSEL 位；hysteresis 对应 BOD33. HYST 或 BOD12. HYST 位组；其他的变量用于控制 BOD 的相关功能可详细参考前文欠压检测器部分。

另外，库中还设置一重要的枚举变量，对应了 1.2 V 和 3.3 V 的这两种欠压检测对象，表 3.1.12 所列为枚举变量 bod。

表 3.1.12　bod 枚举成员

变量名	描　述
BOD_BOD12	内核 1.2 V 欠压检测对象
BOD_BOD33	芯片 3.3 V 欠压检测对象

下面介绍相关的欠压检测的 API。ASF 库中提供了以下几个类型的函数：欠压配置的获取/设置、欠压功能的使能/禁止和欠压的检测查询等。这里主要介绍 3 个函数。

表 3.1.13 所列为 bod_get_config_defaults()函数。

表 3.1.13 bod_get_config_defaults()函数

函 数	void **bod_get_config_defaults**(struct bod_config * const conf)
参 数	config:存放默认配置的结构体地址
返回值	无
描 述	将获取的 BOD 默认配置存放到 config 中,默认配置如下: ● 连续采样模式; ● 采样时钟 2 分频; ● 打开迟滞功能; ● 欠压阈值为 0x12; ● 欠压检测发生后进行复位; ● Standby 模式中仍旧运行

为了使 BOD 配置生效,必须调用表 3.1.14 所列的 bod_set_config()函数。

表 3.1.14 bod_set_config()函数

函 数	enum status_code **bod_set_config**(const enum bod bod_id, struct bod_config * const conf)
参 数	bod_id:欠压检测对象 config:存放需要配置的结构体指针
返回值	tatus_code 分为 3 种: ● STATUS_OK:配置 BOD 成功; ● STATUS_ERR_INVALID_ARG:给定的 BOD 对象无效; ● STATUS_ERR_INVALID_OPTION:配置的欠压阈值超出范围
描 述	将 BOD 对象的 config 配置生效

为了使 BOD 检测器工作,必须调用表 3.1.15 所列的 bod_enable()函数。

表 3.1.15 bod_enable()函数

函 数	enum status_code **bod_enable**(const enum bod bod_id)
参 数	bod bod_id:需要使能的 BOD 对象
返回值	tatus_code 分为 2 种: ● STATUS_OK:使能 bod 源成功; ● STATUS_ERR_INVALID_ARG:给定的 BOD 对象无效
描 述	使能需要的 BOD 检测器

除了上述的这些函数,库中还提供了禁止 BOD 检测函数 bod_clock_source_disable()、欠压检测查询函数 bod_is_detected()等。限于篇幅,这里不再详述。

3. 参考电压控制

ASF 库中提供一个枚举变量,对应了带隙(BandGap)参考电压和一个温度传感器，表 3.1.16 所列为枚举变量 system_voltage_reference。

表 3.1.16 system_voltage_reference 枚举变量

变量名	描 述
SYSTEM_VOLTAGE_REFERENCE_TEMPSENSE	片内温度传感器
SYSTEM_VOLTAGE_REFERENCE_BANDGAP	带隙参考电压

与之对应的有两个函数，用于打开或关闭对应的参考电压或温度传感器，表 3.1.17所列为 system_voltage_reference_enable()函数。

表 3.1.17 system_voltage_reference_enable()函数

函 数	void **system_voltage_reference_enable**(const enum system_voltage_reference vref)
参 数	vref:选择需要打开的对象
返回值	无
描 述	打开片内温度传感器或带隙参考电压

与之类似的为 system_voltage_reference_disable()函数，这里不再详述。

4. 使用举例

有关振荡源的配置例程将在 3.2 节结合通用时钟控制器一起列举，这里以欠压检测 BOD1.2 作为例程来讲述。

【例 3.1.1】 配置内核的 1.2 V 欠压检测，如果检测到后产生复位。

```
void configure_bod12(void)
{
    struct bod_config config_bod12;
    bod_get_config_defaults(&config_bod12);          //获取默认配置，level 为 0x12
    bod_set_config(BOD_BOD12, &config_bod12);        //设置 BOD12 对象
    bod_enable(BOD_BOD12);
}
void main()
{
    system_init();                                   //系统初始化
    configure_bod12();
    while(1);
}
```

上例中，直接使用了默认配置，如果要使用其他 3.3 V 的欠压检测功能，则需要对 bod_config 结构体中的 level 变量做出修改，并使用 BOD_BOD33 对象。

3.2 通用时钟控制器

微控制器中各部件有条不紊地工作，是在其时钟系统控制下，微控制器指挥芯片内各个部件自动协调工作，使内部逻辑电路产生各种操作所需的脉冲信号而实现的。这里时钟信号是定时操作的基本信号。本节将重点介绍SAM D20系列微控制器的通用时钟控制器(GCLK)。

3.2.1 SAM D20的时钟系统结构

SAM D20的时钟系统结构与其他微控制器相比，要复杂得多，故其功能也更为强大，控制更加灵活。SAM D20有多种工作模式，这些工作模式的实现则是依赖于对时钟的控制。特别是通过控制SAM D20的时钟系统，可以方便地使其构成超低功耗的应用系统。图3.2.1所示为SAM D20的时钟系统结构图，主要包括以下几个模块。

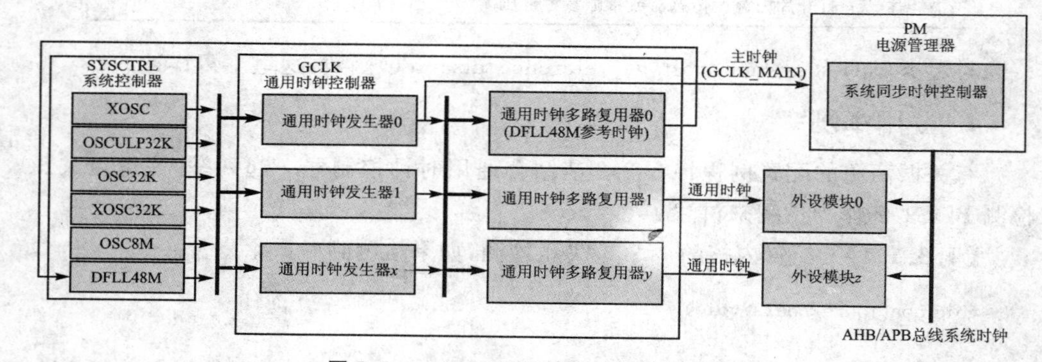

图3.2.1 SAM D20的时钟系统结构图

1. 振荡源

系统控制器(SYSCTRL)集中了微控制器中所有振荡器相关的控制操作，并为通用时钟控制器(GCLK)提供以下几种时钟振荡源，详见3.1节中的相关部分。

- 0.4～32 MHz晶体振荡器(XOSC)；
- 32.768 kHz晶体振荡器(XOSC32K)；
- 32.768 kHz高精度内部振荡器(OSC32K)；
- 32.768 kHz超低功耗内部振荡器(OSCULP32K)；
- 8 MHz内部振荡器(OSC8M)；
- 数字锁频环(DFLL48M)。

2. 通用时钟控制器(GCLK)

通用时钟控制器(GCLK)为系统管理了各个时钟的分配，主要由以下两部分组成：

➢ 通用时钟发生器；

➢ 通用时钟多路复用器(MUX)。

3. 系统同步时钟控制器

系统同步时钟控制器由电源管理器(PM)来管理，主要提供CPU时钟、总线时钟(APB、AHB)及外设与CPU通信时的时钟同步。

下面分别对以上几种时钟信号进行介绍：

① 主时钟(CLK_MAIN)是所有同步时钟共同的时钟源。通过配置8位的预分频器，为CPU、AHB和APBx模块产生同步时钟。

② CPU时钟(CLK_CPU)用于驱动CPU工作，为微控制器产生执行指令所需的时序信号，以控制微控制器其他功能模块的工作。因此，暂停CPU时钟，将会禁止CPU执行指令。

③ AHB时钟(CLK_AHB)作为AHB总线上的外设模块的基本时钟源。AHB时钟与CPU时钟始终是同步的，并且有相同的频率。但是，在CPU时钟停止时，AHB时钟还可以运行。每个AHB时钟都嵌入了一个时钟控制门，用来控制这些外设模块的时钟使能。

④ APBx时钟(CLK_APBx)作为APBx总线上的外设模块的基本时钟源。APBx时钟与CPU时钟始终是同步的。但是，APBx时钟可以通过预分频器进行分频，并且在CPU时钟停止时，APBx时钟仍然能够继续运行。每个APBx时钟都嵌入了一个时钟控制门，用来控制这些外设模块的时钟使能。

接下来将以外设模块——串行通信接口0(SERCOM0)的时钟为例，简单介绍SAM D20时钟系统的工作原理。如图3.2.2所示，DFLL48M时钟振荡源被启用，并作为通用时钟发生器1的时钟源，通用时钟发生器1的输出时钟又经过多路复用器13得到通用时钟13(也称GCLK_SERCOM0_CORE)，最后将通用时钟13作为SERCOM0模块的输入时钟。而SERCOM0模块的接口部分则由CLK_SERCOM0_APB提供时钟。

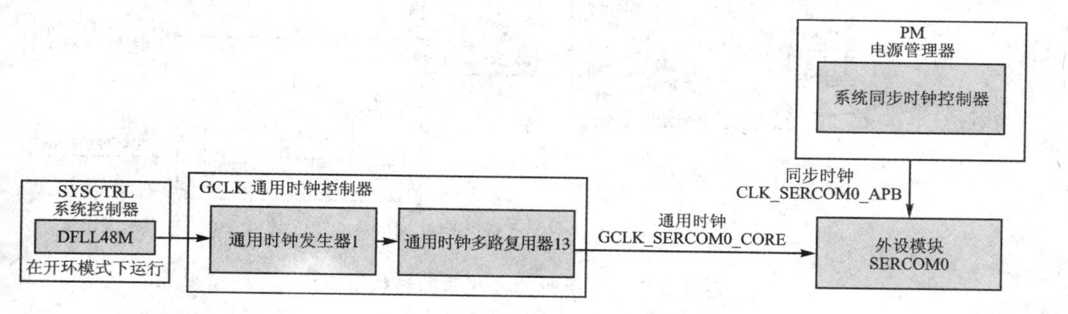

图3.2.2 外设模块：串行通信接口0(SERCOM0)的时钟结构图

3.2.2 通用时钟控制器功能操作

某些外设需要在特定的时钟频率下才能正常工作，而通用时钟控制器(GCLK)提供了多个通用时钟发生器，可以提供较宽范围的时钟频率。用户可以配置通用时钟发生器选择不同的外部或内部时钟振荡源，每个通用时钟发生器还可以通过一个分频器来降低输出的时钟频率，并通过时钟多路复用器(MUX)来选择一路通用时钟作为外设模块的时钟源(GCLK_PERIPH)。

如图 3.2.3 所示，通用时钟控制器(GCLK)管理的时钟分配系统，主要由两部分组成：

- 通用时钟发生器：包含一个可编程的预分频器，可以使用任何时钟振荡源作为时钟源。通用时钟发生器 0，也称 GCLKMAIN，为电源管理器提供时钟用于产生同步时钟。
- 通用时钟多路复用器：作为系统外设的典型输入时钟，这些通用时钟经过多路复用器得到，并且这些多路复用器可以自由选择任何一个通用时钟发生器作为外设的时钟源。一个外设的多个子模块通常都会有一个单独的通用时钟。其中，通用时钟 0 是 DFLL48M 模块的参考时钟。

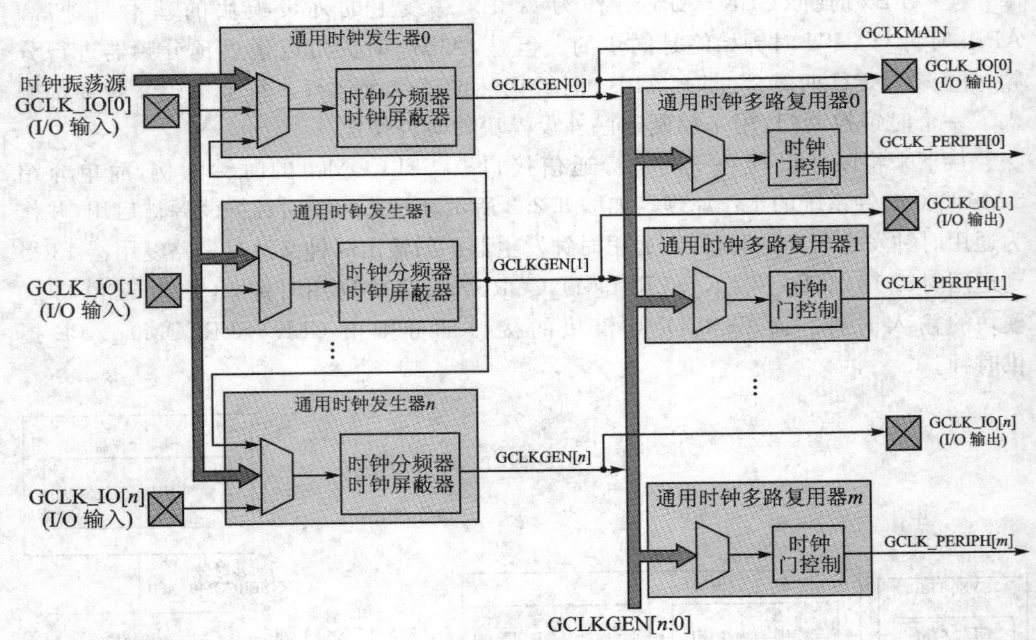

图 3.2.3 通用时钟控制器的结构框图

1. 通用时钟控制器的基本操作

(1) 初始化通用时钟控制器

在一个通用时钟启用前,必须先启用该通用时钟的时钟源(即启用相应的通用时钟发生器)。通用时钟必须通过以下步骤进行配置:

① 配置通用时钟发生器的分频寄存器GENDIV(32位):
- 将该通用时钟选用的通用时钟发生器的ID号写入GENDIV.ID位组。
- 将分频系数写入GENDIV.DIV位组。

② 配置通用时钟发生器的使能控制寄存器GENCTRL(32位):
- 将该通用时钟选用的通用时钟发生器的ID号写入GENCTRL.ID位组。
- 将GENCTRL.GENEN位置1,启用选择的通用时钟发生器。

③ 配置通用时钟控制寄存器CLKCTRL(16位):
- 将要配置的通用时钟的ID号写入CLKCTRL.ID位组。
- 将该通用时钟选用的通用时钟发生器的ID号写到CLKCTRL.GEN位组。

注意:在访问通用时钟发生器的寄存器(GENCTRL和GENDIV)及通用时钟的寄存器(CLKCTRL)时,采用的是间接寻址方式。这几个寄存器都有相应的ID寄存位组,用来标志是对哪个通用时钟发生器或通用时钟的寄存器进行读或写操作。对这些寄存器进行读操作时,用户必须把要访问的通用时钟发生器的ID号写入要访问的寄存器的ID寄存位组。

(2) 通用时钟控制器的复位操作

GCLK模块没有控制整个模块启用或禁用的启用位或禁用位。通过对控制寄存器的软件重启位(CTRL.SWRST)置位,可以对GCLK模块进行复位。GCLK模块的所有寄存器都将被复位到初始状态值,除了有被写锁定的通用时钟和相关的通用时钟发生器(即在复位前,将相应的写锁定位置1)。

(3) 通用时钟控制器在休眠模式下的操作

通用时钟控制器(GCLK)支持休眠模式下的"梦游功能",即在通用时钟已停止的休眠模式下,如果一个外设需要其通用时钟以执行相应的操作,可以向通用时钟控制器发起请求。通用时钟控制器将接收到这个时钟请求,并控制相应的通用时钟发生器,唤醒相应的时钟源。配置成功后,再为提出请求的外设模块提供时钟源(通用时钟)。

在待机休眠模式下,通用时钟控制器可以通过GCLK_IO引脚连续输出通用时钟发生器所产生的时钟频率。

SAM D20微控制器休眠模式的详细介绍,请查阅3.3节"电源管理器"的内容。

2. 通用时钟发生器

每个通用时钟发生器(GCLKGEN[x])都可以从外部或内部的时钟振荡源选择一个作为自己的时钟源,并且GCLKGEN[1]也可作为其他通用时钟发生器的时钟源,但不能作为自身的时钟源。GCLKGEN[x]的输出时钟,可选择输入到多路复用器,产生通用时钟。生成的每个通用时钟又可以用做一个或多个外设模块的时钟。每个GCLKGEN[x],都有一个相应的GCLK_IO[x]引脚。GCLK_IO[x]可配置成输入,用做GCLKGEN[x]时钟源的输入引脚;GCLK_IO[x]也可配置成输出,输出GCLKGEN[x]产生的时钟信号。图3.2.4所示为通用时钟发生器的结构框图。

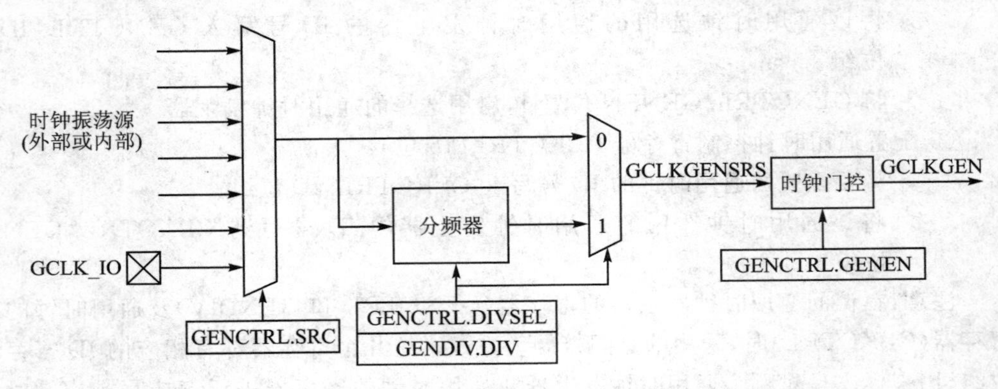

图3.2.4　通用时钟发生器的结构框图

(1) 通用时钟发生器的启用和禁用

通过对GENCTRL寄存器的使能位(GENCTRL. GENEN)置1或清0,可以启用或禁用相应的通用时钟发生器,并且每个通用时钟发生器都可单独启用或禁用。

(2) 选择通用时钟发生器的时钟源

通过GENCTRL寄存器的时钟源选择位(GENCTRL. SRC),可以为每个通用时钟发生器单独选择一个时钟源。

用户可以实时地改变时钟发生器的时钟源(例从时钟源A切换到时钟源B)。如果时钟源B还没有准备好,则时钟发生器仍在原先的时钟源A上运行。一旦新的时钟源B准备好,时钟发生器的时钟源将切换到时钟源B。在切换过程中,时钟发生器保持对时钟源A和B的时钟请求;当切换完后,再释放时钟源A的时钟请求。

选用的系统时钟源(由GCLKGEN. SRC位决定),还可再进行分频。

(3) 改变通用时钟发生器输出的时钟频率

用户可通过配置GENDIV寄存器的分频系数位组(GENDIV. DIV),对GENCLK. SRC选择的时钟源进行分频,并且根据GENCTRL. DIVSEL寄存位的值,分成两种分频方式,如表3.2.1所列。

表 3.2.1 通用时钟发生器的分频系数

GENCTRL. DIVSEL	分频系数
0	GENDIV. DIV
1	$2^{(\text{GENDIV. DIV}+1)}$

注意： 每个通用时钟发生器的分频位数(DIV)是器件相关的。如果 GENCTRL. DIVSEL 为 0，且 GENDIV. DIV 位组的值为 0 或 1，则输出时钟不会被分频。

如果设置一个奇数的分频系数，将不能得到 50％ 占空比的分频输出。对 GENCTRL 寄存器的改进占空比位(GENCTRL. IDC)置 1，可以使分频输出的占空比为 50％。

(4) GCLK_IO 引脚输出功能

在通用时钟发生器启用的情况下(即 GENCTRL. GENEN 设置为 1)，通过对 GENCTRL 寄存器的输出使能位(GENCTRL. OE)置 1，可以让通用时钟发生器产生的时钟频率(GCLKGEN[x])通过相应的 GCLK_IO 引脚输出。

如果 GENCTRL. OE 位为 0(即禁用时钟输出功能)，GCLK_IO 引脚状态由 GENCTRL 寄存器的输出关闭位(GENCTRL. OOV)决定。

➢ 当 GENCTRL. OOV 位为 0 时，相应的 GCLK_IO 引脚输出为低电平；

➢ 当 GENCTRL. OOV 位为 1 时，相应的 GCLK_IO 引脚输出为高电平。

若在待机休眠模式启用时钟输出(GENCTRL. OE 为 1)，如果 GENCTRL 寄存器的待机运行位(GENCTRL. RUNSTDBY)为 0，则 GCLK_IO 引脚输出状态值保持不变(具体是高电平还是低电平，由 GENCTRL. OOV 位决定)；如果 GENCTRL 寄存器的待机运行位(GENCTRL. RUNSTDBY)为 1，则 GCLKGEN 继续运行，并且从相应的 GCLK_IO 引脚输出时钟频率。

3. 通用时钟

通用时钟是由通用时钟发生器产生的时钟，经过多路复用器得到，并作为系统外设的典型输入时钟。

(1) 通用时钟的启用和禁用

启用一个通用时钟时，必须选择好采用哪个通用时钟发生器作为时钟源(可通过 CLKCTRL. GEN 寄存器位进行配置)。

通过对 GENCTRL 寄存器的使能位(GENCTRL. GENEN)置 1 或清 0，可以启用或禁用相应的通用时钟发生器，并且每个通用时钟发生器都可单独启用或禁用。

选择好通用时钟发生器作为时钟源后，再通过对 CLKCTRL 寄存器的时钟使能位(CLKCTRL. CLKEN)置 1 或清 0，来启用或禁用相应的通用时钟。对 CLKCTRL. CLKEN位的写操作，需要经过时钟同步操作。在同步未完成之前，CLKCTRL. CLKEN位的值仍保持为原来的值。

每个通用时钟的时钟源的选择都是可单独配置的。

(2) 选择通用时钟的时钟源

在通过 CLKCTRL. GEN 位组来修改通用时钟的时钟源之前,要先禁用相应的通用时钟。通用时钟的时钟源修改步骤如下:

➢ 对 CLKCTRL. CLKEN 寄存位清 0。

➢ 等待 CLKCTRL. CLKEN 的读取值为 0。

➢ 通过配置 CLKCTRL. GEN 位组,修改该通用时钟的时钟源。

➢ 对 CLKCTRL. CLKEN 位置 1,重新启用该通用时钟。

(3) CLKCTRL 寄存器的写锁定控制

可以通过对 CLKCTRL 寄存器的写锁定位(CLKCTRL. WRTLOCK)置 1,将通用时钟的 CLKCTRL 寄存器进行写锁定,此后任何对 CLKCTRL 寄存器的写操作将无效,并且只能通过电源复位来解锁,软件复位(SWRST)也不能对寄存器解锁。

被"配置锁定"的通用时钟对应的时钟源(通用时钟发生器)也会被锁定。相应的 GENCTRL 和 GENDIV 寄存器也会被锁定,并且只能通过电源复位来解锁。由于 GCLKGEN[0]用做 GCLKMAIN,故通用时钟发生器不会锁定。

3.2.3 外设访问的时钟同步

如图 3.2.5 所示,每个外设模块的时钟都包括以下两个部分:

➢ 一个数字总线接口。连接到 APB 或 AHB 总线,并使用相应的同步时钟。

➢ 一个外设模块内核时钟,由通用时钟(异步时钟)提供。

其中,同步时钟指 CPU 时钟和总线时钟,异步时钟指由通用时钟发生器产生的通用时钟。

由于 CPU 和外设模块可以采用不同的时钟源,而且这些时钟源的频率可以不同,故在 CPU 访问一些外设模块寄存器时,需要在不同时钟域之间进行时钟的同步操作。在这种情况下,外设模块具有一个 SYNCBUSY 状态标志位,用于判断是否处于同步操作状态。

由于不同外设模块的同步机制有很多不同的特性,故详细的同步机制说明,将在各个外设模块的章节里阐述,或参考原版数据手册。

不同时钟域之间的访问必须先进行同步操作。由于这种同步机制是由硬件实现的,故即使不同时钟域的时钟来自同一个时钟源或频率相同,同样需要进行同步操作。所有连接在总线上的寄存器的操作,都无需时钟的同步操作;而所有在通用时钟域的寄存器的写操作,都需要时钟的同步操作。而且有些外设寄存器在读操作时也要进行时钟的同步操作。那些需要同步操作的寄存器在每个外设模块的寄存器描述中都指出包括两种属性:写同步和读同步。

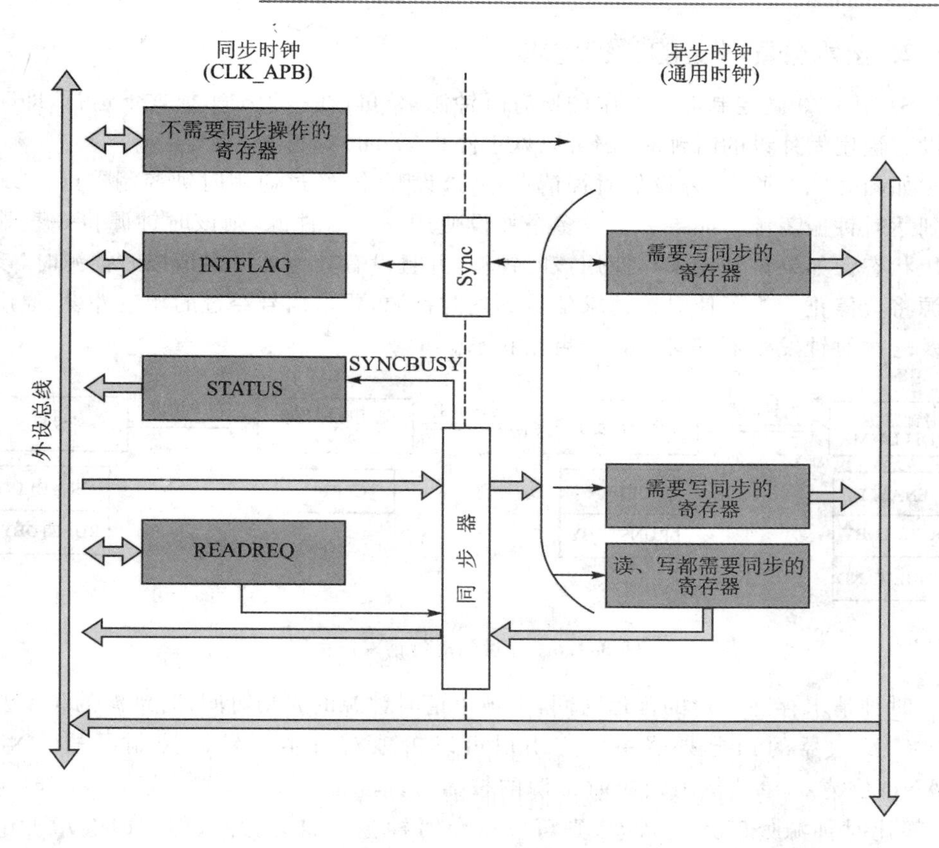

图3.2.5　时钟同步控制

3.2.4　外设模块的时钟操作

用户在使用一个外设模块之前，必须启用一个通用时钟作为该外设模块的时钟。

1. 启用外设时钟

用户通过下面的配置，为外设模块选择并启用相应的通用时钟：

➢ 选择正在运行的时钟振荡源。

➢ 通用时钟发生器的时钟源，必须选择正在运行的时钟源，并且此发生器必须被启用。

➢ 经过通用时钟多路复用器得到的通用时钟（作为外设的时钟）必须被配置并启用。

➢ 在电源管理器里的外设用户接口使能位不能被屏蔽。如果该使能位被屏蔽了，读取该外设的寄存器得到的值为0，并且对该外设寄存器的任何写操作都是无效的。

2. 按需分配外设的时钟请求

SAM D20微控制器系统中的所有时钟源都可以在一种按需模式下运行，即时钟源没有被用做外设的时钟时，都可以处于停止(关闭)状态。

如图3.2.6所示，外设的时钟请求，从外设开始，经过通用时钟控制器(GCLK)，再到达时钟振荡源。如果一个或多个外设使用一个时钟源，则该时钟源将一直处于启用状态。如果该外设不再使用该时钟源，并且没有其他外设申请该时钟源时，该时钟源将会停止。为了使时钟请求信号到达时钟源，要求信号经过的相应外设、通用时钟及通用时钟发生器都必须处于启用状态。

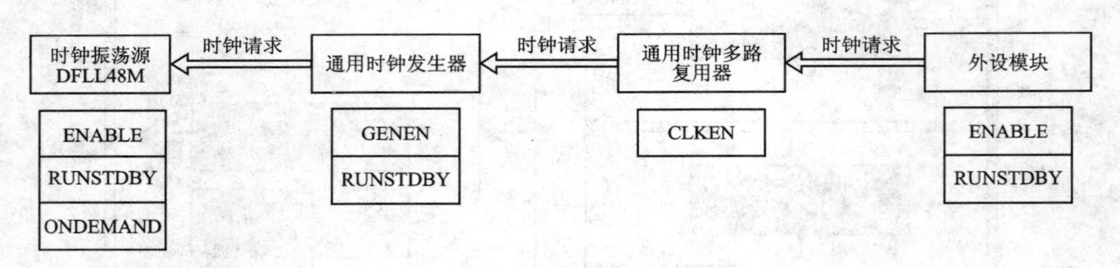

图3.2.6 外设的时钟请求路由图

时钟请求存在一定的延迟时间，由被申请时钟源的启动时间、时钟源的频率及通用时钟发生器的预分频器决定。用户可以单独对每个时钟源控制器的ONDEMAND位清0，单独禁用相应时钟源的按需分配功能。所以，若不管有没有时钟请求，都让时钟源处于运行状态，则可以避免时钟源的启动时间，但同时会增加电源消耗。

3. 功耗与速度

由于外设模块时钟的异步特性，故在低功耗或实时性要求较高的系统中，需要注意一些事项。如果外设采用较慢的时钟，则运行的功耗就会较低。但同时由于外设时钟的速度决定了与CPU时钟同步的时间，故同步操作所花费的时间较长、反应时间较慢、以及更多的时间用于等待同步操作的完成。对于超低功耗应用系统，合理选择、配置时钟是一项专业、经验、艺术性的工作。

3.2.5 通用时钟控制器相关ASF库函数及其使用

以下将对ASF库中通用时钟控制器相关的几个重要结构体和函数进行介绍，完整API可以参考附录A。

1. 结构体

ASF库中针对通用时钟控制器设置了两种结构体——时钟多路复用通道及多路复用时钟发生器。

表 3.2.2 所列为时钟多路复用通道结构体的相关成员变量描述。

表 3.2.2 system_gclk_chan_config 结构体变量描述

类 型	变量名	描 述
enum gclk_generator	source_generator	选择复用时钟发生器
bool	write_lock	是否写保护,如果开启则直到复位后失效

表中:source_generator 对应 CLKCTRL. GEN[x]位组,值得注意的是,库中该枚举变量给出了 16 个枚举值,但实际上器件中只有前 8 个时钟发生器源是有效的;write_lock 对应 CLKCTRL. WRTLOCK 位,如果为 true,则会将相关的时钟发生器配置寄存器都进行写保护。

表 3.2.3 所列为多路复用时钟发生器结构体的相关成员变量描述。

表 3.2.3 system_gclk_gen_config 结构体变量描述

类 型	变量名	描 述
uint32_t	division_factor	设置分频系数
bool	high_when_disabled	禁止后输出是否为高
bool	output_enable	是否使能输出
bool	run_in_standby	在 standby 模式下是否运行
uint8_t	source_clock	选择时钟源

表中:source_clock 对应 GENCTRL. SRC 位组,用于选择 8 种时钟源,其中除了内外部 5 种振荡源外,还有 GCLK_IO 的外部时钟、GCLK 发生器 0 输出时钟等;division_factor对应 GENDIV 寄存器;其他变量分别对应通用时钟控制器中的输出、低功耗模式运行等功能,详细可参考前文中的相关部分。

2. 库函数

ASF 库中提供了一系列与之相关的库函数,其中主要可以分为以下几种类型的 API:通用时钟复用通道的管理与配置、时钟发生器的管理与配置及系统总体时钟的管理与配置。下面,将就这几种类型的 API 分别进行阐述。

(1) 通用时钟复用通道管理与配置

这一类库函数主要用于配置通用时钟控制器的相关通道和发生器。首先,要调用函数 system_gclk_init()来初始化通用时钟控制器,之后可以调用两大类 API——通道相关的函数和发生器相关的函数。

先介绍时钟复用通道相关的函数,函数类型主要有获取默认通道配置 API、设置通道参数 API、使能/禁止通道 API 及获取时钟通道频率 API。

表 3.2.4 所列为 system_gclk_chan_get_config_defaults()函数。

表 3.2.4 system_gclk_chan_get_config_defaults()函数

函 数	void **system_gclk_chan_get_config_defaults**(struct system_gclk_chan_config * const config)
参 数	config:存放默认通道配置的结构体地址
返回值	无
描 述	将获取的通道默认配置存放到 config 中,默认配置如下: ● 连接至 GCLK 发生器 0; ● 不开启写保护

表 3.2.5 所列为 system_gclk_chan_set_config()函数。

表 3.2.5 system_gclk_chan_set_config()函数

函 数	void **system_gclk_chan_set_config**(const uint8_t channel, struct system_gclk_chan_config * const config)
参 数	channel:需要配置的复用通道 config:存放需要配置的结构体指针
返回值	无
描 述	配置某个时钟复用通道,如果配置时通道在运行中,则调用后通道将停止工作

表 3.2.6 所列为 system_gclk_chan_enable()函数。

表 3.2.6 system_gclk_chan_enable()函数

函 数	void **system_gclk_chan_enable**(const uint8_t channel)
参 数	channel:需要使能的复用通道
返回值	无
描 述	开启需要的时钟时钟复用通道

与之对应的是关闭通道函数 system_gclk_chan_disable(),另外,还设有获取时钟通道频率函数 system_gclk_chan_get_hz(),这里不再详述。

(2) 通用时钟发生器的管理与配置

时钟复用发生器相关的函数与复用通道类似,函数类型可以分为获取默认发生器配置 API、设置发生器参数 API、使能/禁止发生器 API 以及获取时钟发生器频率 API。

表 3.2.7 所列为获取默认发生器配置函数 system_gclk_gen_get_config_defaults()。

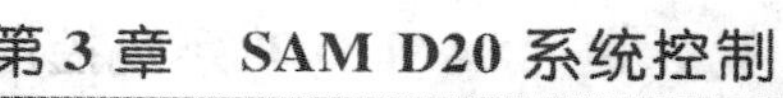

表 3.2.7　system_gclk_gen_get_config_defaults()函数

函　数	void **system_gclk_gen_get_config_defaults**(struct system_gclk_gen_config * const config)
参　数	config:存放默认发生器配置的结构体地址
返回值	无
描　述	将获取的发生器默认配置存放到 config 中，默认配置如下： ● 连接至 GCLK 发生器 0； ● 不分频； ● 发生器禁止时输出低电平； ● 禁止输出； ● 在 Standby 模式下禁止运行

在获取了默认发生器配置后，按需修改对某个时钟发生器的设置，然后调用使能时钟发生器函数，即可开启某个时钟发生器。这里几个函数的具体形式不再列举。

(3)系统总体时钟的管理与配置

通常为了简化用户对时钟的配置，库中提供了一个统一的管理配置函数system_clock_init()。该函数的输入参数和返回参数均为 void，时钟配置是按照 CONF_CLOCKS.H 头文件的宏开关来进行的。该函数返回后，所有在头文件中使能的时钟均已经被使能，并在运行状态中。

另外，头文件中宏定义 CONF_CLOCK_CONFIGURE_GCLK 必须为 true。下面将给出一个 CONF_CLOCKS.H 头文件样例，读者可以根据自己的情况作出修改。

```
/* 系统总线设置 */
# define CONF_CLOCK_CPU_CLOCK_FAILURE_DETECT       true
# define CONF_CLOCK_FLASH_WAIT_STATES               0
# define CONF_CLOCK_CPU_DIVIDER                     SYSTEM_MAIN_CLOCK_DIV_1
# define CONF_CLOCK_APBA_DIVIDER                    SYSTEM_MAIN_CLOCK_DIV_1
# define CONF_CLOCK_APBB_DIVIDER                    SYSTEM_MAIN_CLOCK_DIV_1
/* 内部 8M 振荡源设置 */
# define CONF_CLOCK_OSC8M_PRESCALER                 SYSTEM_OSC8M_DIV_1
# define CONF_CLOCK_OSC8M_ON_DEMAND                 true
# define CONF_CLOCK_OSC8M_RUN_IN_STANDBY            false
/* 外部高频振荡源设置 */
# define CONF_CLOCK_XOSC_ENABLE                     false
# define CONF_CLOCK_XOSC_EXTERNAL_CRYSTAL           SYSTEM_CLOCK_EXTERNAL_CRYSTAL
# define CONF_CLOCK_XOSC_EXTERNAL_FREQUENCY         12000000UL
# define CONF_CLOCK_XOSC_STARTUP_TIME               SYSTEM_XOSC_STARTUP_32768
# define CONF_CLOCK_XOSC_AUTO_GAIN_CONTROL          true
# define CONF_CLOCK_XOSC_ON_DEMAND                  true
# define CONF_CLOCK_XOSC_RUN_IN_STANDBY             false
```

```
/* 外部低频振荡源设置 */
# define CONF_CLOCK_XOSC32K_ENABLE                    false
# defineCONF_CLOCK_XOSC32K_EXTERNAL_CRYSTAL           SYSTEM_CLOCK_EXTERNAL_CRYSTAL
# define CONF_CLOCK_XOSC32K_STARTUP_TIME              SYSTEM_XOSC32K_STARTUP_65536
# define CONF_CLOCK_XOSC32K_AUTO_AMPLITUDE_CONTROL   true
# define CONF_CLOCK_XOSC32K_ENABLE_1KHZ_OUPUT         false
# define CONF_CLOCK_XOSC32K_ENABLE_32KHZ_OUTPUT       true
# define CONF_CLOCK_XOSC32K_ON_DEMAND                 true
# define CONF_CLOCK_XOSC32K_RUN_IN_STANDBY            false
/* 内部低频振荡源设置 */
# define CONF_CLOCK_OSC32K_ENABLE                     false
# define CONF_CLOCK_OSC32K_STARTUP_TIME               SYSTEM_OSC32K_STARTUP_128
# define CONF_CLOCK_OSC32K_ENABLE_1KHZ_OUTPUT         true
# define CONF_CLOCK_OSC32K_ENABLE_32KHZ_OUTPUT        true
# define CONF_CLOCK_OSC32K_ON_DEMAND                  true
# define CONF_CLOCK_OSC32K_RUN_IN_STANDBY             false
/* DFLL48M振荡源设置 */
# define CONF_CLOCK_DFLL_ENABLE                       false
# defineCONF_CLOCK_DFLL_LOOP_MODE            SYSTEM_CLOCK_DFLL_LOOP_MODE_OPEN
# define CONF_CLOCK_DFLL_ON_DEMAND                    true
# define CONF_CLOCK_DFLL_RUN_IN_STANDBY               false
# define CONF_CLOCK_DFLL_COARSE_VALUE                 (0x1f / 4)
# define CONF_CLOCK_DFLL_FINE_VALUE                   (0xff / 4)
# define CONF_CLOCK_DFLL_SOURCE_GCLK_GENERATOR        GCLK_GENERATOR_1
# define CONF_CLOCK_DFLL_MULTIPLY_FACTOR              6
# define CONF_CLOCK_DFLL_QUICK_LOCK                   true
# define CONF_CLOCK_DFLL_TRACK_AFTER_FINE_LOCK        true
# define CONF_CLOCK_DFLL_KEEP_LOCK_ON_WAKEUP          true
# define CONF_CLOCK_DFLL_ENABLE_CHILL_CYCLE           true
# define CONF_CLOCK_DFLL_MAX_COARSE_STEP_SIZE         (0x1f / 4)
# define CONF_CLOCK_DFLL_MAX_FINE_STEP_SIZE           (0xff / 4)
/*该宏定义必须为ture,否则system_clock_init()无法将配置生效 */
# define CONF_CLOCK_CONFIGURE_GCLK                    true
/* 配置GCLK发生器x*/
# define CONF_CLOCK_GCLK_x_ENABLE                     true
# define CONF_CLOCK_GCLK_x_RUN_IN_STANDBY             false
# define CONF_CLOCK_GCLK_x_CLOCK_SOURCE               SYSTEM_CLOCK_SOURCE_OSC8M
# define CONF_CLOCK_GCLK_x_PRESCALER                  1
# define CONF_CLOCK_GCLK_x_OUTPUT_ENABLE              false
```

该头文件给用户呈列了所有振荡源和时钟发生器的选项,用户可以根据应用的需要开启或者关闭某个振荡源或时钟发生器,并对需要使用的振荡源或发生器进行参数的配置。这样在编译时,ASF 库会自动将这些设置通过 system_clock_init()来生效,从而降低用户时钟配置的难度。

当然,对应低功耗应用场合,还是需要适时地调用之前的 API 函数,对振荡源以及时钟发生器进行适当切换,这样有利于降低系统的能耗。

3. 举 例

【例 3.2.1】 开启外部 32 KB 低频振荡源及 DFLL 振荡源开环模式,将 DFLL 振荡源作为 CPU 时钟,同时将定时器 TC0 的时钟连接至外部 32 KB 低频振荡源的 8 分频。

```
void configure_extosc32k(void)
{
    struct system_clock_source_xosc32k_config config_ext32k;
    system_clock_source_xosc32k_get_config_defaults(&config_ext32k);
    config_ext32k.startup_time = SYSTEM_XOSC32K_STARTUP_4096;     //较长的起振时间
    system_clock_source_xosc32k_set_config(&config_ext32k);
}
void configure_dfll_open_loop(void)
{
    struct system_clock_source_dfll_config config_dfll;
    system_clock_source_dfll_get_config_defaults(&config_dfll);//默认配置是开环模式
    system_clock_source_dfll_set_config(&config_dfll);
}
void configure_gclock_generator(void)
{
    struct system_gclk_gen_config gclock_gen_conf;
    system_gclk_gen_get_config_defaults(&gclock_gen_conf);
    gclock_gen_conf.source_clock = SYSTEM_CLOCK_SOURCE_XOSC32K;
    gclock_gen_conf.division_factor = 8;
    system_gclk_gen_set_config(GCLK_GENERATOR_1, &gclock_gen_conf);
    system_gclk_gen_enable(GCLK_GENERATOR_1);
}
void configure_gclock_channel(void)
{
    struct system_gclk_chan_config gclk_chan_conf;
    system_gclk_chan_get_config_defaults(&gclk_chan_conf);
    gclk_chan_conf.source_generator = GCLK_GENERATOR_1;
    system_gclk_chan_set_config(TC0_GCLK_ID, &gclk_chan_conf);
    system_gclk_chan_enable(TC0_GCLK_ID);
}
void main()
```

```
{
    /* 配置默认外部低频振荡源 */
    configure_extosc32k();
    enum status_code osc32k_status =
    system_clock_source_enable(SYSTEM_CLOCK_SOURCE_XOSC32K);
    if (osc32k_status!= STATUS_OK) {
      /* 使能外部低频振荡源错误 */
    }
    /* 配置默认 DFLL 振荡源 */
    configure_dfll_open_loop();
    enum status_code dfll_status =
    system_clock_source_enable(SYSTEM_CLOCK_SOURCE_DFLL);
    if (dfll_status!= STATUS_OK) {
      /* 使能 DFLL 振荡源错误 */
    }
    /*将 CPU 系统时钟连接至 DFLL */
    struct system_gclk_gen_config config_gclock_gen;
    system_gclk_gen_get_config_defaults(&config_gclock_gen);
    config_gclock_gen.source_clock = SYSTEM_CLOCK_SOURCE_DFLL;
    config_gclock_gen.division_factor = 1;
    system_gclk_gen_set_config(GCLK_GENERATOR_0, &config_gclock_gen);
    /*配置 TC0 的时钟源通道和发生器 */
    configure_gclock_generator();
    configure_gclock_channel();
    while(1);
}
```


上述代码中,首先使用了XOSC32K和DFLL的默认配置来开启两个振荡源,并且将DFLL1连接至GCLK_GENERATOR_0,即系统主时钟发生器上。而将XOSC32K的8分频时钟连接至GCLK_GENERATOR_1,供TC0使用。

该代码给出了调用API来配置各种时钟源的一般形式,读者可以调用其他时钟的API来对其他振荡源和时钟发生器进行配置。

3.3 电源管理器

微控制器电源管理实际上是以降低微控制器运行的功耗为目的,对微控制器运行模式进行的一种管理。在许多应用中,当微控制器没有任务要执行时,可以进入某种休眠模式,自动关闭某些未使用的模块供电,以降低器件的电源消耗。一旦有新的控制任务时,微控制器又能迅速通过中断或系统复位从休眠模式下被唤醒,以执行新的控制任务。

SAM D20系列微控制器的电源管理器(Power Manager,PM)主要是对微控制器的复位控制、时钟控制及休眠控制等进行管理。本节将介绍SAM D20系列微控制器的电源管理器的原理、结构和使用方法。

3.3.1 SAM D20系统电源管理

1. SAM D20供电管理

SAM D20系列微控制器由外部电源 V_{DD} 供电,并通过此电源 V_{DD} 或者经过一个内部电源稳压器,对芯片内部的其他模块进行供电。图3.3.1所示为SAM D20系统供电结构图,图3.3.2所示为典型的电源连接示意图。

表3.3.1所列为SAM D20的电源引脚表。其中,VDDIN、VDDIO、以及VDDANA都由共同的电压 V_{DD} 供电;VDDCORE则由内部稳压器供电。VDDCORE、VDDIO、以及VDDIN对应的接地引脚均为GND(数字地)。VDDANA(模拟供电)对应的接地引脚为GNDANA(模拟地)。

如果应用系统需要用到高精度的模拟,则芯片供电、退耦、数字地和模拟地等PCB布线要参照严格规范,否则会引入噪声干扰。如果应用系统没有用到芯片的模拟功能,则可以简单地把VDDANA、VDDIO、VDDIN连接在一起。

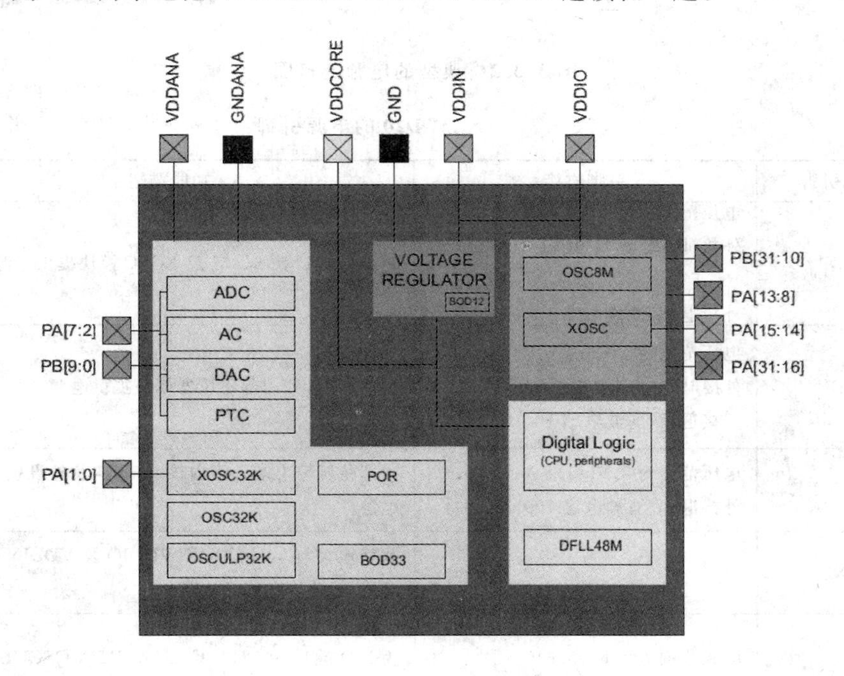

图3.3.1 SAM D20系统供电结构图

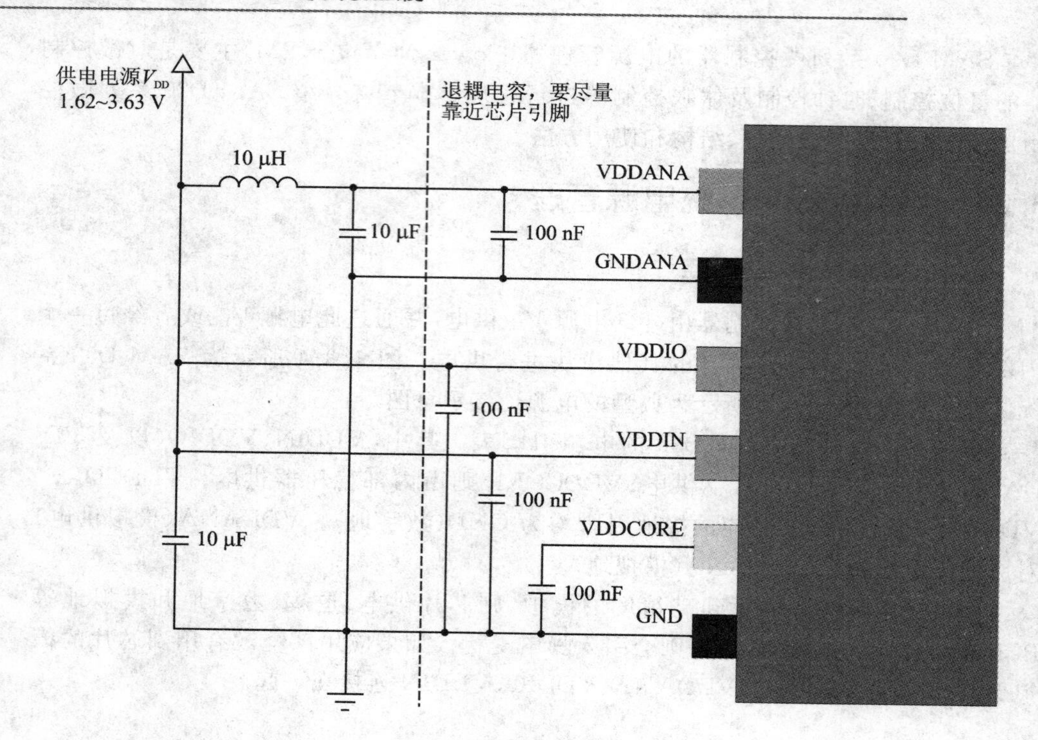

图 3.3.2 典型的电源连接图

表 3.3.1 SAM D20 的电源引脚

电源引脚	引脚连接	功能描述
VDDIO	电压范围为 1.6～3.6 V 外接退耦/滤波电容 100 nF 和 10 μF 外接退耦/滤波电感 10 μH	为 I/O 端口、OSC8M 及 XOSC 模块提供电源
VDDIN	电压范围为 1.6～3.6 V 外接退耦/滤波电容 100 nF 和 10 μF 外接退耦/滤波电感 10 μH	为 IO 端口和内部稳压器模块提供电源
VDDCORE	电压范围为 1.6～1.8 V 外接退耦/滤波电容 100 nF	内部稳压输出端。为内核、存储器及外设模块提供电源
GND		数字地。与 VDDCORE、VDDIO 及 VDDIN 引脚相对应
VDDANA	电压范围为 1.6～3.6V 外接退耦/滤波电容 100 nF 和 10 μF	为 I/O 端口、ADC、AC、DAC、PTC、OSCULP32K、OSC32K 及 XOSC32K 模块提供电源
GNDANA		模拟地。与 VDDANA 引脚相对应

2. SAM D20电源管理

图3.3.3所示为SAM D20电源管理器的结构框图。电源管理器(PM)主要由以下3部分构成。

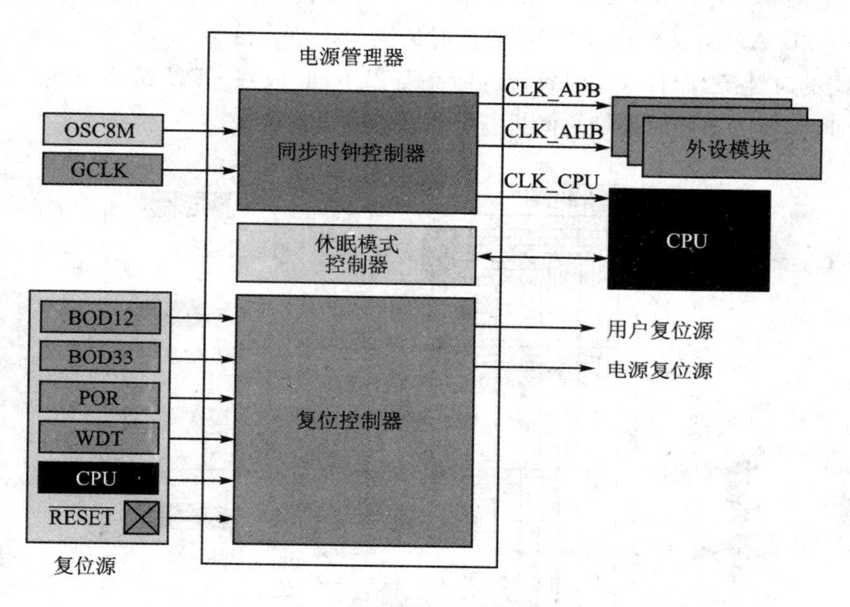

图3.3.3 SAM D20电源管理器的结构框图

(1) 复位控制器

复位控制器主要用于接收所有可能的复位源,并触发微控制器相应的复位操作。

- 包含多种复位源:POR、BOD12、BOD33、看门狗定时器复位、软件复位及外部复位(RESET);
- 用户可以读取复位状态寄存器RCAUSE,检查是哪种复位源引起的复位。

(2) 同步时钟控制器

- 生成CPU、AHB总线及APB总线的系统同步时钟;
- 外设时钟模块屏蔽配置;
- 时钟故障检测器;
- 具有切换到安全运行时钟的功能。

(3) 休眠控制器

- 支持空闲(IDLE)休眠模式、待机(STANDBY)休眠模式;
- 休眠模式下,APB和GCLK模块支持梦游功能。

3.3.2 同步时钟控制器

如图3.3.3 SAM D20电源管理器的结构框图和图3.3.4同步时钟控制器结构图所示，电源管理器(PM)管理的系统同步时钟控制器，为用户提供了CPU时钟、总线时钟(APB、AHB)及外设与CPU通信时的同步接口。由于CPU和外设模块可以采用不同的时钟源，而且这些时钟源的频率可以不同，故在CPU访问一些外设模块寄存器时，需要在不同时钟域之间进行时钟同步操作。

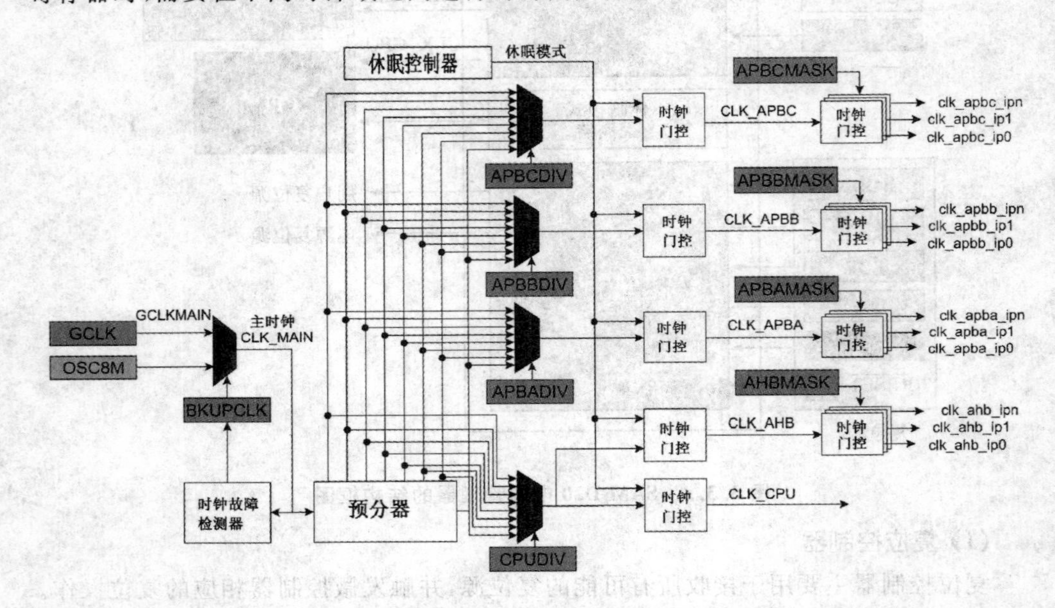

图3.3.4 SAM D20同步时钟控制器结构图

1. 系统同步时钟

系统同步时钟是指CPU时钟和总线时钟，以主时钟(CLK_MAIN)作为同步时钟的基本时钟。系统同步时钟被划分成多个时钟域，其中一个时钟域用于CPU和AHB总线，并且每一个APBx总线也各自拥有一个时钟域。在系统正常运行期间，可改变任何一个系统同步时钟。各个时钟模块也可以选择不同的运行速度，使系统在保持较高的CPU性能的同时，通过让外设模块运行在较低的时钟频率来实现较低的功耗。此外，还可以根据不同的休眠模式，单独禁用某些模块的时钟，使系统能够最大限度地降低功耗。

2. 选择主时钟的时钟源

用户通过配置，可以从通用时钟发生器(GCLK)产生的多种时钟源中，选择一个作为系统主时钟(CLK_MAIN)的时钟源(GCLKMAIN)。主时钟还可以通过一个

8位的预分频器进行分频。每个派生出来的时钟都可以按预分频器或未分频的主时钟运行，只要 $f_{CPU} \geqslant f_{APB}$。

如果主时钟因故停止工作，则时钟故障检测器允许把主时钟切换到OSC8M时钟。

3. 选择同步时钟的分频比

主时钟通过一个8位的预分频器后，可以用做同步时钟。在默认情况下，同步时钟为未分频的主时钟。用户可以通过配置CPU选择寄存器的预分频器选择位(CPUSEL. CPUDIV)，来选择一个合适的预分频比。最后CPU时钟频率，由下面的公式决定：

$$f_{CPU} = \frac{f_{main}}{2^{CPUDIV}}$$

类似的，APBx总线上各模块的时钟，也可以通过相应的寄存器分频得到。为确保正确的操作，要求选择的频率 $f_{CPU} \geqslant f_{APBx}$。同时，各外设模块的时钟频率，不能超过指定的最大频率值。

在配置CPUSEL和APBxSEL寄存器时，不需要暂停或禁用外设模块；但在配置CPUSEL和APBxSEL寄存器的同时，允许将新的时钟写入所有的同步时钟中，也可以让一个或多个时钟保持不变。这样做，可以在保持APBx时钟不变的情况下，根据不同的性能需求，调整CPU的运行速度。

备注：CPUSEL和APBxSEL寄存器，分别用来配置CPU时钟和APBx模块的时钟源。

4. 时钟就绪标志

配置CPUSEL和APBxSEL寄存器时，在新配置的时钟生效之前，有一定的时间延迟。在此期间，中断标志状态清除寄存器的时钟就绪标志(INTFLAG. CKRDY)将读为0。如果INTENSET寄存器的CKRDY中断使能位(INTENSET. CKRDY)为1，则在新的时钟设置有效时，电源管理器中断将被触发。在时钟就绪标志为0时，不能对INTENSET. CKRDY重复置位，否则将可能导致系统变得不稳定或挂起。

5. 外设时钟模块的屏蔽功能

APB总线的外设时钟在电源管理中可以设置启用和禁用两种状态。用户可以对时钟屏蔽寄存器(APBxMASK)的相应寄存器位清0，来禁用AHB或APBx上的外设模块的时钟。也可以对APBxMASK寄存器的相应寄存器位置1，来启用AHB或APBx上的外设模块的时钟。如果时钟在电源管理中被禁止，只有通过复位才能使它恢复到可用状态。外设时钟的默认状态，如表3.3.2所列。

表 3.3.2 外设时钟的默认状态表

外设时钟	默认状态	外设时钟	默认状态
CLK_PAC0_APB	启用	CLK_NVMCTRL_APB	启用
CLK_PM_APB	启用	CLK_PORT_APB	启用
CLK_SYSCTRL_APB	启用	CLK_PAC2_APB	禁用
CLK_GCLK_APB	启用	CLK_SERCOMx_APB	禁用
CLK_WDT_APB	启用	CLK_TCx_APB	禁用
CLK_RTC_APB	启用	CLK_ADC_APB	启用
CLK_EIC_APB	启用	CLK_AC_APB	禁用
CLK_PAC1_APB	启用	CLK_DAC_APB	禁用
CLK_DSU_APB	启用	CLK_PTC_APB	禁用

当一个外设模块没有时钟驱动时，将会停止工作，同时该外设模块的寄存器也不能被读或写。这个模块可以通过对相应的 APBxMASK 寄存器的屏蔽位置 1，来重新使能该外设模块。若一个模块可能被连接到多个时钟模块（例如，同时用到 AHB 和 APB 总线时钟），则该外设模块就有多个屏蔽位。

6. 时钟故障检测器

当主时钟（CLK_MAIN）出错时，时钟故障检测器（CFD）自动将主时钟的时钟源切换到安全的 OSC8M 时钟。例如，一个外部晶振作为主时钟的时钟源，当这个晶振出故障时，时钟故障检测器将会把主时钟的时钟源自动切换到 OSC8M 时钟。检测器在每个 OSCULP32K 时钟周期中，都至少检测到主时钟的一个上升沿。如果没有检测到上升沿，则认为时钟出故障了。

通过对 CTRL 寄存器中的时钟故障检测使能位（CTRL. CFDEN）置 1 或清 0，可以启用或禁用时钟故障检测器（CFD）。

只要时钟故障检测器使能位（CTRL. CFDEN）为 1，检测器（CFD）将一直监测主时钟的状态。当检测到某个时钟故障时，主时钟的时钟源将自动切换到 OSC8M 时钟，并且中断标志清除寄存器的时钟故障检测器标志（INTFLAG. CFD）将置 1。CTRL 寄存器中的 BKUPCLK 位由硬件设置，用以指示主时钟的时钟源来自于 OSC8M。原来的 GCLKMAIN 时钟源可以在对 CTRL. BKUPCLK 位清零后被重新选用。但对该位的操作，并不能解决时钟故障。

注意：

① 当主时钟暂时不可用时（例：从休眠中被唤醒时的启动期间），检测器不会对

主时钟进行监视。

② 当主时钟的速度并不比OSCULP32K时钟快很多时(例:GCLKMAIN选用32 kHz的内部晶振),时钟故障检测器必须禁用。

3.3.3 复位控制器

电源管理器(PM)包含一个复位控制器,主要用于接收所有可能的复位源,并触发微控制器相应的复位操作。SAM D20微控制器还包含一个上电复位(POR)检测器。在电源还不稳定时,此检测器会让微控制器保持在复位状态。所以,在微控制器上电时,不需要外部复位电路来确保上电操作正常。图3.3.5所示为SAM D20复位控制器的结构框图。

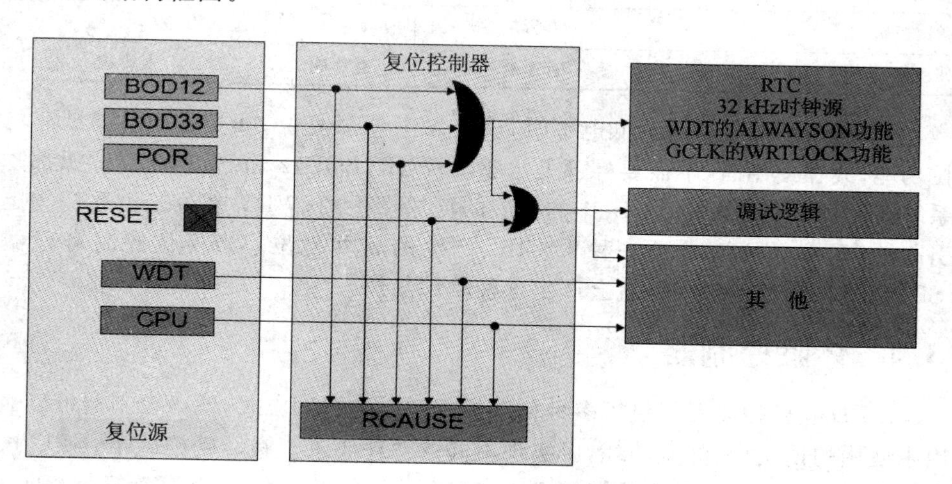

图3.3.5 SAM D20复位控制器的结构框图

1. SAM D20的复位源

SAM D20微控制器包括多种复位源。

(1) 电源复位源

电源问题引起的复位,包括上电复位(POR)、1.2 V欠压复位(BOD12)、3.3 V欠压复位(BOD33)。

(2) 用户复位源

由应用引起的复位,包括外部复位(RESET)、看门狗定时器复位和软件复位。

用户可以读取复位状态寄存器RCAUSE,检查是哪种复位源引起的复位,并且可以在程序启动的过程中决定执行适当的操作,将系统复位到相应的初始状态。

2. 不同复位事件的影响

表 3.3.3 所列为不同复位事件对其他模块的影响情况。

表 3.3.3 不同复位事件对其他模块的影响

复位事件	电源复位源	用户复位源	
	POR、BOD12、BOD33	外部复位	WDT 复位、系统复位请求
RTC 32 kHz 时钟源 WDT 的 ALWAYSON 功能 GCLK 的 WRTLOCK 功能	有影响	没有影响	没有影响
调试逻辑	有影响	有影响	没有影响
其 他	有影响	有影响	有影响

其中,当 RESET 引脚为低电平时,就会发生外部复位。RESET 引脚具有内部上拉功能,故在使用时,不需要外部上拉驱动;POR、BOD12 和 BOD33 复位源都是通过系统控制器接口(SYSCTRL)中的相应的模块产生的;WDT 复位是由看门狗定时器引起的;系统复位请求是一种由 CPU 产生的软件复位。当复位控制寄存器的 SYSRESETREQ 位有效时,就会产生这种软件复位。

3.3.4 休眠控制器

SAM D20 微控制器提供了多种休眠模式和时钟控制方式,使微控制器可以通过禁用未使用的模块,来降低功耗,以实现不同的功耗要求。在活动模式下,CPU 执行应用程序代码。当芯片进入休眠模式时,程序代码将停止执行,电源管理器(PM)将根据各个低功耗模块,启用相应模块的时钟。应用程序代码决定了何时进入休眠模式,以及进入哪一种休眠模式。外设模块使能的中断源和使能的复位源,都可以使微控制器从休眠模式切换到活动模式。

SAM D20 微控制器休眠模式还支持梦游(SleepWalking)功能,即当有些模块处于休眠模式仍需继续工作时,系统可以在不需要唤醒 CPU 的情况下,单独启用相应的模块和该模块相应的时钟。

用户可以通过配置系统控制寄存器的 SLEEPDEEP 位(SCR. SLEEPDEEP)来选择休眠模式(IDLE 或 STANDY)。选择 IDLE 休眠模式时,还可以配置休眠模式寄存器的 IDLE 位(SLEEP. IDLE),来选择休眠模式的级别。配置好这些寄存器后,通过执行等待中断指令(WFI),让微控制器进入配置的休眠模式。表 3.3.4 所列为如何进入和退出休眠模式;表 3.3.5 所列为休眠模式下各系统时钟和稳压器的工作状态。

表 3.3.4 进入和退出休眠模式

休眠模式	级 别	进入方式	唤醒方法
IDLE	0	SCR. SLEEPDEEP = 0； SLEEP. IDLE =级别； 执行 WFI 指令	同步(APB, AHB),异步
	1		同步(APB),异步
	2		异步
STANDBY		SCR. SLEEPDEEP = 1； 执行 WFI 指令	异步

表 3.3.5 休眠模式下各系统时钟和稳压器的工作状态

休眠模式	SLEEP. IDLE	CPU 时钟	AHB 时钟	APB 时钟	时钟振荡源	主时钟	稳压器模式	RAM 模式
IDLE	0	停止	运行	运行	1) ONDEMAND = 0 时,运行 2) ONDEMAND=1,且模块需要时钟时,运行	运行	普通模式	普通模式
	1	停止	停止	运行		运行		
	2	停止	停止	停止		运行		
STANDBY	—	停止	停止	停止	1)RUNSTDBY = 1,且 ONDEMAND = 0 时,运行 2)ONDEMAND = 1,且模块需要时钟时,运行	停止	低功耗模式	低功耗模式

1. IDLE 休眠模式

在 IDLE 休眠模式下,CPU 停止运行,稳压器和 RAM 都工作在普通模式。用户可以在微控制器进入休眠前,通过配置 SLEEP. IDLE 寄存器位组,禁用一些同步时钟模块和相应的时钟源,以进一步降低功耗。此时,无论电源管理器的 AHBMASK 和 APBxMASK 寄存器中的值是什么,模块都会暂停工作。

(1) 进入 IDLE 休眠模式

通过对 CPU 的系统控制寄存器(SCR)的 SLEEPDEEP 位(SCR. SLEEPDEEP)清零,并执行 WFI 指令,使微控制器进入 IDLE 休眠模式。此外,当系统控制寄存器(SCR)的 SLEEPONEXIT 位置 1 时,在 CPU 退出最低优先级的中断服务程序(ISR)时,同样也会进入 IDLE 模式。这种机制对用户来说很实用,即只有当中断发生时,才使微控制器进入运行状态。在进入 IDLE 模式之前,用户必须先配置好 IDLE模式的级别,并对 SCR. SLEEPDEEP 位清零。

(2) 退出 IDLE 休眠模式

当 SAM D20 微控制器检测到具有足够优先级的未屏蔽中断发生时,可以唤醒系统，系统返回活动状态，并且CPU和相关模块将重新启动。IDLE休眠模式有最快的唤醒速度，以降低功耗。

2. STANDBY休眠模式

在STANDBY休眠模式下，除了RUNSTDBY寄存器位置1的时钟源，其他时钟源都将禁用，稳压器和RAM都工作在低功耗模式。STANDBY休眠模式可实现极低的功耗性能。在进入待机休眠模式（STANDBY）之前，用户必须确保禁用相应的外设模块和时钟，使电压调节器在STANDBY模式下不会过载。

(1) 进入STANDBY休眠模式

通过对CPU的系统控制寄存器（SCR）的SLEEPDEEP位（SCR. SLEEPDEEP）置1，并执行WFI指令，使微控制器进入STANDBY休眠模式。在此模式下，除了那些仍需要继续工作的模块时钟和ONDEMAND位为0的时钟外，其他时钟都将停止。例如，RTC可以在STANDBY模式下继续工作，在这种情况下，RTC的GCLK时钟源将启用。同样，在此模式下，SLEEPONEXIT功能也是可用的。

(2) 退出STANDBY休眠模式

任何能够产生异步中断信号的外设模块都可以唤醒系统。例如，采用GCLK时钟的模块可以触发一个中断。当使能的异步唤醒事件发生时，系统被唤醒，并根据优先级屏蔽寄存器（PRIMASK）的配置，CPU将进入中断服务程序，或者继续正常的执行程序代码。

3.3.5 电源管理器相关ASF库函数及其使用

下面对ASF库中电源管理器相关的几个重要函数进行介绍，完整API可以参考附录A。

1. CPU时钟和时钟总线的配置

ASF库中提供了两大类时钟总线API：一类用于配置各时钟总线的时钟频率，另一类用于开启或禁止某个总线时钟。

(1) 时钟频率的配置与获取

首先介绍一组配置总线时钟频率的API，从图3.3.4中可知，同步时钟系统主要用于控制CPU时钟（AHB时钟）及APB外设总线时钟。所以，ASF库也主要为这两个方面提供相关的函数，一般可以分为获取总线时钟频率及设置总线分频系数两种API。下面以CPU时钟为例，给出其具体的API。

表3.3.6所列为system_cpu_clock_get_hz()函数。

表 3.3.6 system_cpu_clock_get_hz()函数

函 数	uint32_t **system_cpu_clock_get_hz**(void)
参 数	无
返回值	当前 CPU(AHB 总线)时钟频率数
描 述	获取 CPU 时钟频率

表 3.3.7 所列为 system_cpu_clock_set_divider()函数。

表 3.3.7 system_cpu_clock_set_divider()函数

函 数	void **system_cpu_clock_set_divider**(const enum system_main_clock_div divider)
参 数	divider:分频系数枚举值(1～128 的 8 种分频系数)
返回值	无
描 述	设置 CPU 时钟的分频系数

APB 总线的频率获取和配置 API 与上述两个函数类似,这里不再详述。

(2) 总线的开启与禁止

在表 3.3.2 中,已经列出了各个 APB 外设总线时钟默认的状态。ASF 库提供了一套用于管理各个外设时钟总线及 AHB 总线的 API,主要分为开启和禁止两种功能。下面以 APB 总线为例,给出其具体的函数形式。

表 3.3.8 所列为 system_apb_clock_set_mask()函数。

表 3.3.8 system_apb_clock_set_mask()函数

函 数	enum status_code **system_apb_clock_set_mask**(const enum system_clock_apb_bus bus,const uint32_t mask)
参 数	bus:外设所在的 APB 总线组(A、B、C) mask:外设所在 APB 总线组中的位(具体可参考头文件中的宏定义 SYSTEM_CLOCK_APB_APBx)
返回值	status_code 分为 2 种: ● STATUS_OK:使能外设时钟总线成功; ● STATUS_ERR_INVALID_ARG:给定的外设时钟总线参数错误
描 述	使能某个外设时钟总线

表 3.3.9 所列为 system_apb_clock_clear_mask()函数。

表 3.3.9 system_apb_clock_clear_mask()函数

函　数	enum status_code **system_apb_clock_clear_mask**(const enum system_clock_apb_bus bus, const uint32_t mask)
参　数	bus:外设所在的 APB 总线组(A、B、C) mask:外设所在 APB 总线组中的位(具体可参考头文件中的宏定义 SYSTEM_CLOCK_APB_APBx)
返回值	status_code 分为 2 种: ● STATUS_OK:禁止外设时钟总线成功; ● STATUS_ERR_INVALID_ARG:给定的外设时钟总线参数错误
描　述	禁止某个外设时钟总线

AHB 总线使能和禁止的 API 与上述两个函数类似,这里不再详述。

2. 复位源的查看

ASF 库中提供一个 API,用于查看上次导致系统复位的复位源。该函数的具体形式如表 3.3.10 所列。(表中,复位源枚举值分别对应图 3.3.3 中给出的 6 种复位源。)

表 3.3.10 system_get_reset_cause()函数

函　数	enum system_reset_cause **system_get_reset_cause**(void)
参　数	无
返回值	复位源枚举值(6 种)
描　述	查看上次导致系统复位的复位源

3. 休眠模式的设置

在 3.3.4 小节中介绍过 4 种休眠模式,与之相对应 ASF 库中提供了 2 个 API,分别用于设置和进入相关的休眠模式。

若要进入某个休眠模式,首先需要调用 system_set_sleepmode()函数,其具体形式如表 3.3.11 所列。

表 3.3.11 system_set_sleepmode()函数

函　数	enum status_code **system_set_sleepmode**(const enum system_sleepmode sleep_mode)
参　数	sleep_mode:需要设置的休眠模式
返回值	status_code 分为 2 种: ● STATUS_OK:模式设置成功; ● STATUS_ERR_INVALID_ARG:给定的参数错误
描　述	设置某种休眠模式

表中，sleep_mode 为枚举变量，对应之前提到过的 4 种休眠模式。在设置完休眠模式后，MCU 并不会进入低功耗状态，需要执行函数 system_sleep()，这个函数的参数和返回值均为 void。

值得注意的是，system_sleep()函数中会检查所有的当前内存操作结束后，才会执行 WFI 命令进入相应的休眠模式。

4. 举　例

【例 3.3.1】 使系统进入 standby 模式。

可以参考 ASF 中 SAM D20 Sleepwalking Voltage Monitor Application 例程。

```
void main()
{
    system_init();                                              //系统初始化
    system_set_sleepmode(SYSTEM_SLEEPMODE_STANDBY);             //设置 standby 模式
    system_sleep();                                             //进入低功耗模式
    while(1);
}
```

3.4　外部中断

中断机制是单片机系统中必不可少的一部分，特别是在低功耗型 MCU 中，中断更是扮演了特殊角色。所以，深入学习并掌握中断技术是非常重要的。SAM D20 的基本中断系统结构与 ARM Cortex-M0＋的 NVIC 一致(见第 2 章介绍)。本节首先介绍中断与异常的基本概念，并针对 SAM D20 的中断系统库函数进行说明，最后讲述外部中断控制器的结构和功能。

3.4.1　中断与异常

中断是指 MCU 对系统内部或外部引发的请求信号做出的一种响应，引发的请求信号称为中断信号，引起中断信号的外设或事件称为中断源。当 MCU 检测到某个中断信号后，如果系统未屏蔽该中断，那么 MCU 会停止当前运行的程序，保存相关寄存器内容后，跳转到另一个程序空间地址开始执行指令，这个地址称为中断向量。中断向量所指向的程序空间称为中断服务程序。当执行完中断服务程序后，MCU 便会恢复相关寄存器的内容，继续执行原来的程序，整个过程称为中断响应过程，如图 3.4.1 所示。

对 MCU 而言，中断源可以分为内部中断源和外部中断源。内部中断源一般是指 MCU 内部的模块，也就是片内外设，如定时器、比较器和 ADC 等，它们触发的中断称为内部中断；而外部中断源是指连接在 MCU 引脚上的外部设备或电平信号，通过I/O引脚上的电平变化或脉冲所触发的中断称为外部中断。详细情况可参考3.4.3小节。

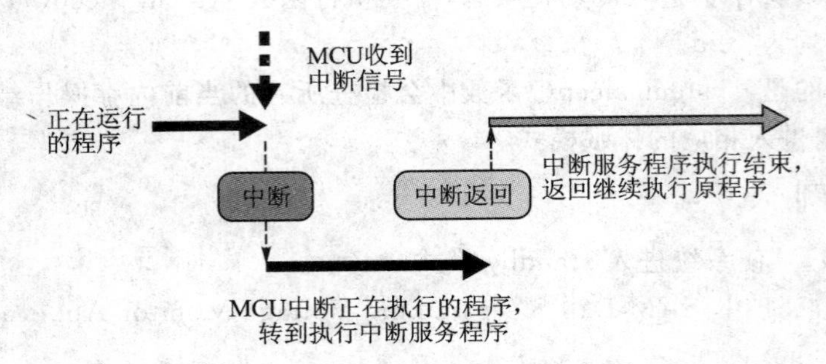

图3.4.1 中断响应过程

通常，MCU对每一个中断都赋予相对应的中断优先级，由一个或一组数字来表示，一些MCU允许用户来改变中断的优先级。当有多个中断源同时向MCU发出中断请求时，优先级高的中断可以优先得到MCU的响应，而其他同时或之后发生的中断将被挂起，直到高优先级的中断服务程序执行完毕后，再进行优先级的比较。

大部分MCU也支持中断嵌套，即当MCU正在执行某个中断服务程序时，若有更高优先级的中断被触发，则MCU将先挂起原先的中断，并在执行完高优先级的中断服务程序后，再执行原先的中断服务程序。不同的MCU对中断嵌套的实现一般是不同的。

异常可以理解为一种特殊的内部中断，是由MCU内核的内部事件或故障所触发的，其类型在不同的MCU中也有所不同，通常有复位、硬件故障和总线故障等。由于异常是在内核完成某个指令后立即触发，所以认为它是同步的。而中断可能在内核运行的任何时刻都会触发，所以认为它是异步的。在绝大部分MCU中，异常的优先级通常比中断更高。

3.4.2 NVIC系统库函数

在第2章中，介绍过SAM D20采用了Cortex-M0＋的嵌套向量中断控制器(NVIC)作为整个中断系统的核心。其强大的管理功能使得系统的中断响应实时性和切换效率更高，也能更好地与休眠模式相结合。

在配置任何外设的中断功能之前，必须首先配置NVIC中相关的功能，否则MCU将无法接收到任何中断请求信号。本小节将针对ASF库中的NVIC的部分库函数进行阐述，其余函数的具体形式可以参考附录A。

1. 配置优先级

库中提供了2个相关API：一个是获取某个中断源的优先级，另一个是设置某一个中断源的优先级。这里以后者为例，给出其参数列表，如表3.4.1所列。

表 3.4.1 参 数

函 数	enum status_code system_interrupt_set_priority(const enum system_interrupt_vector vector,const enum system_interrupt_priority_level priority_level)
参 数	vector:需要设置的中断源的向量号 priority_level:需要设置的中断优先级
返回值	status_code:分为2种 · STATUS_OK:成功; · STATUS_ERR_INVALID_ARG:参数错误
描 述	配置某个中断源的优先级

其中,两个参数均为枚举类型,其具体的枚举值可参考头文件 system_interrupt.h。特别需要指出的是,枚举类型 enum system_interrupt_priority_level 将优先级分为4等,LEVEL_0 优先级最高,LEVEL_3 优先级最低。

2. 中断源的使能和禁止

system_interrupt_enable()函数可开启某个中断源的检测功能,而 system_interrupt_disable()函数可屏蔽某个中断源。表 3.4.2 列出了前者的详细描述。

表 3.4.2 system_interrupt_enable()函数

函 数	void **system_interrupt_enable**(const enum system_interrupt_vector vector)
参 数	vector:需要使能的中断源的向量号
返回值	无
描 述	使能某个中断源

对于一般应用场合,可直接调用 system_interrupt_enable_global()函数来开启全局中断,即每个中断源都是可触发的;而 system_interrupt_disable_global()函数可关闭全局中断,即屏蔽所有中断源。这两个函数的参数和返回值均为空。

3. 临界区

ASF 库建立了临界区概念,在临界区内,可完成原子操作而不被其他中断打断。当要进入临界区时,需要调用 system_interrupt_enter_critical_section()函数,从而关断全局中断;当要离开临界区时,需要调用 system_interrupt_leave_critical_section()函数来再次开启全局中断。这两个函数的参数和返回值均为空。

在执行临界区期间,所有触发的其他中断都会被挂起,直到离开临界区后,会根据每个中断设置的优先级进行响应。如果是在中断服务程序中离开临界区,则其他触发的高优先级的中断可进行嵌套型的抢占。

4. 挂起查询

ASF 库中也提供了查询某个中断源的挂起状态函数,其具体形式如表 3.4.3 所列。

表 3.4.3 system_interrupt_is_pending()函数

函 数	bool **system_interrupt_is_pending**(const enum system_interrupt_vector vector)
参 数	vector:需要查询的中断源向量号
返回值	true:已挂起 false:未挂起
描 述	查询某个中断源的状态

相关的状态管理函数还有几个,不是特别重要,故这里不再详细讨论。

3.4.3 外部中断控制器

SAM D20由外部中断控制器(EIC)来统一管理所有的外部中断,可支持17个外部中断。其中16个为可屏蔽的外部中断,共享一个中断向量(EIC);1个为不可屏蔽外部中断(EICNMI),单独由EIC的NMI相关寄存器控制,并有独立的NMI中断向量。

1. 初始化

在使用可屏蔽外部中断之前,必须通过控制使能位(CTRL.ENABLE)置1来开启EIC模块,否则所有配置都将无效。如果只使用不可屏蔽中断(NMI),则可不必开启EIC模块。

对于可屏蔽外部中断,通过将中断使能位(INTENSET.EXTINT[x])置1来开启需要检测的外部中断通道,通过将中断屏蔽位(INTENCLR.EXTINT[x])置1来屏蔽其他的外部中断通道。如果开启了多个外部可屏蔽中断通道,则当发生了一个外部中断后,在共享的中断服务程序中,通过读取中断标志位(INTFLAG.EXTINT[x])的某一位置1来确定哪个外部通道发生了中断,对该中断标志位(INTFLAG.EXTINT[x])软件置1来清除该中断标志位。

对于不可屏蔽中断,一旦检测类型位(NMICTRL.NMISENSE)非0,则开启NMI中断通道,当发生了NMI中断后,中断标志位(NMIFLAG.NMI)将置1,可立即触发相对应的中断服务程序,对该中断标志位(NMIFLAG.NMI)软件置1来清除该中断标志位。在系统复位后,不可屏蔽中断是默认禁止的。

2. 功能与配置

每个外部中断通道都对应着一个物理引脚,如图3.4.2所示,每个引脚都有一个外设复用器(MUX),通过对I/O外设复用器进行相关配置后,可将外部中断功能复用到一个引脚上,这个引脚便

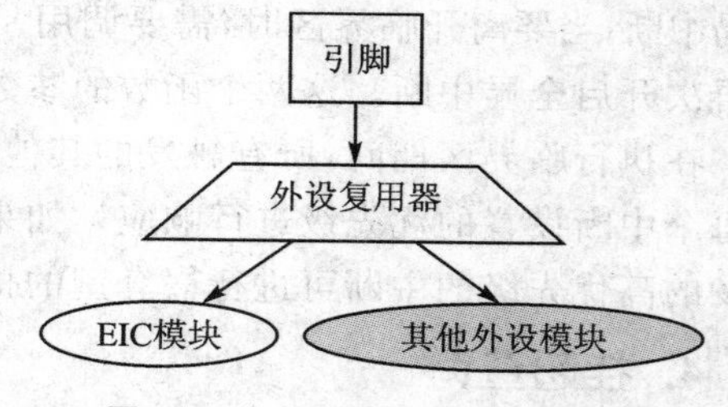

图 3.4.2 外部中断功能的复用

可对外部的电信号进行检测，并触发该外部通道的中断响应。

(1) 检测类型

检测的电信号的类型可根据检测类型位(CONFIGy. SENSE[x]或 NMICTRL. NMISENSE)来配置，可以是如下类型：

➢ 电平类：高电平或低电平。

➢ 边沿类：上升沿或下降沿或所有跳变。

对于电平类的中断，一旦检测到的电平和设置类型相同，则对应的中断标志位(INTFLAG. EXTINT[x]或 NMIFLAG. NMI)便会置1，等待 MCU 的中断响应。标志位由软件清0后，此时如果外部引脚的电平保持不变，则对应的中断标志位(INTFLAG. EXTINT[x]或 NMIFLAG. NMI)还将会置1，直到电平有跳变为止。

对于边沿类的中断，只有检测到新的符合要求的边沿跳变后，对应的中断标志位(INTFLAG. EXTINT[x]或 NMIFLAG. NMI)才会置1。

图3.4.3所示为EIC模块的内部逻辑结构。

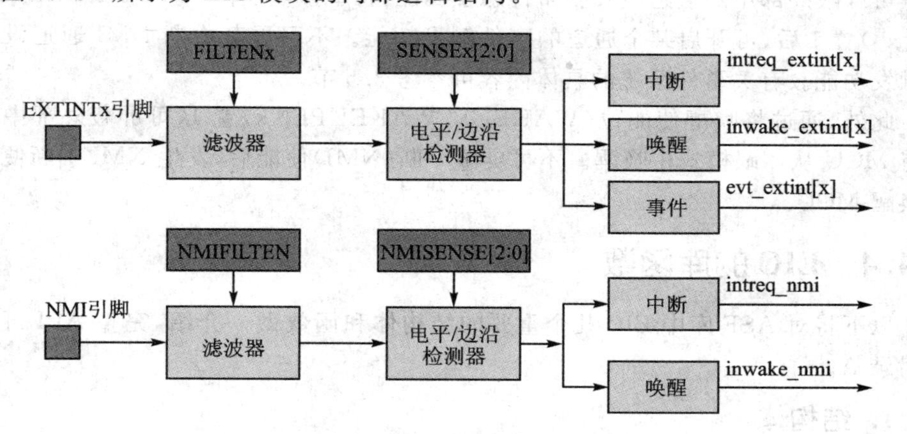

图3.4.3 EIC模块内部逻辑结构

(2) 滤波器

在图3.4.3中，EIC模块中还自带了低通滤波功能。低通滤波器的功能是消除外部信号跳变时产生的毛刺等干扰信号，这些干扰信号会产生非法中断或影响系统的稳定。将滤波器使能位(CONFIGy. FILTEN[x]或 NMICTRL. FILTEN)置1后，便使能了滤波功能。滤波器会对外部信号采集多次，当采集3次中有2次以上的电平相同时，便会输出相应的电平。

(3) 响应时间

由于外部中断属于异步中断，所以从引脚发生电平跳变到 MCU 进行中断响应之间，会有一定的时延。该时延与引脚的 EIC 配置有关，表3.4.4所列为不同配置下，MCU 进入中断响应至多所需的时钟数，其中，不带滤波功能的电平检测中断响应最短，带滤波功能的边沿检测中断响应最长。

表 3.4.4 异步中断的响应时延

检测类型	可能的最长时延(时钟数)
电 平	3 CLK_EIC_APB
电平+滤波	4 GCLK_EIC + 3 CLK_EIC_APB
边 沿	4 GCLK_EIC + 3 CLK_EIC_APB
边沿+滤波	6 GCLK_EIC + 3 CLK_EIC_APB

表中,CLK_EIC_APB 代表 MCU 与 EIC 模块之间的 APB 总线时钟,具体可参考 3.3.2 小节电源管理部分,GCLK_EIC 代表 EIC 模块外设时钟。对于可屏蔽外部中断,除了不带滤波的电平检测中断,其他 3 种类型的中断检测均需要 GCLK 的驱动。对于不可屏蔽中断,无论什么检测类型,都必须开启 GCLK。

(4) 其 他

可屏蔽外部中断通道也具备事件触发功能,将事件使能位(EVCTRL. EXTINTEO[x])置 1 后,可开启某个通道的事件触发功能。不可屏蔽中断 NMI 通道没有事件触发功能。有关事件系统的具体内容可参考 3.5 节。

此外,通过将唤醒使能位(WAKEUP. WAKEUPENx)置 1,可屏蔽外部中断可以将 MCU 从休眠模式中唤醒。不可屏蔽中断(NMI)使能后,发生 NMI 中断便可自动唤醒 MCU。

3.4.4 EIC 的库函数

以下将对 ASF 库中 EIC 几个重要的结构体和函数做一介绍,完整 API 可以参考附录 A。

1. 结构体

关于外部中断通道配置,有一重要的数据结构 extint_chan_conf,如表 3.4.5 所列。

表 3.4.5 结构体 extint_chan_conf

类 型	变量名	描 述
enum extint_detect	detection_criteria	边沿检测类型
bool	filter_input_signal	是否启用低通滤波
uint32_t	gpio_pin	中断引脚的 pin
uint32_t	gpio_pin_mux	中断引脚的 mux
enum extint_pull	gpio_pin_pull	输入的上下拉状态
bool	wake_if_sleeping	是否启用休眠唤醒

表中:detection_criteria 与检测类型位(CONFIGy. SENSE[x])对应;filter_input_ signal 与滤波使能位(CONFIGy. FILTEN[x])对应；wake_if_sleeping 与唤醒使能位(WAKEUP. WAKEUPENx)对应；其他变量与 GPIO 中的相关功能对应。

NMI 也有自己独立的配置数据结构体 extint_nmi_conf，与 extint_chan_conf 结构作用类似，这里不再详述。

此外，还设有通道事件结构体 extint_events，其中设有长度为 16 的 bool 型的数组，用于配置每个外部中断通道的事件使能或禁止功能。

2. 初始化 API

关于 EIC 模块的初始化，有三个函数——extint_enable()、extint_disable()及 extint_reset()。第一个用于使能 EIC 模块和完成 GCLK 的时钟初始化，必须在使用任何可屏蔽外部中断及 NMI 中断之前调用；第二个用于禁止 EIC 模块及相关时钟；第三个用于复位 EIC 模块。这三个函数的参数和返回值均为空。

3. 通道配置

设置普通外部通道有两个函数：一个用于获取默认通道配置，另一个用于配置某个通道。首先介绍 extint_chan_get_config_defaults()函数，如表 3.4.6 所列。

表 3.4.6 extint_chan_get_config_defaults()函数

函　数	void **extint_chan_get_config_defaults**(struct extint_chan_conf * const config)
参　数	config：存放默认配置的结构体地址
返回值	无
描　述	将获取的默认配置存放到 config 中， 默认配置如下： ● 下边沿检测使能； ● 滤波功能失效； ● 休眠唤醒使能； ● 输入上拉使能

表 3.4.7 所列为 extint_chan_set_config()函数。

表 3.4.7 extint_chan_set_config()函数

函　数	void **extint_chan_set_config**(const uint8_t channel, struct extint_chan_conf * const config)
参数	channel：需要配置的通道号(0～15) config：存放配置的结构体指针
返回值	无
描　述	将 config 配置到某一个通道

对于 NMI 通道，也设有其独立的配置 API，与结构体 extint_nmi_conf 配合使用，和上述两个函数类似，这里不再列出。

4. 配置回调函数

ASF库建立了用户回调函数的机制来管理多个外部可屏蔽中断通道对应一个中断源的情况。库中定义了函数指针类型 extint_callback_t,形式如表3.4.8所列。

表3.4.8 函数指针 extint_callback_t

函数指针	typedef void(* **extint_callback_t**)(uint32_t channel)
参　数	channel:发生中断的通道号,由系统库传入
返回值	无
描　述	中断回调函数指针

编程者需要定义用户回调函数,其功能相当于中断服务程序,且返回值及参数类型需要与 extint_callback_t 中的一致,其中,参数 channel 代表了触发中断的通道号;定义了该函数后,需要调用 extint_register_callback()函数,其功能和形式如表3.4.9所列。

表3.4.9 extint_register_callback()函数

函　数	enum status_code **extint_register_callback**(const extint_callback_t callback, const enum extint_callback_type type)
参　数	callback:用户回调函数地址 type:一般为 EXTINT_CALLBACK_TYPE_DETECT
返回值	status_code:分为3种 STATUS_OK:成功 STATUS_ERR_INVALID_ARG:回调函数参数错误 STATUS_ERR_NO_MEMORY:回调函数注册表中已满
描　述	将用户回调函数进行注册

类似的,库中也提供了消除注册功能函数 extint_unregister_callback(),其参数形式与前者相同,这里不再详述。

注意: extint_register_callback()函数只能用于注册外部可屏蔽中断回调函数,不可用于注册NMI中断用户回调函数。编程者需要直接重写系统中断服务程序 NMI_Handler(),并在其中调用 extint_nmi_clear_detected()函数来清除NMI中断标志位。

在注册好用户回调函数后,需要调用 extint_chan_enable_callback()函数,其形式如表3.4.10所列。

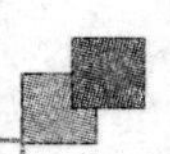

表 3.4.10 extint_chan_enable_callback()函数

函 数	enum status_code **extint_chan_enable_callback**(const uint32_t channel, const enum extint_callback_type type)
参 数	channel:对应的外部通道号 type:一般为 EXTINT_CALLBACK_TYPE_DETECT
返回值	status_code:分为2种 STATUS_OK:成功 STATUS_ERR_INVALID_ARG:参数错误
描 述	使能某个通道的中断回调函数

类似库中也有禁止回调功能函数 extint_chan_disable_callback(),参数和返回值与前者相同,这里不再详述。

经过上述的注册和使能步骤,系统就可以在触发该中断时调用用户自己编写的函数了。

5. 配置事件功能

一个或多个通道的事件功能的开启和禁止分别由 extint_enable_events()函数和 extint_disable_events()函数来管理和控制,表 3.4.11 所列为前者的详细描述。

表 3.4.11 extint_enable_events()函数

函 数	void **extint_enable_events**(struct extint_events * const events)
参 数	events:存放通道事件状态的结构体
返回值	无
描 述	开启一个或多个通道的事件功能

值得注意的是,必须在使能 EIC 模块之前配置相关通道的事件触发功能,否则将无效。

接下来,将结合 3.4.2 小节中 NVIC 的 API,给出一个外部中断实例。

【例 3.4.1】 用按键控制 LED 的亮暗。其中,按键 KEY1 与一个 GPIO 相连,LED1 与另一个 GPIO 相连。使用外部中断来实现该功能。

```
void configure_extint_channel(void)
{
    struct extint_chan_conf config_extint_chan;
    /* 在对 config_extint_chan 配置之前,通过 extint_chan_get_config_defaults()函数
    来获取每个成员变量的默认值,以免用户没有配置而发生未知的错误 */
    extint_chan_get_config_defaults(&config_extint_chan);
    config_extint_chan.gpio_pin = BUTTON_0_EIC_PIN;
    config_extint_chan.gpio_pin_mux = BUTTON_0_EIC_MUX;
    config_extint_chan.gpio_pin_pull = EXTINT_PULL_UP;
```

```
    config_extint_chan.detection_criteria = EXTINT_DETECT_BOTH;   //检测所有跳变沿
    extint_chan_set_config(BUTTON_0_EIC_LINE, &config_extint_chan);
}
void configure_extint_callbacks(void)
{
    extint_register_callback(extint_detection_callback,          //回调函数的地址
    EXTINT_CALLBACK_TYPE_DETECT);
    extint_chan_enable_callback(BUTTON_0_EIC_LINE,
    EXTINT_CALLBACK_TYPE_DETECT);
}
void extint_detection_callback(uint32_t channel)
{    //定义用户回调函数
    bool pin_state;
    if(channel == BUTTON_0_EIC_LINE){
    pin_state = port_pin_get_input_level(BUTTON_0_PIN);
    port_pin_set_output_level(LED_0_PIN, pin_state);}
}
voidmain()
{
    extint_enable();                                    //使能 EIC 模块
    configure_extint_channel();                         //配置外部中断通道
    configure_extint_callbacks();                       //配置用户回调函数
    system_interrupt_enable_global();                   //开启 NVIC 全局中断
    while(1);
}
```


上述代码中，当完成外部中断通道的配置并开启全局中断后，主函数便会等待中断的触发。当按键 KEY1 按下后，便会触发外部通道的中断，于是系统将会调用回调函数 extint_detection_callback()，在回调函数中，对触发中断的通道号 channel 进行判断，如果相符，则根据按键 I/O 的电平来点亮或熄灭 LED 灯；当按键 KEY1 释放后，同样会触发外部通道的中断，并执行以上过程。

此外，该代码也给出了通常情况下需要开启一个外部中断通道的基本步骤，即使能 EIC 模块，配置相关通道的功能，包括使能中断、开启 NVIC 全局中断等步骤，这与第 2 章中 NVIC 部分中给出的配置步骤是一致的。

3.5　事件系统

事件是 SAM D20 中特有的一种功能，它可以在不耗费 MCU 和其他资源的情况下，使外设之间进行异步通信(数据传输)，即使在休眠模式下，事件系统仍可以正常工作，具有延时低、配置灵活和并行度高等特点。在多个外设通信或同步的应用中，

事件系统(EVSYS)可在一定程度上减轻 MCU 负荷和简化代码控制流,或降低系统功耗。所以,学习和掌握事件系统对用好 SAM D20 是很有意义的。

3.5.1 事 件

事件是针对外设的一个概念,它可以认为是一种触发信号,由外设产生和接收。产生的事件信号称为事件发生源(EventGenerator,或简称事件源),接收事件的外设称为事件用户(EventUser)。一个外设可以有多个事件发生源,也可以有多个事件用户。发生源与用户之间连接的通路称为事件通道,分为同步通道、再同步通道(Resynchronized path)及异步通道。

SAM D20 中有 59 个事件发生源(一个外设可产生多个事件信号作为多个事件发生源)、14 个事件用户及 8 个可配置的事件通道。通过事件通道,一个事件用户可连接至任何事件发生源。有些外设可同时作为事件发生源和用户。表 3.5.1 所列为所有的事件发生源,表 3.5.2 所列为所有的事件用户。其中具体事件的意义请参考相关外设部分。

表 3.5.1 事件发生源

源类型	说 明	源类型	说 明
RTC CMPx	RTC 通道 x 比较事件(x:0～1)	TCx OVF	定时器 x 溢出事件(x:0～7)
RTC OVF	RTC 溢出事件	TCx MC0	定时器 x 通道 0 捕获/比较事件(x:0～7)
RTC PERx	RTC 通道 x 周期事件(x:0～7)	TCx MC1	定时器 x 通道 1 捕获/比较事件(x:0～7)
EIC EXTINTx	EIC 通道 x 中断事件(x:0～15)	ADC RESRDY	ADC 转换完毕事件
DAC EMPTY	DAC 空事件	ADC WINMON	ADC 窗口监视事件
PTC EOC	PTC 结束转换事件	AC COMPx	比较器 x 比较事件(x:0～1)
PTC WCOMP	PTC 窗口比较事件	AC WIN	比较器窗口事件

表 3.5.2 事件用户

用户类型	说 明	可使用通道类型
TCx	启动定时器 x	同步/再同步/异步通道(x:0～7)
ADC START	启动 ADC 转换	异步通道
ADC SYNC	清空 ADC	异步通道
DAC START	启动 DAC 转换	异步通道
AC COMPx	启动比较器 x	异步通道
PTC STCONV	启动 PTC 转换	异步通道

为了对事件的作用有一个初步的认识，这里举一个简单的例子。例如，系统需要定时采集外部模拟电压，并利用DAC输出这个数字电压。这时，可以通过定时器的溢出事件(TCx OVF)作为一级事件源，ADC作为一级事件用户，当溢出事件发生后，ADC便启动转换(ADC START)采集外部电压；同时，将ADC转换完毕的事件(ADC RESRDY)作为二级发生源，DAC作为二级事件用户，当ADC转换完毕事件发生后，DAC便可开启转换(DAC START)输出数字电压了。本章最后会给出一个类似的实例。

从上述这个例子可以看出，定时器、ADC和DAC三个外设通过事件系统，以级联的形式相互同步，完成所需的功能，在此过程中，CPU可以不用太多的干预(仅需初始化事件系统进行相应的配置)。同时，事件也可以并发的形式在外设之间进行通信，即一个事件可以同时触发多个事件用户的外设。

3.5.2 结构与功能

在对事件系统有了一个大体的认识之后，本小节将对事件系统的具体结构和功能做进一步阐述。图3.5.1所示为事件系统内部的逻辑结构示意图。

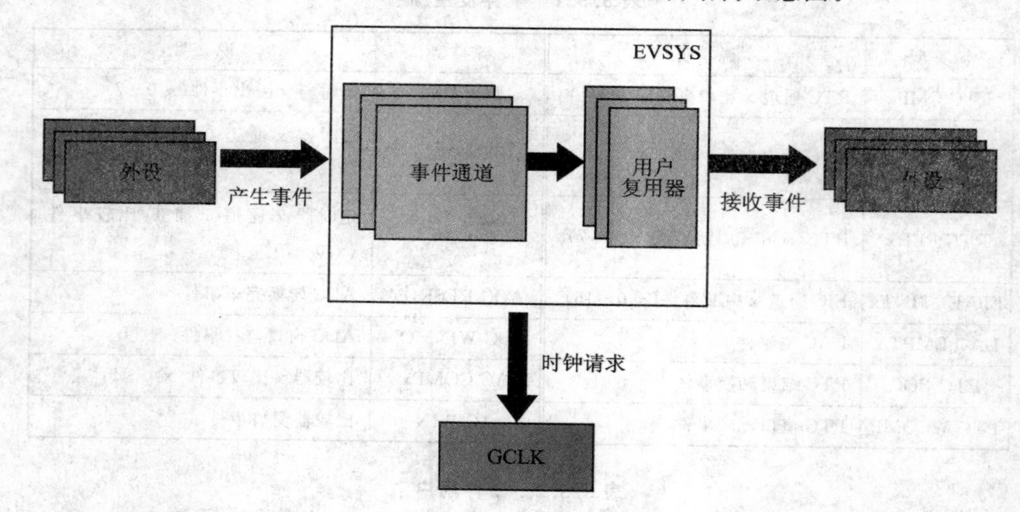

图3.5.1 EVSYS内部逻辑模块

其中，事件系统由8个事件通道和用户复用器组成，通过不同的组合，将事件发生外设与事件用户外设连接在一起，而在不同通道模式下，可选择性地打开或关闭通用时钟模块(GCLK)提供的时钟。

1. 事件通道

每个事件通道有一个通道号m，由通道中通道号位(CHANNEL. CHANNEL)决定，并具有以下功能：选择通道类型、设置事件信号边沿的检测类型、选择事件发生源的类型及开启或关闭梦游模式(SLEEPWALKING)等。

图3.5.2所示为一个事件通道的内部结构。

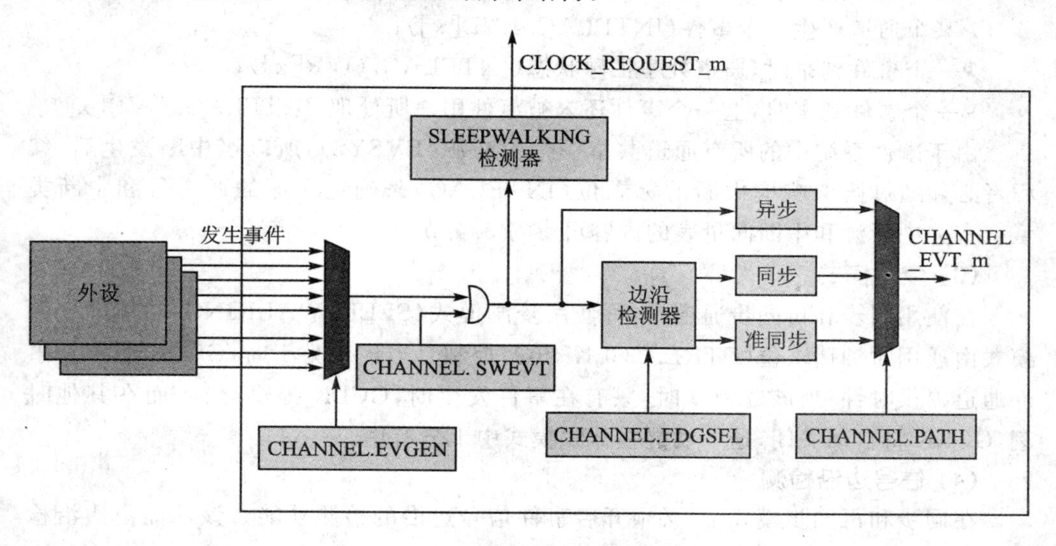

图3.5.2　事件通道内部结构(m为通道号)

(1) 通道类型

通道类型由通道类型位(CHANNEL. PATH)决定，有3种类型，分别为：

➢ 异步通道(ASYNC)；

➢ 同步通道(SYNC)；

➢ 再同步通道(RESYNC)。

在异步通道中，不需要GCLK提供时钟，事件发生源和用户使用同一个时钟，事件消息将直接交付给事件用户，其时延是3种模式中最短的。但是，异步通道没有对事件信号的边沿检测功能，也不会产生任何中断，也就没有任何状态标志位，所有的操作都必须由事件用户来处理。

在同步通道中，事件发生源和事件用户使用不同的时钟源，由事件系统来同步它们之间的时钟。同时，同步通道提供对事件信号的中断功能及状态标志位(CHSTATUS)的检测，这就意味着事件系统能够对事件通信过程中产生的操作中断和异常进行响应。

再同步通道是同步通道的特殊形式，其功能和同步通道类似，唯一不同的是，再同步通道中，事件系统和事件用户使用相同的时钟源，但事件发生源使用了不同的时钟。

对于不同的事件用户，通道的类型通常是固定的，从表3.5.2中可见，除了定时器TCx可选择通道类型外，其他的事件用户都只能用异步通道。

(2) 中断类型

在同步通道和再同步通道下，事件系统可以对通信过程中触发的操作发出中断

和异常。中断和异常可分为以下3种情况,其中后两种为异常情况:

➢某个通道产生一个事件(INTFLAG. EVD[x]);

➢一个事件到来时,通道处于忙碌状态(INTFLAG. OVR[x]);

➢一个事件到来时,上一个事件还未被事件用户所处理(INTFLAG. OVR[x])。

由于事件系统中的所有通道共享一个中断源(EVSYS),所以当中断发生后,编程者必须通过读取响应中断的标志位(INTFLAG)来确定具体的通道号和中断类型。有关中断源和中断向量表的内容可参考3.4节。

(3) 梦游模式

在使用同步和再同步通道时,可使用梦游模式(SLEEPWALKING)功能。梦游模式由通用时钟请求位(CTRL. GCLKREQ)控制。当该位为1时,GCLK时钟为事件通道提供时钟;当该位为0时,只有在事件发生时,GCLK提供时钟,而在其他时刻,GCLK将自动关闭,这一功能在休眠模式中十分有用。

(4) 信号边沿检测

在同步和再同步模式下,必须开启事件信号边沿的检测功能。该功能由边沿检测位(CHANNEL. EDGSEL)控制,有3种边沿检测模式:

➢上边沿;

➢下边沿;

➢两个边沿(跳变)。

如果产生的事件信号是脉冲信号,则必须使用上边沿或下边沿的检测模式,并可以根据事件信号的默认电平来决定是使用上边沿还是下边沿。

(5) 事件发生源

每个通道都需要选择一个事件发生源外设,事件发生源的选择由发生源类型位(CHANNEL. EVGEN)决定,发生源的类型可参考表3.5.1。

除了表中的事件发生源,EVSYS还提供了软件事件(SoftwareEvent)。该事件必须在同步或再同步通道中使用,并且必须设置为上边沿检测,时钟请求位(CTRL. GCLKREQ)必须置1。该事件由软件事件位(CHANNEL. SWEVT)直接触发。值得注意的是,软件事件在应用调试中是十分有用的。

在系统复位后,所有通道中的事件信号将被丢弃,中断被禁止。

2. 事件用户复用器

事件用户复用器用于接收事件通道输出的事件信号,并将这些事件信号分发到各个用户外设。图3.5.3所示为用户复用器的逻辑结构。

图中CHANNEL_EVT_m为事件通道的输出,即第m个通道的事件信号,复用器根据用户通道位(USER. CHANNEL)的值,将这些事件信号进行分类。值得注意的是,USER. CHANNEL的值与事件通道中通道号位(CHANNEL. CHANNEL)是相互对应的。事件用户的外设类型由用户类型位(USER. USER)来确定,可参考

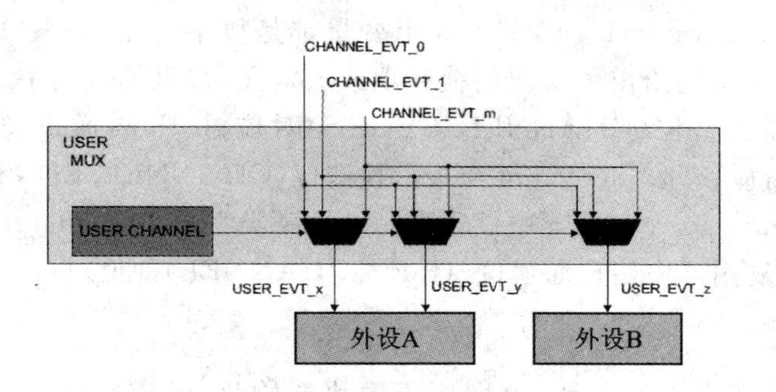

图 3.5.3 用户复用器内部结构

表 3.5.2所列内容，其中也给出了响应能够使用的事件通道类型。

由此可知，要配置一组事件信号，需要以下几个步骤：

➢ 配置事件通道号，通过通道号位(CHANNEL. CHANNEL)设置；
➢ 配置事件通道类型，通过通道类型位(CHANNEL. PATH)设置；
➢ 选择性配置事件信号边沿检测类型，通过边沿检测位(CHANNEL. EDGSEL)设置；
➢ 配置事件发生源，通过发生源类型位(CHANNEL. EVGEN)设置；
➢ 配置用户通道号，通过用户通道位(USER. CHANNEL)设置；
➢ 配置事件用户类型，通过用户类型位(USER. USER)设置。

此外，除了软件事件外，要正常使用事件系统，还需要在事件发生源外设和事件用户外设中设置相关的事件寄存器，有关具体外设的详细内容请参考第 4 章的相关小节。

3.5.3 事件系统相关 ASF 库函数

以下将对 ASF 库中事件系统相关的几个重要结构体和函数作一介绍，完整 API 可以参考附录 A。

1. 结构体

库中给出了 2 个类型的结构体 events_chan_config 和 events_user_config，其变量分别对应了事件通道和用户复用器中的一些设置选项。表 3.5.3 所列为结构体 events_chan_config 的描述。

表 3.5.3 结构体 events_chan_config

类 型	变量名	描 述
enum gclk_generator	clock_source	通道所用 GCLK 源的类型
enum events_edge	edge_detection	边沿检测类型
uint8_t	generator_id	事件发生源类型
enum events_path	path	通道类型

表中，除了 generator_id 外，其他 3 个变量都是枚举类型，在头文件 event.h 和 instance_evsys.h 中均给出了对应的枚举项或宏定义，这里不再列举。其中，generator_id 与发生源类型位（CHANNEL.EVGEN）对应；path 与通道类型位（CHANNEL.PATH）对应；edge_detection 与边沿检测位（CHANNEL.EDGSEL）对应。

结构体 events_user_config 中仅包含一个枚举类型成员 event_channel_id，代表用户通道号，与复用器中用户通道位（USER.CHANNEL）的值对应。

2. 函　数

以下列出了几个重要函数，分别用于模块初始化、通道配置、用户设置及状态查询。

(1) 模块初始化

在使用所有事件系统的功能之前，必须调用 events_init()来完成 EVSYS 的初始化，并复位每一个通道的设置，其参数和返回值均为空，这里不再详细列出。

(2) 通道配置

主要有两个重要函数：一个用于获取默认通道的配置，另一个用于配置某个通道。首先介绍 events_chan_get_config_defaults()函数，如表 3.5.4 所列。

表 3.5.4　events_chan_get_config_defaults()函数

函　数	void **events_chan_get_config_defaults**(struct events_chan_config * const config)
参　数	config：存放默认配置的结构体地址
返回值	无
描　述	将获取的默认配置存放到 config 中，默认配置如下： ● 使用异步通道，所以没有边沿检测； ● 使用 GLCK_GENERATOR_0 作为时钟源； ● 没有设置发生源

下面介绍 events_chan_set_config()函数，如表 3.5.5 所列。

表 3.5.5　events_chan_set_config()函数

函　数	void **events_chan_set_config**(const enum events_channel event_channel, struct events_chan_config * const config)
参　数	event_channel：需要配置的通道号(0～7) config：存放配置的结构体指针
返回值	无
描　述	将 config 配置到某一个通道上

(3) 通道用户

主要有两个重要函数：一个用于获取默认的用户配置，另一个用于配置事件用户。首先介绍 events_user_get_config_defaults()函数，如表 3.5.6 所列。

表 3.5.6 events_user_get_config_defaults()函数

函 数	void **events_user_get_config_defaults**(struct events_user_config * const config)
参 数	config:存放默认配置的结构体地址
返回值	无
描 述	将获取的默认配置存放到 config 中,默认将用户复用器连接到通道 0

下面介绍 events_user_set_config()函数,如表 3.5.7 所列。

表 3.5.7 events_user_set_config()函数

函 数	void **events_user_set_config**(const uint8_t user,struct events_user_config * const config)
参 数	user:需要配置的用户外设类型(0～13) config:存放配置的结构体指针
返回值	无
描 述	将 config 配置到某一个用户外设上

(4) 查询和管理

查询功能有两个函数,分别是对某个通道和某个用户复用器的状态查询。下面对前者 events_chan_is_ready()函数作简要说明,如表 3.5.8 所列。

表 3.5.8 events_chan_is_ready()函数

函 数	bool **events_chan_is_ready**(const enum events_channel event_channel)
参 数	event_channel:需要查询的通道号
返回值	true:通道准备完毕 false:通道忙绿中
描 述	查询某个通道的状态

接下来介绍软件事件触发函数 events_chan_software_trigger(),如表 3.5.9 所列。该函数主要便于事件的调试。该函数必须在通道配置和使能后调用。

表 3.5.9 events_chan_software_trigger()函数

函 数	void **events_chan_software_trigger**(const enum events_channel event_channel)
参 数	event_channel:需要触发的通道号
返回值	无
描 述	使用软件事件触发某个通道

上述列出的一些重要的函数以及相关说明,在具体应用场合中,还需配置所用到的外设中相关的事件 API。

3. 举 例

下面主要就 EVSYS 的相关 API 给出两个例子:第一个是软件触发的例子,第二个是一个较复杂的应用实例。

【例3.5.1】 使用软件事件来触发一个外设用户。

```
#define EXAMPLE_EVENT_GENERATOR 0
#define EXAMPLE_EVENT_CHANNEL EVENT_CHANNEL_0
#define EXAMPLE_EVENT_USER 0
void configure_event_channel(void)
{
    struct events_chan_config config_events_chan;
    events_chan_get_config_defaults(&config_events_chan);
    config_events_chan.generator_id = EXAMPLE_EVENT_GENERATOR;
    config_events_chan.edge_detection = EVENT_EDGE_RISING;
                                                        //软件事件必须使用上边沿
    config_events_chan.path = EVENT_PATH_SYNCHRONOUS;          //同步通道
    events_chan_set_config(EXAMPLE_EVENT_CHANNEL, &config_events_chan);
}
void configure_event_user(void)
{
    struct events_user_config config_events_user;
    events_user_get_config_defaults(&config_events_user);
    config_events_user.event_channel_id = EXAMPLE_EVENT_CHANNEL;
    events_user_set_config(EXAMPLE_EVENT_USER, &config_events_user);
}
void main()
{
    events_init();                                             //初始化事件系统模块
    configure_event_user();                                    //配置用户外设
    configure_event_channel();                                 //配置事件通道
    while (events_chan_is_ready(EXAMPLE_EVENT_CHANNEL) == false);   //查询通道状态
    events_chan_software_trigger(EXAMPLE_EVENT_CHANNEL);
    while (true);
}
```

上述代码中,给出了配置事件通道和事件用户的基本步骤,同时使用了软件事件触发功能,可用于单步调试。但是需要注意的是,例子中使用的事件用户是虚拟的,因为当事件用户类型EXAMPLE_EVENT_USER为0时,事件用户是未激活的。所以在平时的应用中,除了在EVSYS中正确地配置相关设置外,也需要对相关的外设进行进一步配置。

【例3.5.2】 使用事件系统,利用DAC播放音乐。

```
const uint32_t sample_rate = 16000;      //播放频率
const uint16_t wav_samples[] = {
```

```
    #include "data.x"                          //该头文件直接包含了播放数据
};
const uint32_t number_of_samples =       //播放数据的总数
        (sizeof(wav_samples) / sizeof(wav_samples[0]));
static void configure_dac(struct dac_module * dac_module)
{
    struct dac_config config;
    struct dac_chan_config channel_config;
    //配置 DAC 通道
    dac_get_config_defaults(&config);
    config.clock_source = GCLK_GENERATOR_0;
    dac_init(dac_module, DAC, &config);
    dac_chan_get_config_defaults(&channel_config);
    dac_chan_set_config(dac_module, DAC_CHANNEL_0, &channel_config);
    dac_chan_enable(dac_module, DAC_CHANNEL_0);
    //使能 DAC 外设中的事件用户
    struct dac_events events = { .on_event_start_conversion = true };
    dac_enable_events(dac_module, &events);
    dac_enable(dac_module);
}
static void configure_tc(struct tc_module * tc_module)
{
    struct tc_config config;
    //配置 TC0 的时钟源和工作频率
    tc_get_config_defaults(&config);
    config.clock_source      = GCLK_GENERATOR_0;
    config.wave_generation   = TC_WAVE_GENERATION_MATCH_FREQ;
    tc_init(tc_module, TC0, &config);
    //使能 TC0 外设中的 OVF 的事件发生源
    struct tc_events events = { .generate_event_on_overflow = true };
    tc_enable_events(tc_module, &events);
    //配置 TC 的溢出值并使能 TC0
    tc_set_top_value(tc_module,
            system_gclk_gen_get_hz(GCLK_GENERATOR_0) / sample_rate);
    tc_enable(tc_module);
}
static void configure_events(void)
{
    events_init();
    //配置事件用户
    struct events_user_config events_user_config;
    events_user_get_config_defaults(&events_user_config);
    events_user_config.event_channel_id = EVENT_CHANNEL_0;
    events_user_set_config(EVSYS_ID_USER_DAC_START, &events_user_config);
    //配置事件通道
```

```
    struct events_chan_config events_chan_config;
    events_chan_get_config_defaults(&events_chan_config);
    events_chan_config.generator_id = EVSYS_ID_GEN_TC0_OVF;
    events_chan_config.path         = EVENT_PATH_ASYNCHRONOUS;
    events_chan_set_config(EVENT_CHANNEL_0, &events_chan_config);
}
int main(void)
{
    struct dac_module dac_module;
    struct tc_module tc_module;
    system_init();                          //系统初始化
    system_voltage_reference_enable(SYSTEM_VOLTAGE_REFERENCE_BANDGAP);
    configure_tc(&tc_module);               //配置 TC0
    configure_dac(&dac_module);             //配置 DAC
    configure_events();                     //配置事件系统
    tc_start_counter(&tc_module);           //开启 TC0 计数
    while (true) {
        for (uint32_t i = 0; i < number_of_samples; i++) {
            dac_chan_write(&dac_module, DAC_CHANNEL_0, wav_samples[i]);
            while (! (DAC->INTFLAG.reg & DAC_INTFLAG_EMPTY)) {
                /* 等待 DAC 转换寄存器为空,之后可填充新数据 */
            }
        }
    }
}
```

上述代码中,总共使用到了两个外设——定时器 TC0 和 DAC,并使用事件通道将这两个外设串联起来。事件通道将 TC0 的计数溢出(OVF)作为事件发生源,DAC 的启动转换(DAC START)作为事件用户,两者之间使用了异步通道类型。这样配置完后,TC0 就会定时触发 DAC 启动转换,MCU 只需要等待 DAC 转换寄存器为空时,填入新数据。由此可见,事件系统简化了系统的控制流及 MCU 的负荷。

从上例中可以看到,如果需要将相关外设作为事件发生源或事件用户,不仅要在事件系统中做好相关配置,而且需要开启相对应的外设的事件功能,这部分将在各个外设中予以介绍,这里不再详述。

3.6 NVM 控制器

非易失性存储器(NVM)包括 Flash 和 EEPROM 等存储器,由于其掉电不丢失数据的特性,通常用来保存用户的代码和数据、系统自举代码及外设校正参数等重要数据。

在 SAM D20 中,除了上述的用途,NVM 中的块(Block)还可允许在系统运行时,由用户代码自身进行操作,如擦除、读取和写入等。所有操作均需要一个统一的控制接口与存储器进行交互,这个接口叫做 NVM 控制器。接下来,本章将详细阐述 NVM 的结构,以及 NVM 控制器的原理和使用方法。

3.6.1 NVM 控制器的结构

对于系统而言,NVM 存储器(后文简称存储器)扮演了两个重要角色:一个作为代码和数据的存放区域,为 MCU 提供指令源和数据源;另一个可作为外设,供 MCU 进行用户层操作。

这样,NVM 控制器需要提供两个总线接口与内核进行交互,前者通过高性能总线(AHB)将存储器中的指令和数据分别传入相应的 Cache;后者通过外设总线(APB)来对存储器进行相关操作。图 3.6.1 所示为 NVM 模块的内部结构。

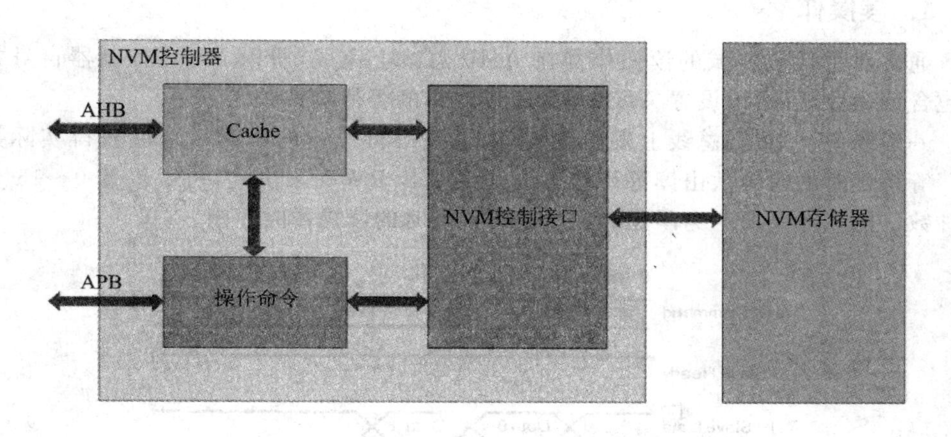

图 3.6.1 NVM 控制器的内部结构

由图可知,NVM 控制器作为一个中间件,将存储器与两条总线衔接起来,并包含一个可配置的全相连 8 行 64 字节的 Cache。通常 Cache 的配置可以改变系统的性能与功耗,可以通过 CTRLB. CACHEDIS 位来使能或禁止 Cache,并可通过 CTRLB. READMODE3 组位来设置其工作模式,共有 3 种模式,如表 3.6.1 所列。

表 3.6.1 Cache 的工作模式

READMODE3	模 式	描 述
0x00	NO_MISS_PENALTY	发生 Cache 失效时,不插入等待间隔,提供最佳性能
0x01	LOW_POWER	发生 Cache 失效时,插入若干个等待间隔,以降低系统功耗
0x02	DETERMINISTIC	使用相等的总线等待时间,无论 Cache 命中或失效,适用于实时应用

此外,Cache 的行可以被禁止或激活,具体参见 3.6.2 小节的操作命令。有关存

储器的分区结构详见第2章的存储器部分。

3.6.2 操作命令

对于主代码区域的读操作及自动写操作，都将由AHB总线来完成；对存储器额外的写操作及擦除操作，都需要通过APB总线由NVM控制器来完成。

在APB总线上要完成一个操作，必须按照以下步骤：对CTRLA.CMD位写入0xA5，并在CTRLA.CMDE位中写入需要的命令（这个就是以下操作中给出的一些命令），直到命令完成后INTFLAG.READY才会置1，在此期间任何写入的其他操作命令都会被忽略。

下面详细介绍操作命令和过程。

1. 读操作

通常对主代码区域的读操作都在AHB总线上完成，所以NVM控制器自身并不包含读命令，但可以设置AHB总线上读操作的等待时钟数。

一般来说，一旦在总线上发出读请求，需要等待一定的延时后才能获得实际数据。等待延时的时钟数由读等待状态位（CTRLB.RWS）来决定，可以设置0～15个时钟数。图3.6.2所示为零延时和1个时钟延时的读操作时序图。

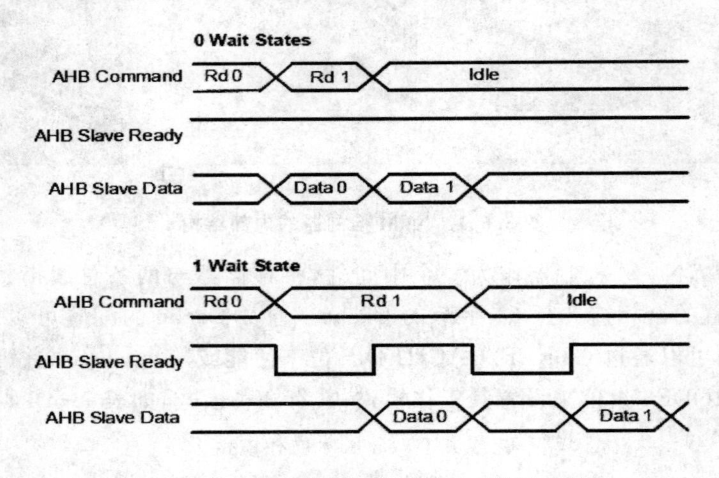

图3.6.2 零延时和1个时钟延时的时序图

2. 擦除操作

擦除的最小操作单位是row，即对row中所有的page进行擦除，擦除后的存储单元每一位都将置1。擦除命令根据擦除row所在的区域不同，可分为擦除主代码区域命令ER和擦除辅助区域命令EAR。

进行擦除操作时，除了对CTRLA中的CMD和CMDE相关位进行操作外，还需要对ADDR寄存器写入进行擦除row的地址。如果对已经LOCK的row进行擦除，将发生总线错误，并且锁错误状态位（STATUS. LOCKE）置 1。

3. 写操作

写的最小操作单元是 page。在进行写操作之前，需要对写入地址所在的 row 进行擦除操作，也可以通过 debugChipErase 命令对整个存储器进行擦除。与擦除命令类似，写命令也分为两种，即主代码区域的 page 写入命令 WP 和辅助区域的 row 写入命令 WAP。

在将数据写入目标 page 之前，数据会先存入一个页缓存（pagebuffer）中，其大小为 1 个 page，由于页缓存是以半字（halfword）对齐的，所以写入的数据必须是 16 位或 32 位对齐的，写入单独的 8 位数据是无效的。

进行写操作时，除了对 CTRLA 中的 CMD 和 CMDE 相关位进行操作外，还需将 page 的地址写入 ADDR 寄存器中，如果处于自动写入模式（CTRLB. MANW 为 0），ADDR 中的地址将自动增加写入的个数，这样便于连续写入；如果处于手动写入模式（CTRLB. MANW 为 1），则每次都需要更新 ADDR 寄存器中的地址。

4. 清空页缓存

当对一个 page 完成写操作后，页缓存将自动清空，即每一位都为 1，无需手动调用清空页缓存命令 PBC。

一般来说，当对一个 page 进行部分写入后还想对其他 page 或地址进行写操作时，可使用该命令来清空页缓存。

5. 加锁和解锁

由 3.6.1 小节可知，每个 Region 可由用户区的 LOCK 位来设置其上电默认的加/解锁状态。同时，在命令接口中也提供了两个独立的加/解锁命令 LR 和 UR，分别用于临时改变某个 Region 的锁保护状态。在进行加/解锁操作时，ADDR 寄存器中的地址所在的 Region 将作为目标 Region。一旦操作成功，该 Region 的加/解锁状态将一直保持，直到发生下次复位后，才会加载用户区的默认设置。

每个 Region 的加/解锁状态可由 LOCK 状态位（LOCK. LOCK[x]）来查询。

6. 安全位

NVM 中设有一个安全位（SSB），当该位置 1 时，可以禁止将存储器中的代码读取到外部介质，这样可以有效保护产品开发成果，防止他人窃取。

在命令接口中提供了一个特定的 SSB 命令用于将 SSB 位置 1，一旦该位置 1，只有通过 debugChipErase 命令从调试接口将 SSB 位清 0。

7. 使能/禁止休眠模式

除了 Cache 本身可以设置休眠模式外，NVM 控制器在系统进入低功耗时，可以通过 CTRLB. SLEEPPRM 位组来设置 NVM 的工作模式，有 3 种模式，如表 3.6.2 所列。

表 3.6.2 NVM 的工作模式

SLEEPPRM	模 式	描 述
0x00	WAKEONACCESS	系统进入休眠时，NVM 进入低功耗工作模式；之后系统第一次访问 NVM 时激活
0x01	WAKEUPINSTANT	系统进入休眠时，NVM 进入低功耗工作模式；系统离开休眠模式时，NVM 激活
0x03	DISABLED	无论系统处于什么模式，NVM 正常工作

如果设置了 NVM 的低功耗工作模式后，需要使用命令 SPRM 来使设置生效；要退出低功耗工作模式时，需要使用命令 CPRM 来激活。当 NVM 控制器处于低功耗工作模式时，功耗模式状态位(STATUS. PRM)会置 1。

需要特别指出的是，在系统休眠期间，如果 NVM 控制器处于低功耗工作模式时，除 CPRM 以外的命令操作都会忽略，直到退出休眠模式后才会处理新的命令。

8. Cache 行禁止

为了进一步降低系统功耗，可以通过禁止 Cache 中的行(line)来减少 NVM 的功耗，这样 NVM 的读/写耗时也会加长。

在命令接口中提供了一个 INVALL 命令来禁止所有的 Cache 行。不过，当其他读/写命令对 Cache 进行相关操作时，被禁止的 Cache 行会再次激活。

3.6.3 NVM 相关 ASF 库函数

以下将对 ASF 库中 NVM 相关的几个重要的结构体和函数进行介绍，完整 API 可以参考附录 A。

1. 结构体

库中给出了两个类型的结构体 nvm_config 和 nvm_parameters。其中，nvm_config 的结构变量对应操作命令接口中的相关参数，如表 3.6.3 所列。

表 3.6.3 结构体 nvm_config

类 型	变量名	描 述
bool	manual_page_write	设置是否使能手动写入模式
enum nvm_sleep_power_mode	sleep_power_mode	设置 NVM 的低功耗工作模式
uint8_t	wait_states	设置读操作时的等待时钟数

表中，manual_page_write 对应 CTRLB. MANW 位，其功能见写操作部分；sleep_power_mode 为枚举变量，枚举值对应表 3.6.2 中的 3 种模式，具体功能见使能/禁止休眠模式部分；wait_states 对应读等待状态位(CTRLB. RWS)，具体功能见读操作部分。

结构体 nvm_parameters 的变量对应存储器分区大小的相关配置，该部分对应第2章中介绍过的存储器部分，该结构体如表3.6.4所列。

表3.6.4 结构体 nvm_parameters

类 型	变量名	描 述
uint32_t	bootloader_number_of_pages	BOOT 空间的 page 数量
uint32_t	eeprom_number_of_pages	EEPROM 空间的 page 数量
uint32_t	nvm_number_of_pages	存储器的 page 总数量
uint8_t	page_size	page 的字节大小

表中，每个变量的属性均为只读，即该结构体只能通过库函数来读取系统的存储器配置，并不能通过该结构体来配置每个空间的大小。配置各个空间的大小需要直接对用户区域的相关位进行配置，详细可参考2.2.2小节。

此外，库中还设有一个枚举类型 enum nvm_command，其枚举值分别对应3.6.2小节中几个操作命令，这里不再详细说明。

2. 函 数

以下列出了几个重要函数，分别用于配置与初始化、NVM 操作等。

(1) 配置与初始化

主要有3个函数：第一个用于获取存储器分区配置，第二个用于获取默认设置 NVM 的相关参数，第三个用于设置 NVM 的相关参数。

首先，介绍 nvm_get_parameters()函数，如表3.6.5所列。

表3.6.5 nvm_get_parameters()函数

函 数	void **nvm_get_parameters**(struct nvm_parameters * const parameters)
参 数	config:存放默认配置的结构体地址
返回值	无
描 述	获取存储器的分区配置

其次，介绍 nvm_get_config_defaults()函数，如表3.6.6所列。

表3.6.6 nvm_get_config_defaults()函数

函 数	void **nvm_get_config_defaults**(struct nvm_config * const config)
参 数	config:存放默认配置的结构体地址
返回值	无
描 述	将获取的默认配置存放到 config 中默认配置如下： ● 使用 WAKEONACCESS 低功耗工作模式； ● 执行自动写入模式； ● 保持原有的读取等待时钟数

第三，介绍 nvm_set_config()函数，如表 3.6.7 所列。

表 3.6.7　nvm_set_config()函数

函　数	enum status_code **nvm_set_config**(const struct nvm_config * const config)
参　数	config：存放需要配置的结构体指针
返回值	无
描　述	将 config 的配置生效(在 SSB 置 1 时无效)

(2) 命令操作 API

主要有 6 个重要函数，分别用于擦除 row、读数据块、写数据块及具体命令的操作等。

首先，介绍 nvm_erase_row()函数，如表 3.6.8 所列。

表 3.6.8　nvm_erase_row()函数

函　数	enum status_code **nvm_erase_row**(const uint32_t row_address)
参　数	row_address：需要擦除的 row 地址
返回值	status_code 分为 3 种： ● STATUS_OK：擦除成功； ● STATUS_BUSY：NVM 控制器不接收命令； ● STATUS_ERR_BAD_ADDRESS：地址越界或没有 row 对齐
描　述	擦除指定的 row 中的数据

其次，介绍 nvm_read_buffer()函数，如表 3.6.9 所列。

表 3.6.9　nvm_read_buffer()函数

函　数	enum status_code **nvm_read_buffer**(const uint32_t source_address， uint8_t * const buffer，uint16_t length)
参　数	source_address：需要读取的起始地址(需要与 page 对齐) buffer：存放数据块的数组 length：读取数据块的长度
返回值	status_code 分为 4 种： ● STATUS_OK：读取成功； ● STATUS_BUSY：NVM 控制器不接收命令； ● STATUS_ERR_BAD_ADDRESS：地址越界或没有 page 对齐； ● STATUS_ERR_INVALID_ARG：提供的数据块长度无效
描　述	从 page 的指定地址起读取若干长度的数据块放入指定数组中

第三，介绍 nvm_execute_command()函数，如表 3.6.10 所列，一般用于操作读、写、擦除之外的其他命令。

表 3.6.10 nvm_execute_command()函数

函　数	enum status_code **nvm_execute_command**(const enum nvm_command command, const uint32_t address, const uint32_t parameter)
参　数	command:需要执行的命令 address:命令所需要的地址参数 parameter:未启用
返回值	status_code 分为 5 种: ● STATUS_OK:NVM 接收命令成功; ● STATUS_BUSY:NVM 控制器不接收命令; ● STATUS_ERR_IO:操作的 row 处于 lock 状态; ● STATUS_ERR_INVALID_ARG:输入的命令无效; ● STATUS_ERR_BAD_ADDRESS:地址越界
描　述	执行指定的命令 注意:该函数返回后,操作还有可能在进行中

写入数据块 API 有两个,首先介绍最为通用的 nvm_write_buffer()函数,如表 3.6.11 所列。

表 3.6.11 nvm_write_buffer()函数

函　数	enum status_code **nvm_write_buffer**(const uint32_t destination_address, const uint8_t * buffer, uint16_t length)
参　数	destination_address:需要写入的 page 地址 buffer:存放数据块的数组 length:写入数据块的长度
返回值	status_code 分为 4 种: ● STATUS_OK:写入成功; ● STATUS_BUSY:NVM 控制器不接收命令; ● STATUS_ERR_BAD_ADDRESS:地址越界或没有 page 对齐; ● STATUS_ERR_INVALID_ARG:提供的数据块长度无效
描　述	将若干长度的数据块写入某个 page 中 如果反复对某一个 page 写入,则在写入前必须调用 nvm_erase_row()将该 page 擦除

执行 nvm_write_buffer()函数前,先要调用 nvm_erase_row()函数进行擦除,然后才能写入成功,所以当数据块写入某个 page 后,如果不进行读取备份,该 page 上原来所有的数据都将擦除,而无论写入的数据块长度是多少。如果写入的数据块长度不足 page 的大小,并想保留原来 page 上剩余的数据,可以使用 nvm_update_buffer()函数,如表 3.6.12 所列。

表 3.6.12　nvm_update_buffer()函数

函　数	enum status_code **nvm_update_buffer**(const uint32_t destination_address, uint8_t * const buffer, uint16_t offset, uint16_t length)
参　数	destination_address:需要写入的 page 地址 buffer:存放数据块的数组 offset:写入的偏移地址 length:写入数据块的长度
返回值	status_code 分为 4 种: ● STATUS_OK:写入成功; ● STATUS_BUSY:NVM 控制器不接收命令; ● STATUS_ERR_BAD_ADDRESS:地址越界或没有 page 对齐; ● STATUS_ERR_INVALID_ARG:提供的数据块长度或偏移量无效
描　述	将若干长度的数据块写入某个 page 中的偏移地址上

与 nvm_write_buffer()相比,nvm_update_buffer()函数更为灵活,对于需要保存数据量较小的应用来说,后者更为适用,其每次操作的开销更小。

注意:nvm_update_buffer()函数是不安全的,因为在操作期间如果发生复位或断电,该 page 所在 row 的数据可能会全部丢失,所以如果考虑系统的安全性,该函数应尽量避免使用。

3. 举　例

【例 3.6.1】　将一数组写入存储器的指定地址中,然后再将其读出。

```
#define NVMCTRL_PAGE_SIZE 64
#define NVMCTRL_ROW_PAGES 4
void configure_nvm(void)
{
    struct nvm_config config_nvm;
    nvm_get_config_defaults(&config_nvm);
    nvm_set_config(&config_nvm);
}
void main()
{
    uint8_t page_buffer[NVMCTRL_PAGE_SIZE];
    configure_nvm();                              //使用默认配置配置 NVM 控制器
    for (uint32_t i = 0; i < NVMCTRL_PAGE_SIZE; i++) {
        page_buffer[i] = i;                       //准备写入的伪数据
    }
    enum status_code error_code;
```

```
do
{
error_code = nvm_erase_row(
100 * NVMCTRL_ROW_PAGES * NVMCTRL_PAGE_SIZE);//对目标地址写入前必须进行擦除
} while (error_code == STATUS_BUSY);
do
{
error_code = nvm_write_buffer(
100 * NVMCTRL_ROW_PAGES * NVMCTRL_PAGE_SIZE,
page_buffer, NVMCTRL_PAGE_SIZE);                    //对目标地址进行写入
} while (error_code == STATUS_BUSY);
do
{
error_code = nvm_read_buffer(
100 * NVMCTRL_ROW_PAGES * NVMCTRL_PAGE_SIZE,
page_buffer, NVMCTRL_PAGE_SIZE);                    //再次读取目标地址的数据
} while (error_code == STATUS_BUSY);
while (true);
}
```

在上述代码中，首先完成对 NVM 控制器的默认配置，之后制造了 1 个 page 大小的伪数据；在对目标地址 0x6400 写入之前，必须先进行擦除操作，擦除成功后，方能写入；最后为了验证写入是否正确，再次从目标地址中读取 1 个 page 的数据。

读者可以根据实例代码的结构，对其他 API 的操作进行验证。

第4章

SAM D20 应用外设

SAM D20 拥有多种应用外设，本章将介绍 SAM D20 内部集成的一些应用外设控制器，包括通用输入/输出端口(GPIO)、通用定时/计数器(TC)、看门狗定时器(WDT)和实时时钟(RTC)、三种串行通信接口(USART、SPI 及 I^2C)、模拟类型外设(模拟比较器 AC、模/数转换器 ADC 及数/模转换器 DAC)，以及触摸控制器(PTC)。合理、正确地使用这些外设，是实现各种 MCU 具体应用的关键。在介绍各种应用外设模块的同时，还将结合 Atmel 公司提供的 Atmel 软件框架(ASF)给出具体的操作例程。

4.1 GPIO 端口

在嵌入式系统中，最基本的外设就是通用输入/输出端口(GPIO)。将这些端口称为通用输入/输出端口，主要是因为其使用方式非常灵活，可以通过编程设定其输入/输出的多种结构和功能。微控制器内部的 GPIO 可分为若干组，每一组称为一个 I/O 端口(如 PA、PB 口)。通常一个 GPIO 端口中包含若干个引脚(如 8、16、32 等)。引脚的使用方式非常灵活，通过软件编程，既可以使用一组引脚，也可以单独控制、使用组内的某些引脚。

4.1.1 概　述

端口(PORT)用于控制 I/O 引脚，SAMD20 的每个端口最多可管理 32 个引脚(PIN)。SAM D20 为 I/O 引脚使用两种命名规范：一种是物理命名，另一种是逻辑命名。每个物理引脚包含一个由物理端口和引脚表示符(如，PORTA.0)组成的命名。逻辑命名则使用 GPIO 和数字编号组合(如，GPIO0)的命名。前者用于将物理引脚映射到相应的内部设备模块，而后者主要是方便使用。

引脚既可以作为应用程序控制下的通用 I/O，也可以分配给某个片上外设使用。当作为通用 I/O 使用时，配置引脚的输出结构(Push_Pull 驱动、上/下拉等)，可改变引脚的输入/输出特性。

作为通用 I/O 使用时，所有的引脚都有读出—修改—写入(RMW)功能。对引脚方向及输出值的修改，可通过单独的 8 位、16 位或 32 位原子写操作实现，并不会改变同一组中其他引脚的状态。

每个引脚上还拥有一个或多个外设复用装置，使得PAD可以完成特定的外设功能。如果使能引脚的外设复用功能，被选定的外设将控制PAD的输出状态，同时还能读取当前PAD的状态。I/O引脚上还使用模拟(analog)总线实现模拟外设与I/O PADS的直接连接。在为引脚选择模拟外设功能的同时，将禁用引脚PAD对应的数字功能。端口经由AHB/APB桥连接到高速总线矩阵。还可以通过低延迟的CPU局部总线(IOBUS，ARM单周期I/O端口)来访问引脚方向、数据输出及数据输入寄存器。

在SAM D20中，CPU局部总线(IOBUS)使CPU能够直接连接到端口。IOBUS是一种单周期的总线接口，并且不支持等待状态。该总线可以支持字节(8位)、半字(16位)和字(32位)三种总线读/写宽度。

当需要对地址0x6000 0000执行读或写操作时，CPU将通过IOBUS访问端口模块。该总线通常用于低延迟数据传输任务。当使用该总线时，能够对数据方向寄存器(DIR)和数据输出值寄存器(OUT)执行读取、写入、设置、清除或翻转操作，并可以对数据输入值寄存器(IN)执行读取操作。

由于IOBUS不支持等待状态，使用该总线时，不能等待IN寄存器的再同步操作，所以需要配置控制寄存器(CTRL)来使能所有需要执行读取操作引脚的连续采样设置，使数据能被正确读取。

SAM D20的I/O端口的功能框图如图4.1.1所示。

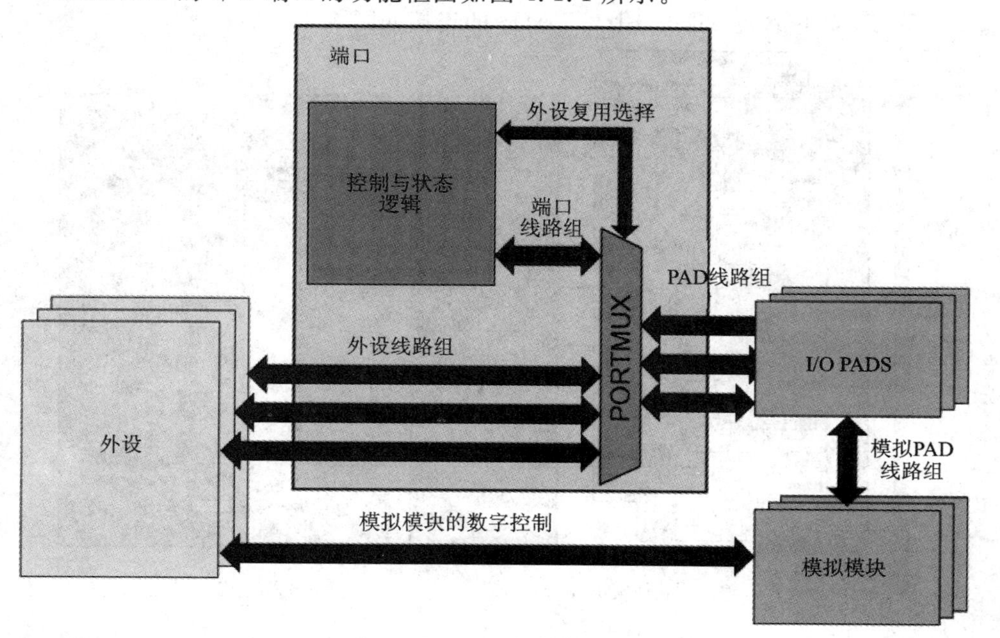

图4.1.1　SAM D20 I/O端口功能框图

从图中可以看出，端口主要由控制与状态逻辑和端口复用器PORTMUX组成，I/O PADS接到端口复用器PORTMUX，它可以选择是将I/O PADS还是外设连接到端口。

SAM D20的端口模块具有以下特征：

➢ 每个引脚都可以单独进行输入或输出配置。

➢ 软件可以控制I/O引脚的外设复用功能。

➢ 专用的引脚配置寄存器使得引脚配置更加灵活。

➢ 能够配置引脚的输出驱动和上(下)拉设置：

- 推拉(PUSH_PULL)；
- 上、下拉配置。

➢ 能够配置输入缓存和上(下)拉设置：

- 内部上拉或下拉；
- 输入采样；
- 可以禁用输入缓存来降低功耗；
- 支持对引脚配置、输出值和引脚方向寄存器的读取—修改—写入操作。

4.1.2 功能描述

I/O引脚的读/写操作由端口寄存器控制，主要包括：数据方向寄存器(DIR)、数据输出值寄存器(OUT)、数据输入值寄存器(IN)，以及对应单个I/O引脚的引脚配置寄存器(PINCFGy)。端口与I/O PADS的连接如图4.1.2所示。

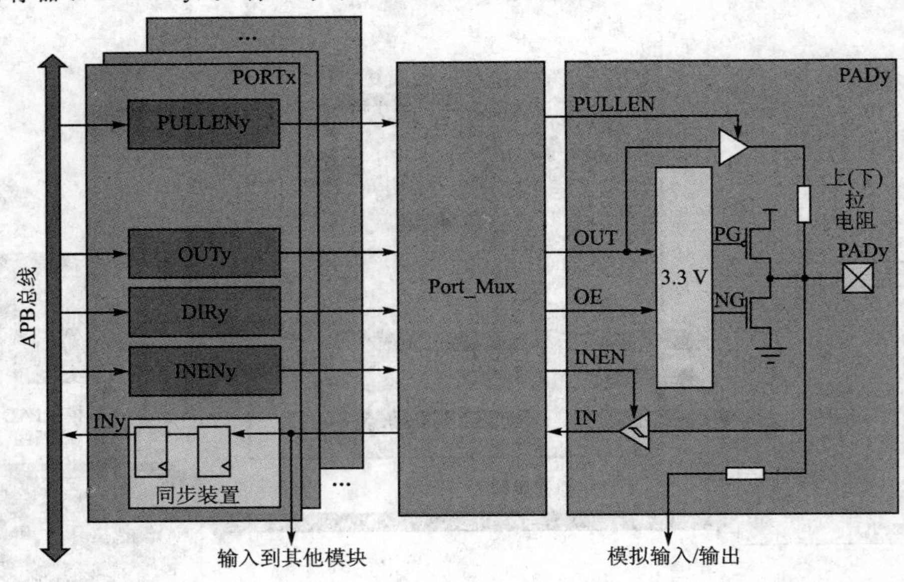

图 4.1.2 端口与I/O PADS的连接图

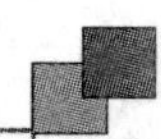

从图中可以看出，APB总线将数据写入到端口PORTx的寄存器中或者从PORTx的输入寄存器读取数据，而PORTx中的寄存器经端口复用器连接到PADy，PADy用于将数据输出到引脚PADy上，或者从引脚PADy读取数据。

端口中每个引脚的数据方向由DIR控制。当引脚方向设置为输出时，OUT寄存器用于设置引脚的电平状态。对于I/O引脚y，设置DIR和OUT中第y位将使能引脚输出并定义输出电平。引脚的其他配置则由PINCFGy控制。

IN寄存器用于读取与端口时钟同步的引脚数据。默认情况下，为了减少耗能，仅当收到读取输入请求后，输入同步装置才开始运行。无论引脚配置为输入或输出，都能读取输入值，然而当PINCFGy.INEN为0时，引脚的数据输入功能被禁用，从而不能读取到正确的输入值。

通过将PINCFGy.PMUXEN置为1，并向对应的引脚外设复用寄存器(PMUXn)写入选定外设功能，可以实现外设与I/O引脚的连接。将选定的外设线路连接到I/O引脚的同时，端口与I/O引脚之间的连接将被断开。外设复用引脚连接如图4.1.3所示。

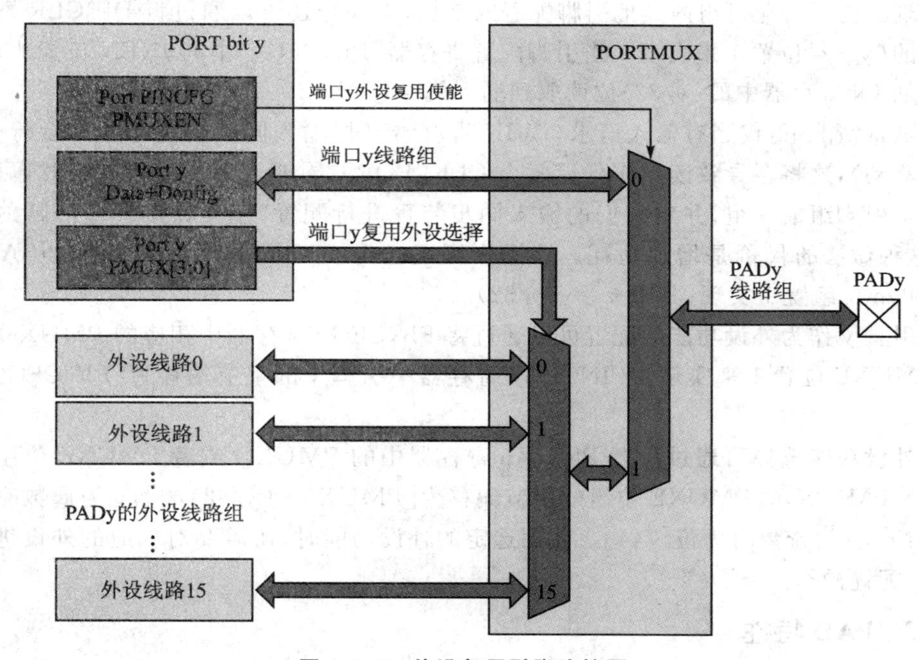

图 4.1.3 外设复用引脚连接图

1. 初始化

复位后，即使在没有外设时钟的情况下，所有连接到端口的I/O PADS输出三态、输入缓冲将被禁用。某些特殊的引脚，例如用于连接到调试器的引脚，根据功能需要会有不同的复位配置。

2. 基本操作

I/O引脚y的配置及访问由端口寄存器控制实现。由于PORT为每个引脚对应一组专用的寄存器，引脚y对应寄存器的基地址为PORT+(y/32) * 0x80。(y/32)用做寄存组中的索引。

如果需要将引脚y配置为输出模式，可以通过将DIR寄存器中的(y/32)位置1实现。为了避免对组内其他引脚的配置产生干扰，该操作还可以通过将DIRSET寄存器中的(y/32)位置1来实现。输出值设置可通过向OUT寄存器中的(y/32)位置1来实现。

类似地，将OUTSET寄存器中的某一位置1时，则OUT寄存器中的相应位置1；将OUTCLR寄存器中的某一位置1时，则OUT寄存器中的相应位置0；而将OUTTGL寄存器中的某一位置1时，则OUT寄存器中的相应位的值将会发生翻转。

如果需要将引脚y配置为输入模式，可以通过将DIR寄存器中的(y/32)位置0来实现。为了避免对组内其他引脚配置的干扰，该操作还可以通过将DIRCLR寄存器中的(y/32)位置1来实现。当引脚配置寄存器(PINCFGy)中的INEN位置1后，可以从IN寄存器中的(y/32)位读取到输入值。

默认情况下，仅当有输入请求(读IN寄存器)时，输入同步装置才开始运行(被时钟驱动)，这将会导致读操作延迟两个CLK_PORT周期。为了消除该延时，可以将8个引脚组成一组，并对它们的输入同步装置进行配置，使其保持一直活跃的状态，这种做法的代价是增加功耗。该操作可通过将CTRL寄存器中相应的SAMPLINGn位组置1实现，其中$n = (y/32)/8$。

引脚y作为外设功能的配置可以通过将PINCFGy寄存器中相应的PMUXO或者PMUXE位置1来实现。PINCFGy寄存器中引脚y的字节偏移为[PINCFG0+(y/32)]。

外设功能选择可通过设置PMUXn寄存器中的PMUXO或者PMUXE位组来实现。PMUXO / PMUXE位组的字节偏移为[PMUX0+(y/32)/2]，y为偶数时为位[3:0]，y为奇数时为位[7:4]。使用选定的外设功能时，还需要对相应的外设进行使能、配置操作。

3. PAD特性

设备的I/O引脚拥有一些不同的配置模式，这些模式将会影响PAD的输入和输出特性。

(1) 驱动强度

驱动强度是指PAD的输出驱动能力(强度)的配置。通常，每个I/O引脚可以安全驱动的电流有一个限制，然而一些I/O PADS提供的驱动模式可提高某个I/O引脚驱动电流的能力，其代价是增加功耗。

(2) 转换速率

转换速率是指对输出驱动的电平转换速率的配置。该特性限制 PAD 的输出电压速率随时间改变的值(上升沿、下降沿的摆率)。一般情况下,摆率越高,输出信号会产生振铃现象,也会增加辐射干扰。

(3) 输入采样模式

输入采样模式是指对 PAD 的输入缓存采样的配置。默认情况下,输入缓存将根据需要进行采样,即仅当应用试图读取输入缓存时才对其进行采样。该模式具有最高的能效,但代价是将输入采样的延迟增加了两个端口时钟周期。为了减少该延迟,可以配置输入采样器在每个端口时钟周期都对输入缓存进行采样,但代价是增加了能耗。所以要根据实际应用需求来选择输入采样模式。

4. I/O 引脚配置

I/O 端口寄存器中的 PINCFGy 寄存器、DIR 寄存器以及 OUT 寄存器用于 I/O 引脚配置。引脚可设置为推拉(PUSH - PULL)、开漏(OPEN - DRAIN)或上(下)拉。

引脚配置寄存器能够实现引脚的上(下)拉模式配置,因而可以避免引脚方向和引脚值切换带来的中间不确定状态。表 4.1.1 总结了引脚的配置与相应寄存器设置间的关系。

表 4.1.1 引脚配置总结

DIR	INEN	PULLEN	OUT	配置描述
0	0	0	X	复位或模拟 I/O;所有数字功能禁用
0	0	1	0	下拉;输入禁用
0	0	1	1	上拉;输入禁用
0	1	0	X	输入
0	1	1	0	下拉输入
0	1	1	1	上拉输入
1	0	X	X	输出;输入禁用
1	1	X	X	输出;输入使能

(1) I/O 配置——标准输入

将引脚 y 配置为标准输入模式时,需要将 PINCFGy. PULLEN 位置 0——禁用内部上(下)拉电阻,将 PINCFGy. INEN 位置 1——使能 I/O 引脚的内部缓存,将 DIR 的第 y 位置 0——将 I/O 引脚设置为输入。此时的引脚配置如图 4.1.4 所示。

(2) I/O 配置——上(下)拉输入

将引脚 y 配置为上(下)拉输入模式时，需要将 PINCFGy. PULLEN 位置 1——使能内部上(下)拉电阻，将 PINCFGy. INEN 位置 1——使能 I/O 引脚的内部缓存，将 DIR 的第 y 位置为 0——将 I/O 引脚设置为输入。此时的引脚配置如图 4.1.5 所示。

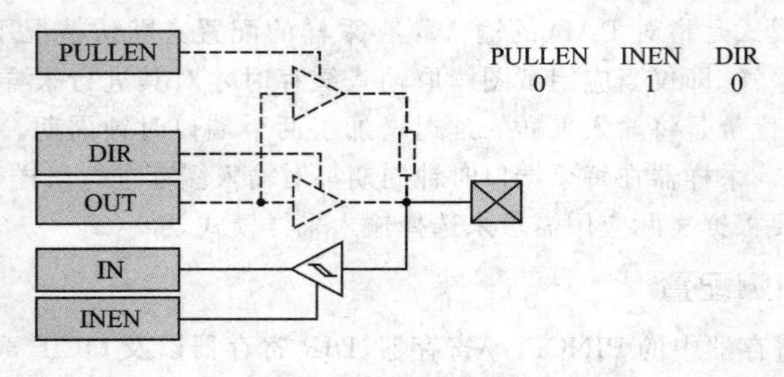

图 4.1.4　标准输入 I/O 配置

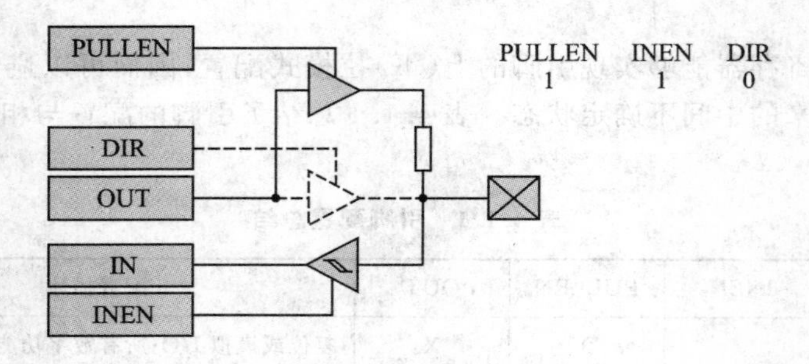

图 4.1.5　上(下)拉输入 I/O 配置

(3) I/O 配置——输入禁用的推拉输出

将引脚 y 配置为输入禁用的推拉输出模式时，需要将 PINCFGy. PULLEN 位置 0——将禁用内部上(下)拉电阻，将 PINCFGy. INEN 位置 0——禁用 I/O 引脚的内部缓存，将 DIR 的第 y 位置 1——将 I/O 引脚设置为输出。此时的引脚配置如图 4.1.6 所示。

(4) I/O 配置——输入使能的推拉输出

将引脚 y 配置为输入使能的推拉输出模式时，需要将 PINCFGy. PULLEN 位置 0——将禁用内部上(下)拉电阻，将 PINCFGy. INEN 位置 1——使能 I/O 引脚的内部缓存，将 DIR 的第 y 位置 1——将 I/O 引脚设置为输出。此时的引脚配置如图 4.1.7 所示。

(5) I/O 配置——上(下)拉输出

将引脚 y 配置为上(下)拉输出模式时，需要将 PINCFGy. PULLEN 位置 1——使能内部上(下)拉电阻，将 PINCFGy. INEN 位置 0——禁用 I/O 引脚的内部缓存，将 DIR 的第 y 位置 0——将 I/O 引脚设置为输入。此时的引脚配置如图 4.1.8 所示。

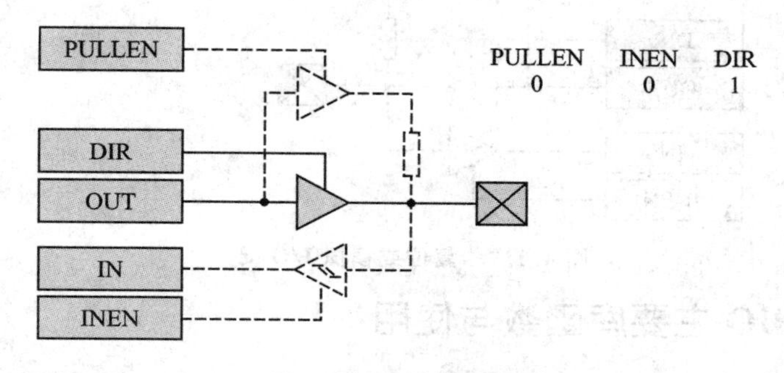

图 4.1.6 输入禁用的推拉输出 I/O 配置

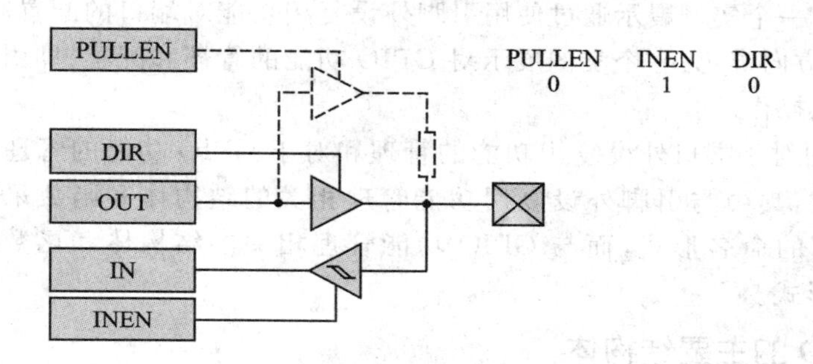

图 4.1.7 输入使能的推拉输出 I/O 配置

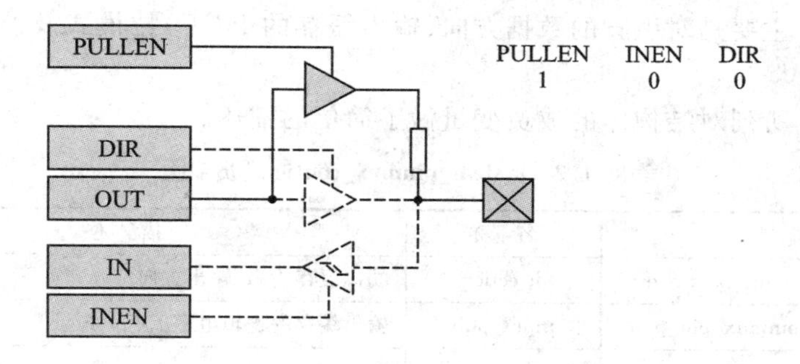

图 4.1.8 上(下)拉输出 I/O 配置

(6) I/O 配置——复位或模拟 I/O

将引脚 y 配置为复位或模拟 I/O 模式时，需要将 PINCFGy. PULLEN 位置 0——禁用内部上(下)拉电阻，将 PINCFGy. INEN 位置 0——禁用 I/O 引脚的内部缓存，将 DIR 的第 y 位置 0——将 I/O 引脚设置为输入。此时的引脚配置如图 4.1.9 所示。

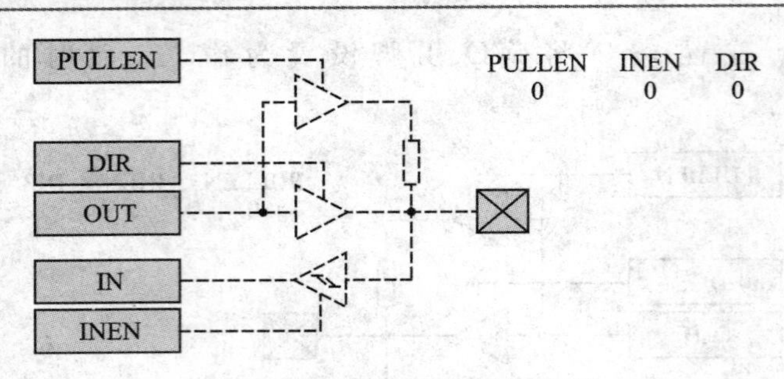

图 4.1.9　复位或模拟 I/O 配置

4.1.3　GPIO 主要库函数与使用

本小节将介绍 2 个 GPIO 端口的操作使用实例。这 2 个例子都是利用 ASF 库函数编写的。一个实例展示通过使用引脚外设复用功能对端口的配置和管理，即采样速率、引脚方向等；另一个实例展示对 GPIO 功能的管理和配置，即引脚电平状态的读取和写入操作。

ASF 库中对于端口外设复用功能的管理和对于 GPIO 功能的管理使用了两个不同的库函数，其中与引脚外设复用功能管理相关的结构体和函数采用"system_pinmux_xxx"的命名形式，而与 GPIO 功能管理相关的结构体和函数采用"port_xxx"的命名形式。

1. GPIO 的主要结构体

(1) system_pinmux_config

该结构体主要是对引脚的数据方向、输出缓存的上(下)拉模式及外设复用功能选择的配置。

表 4.1.2 所列对结构体的成员变量做了简单的描述。

表 4.1.2　system_pinmux_config 成员变量

类　型	名　称	描　述
enum system_pinmux_pin_dir	direction	端口缓存输入/输出方向
enumsystem_pinmux_pin_pull	input_pull	输出缓存的逻辑电平上(下)拉
uint8_t	mux_position	使用外设控制引脚时的外设 MUX 索引。引脚作为 GPIO 使用时，该变量应设置为 SYSTEM_PINMUX_GPIO

下面对于结构体的成员变量与寄存器中具体位的对应关系作进一步介绍：由于 SAM D20 为内部的两个 GPIO 端口提供了两组不同的寄存器，所以每个寄存器组最多只用于管理 32 个引脚。direction 同数据方向寄存器(DIR)中与端口引脚相对应的位相关联；input_pull 同输出寄存器(OUT)中与端口引脚相对应的位相关联；mux_position同 PMUXn 寄存器的 PMUXO 或 PMUXE 位组相对应。

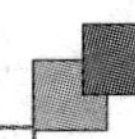

(2) port_config

该结构体主要是对引脚的数据方向、输出缓存的上(下)拉模式的配置。

表 4.1.3 所列对结构体的成员变量做了简单的描述。

表 4.1.3　port_config 成员变量

类　型	名　称	描　述
enum system_pinmux_pin_dir	direction	端口缓存输入/输出方向
enum system_pinmux_pin_pull	input_pull	输出缓存的逻辑电平上(下)拉

下面对于结构体的成员变量与寄存器中具体位的对应关系作进一步介绍：direction 同数据方向寄存器(DIR)中与端口引脚相对应的位相关联；input_pull 同输出寄存器(OUT)中与端口引脚相对应的位相关联。

2. 端口的 GPIO 功能

该实例首先设置端口，读取连接到外部按键上的 GPIO 引脚的电平状态，并将相反的电平状态映射到连接到外部 LED 的 GPIO 引脚。

```
//该函数用于完成对连接到外部按键和 LED 上的 GPIO 引脚的配置
void configure_port_pins(void)
{
    struct port_config config_port_pin;//端口模块引脚配置结构体

    port_get_config_defaults(&config_port_pin);

    //引脚设置为数据输入
    config_port_pin.direction = PORT_PIN_DIR_INPUT;
    //引脚输入缓存设置为上拉模式
    config_port_pin.input_pull = PORT_PIN_PULL_UP;
    //使用配置结构体对引脚 BUTTON_0_PIN 进行初始化
    port_pin_set_config(BUTTON_0_PIN, &config_port_pin);

    //引脚调整为数据输出
    config_port_pin.direction = PORT_PIN_DIR_OUTPUT;
    //使用配置结构体对引脚 LED_0_PIN 进行初始化
    port_pin_set_config(LED_0_PIN, &config_port_pin);
}

int main(void)
{
    //该函数用于完成系统初始化操作
    system_init();
```

```
    configure_port_pins();

    while (true) {
        //读取引脚 BUTTON_0_PIN 的当前输入电平状态
        bool pin_state = port_pin_get_input_level(BUTTON_0_PIN);
        //将与引脚 BUTTON_0_PIN 的当前输入电平相反的电平状态写入引脚 LED_0_PIN
        port_pin_set_output_level(LED_0_PIN, !pin_state);
    }

}
```

下面对上面实例用到的函数作进一步的讲解:

(1) 端口模块引脚配置结构体默认配置函数 port_get_config_defaults()

将给定的端口引脚/组结构体初始化为默认值。用户修改配置结构体实例前需要调用该函数。默认配置为:

- 内部上拉输入模式使能。

原型:void port_get_config_defaults(struct port_config * const config)

函数参数:如表4.1.4所列。

表4.1.4 函数参数

数据方向	参数名称	描 述
输出	config	将配置结构体初始化为默认值

返回值:无。

(3) 引脚配置设置函数 port_pin_set_config()

将端口引脚配置写入到硬件模块。

原型:void port_pin_set_config(const uint8_t gpio_pin, const struct port_config * const config)

函数参数:如表4.1.5所列。

表4.1.5 函数参数

数据方向	参数名称	描 述
输 入	gpio_pin	待配置的端口
输 入	config	引脚配置

返回值:无。

(3) 读取输入引脚电平函数 port_pin_get_input_level()

读取端口引脚的逻辑电平并以布尔值形式返回逻辑电平。

原型:bool port_pin_get_input_level(const uint8_t gpio_pin)

函数参数:如表4.1.6所列。

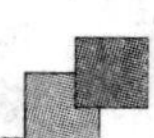

表 4.1.6　函数参数

数据方向	参数名称	描　述
输入	gpio_pin	需要读取的 GPIO 引脚的索引

返回值：引脚输入缓存的状态。

(4) 设置输出引脚电平函数 port_pin_set_output_level()

将端口引脚输出电平设置为给定逻辑值。

原型：void port_pin_set_output_level(const uint8_t gpio_pin, const bool level)

函数参数：如表 4.1.7 所列。

表 4.1.7　函数参数

数据方向	参数名称	描　述
输入	gpio_pin	需要写入的 GPIO 引脚的索引
输入	level	需要设置的逻辑电平

返回值：无。

3. 端口的外设复用功能

该实例通过设置端口外设复用器将引脚配置为带有上拉模式的数据输入功能。同时还通过修改引脚的采样模式来降低功耗，在实例中只有当用户试图读取引脚电平状态时，才对引脚电平状态执行采样操作。

```
int main(void)
{
    //该函数用于完成系统初始化操作
    system_init();

    struct system_pinmux_config config_pinmux;//PINMUX 模块引脚配置结构体
    system_pinmux_get_config_defaults(&config_pinmux);

    //端口外设复用选择为 GPIO 功能
    config_pinmux.mux_position = SYSTEM_PINMUX_GPIO;
    //引脚设置为数据输入
    config_pinmux.direction = SYSTEM_PINMUX_PIN_DIR_INPUT
    //引脚输入缓存设置为上拉模式
    config_pinmux.input_pull = SYSTEM_PINMUX_PIN_PULL_UP;

    //使用配置结构体对 GPIO10 进行初始化
    system_pinmux_pin_set_config(10, &config_pinmux);
```

```
    //将引脚的配置调整为按需采样模式
    system_pinmux_pin_set_input_sample_mode(10,
            SYSTEM_PINMUX_PIN_SAMPLE_ONDEMAND);

    while (true) {
        /* 无穷循环 */
    }

}
```

下面对上述实例用到的函数做进一步的讲解：

(1) PINMUX模块引脚配置结构体默认配置函数 system_pinmux_get_config_defaults()

将引脚配置结构体初始化为默认值。

原型：void system_pinmux_get_config_defaults(struct system_pinmux_config * const config)

将给定的端口引脚配置结构体初始化为一组已知的默认值。在使用结构体前，需要先使用函数对所有实例进行初始化。

默认配置如下：

- 没有外设控制(如GPIO)；
- 内部上拉输入模式使能。

函数参数：如表4.1.8所列。

表4.1.8 函数参数

数据方向	参数名称	描 述
输出	config	待初始化的结构体

返回值：无。

(2) 引脚配置设置函数 system_pinmux_pin_set_config()

将端口引脚配置写入硬件模块。

原型：void system_pinmux_pin_set_config(const uint8_t gpio_pin, const struct system_pinmux_config * const config)

函数参数：如表4.1.9所列。

表4.1.9 函数参数

数据方向	参数名称	描 述
输入	gpio_pin	待配置的GPIO引脚索引
输入	config	引脚配置

返回值：无。

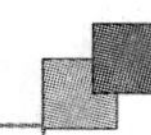

(3) 引脚采样模式配置函数 system_pinmux_pin_set_input_sample_mode()

配置GPIO引脚的输出采样模式，控制何时对物理I/O引脚采样并存储到MCU中。

原型：void system_pinmux_pin_set_input_sample_mode(const uint8_t gpio_pin, const enum system_pinmux_pin_sample mode)

函数参数：如表4.1.10所列。

表4.1.10　函数参数

数据方向	参数名称	描　述
输入	gpio_pin	GPIO引脚的索引
输入	mode	引脚的输入采样模式

返回值：无。

4.2　通用定时/计数器

定时/计数器(TC)模块提供定时及计数相关的功能，如生成周期性的波形，捕获周期波形的频率或占空比，以及周期性操作的软件计时等。定时器是MCU应用中必不可少的外设。

4.2.1　概　述

SAM D20系列微控制器中，每个TC模块由一个计数器、一个预分频器、若干个比较/捕获通道及控制逻辑组成。SAM D20的定时/计数器的功能框图如图4.2.1所示。TC中的计数器既可以用于事件计数，也可以记录时钟脉冲。经过配置后，计数器与比较/捕获通道配合使用时，可以为输入事件添加时间戳，还可以捕获信号的频率及脉冲宽度。TC还用于波形生成，如频率产生及脉冲宽度调制(PWM)。

SAM D20的TC模块具有以下特征：

- 多种配置选择：
  - 8位、16位和32位计数范围(长度)，拥有多个比较/捕获通道、波形生成。
- 波形生成：
  - 频率发生；
  - 单边沿脉冲带宽调制。
- 输入捕获：
  - 事件捕获；
  - 频率捕获；
  - 脉冲宽度捕获。
- 拥有一个输入事件。

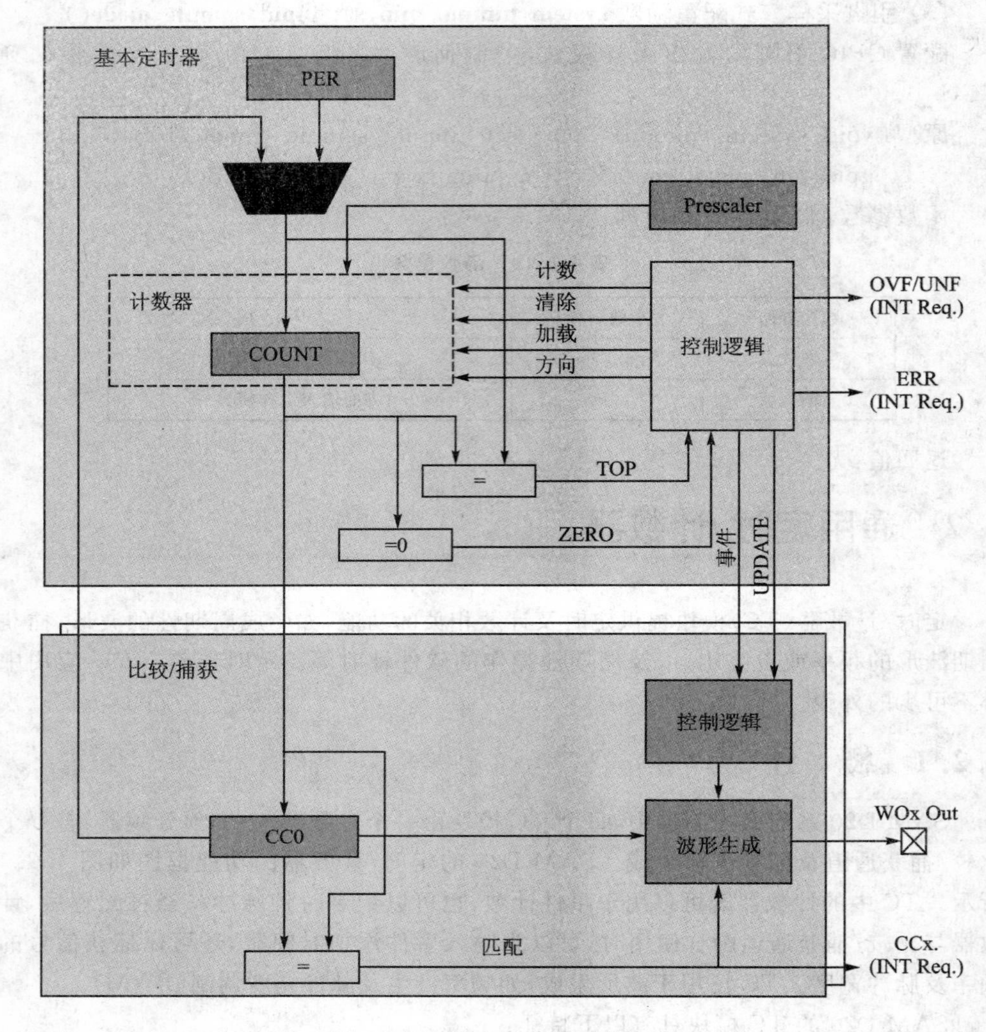

图 4.2.1 定时/计数器功能框图

➢ 中断/输出事件产生时机。
  - 计数器上溢/下溢；
  - 比较匹配或捕获。
➢ 内部预分频器。

4.2.2 功能描述

TC 中的计数器可用于记录来自事件系统的事件数，或者 GCLK_TCx 的频率。时钟 GCLK_TCx 要经过预分频器的分频后，才能被 TC 使用。TC 可设置为向下计数或者向上计数。默认情况下，计数器工作在连续计数模式，当计数到最大值时，计数器下一次将从零开始计数。TC可配置为8位、16位或32位计数长度，选定的模式将确定TC的最大计数范围。而计数范围与工作频率一起还将确定TC所能实现的最大计数时间。TC的计数器会将计数值传递给比较/捕获通道，在这里计数值将同用户定义的数值或捕获预设定事件的记录值进行比较，并根据比较结果完成相应操作。

除了配置计数器的计数长度外，TC模块有两种工作模式：

- 捕获模式；
- 比较模式。

在捕获模式下，仅当需要捕获的事件发生时，TC模块的计数器才开始计数。工作在捕获模式下的TC可以为捕获到的事件添加时间戳，或者测量周期性输入信号的频率或占空比。

而在比较模式下，计数值将与一个或者多个通道的预定义的比较值进行比较。如果计数值与比较值相等，TC模块将启动事件活动，如产生中断事件、翻转引脚输出或者生成PWM信号等。

1. 初始化

在使能TC模块前，需要按照以下步骤进行配置：

- 使能TC总线时钟(CLK_TCx_APB)；
- 设置CTRLA.MODE来选择TC的模式(8，16或32位)，默认为16位；
- 设置CTRLA.WAVEGEN来选择波形生成模式；
- 如果要对GCLK_TCx做预分频处理，则要设置CTRLA.PRESCALER；
- 使用预分频器后，需要设置CTRLA.PRESYNC来选择同步模式；
- 将CTRLBSET.DIR置1可选择单次触发模式；
- 如果要从最大值向下计数，则要将CTRLBSET.DIR置1；
- 如果要使用捕获操作，则可通过设置CTRLC.CPTEN来对单个通道进行使能捕获操作；
- 使用CTRLC.INVEN可以将单个通道的输出波形倒置。

2. 使能、禁用及复位操作

TC模块的使能操作可通过将CTRLA.ENABLE置1来实现，而禁用操作是通过将该位置0来实现。

TC模块的复位操作通过将CTRLA.SWRST置1来实现。执行复位操作后，除DBGCTRL外的寄存器将会设置为初始状态，同时TC将禁用。

TC模块复位前需要禁用TC以避免产生未定义的异常行为。

3. 预分频器选择

如图4.2.2所示，时钟GCLK_TC首先进入内部预分频器。预分频系数可为1、

2、4、8、64、256、1024。

预分频器包含一个计数器，该计数器的最大计数值设定为选定的预分频值，当计数到最大值时预分频器的输出发生翻转。

当预分频器的设置值大于 1 时，需要选择是否将其复位为 0 或者从出现溢出的地方继续计数。还可选择是对后续的 GCLK_TC 时钟脉冲计数还是对分频后的时钟脉冲(CLK_TC_CNT)计数。该选择由 CTRLA. PRESYNC 控制。

如果计数器设置为对事件系统中的事件计数，事件将无需经过预分频器，如图 4.2.2 所示。

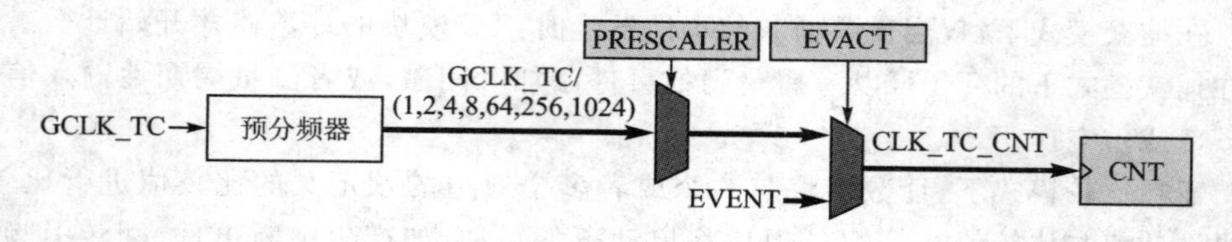

图 4.2.2　定时/计数器的预分频器

4. TC 模式

计数器模式通过设置 CTRLA. MODE 来选择。默认情况下，计数器被设置为 16 位计数器模式。

有三种计数器模式可供选择：

- COUNT8　8 位 TC 拥有自己的周期寄存器(PER)。该寄存器存储的周期值可作为波形生成的最大值。
- COUNT16　默认计数器模式。该模式下没有专用的周期寄存器。
- COUNT32　该模式通过两个 16 位 TC 外设配对实现。偶数编号的 TC 充当了主计数器的角色，而奇数编号的 TC 则充当了从计数器的角色。从计数器的从状态由状态寄存器的从标志位(STATUS. SLAVE)表示。从 TC 的寄存器不会反映到 32 位计数器的寄存器。对任何从 TC 的寄存器的写操作都不会影响 32 位计数器。但对从 COUNT 及 CCx 寄存器的访问是不允许的。

5. 计数器操作

计数器可设置为向上或向下计数。如果是向上计数并且计数值达到最大值时，则计数器的计数值将在下一个时钟周期置为 0。如果是向下计数，则当计数值为 0 时下一个时钟周期计数器的计数值将设置为最大值。对于单次触发模式，计数器将持续计数直至达到最大值。

将计数器设置为向下计数的操作，可以通过将 CTRLBSET. DIR 置 1 来实现。而计数器设置为向上计数的操作，可以通过将 CTRLBCLR. DIR 置 1 来实现。

每次计数器的计数值为最大值或 0 时，将会设置中断标志状态和清除寄存器的溢出中断标志位(INTFLAG. OVF)。如果事件控制寄存器的上溢/下溢事件输出使

能位为1时，还将生成一个上溢或下溢事件。

通过对计数值寄存器（COUNT）执行读出或写入操作，可以实现读取计数值或写入新计数值的操作。图4.2.3所示为向COUNT写入新的计数值的例子。启动TC时，COUNT寄存器的值将一直为0，除非写入新值或者TC计数停止在某个非0值处。

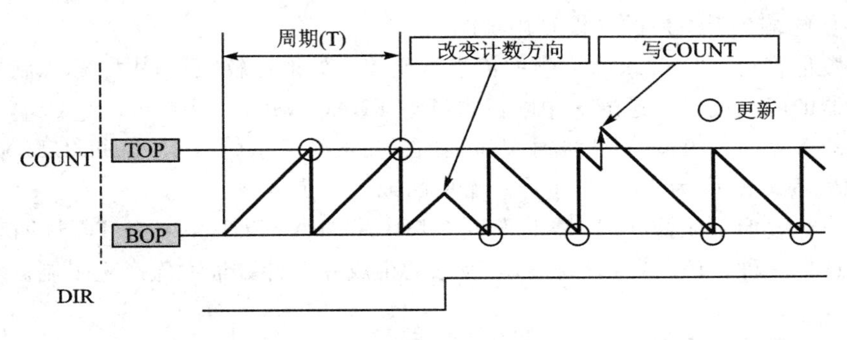

图4.2.3 向COUNT写入新的计数值

(1) 停止命令

通过设置CTRLBSET.CMD可以产生停止命令，使得计数器的计数值停留在当前值，同时所有的波形发生将停止。在计数器停止计数的同时，状态寄存器的停止位(STATUS.STOP)将置位。

(2) 重触发命令及事件活动(Event Action)

重新触发计数可通过软件命令方式，通过设置CTRLBSET.CMD来实现，或者使用重触发事件活动，通过设置事件控制寄存器的事件活动位组(EVCTRL.EVACT)来实现。

如果计数器正在运行时出现重触发，则计数器将返回最大值或者0值；如果计数器停止时出现重触发，则计数器将从COUNT寄存器的值继续计数。

(3) 事件活动计数

当配置事件计数后，每个新到来的事件将根据CTRLBSET.DIR的状态增加或减少计数值。

(4) 事件活动启动

如果对EVCTRL.EVACT位组进行设置，可将TC配置为启动事件活动，使能TC时将不会启动计数器。计数器由下一个输入事件或软件重触发活动。当计数器运行时，输入事件不会对其产生影响。

6. 比较操作

如果对TC中的比较/捕获值寄存器(CCx)进行配置，计数器的值将持续与CCx寄存器的值进行比较。该操作可用于定时器或者波形生成。

(1) 波形输出操作

比较通道可在对应的I/O引脚生成波形。将波形输出到引脚上需要执行以下操作：

➤ 选择波形产生操作；

➤ 可以选择设置CTRLC.INVx将输出波形倒置(反相)；

➤ 使能端口上对应的外设复用功能。

计数值将持续与CCx寄存器的值进行比较。如果比较匹配，中断标志状态及清除寄存器的匹配或捕获通道x中断标志(INTFLAG.MCx)，将在CLK_TC_CNT时钟脉冲的下一次由0向1过渡时置位，如图4.2.4所示。当INTENSET.MCx及EVCTRL.MCEOx为1时，将生产一个中断或者一个事件。

当执行波形生成操作时，需要设置CTRLA.WAVEGEN来为TC从四种配置类型中选择一种。该配置选择将影响波形的生成并对计数最大值产生限制。四种可选配置如下：

➤ 正常频率(NFRQ)；

➤ 匹配频率(MFRQ)；

➤ 正常PWM(NPWM)；

➤ 匹配PWM(MPWM)。

在NPWM及NFRQ类型中，最大值由计数模式确定。在8位模式下，周期寄存器(PER)用做最大值，并可通过PER寄存器修改最大值。在16位及32位模式下，计数最大值固定为计数器长度对应的最大值。

(2) 频率操作

在NFRQ配置下，每当CCx寄存器的值与计数器的计数值相等时，输出波形(WO[x])将会翻转，同时通道对应的中断标志将被设置。图4.2.4所示为COUNT计数器的计数操作与WO[x]输出的对应关系。从图中可以看出，当计数值与CCx寄存器的值匹配时，WO[x]引脚的电平将发生翻转；而当计数值上溢/下溢时，WO[x]引脚的电平将置为低电平。

在MFRQ配置下，CC0寄存器的值将作为最大值，同时每次上溢/下溢时WO[0]引脚将会翻转。图4.2.5所示为COUNT计数器的计数操作与WO[0]输出的关系。从图中可以看出，当计数值发生环绕时，WO[0]引脚上的电平将发生翻转。

(3) PWM操作

使用PWM配置时，CCx寄存器用于控制波形生成器输出的占空比。如图4.2.6所示，WO[x]的输出在启动或者COUNT值与计数最大值匹配时被设置，在COUNT值与CCx寄存器的值匹配时被清除。

当使用匹配配置时，比较/捕获寄存器CC0用做最大值；同时，每次上溢/下溢时WO[0]将会翻转。

下面的等式用于计算每个单边沿PWM(R_{PWM_SS})波形的准确周期：

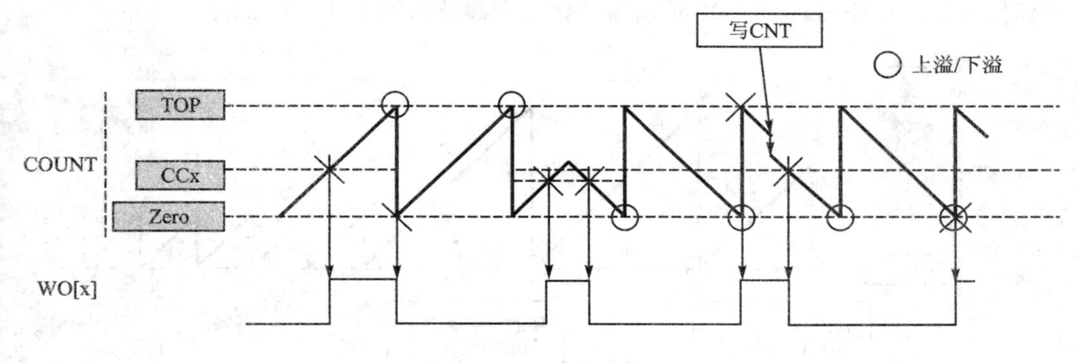

图 4.2.4　正常频率操作

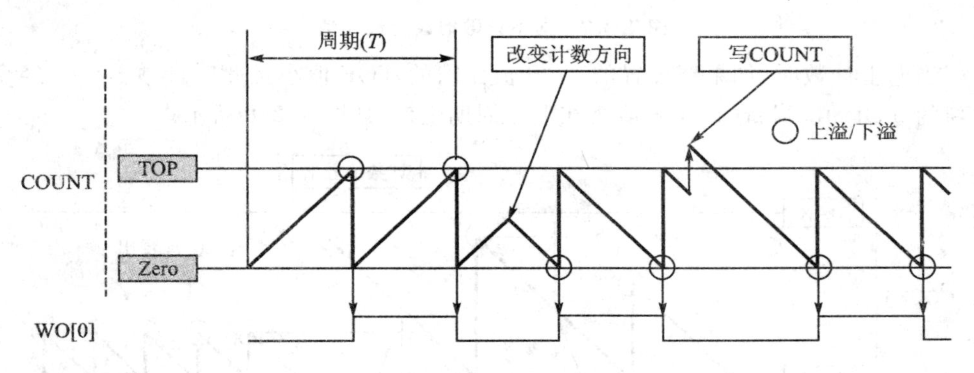

图 4.2.5　匹配频率操作

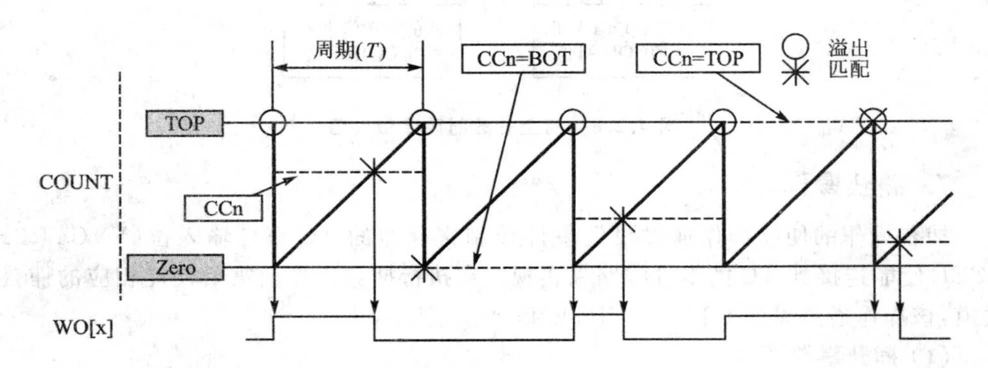

图 4.2.6　正常 PWM 操作

$$R_{\text{PWM\_SS}} = \frac{\log(\text{TOP}+1)}{\log(2)} f_{\text{PWM\_SS}} = \frac{f_{\text{CLK\_TX}}}{N_{(\text{TOP}+1)}}$$

式中，N 表示预分频值(1、2、4、8、16、64、256、1 024)。

(4) 改变最大值(TOP 值)

计数器运行时能够改变 TOP 值。如果计数器接近 0 且向下计数，则有新的 TOP 值写入，由于同步延迟的缘故，计数器可能被置为前一个 TOP 值。当出现该情况时，计数器在使用新的 TOP 值前将计数一个额外的周期，如图 4.2.7 所示。

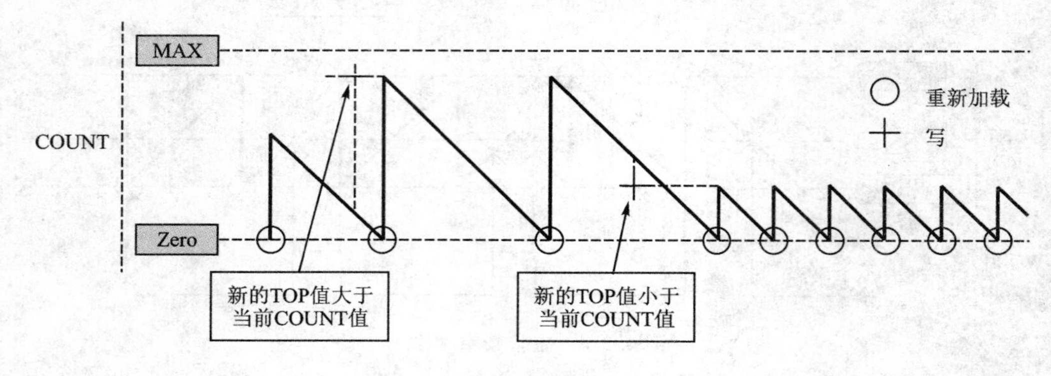

图 4.2.7 向下计数时改变最大值

当向上计数时，如果新设置的 TOP 值比旧的 TOP 值小且此时计数器值已经超过新的 TOP 值，则新的 TOP 值会在下一周期生效，如图 4.2.8 所示。

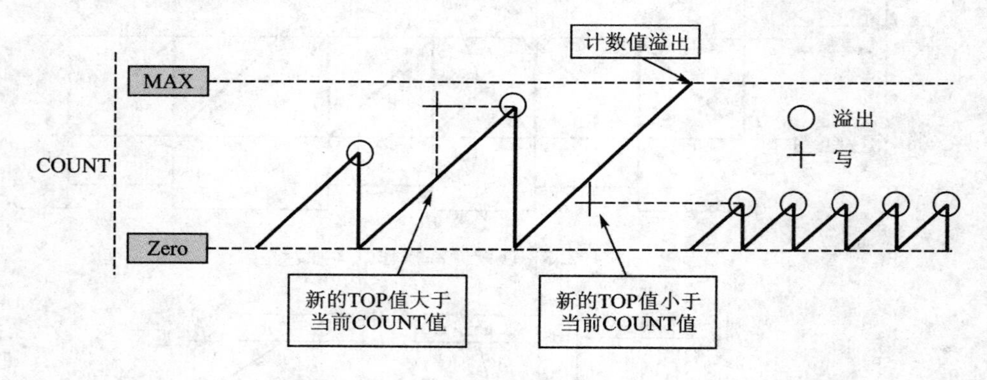

图 4.2.8 向上计数时改变最大值

7. 捕获操作

捕获操作的使能操作通过设置事件控制寄存器的 TC 事件输入位(EVCTRL.TCEI)使能连接到 TC 的事件线路来实现。在执行捕获操作前需要使能相应的捕获通道，该操作通过设置 CTRLC.CPTENx 来实现。

(1) 捕获事件活动

比较/捕获通道可用做输入捕获通道来捕获事件系统的任何事件，并给事件添加时间戳。由于所有的捕获通道使用相同的事件线路，当执行事件捕获时，一次仅可以使能一个捕获通道。图 4.2.9 所示为一个通道捕获四个事件。

如果捕获中断标志被置位且检测到新的捕获事件，将无法存储新的时间戳。此时，中断标志状态及清除寄存器的错误中断标志(INTFLAG.ERR)将置位。

(2) 捕获活动周期及脉冲宽度

TC 能够执行两个输入捕获，并在一次捕获的边沿重新启动计数器的计数操作。

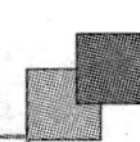

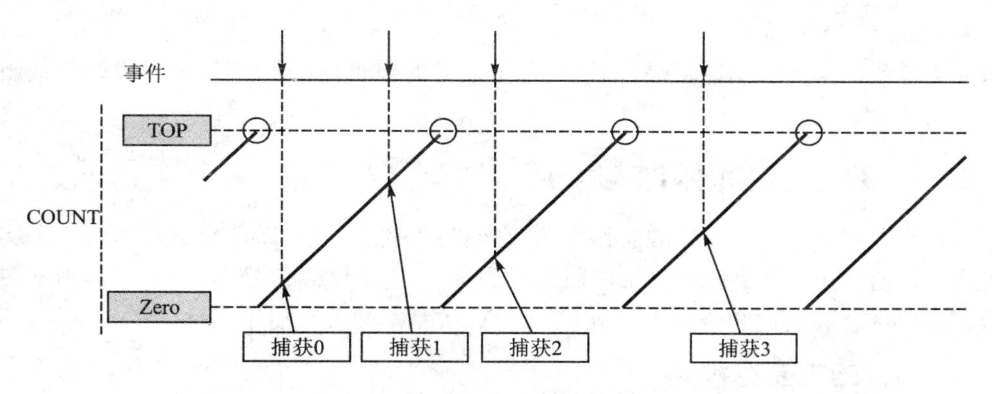

图 4.2.9 一个通道捕获四个事件

该机制使TC能够测量输入信号的脉冲宽度及周期。以下公式能够描述输入信号的频率(f)及占空比：

$$f=\frac{1}{T}\quad 占空比=\frac{t_p}{T}$$

当使用PPW事件活动时，寄存器CC0用于存放周期(T)，而寄存器CC1存放脉冲宽度(t_p)。对于PWP事件激活，寄存器CC0存放脉冲宽度(t_p)，而寄存器CC1存放周期(T)。

事件控制寄存器的事件活动位组(EVCTRL. EVACT)可以用于选择PWP(脉冲宽度，周期)或PPW(周期，脉冲宽度)，使得TC能够执行两个捕获：一个在上升沿，另一个在下降沿。

事件控制寄存器的TC倒置事件输入位(EVCTRL. TCINV)用于选择是在上升沿还是下降沿执行最大值翻转。如果EVCTRL. TCINV置1，最大值翻转出现在下降沿。捕获的事件源必须是异步事件。

为了表示输入信号的频率及占空比特性，可以通过向CTRLC. CPTEN写入0x3来将捕获到的输入信号的频率及占空比分别存入CC0及CC1中。如果只需要测量一种特性，那么第二个通道可用于其他用途。

TC能够检测输入捕获通道的捕获溢出。如果捕获中断标志置位，并且检测到新捕获事件时，由于无法存储新的时间戳，中断标志状态及清除寄存器的错误中断标志(INTFLAG. ERR)将置位。

8. 单次触发操作

当使能单次触发操作后，计数器将在下一次计数上溢或下溢后自动停止。当计数器停止时，STATUS. STOP将自动被硬件复位，同时输出波形将置为0。

单次触发操作通过向CTRLBSET. ONESHOT写1完成，而禁用操作通过向CTRLBCLR. ONESHOT写1完成。当单次触发操作使能后，计数器将一直执行计数操作直到出现计数上溢或者下溢。重新触发单次触发操作可由重触发命令、重触

发事件或启动事件完成。

当计数器重新启动计数操作后，状态寄存器的停止位（STATUS. STOP）将被硬件自动清除。

4.2.3　TC 主要库函数与使用

本小节将介绍 2 个 TC 的操作实例，它们都是利用 ASF 库函数编写的。一个实例展示如何利用 TC 模块的回调机制进行编程，产生 PWM 信号；另一个实例则不使用回调机制。通过这 2 个实例，可以学习 TC 的基本配置与使用。

1. TC 的主要结构体

(1) tc_module

TC 模块软件实例结构体，用于保存使用到的硬件模块的软件状态信息。使用时，需将该结构体变量声明为全局类型，并且用户不能修改该结构体。

其定义为：typedef　void(* tc_callback_t)(struct tc_module * const module)

(2) tc_config

用于对 TC 实例配置的结构体。表 4.2.1 所列为对结构体的成员变量的简单描述。

表 4.2.1　tc_config 成员变量描述

类　型	名　称	描　述
bool	channel_pwm_out_enabled[]	为真时，使能给定通道的 PWM 输出
uint32_t	channel_pwm_out_mux[]	为每个输出通道引脚指定外设复用设置
uint32_t	channel_pwm_out_pin[]	为每个通道指定引脚输出
enum tc_clock_prescaler	clock_prescaler	指定 GCLK_TC 的预分频值
enum gclk_generator	clock_source	为外设提供时钟的 GCLK 生成器
enum tc_count_direction	count_direction	指定 TC 的计数方向
enum tc_counter_size	counter_size	指定为 8 位、16 位或 32 位计数
bool	enable_capture_on_channel[]	指定执行通道捕获操作的通道
enum tc_event_action	event_action	指定事件发生后的事件活动
bool	invert_event_input	在 PWP 或 PPW 事件活动模式下，指定输入事件源是否翻转
bool	oneshot	为真时，单次触发将在下一个硬件或软件重触发事件或溢出事件后停止
enum tc_reload_action	reload_action	指定 TC 重触发事件中，计数器和预分频再同步的重新加载或复位时间

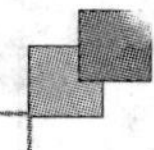

续表 4.2.1

类　型	名　称	描　述
bool	run_in_standby	为真时，模块在备用模式下使能
union tc_config. size_specific	size_specific	确定计数宽度
enum tc_wave_generation	wave_generation	指定使用的波形生成模式
uint8_t	waveform_invert_ouput	指定翻转波形的通道

下面对于结构体的成员变量与寄存器中具体位的对应关系作进一步介绍：count_direction用于指定向上或向下计数，由 CTRLBSET. DIR 和 CTRLBCLR. DIR 进行设置；counter_size 用于确定计数模式为 8 位、16 位或者 32 位，与 CTRLA. MODE 相对应；event_action 指定事件被触发后将执行的事件活动，与 EVCTRL. ECACT 相对应；oneshot 用于确定 TC 的单次触发操作，由 CTRLBSET. ONESHOT 和 CTRLBCLR. ONESHOT 进行设置；reload_action 指定计数器同预分频器再同步的时机，与 CTRLA. PRESCSYNC 相对应；run_in_standby 确定 TC 是否能在备用模式下继续工作，与 CTRLA. RUNSTDBY 相对应；wave_generation 用于指定要使用的波形生成模式，与 CTRLA. WAVEGEN 相对应；waveform_invert_ouput 指明要进行波形翻转的通道，与 CTRLA. INVENx 相对应。

以上描述的 TC 成员变量与计数宽度无关，而成员变量类型中的 union tc_con fig. size_specific 用于确定三种计数宽度下对应的具体配置。该联合体包含三个成员变量，表 4.2.2 所列是对该联合体的具体描述。

表 4.2.2　联合体 size_specific 的成员变量描述

类　型	名　称	描　述
struct tc_16bit_config	size_16_bit	16 位定时器配置结构体
struct tc_32bit_config	size_32_bit	32 位定时器配置结构体
struct tc_8bit_config	size_8_bit	8 位定时器配置结构体

16 位和 32 位的结构体包含的成员变量相同，用于确定每个通道使用的比较匹配值和对 TC 的初始化计数值。8 位的结构体变量中还包含一个用于确定计数开始或结束值的成员变量。表 4.2.3～4.2.5 分别描述了 8 位、16 位和 32 位对应的配置结构体。

表 4.2.3　8 位 TC 配置结构体成员变量描述

类　型	名　称	描　述
uint8_t	compare_capture_channel[]	每个通道使用的比较匹配值
uint8_t	count	初始化定时器计数值
uint8_t	period	根据计数方向确定计数开始或结束值

表4.2.4 16位TC配置结构体成员变量描述

类 型	名 称	描 述
uint16_t	compare_capture_channel[]	每个通道使用的比较匹配值
uint16_t	count	初始化定时器计数值

表4.2.5 32位TC配置结构体成员变量描述

类 型	名 称	描 述
uint32_t	compare_capture_channel[]	每个通道使用的比较匹配值
uint32_t	count	初始化定时器计数值

2. 回调机制下的TC计数溢出翻转LED的操作

该实例中使用TC6模块进行计数，当发生计数溢出时将生成溢出中断，在中断处理函数中，将对LED0的电平进行翻转，以此来实现LED0周期性亮灭的状态。实例中使用的TC6模块以16为长度，并且对输入的GCLK_TC时钟进行256分频。

```
//定义TC模块结构体
struct tc_module tc_instance;

void configure_port_pins(void);                //对引脚进行配置
void configure_tc(void);                       //对TC进行配置
void configure_tc_callbacks(void);             //对TC的回调机制进行配置
void tc_callback_to_overflow(struct tc_module * const module_inst);//TC回调函数

void configure_port_pins(void)
{
    struct port_config config_port_pin;
    port_get_config_defaults(&config_port_pin);

    //设置配置结构体config_port为内部上拉且数据方向为输出
    config_port_pin.input_pull = PORT_PIN_PULL_UP;
    config_port_pin.direction = PORT_PIN_DIR_OUTPUT;

    //使用配置结构体config_port对GPIO引脚LED0进行初始化
    port_pin_set_config(LED_0_PIN, &config_port_pin);
    //设置LED0的电平状态为低电平
    port_pin_set_output_level(LED_0_PIN, LED_0_INACTIVE);
}

void configure_tc(void)
```

```
{
    struct tc_config timer_config;
    //timer_config 结构体获取默认配置
    tc_get_config_defaults(&timer_config);
    //设置 TC 的分频系数为 256
    timer_config.clock_prescaler = TC_CLOCK_PRESCALER_DIV256;
    //使用配置结构体 tiemr_config 对 TC6 模块进行初始化
    tc_init(&tc_instance, TC6, &timer_config);
    //使能 TC6 模块
    tc_enable(&tc_instance);
}

void configure_tc_callbacks(void)
{
    //对回调函数 tc_callback_to_overflow 进行注册
    tc_register_callback(&tc_ instance,&tc_callback_to_overflow,TC_CALLBACK_OVER-
    FLOW);
    //设置回调函数为 TC_CALLBACK_OVERFLOW 类型,并对其进行使能操作
    tc_enable_callback(&tc_instance, TC_CALLBACK_OVERFLOW);
}

void tc_callback_to_overflow(struct tc_module * const module_inst)
{
    //翻转 LED0 的电平状态
    port_pin_toggle_output_level(LED_0_PIN);
}

int main(void)
{

    //对系统进行初始化操作
    system_init();

    configure_port_pins();
    configure_tc();
    configure_tc_callbacks();

    //开启系统全局中断
    system_interrupt_enable_global();
    while (true)
    {
    /* 无穷循环 */
```

```
    }

}
```

下面对上述实例所用到的函数做进一步讲解：

(1) 配置结构体初始化函数 tc_get_config_defaults()

该函数将配置结构体初始化为默认值。

原型：void tc_get_config_defaults(struct tc_config * const config)

函数参数：如表4.2.6所列。

表4.2.6 函数参数

数据方向	参数名称	描 述
输出	config	指向需要设置的TC模块配置结构体

返回值：无。

(2) 模块实例初始化函数 tc_init()

该函数为初始化TC模块实例。

原型：enum status_code tc_init(struct tc_module * const module_inst, Tc * const hw, const struct tc_config * const config)

函数参数：如表4.2.7所列。

表4.2.7 函数参数

数据方向	参数名称	描 述
输入/输出	module_inst	指向软件模块实例结构体
输入	hw	指向TC硬件模块
输入	config	指向TC配置选项结构体

返回值：初始化步骤状态，由于返回值为枚举类型，其具体定义如表4.2.8所列。

表4.2.8 返回值描述

返回值	描 述
STATUS_OK	模块初始化成功
STATUS_BUSY	尝试初始化时硬件忙
STATUS_INVALID_ARG	非法配置选项或参数
STATUS_ERR_DENIED	硬件模块已经使能，或者硬件模块配置为32位从模式

(3) 模块使能函数 tc_enable()

该函数用于使能TC模块。

原型：void tc_enable(const struct tc_module * const module_inst)

函数参数：如表4.2.9所列。

表 4.2.9 函数参数

数据方向	参数名称	描 述
输入	module_inst	指向软件模块实例结构体

返回值：无。

3. 轮询机制下的TC生成PWM信号的操作

该实例中使用TC生成PWM信号，PWM信号的脉冲宽度被设定为周期的四分之一，对TC模块的具体设置如下：

- 使用GCLK生成器0作为时钟源；
- 计数器长度设定为16位；
- 不使用预分频器；
- 使用NPWM波形生成模式；
- 执行GCLK重加载活动；
- 备用模式下TC不运行；
- 波形输出不发生翻转；
- 不开启捕获操作；
- 向上计数；
- 不执行单次触发操作；
- 不开启事件输入；
- 无事件活动；
- 不使能事件生成；
- 从0开始计数；
- 通道0的捕获比较值设置为0xFFFF/4。

```
void configure_tc(void);

//创建一个与TC硬件模块相关联的软件实例
struct tc_module tc_instance;

void configure_tc(void)
{
    struct tc_config config_tc;

    tc_get_config_defaults(&config_tc);

    config_tc.counter_size = TC_COUNTER_SIZE_16BIT;//计数长度设置为16位
    config_tc.wave_generation = TC_WAVE_GENERATION_NORMAL_PWM;//波形生成为NPWM
    //将通道0的比较值设置为0xFFFF/4
```

```
    config_tc.size_specific.size_16_bit.compare_capture_channel[0] = (0xFFFF / 4);

    config_tc.channel_pwm_out_enabled[0] = true;     //开启通道 0 的 PWM 输出
    config_tc.channel_pwm_out_pin[0] = PWM_OUT_PIN; //设置通道 0 的输出引脚
    config_tc.channel_pwm_out_mux[0] = PWM_OUT_MUX; //设置通道 0 的外设复用

    tc_init(&tc_instance, PWM_MODULE, &config_tc);

    tc_enable(&tc_instance);

}

int main(void)
{
    system_init();

    configure_tc();

    while (true) {
        /* 无穷循环 */
    }

}
```


下面对上述实例所用到的函数做进一步的讲解：

设置比较值函数 tc_set_compare_values()

该函数用于设置 TC 模块比较值。

原型：enum status_code tc_set_compare_value(const struct tc_module * const module_inst, const enum tc_compare_capture_channel channel_index, const uint32_t compare_value)

函数参数：如表 4.2.10 所列。

表 4.2.10　函数参数

数据方向	参数名称	描　述
输入	module_inst	指向软件实例结构体
输入	channel_index	需要写入的比较通道的索引
输入	compare	需要设置的新的比较值

返回值：更新步骤的状态。

4.3　看门狗定时器与实时时钟 RTC

本节主要介绍两种特殊的定时/计数器：看门狗定时器 WDT 和实时时钟 RTC。这两个模块都可以完成计数功能。WDT 主要用于检测程序的运行状态，通过设置一个超时周期，如果 WDT 未能在超时周期内清除周期计数（喂狗），WDT 将会发出复位请求。RTC 主要用于记录系统时间，如果使用备用电池，即使主机电源断开，RTC 也能正常运行。

4.3.1　看门狗定时器

看门狗定时器专门用于检测程序的运行状态。微控制器工作时经常会受到来自外界的干扰，造成程序跑飞或者发生死锁等情形，从而使程序的正常运行被打乱，进而可能引发不可预料的后果。为了解决上述问题，通常会为看门狗定时器设置一个超时周期，程序开始运行后，看门狗开始计数。如果程序运行正常，在超时周期到来前，程序会让看门狗清除计数、重新开始计数；如果超时周期到来后，看门狗还未被清除计数，WDT 就会认为程序没有正常工作，并发出一个中断/复位请求。

1. 概　述

SAM D20 系列微控制器内部的看门狗定时器（WDT）模块主要是一个计数器，用户定义的周期值保存在 CONFIG 寄存器的 PER 位组中，而清除操作由寄存器 CLEAR 控制。WDT 的功能框图如图 4.3.1 所示。从图中可以看出，WDT 计数器使用独立的时钟源 GCLK_WDT 计数，并将计数结果与预定义的周期/窗口和早期预警（报警）中断周期值进行比较，通过向 CLEAR 寄存器写入 0xA5 即可完成清除计数操作，如果超出超时周期，WDT 会发出早期预警（报警）中断或复位请求。

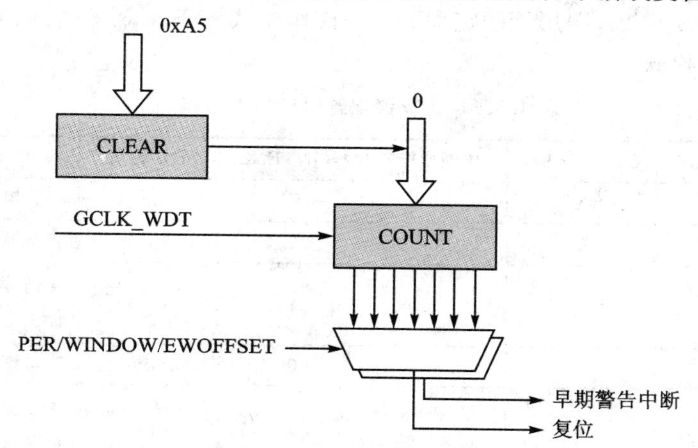

图 4.3.1　看门狗模块功能框图

WDT 有两种工作模式：正常模式和窗口模式。两种模式都需要定义超时周期，并且发生超时情况下发出早期预警中断。区别是在窗口模式下，还需要在超时周期内定义一个称为窗口的时间槽，只有在窗口内清除计数才认为程序运行正常，否则过早或过晚清除都认为程序运行异常，并发出早期预警中断。SAM D20 具有超时周期选择功能，正常模式下的超时周期范围是 8～16 000 个时钟周期，而窗口模式下的超时周期范围是 16～32 000 个时钟周期。

WDT 具有持续运行的能力，即使在休眠状态下仍然保持运行。WDT 使用与 CPU 独立的时钟源，因而其运行与 CPU 异步。即使主时钟出现故障，WDT 仍继续运行并能发出系统复位或中断请求。

SAM D20 的看门狗具有以下特征：

➢ 超时周期到来后未对 WDT 计数器执行清除操作，WDT 将会发出一个系统复位中断。
➢ 产生早期预警中断。
➢ 专用时钟源与 CPU 的时钟源异步。
➢ 两种工作模式：
  - 正常模式；
  - 窗口模式。
➢ 可以选择超时周期。正常模式下，8～16 000 个时钟周期；窗口模式下，16～32 000 个周期。
➢ 持续运行的能力。

2. 功能描述

下面主要介绍 WDT 模块的初始化、模块使能和禁用操作，以及两种工作模式。WDT 中控制寄存器(CTRL)的 CTRL. WEN 位、CTRL. ENABLE 位及中断使能寄存器(INTENCLR/SET)用于确定 WDT 的操作模式。表 4.3.1 所列为与寄存器配置对应的工作模式。

表 4.3.1 寄存器配置对应的工作模式

CTRL. ENABLE	CTRL. WEN	中断使能寄存器(INTENCLR/SET)配置	模 式
0	X	X	停止模式
1	0	0	正常模式
1	0	1	带有早期预警中断的正常模式
1	1	0	窗口模式
1	1	1	带有早期预警中断的窗口模式

(1) 初始化

WDT 初始化操作在该模块禁用时完成。初始化过程的主要操作是向 CONFIG. PER 组写入用户定义的超时周期。如果需要设定 WDT 为窗口模式，还需要将 CTRL. WEN 置为 1 同时向 CONFIG. WINDOW 写入用户定义的窗口值。

(2) 可配置的复位值

上电复位后，WDT 的一些寄存器将从 NVM 中的用户行加载初始值，加载操作主要设置以下位和位组：

➢ 控制寄存器的使能位(CTRL. ENABLE)；

➢ 控制寄存器的保持运行位(CTRL. ALWAYSON)；

➢ 控制寄存器的窗口模式使能位(CTRL. WEN)；

➢ 配置寄存器的窗口模式超时周期位组(CONFIG. WINDOW)；

➢ 配置寄存器的超时周期位组(CONFIG. PER)；

➢ 早期预警中断控制寄存器的早期预警中断时间偏移位组(EWCTRL. EWOFFSET)。

(3) 使能和禁用

将控制寄存器的使能位(CTRL. ENABLE)置 1 则将使能 WDT，而将该位置 0 则禁用 WDT。当控制寄存器的保持运行位(CTRL. ALWAYSON)为 0 时才能禁用 WDT。

(4) 正常模式

在正常模式下，超时周期保存在 CONFIG. PER 中。WDT 使能后，如果应用程序未能在超时周期到来前清除计数，WDT 将发出系统复位。WDT 有 12 个可选的超时周期(TO_{WDT})，时长范围为 8 ms～16 s，WDT 清除计数操作可以在超时周期内任何时刻执行。向 CLEAR 寄存器写入 0xA5 完成清除计数操作的同时，WDT 将启动一个新的超时周期。向 CLEAR 写入其他值，WDT 将发出一个立即系统复位。

默认情况下，早期预警中断被禁用，超时后 WDT 将发出系统复位。如果需要使用早期预警中断，将中断使能设置寄存器的早期预警中断位(INTENSET. EW)置 1 则使能中断，而将中断使能清除寄存器的早期预警中断位(INTENCLR. EW)置 1 则禁用中断。早期预警中断使能后，WDT 在超时到来前将生成中断。早期预警中断控制寄存器的早期预警偏移位组(EWCTRL. EWOFFSET)定义了早期预警中断出现的时刻。图 4.3.2 所示为 WDT 的正常模式操作。WDT 的早期预警中断控制寄存器的早期预警中断时间偏移位组(EWCTRL. EWOFFSET)设置为 0，此时早期预警中断设置为 8 个时钟周期，配置寄存器的周期位组(CONFIG. PER)设置为 1，对应的超时周期为 16 个时钟周期。图中，第一次程序对 WDT 清除计数的时机超过了早期预警中断时间偏移，所以系统发出了一个早期预警中断，但没有产生系统复位；第二次程序对 WDT 清除计数的时机在早期预警中断时间偏移之前，所以不产生早期预警中断和系统复位；最后一次，WDT 的计数不仅超过了早期预警中断时间偏移，还超过了 WDT 的超时周期，所以在早期预警中断之后，还进行了系统复位操作。

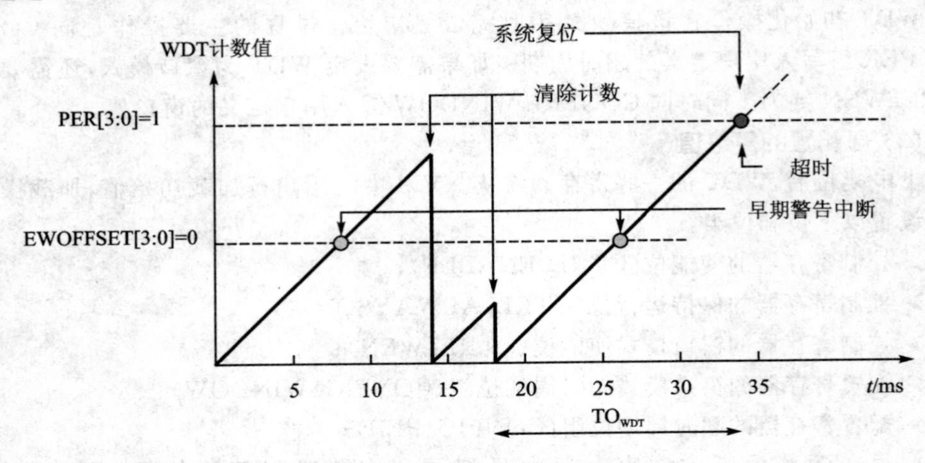

图 4.3.2　WDT 正常模式操作

(5) 窗口模式

在窗口模式下，WDT 使用两个超时周期：关闭窗口超时周期(TO_{WDTW})及正常超时周期(TO_{WDT})。关闭窗口超时周期长度范围为 8 ms～16 s，此段时间内 WDT 不能清除计数。如果执行清除计数，WDT 将发出系统复位。正常超时周期长度范围也为 8 ms～16 s，在此段时间内 WDT 可以清除计数。关闭窗口超时周期结束后将进入正常超时周期，二者之和为总的超时周期。关闭窗口超时周期的长度由配置寄存器的窗口周期位组定义(CONFIG. WINDOW)，正常超时周期长度由配置寄存器的周期位组定义(CONFIG. PER)。

默认情况下，早期预警中断被禁用，超时后 WDT 将发出系统复位。如果需要使用早期预警中断，将中断使能设置寄存器的早期预警中断位(INTENSET. EW)置 1 则使能中断，而将中断使能清除寄存器的早期预警中断位(INTENCLR. EW)置 1 则禁用中断。在窗口模式下，如果早期预警中断使能后，WDT 将在正常超时周期开始时生成中断。图 4.3.3 所示为 WDT 的窗口模式操作。WDT 的配置寄存器的窗口周期位组(CONFIG. WINDOW)设置为 0，此时关闭窗口周期设置为 8 个时钟周期，配置寄存器的周期位组(CONFIG. PER)设置为 0，对应的开启窗口周期为 8 个时钟周期。在图中，程序第一次和第二次对 WDT 清除计数的时机位于开启窗口内，所以系统发出了一个早期预警中断，但没有产生系统复位；而最后一次程序对 WDT 的计数的清除在关闭窗口内，所以引发了系统复位操作。

(6) 持续运行模式

使能持续运行模式操作通过向控制寄存器的持续运行位(CTRL. ALWAYSON)写入 1 来完成。当使能持续运行模式后，WDT 将连续运行，而不会受 CTRL. ENABLE 的状态的影响。CTRL. ALWAYSON 被写入后将无法修改，直到执行上

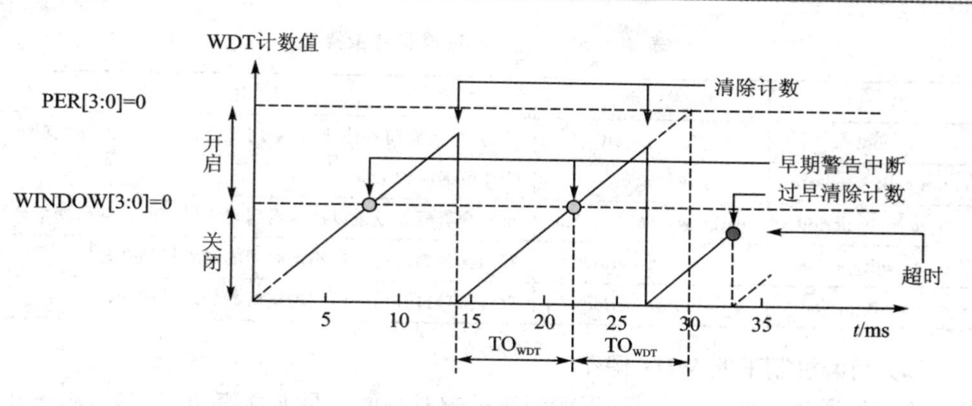

图 4.3.3 WDT 窗口模式操作

电复位时才能清除。当 CTRL. ALWAYSON 被设置后，配置寄存器(CONFIG)和早期预警中断寄存器(EWCTRL)只能执行读取操作。同时，看门狗模块中与时间配置相关的寄存器位(CONFIG. PER，CONFIG. WINDOW，EWCTRL. EWOFFSET)也不能修改。

在持续运行模式下，仍然可以通过设置控制寄存器的窗口使能位(CTRL. WEN)来完成使能或禁用窗口模式的操作，不过需要注意 CONFIG. PER 不能修改。

在持续运行模式下，依然可以访问终端清除和设置寄存器。同时也能够完成使能和禁用早期预警中断的操作，但是不能修改 EWCTRL. EWOFFSET。表 4.3.2 所列为 CTRL. ALWAYSON 置位时，WDT 的工作模式。

表 4.3.2 WDT 的工作模式

CTRL. WEN	中断使能	模 式
0	0	正常模式，且持续运行
0	1	正常模式，且持续运行，并开启早期预警中断
1	0	窗口模式，且持续运行
1	1	窗口模式，且持续运行，并开启早期预警中断

3. WDT 主要库函数与使用

(1) 主要结构体介绍

wdt_config 结构体是看门狗配置结构体。表 4.3.3 所列为对结构体成员变量的简单描述。

下面对结构体成员变量与寄存器中具体位的对应关系作进一步介绍：always_on 与保持运转位(CTRL. ALWAYSON)对应；early_warning_period 与早期预警中断时间偏移量位(EWCTRL. EWOFFSET)对应；timeout_period 与超时周期位(CONFIG. PER)对应；window_period 与窗口模式超时周期位(CONFIG. WINDOW)对应。

表 4.3.3　wdt_config 成员变量描述

类　型	名　称	描　述
bool	Always_on	若为真，当看门狗使能后，看门狗会锁住当前的配置项
enum gclk_generator	clock_source	GCLK 的时钟来源
enum wdt_period	early_warning_period	早期预警标志设置以前的看门狗定时器的时钟周期个数
enum wdt_period	timeout_period	看门狗到期前的看门狗定时器的时钟周期个数
enumwdt_period	window_period	重置窗口打开前的看门狗定时器的时钟周期个数

(2) 回调机制下的 WDT 操作

该实例通过回调机制，配置了看门狗的超时功能和早期预警功能，在早期预警回调函数中，将 LED 灯点亮。

```
void watchdog_early_warning_callback(void)//定义回调函数
{
    port_pin_set_output_level(LED_0_PIN, LED_0_ACTIVE);
}

void configure_wdt(void)
{
    struct wdt_conf config_wdt;
    wdt_get_config_defaults(&config_wdt);//初始化看门狗配置项为默认值
    //看门狗配置非锁定，时钟源位 GCLK4，超时周期位 4 096 周期，早期预警周期位 2 048
    config_wdt.always_on                = false;
    config_wdt.clock_source             = GCLK_GENERATOR_4;
    config_wdt.timeout_period           = WDT_PERIOD_4096CLK;
    config_wdt.early_warning_period     = WDT_PERIOD_2048CLK;
    wdt_init(&config_wdt);   //看门狗初始化
    wdt_enable();            //看门狗使能
}

void configure_wdt_callbacks(void)
{
    //注册看门狗回调函数
    wdt_register_callback(watchdog_early_warning_callback,
        WDT_CALLBACK_EARLY_WARNING);
    wdt_enable_callback(WDT_CALLBACK_EARLY_WARNING);//使能看门狗回调函数
}
int main(void)
{
    system_init();
```

```
    configure_wdt();
    configure_wdt_callbacks();
    port_pin_set_output_level(LED_0_PIN, LED_0_INACTIVE); //使LED灯灭
    system_interrupt_enable_global();
    while (true) {
        /* Wait for callback */
    }
}
```

1）注册回调函数 wdt_register_callback( )

用于注册中断回调函数。

原型：enum status_code wdt_register_callback(wdt_callback_t callback, enum wdt_callback callback_type)

函数参数：如表4.3.4所列。

表4.3.4 函数参数

数据方向	参数名称	描　述
输　入	callback	指向回调函数的指针
输入	callback_type	回调类型

返回值：如表4.3.5所列。

表4.3.5 wdt_register_callback返回值说明

返回值	描　述
STATUS_OK	操作成功
STATUS_ERR_INVALID_ARG	回调函数无效

枚举参数：enum wdt_callback callback_type 描述如表4.3.6所列。

表4.3.6 成员说明

枚举值	描　述
WDT_CALLBACK_EARLY_WARNING	早期预警发生时回调

2）回调使能函数 wdt_enable_callback( )

使能定义好的回调函数。

原型：void wdt_enable_callback(enum wdt_callback type)

函数参数：如表4.3.7所列。

表4.3.7 wdt_enable_callback( )函数参数

数据方向	参数名称	描　述
输入	type	回调类型

返回值:无。

3) WDT的配置值初始化函数 wdt_get_config_defaults()

原型:void wdt_get_config_defaults(struct wdt_conf * const config)

函数参数:如表4.3.8所列。

表4.3.8 wdt_get_config_defaults()函数参数

数据方向	参数名称	描 述
输出	config	配置成默认参数的结构体

返回值:无。

该函数将传入的WDT配置结构体初始化为默认值。默认的配置如下:

- 看门狗配置非锁定;
- 看门狗时钟来源为GCLK4;
- 看门狗超时周期为16 384个时钟周期;
- 看门狗窗口模式禁止,即看门狗可以在任意时间重置;
- 无早期预警周期,即没有任何操作预示看门狗将要超时。

4) WDT使能函数 wdt_enable()

原型:enum status_code wdt_enable(void)

函数参数:无。

返回值:如表4.3.9所列。

表4.3.9 wdt_enable()返回值描述

返回值	描 述
STATUS_OK	操作成功
STATUS_ERR_IO	看门狗配置被锁住

(3) 轮询机制下的WDT操作

该实例是WDT的基本操作。激活看门狗后,程序会等待按键,若按下按键则重置看门狗,不会复位。若看门狗超时前,没有按下按键,则看门狗超时,系统复位。然后通过查询系统复位原因,利用LED灯的亮灭预示是否是看门狗复位。

```
void configure_wdt(void)
{
    struct wdt_conf config_wdt;
    wdt_get_config_defaults(&config_wdt);//初始化看门狗配置项为默认值
    config_wdt.always_on          = false;//不锁定看门狗配置
    config_wdt.clock_source       = GCLK_GENERATOR_4;  //时钟来源为GCLK4
    config_wdt.timeout_period     = WDT_PERIOD_2048CLK;  //超时周期位2048个时钟
    wdt_init(&config_wdt);  //初始化看门狗
```

```
    wdt_enable();                //使能看门狗
    }

int main(void)
{
    system_init();
    configure_wdt();
    //判断系统复位是不是看门狗引起的,若是则灭LED灯,若不是则亮LED灯
    enum system_reset_cause reset_cause = system_get_reset_cause();
    if (reset_cause = = SYSTEM_RESET_CAUSE_WDT) {
        port_pin_set_output_level(LED_0_PIN, LED_0_INACTIVE);
    }
    else {
        port_pin_set_output_level(LED_0_PIN, LED_0_ACTIVE);
    }
    //有按键,就重置看门狗
    while (true) {
        if (port_pin_get_input_level(BUTTON_0_PIN) == false) {
                port_pin_set_output_level(LED_0_PIN, LED_0_ACTIVE);
            wdt_reset_count();
        }
    }
}
```

➢ 看门狗重置函数:wdt_reset_count

原型:voidwdt_reset_count(void)

函数参数:无。

返回值:无。

重置看门狗计数器为初始设置值。若在普通看门狗模式下,则在看门狗超时前可以利用该函数重置看门狗,若在窗口看门狗模式下,只能在窗口值内利用该函数重置看门狗。

4.3.2 实时时钟

实时时钟RTC用于记录时间,为嵌入式处理器提供像手表时钟一样的真实时间。如果有电池持续供电,实时时钟将一直计时,否则断电之后,实时时钟的寄存器内记录的内容会被清空。因此,在没有配备电池的嵌入式系统中,需要在每次加电之后,写入正确的时间信息。

1. 概　述

SAM D20系列微控制器的实时时钟计数器(RTC),是一个带有10位可编程预

分频器的32位计数器，通常连续运行以记录时间。RTC有3种工作模式：32位或16位计数模式、时钟/日历模式。具体模式的工作机制将在下面详细介绍。在休眠模式下，RTC可以使用警告/比较唤醒、周期唤醒和溢出唤醒的机制唤醒MCU。

RTC通常使用32.768 kHz高精度内部振荡器(OSC32K)产生的1.024 kHz时钟来保持最低功耗。如果要使RTC的可分辨时间小于1 ms，则需要频率高于32.768 kHz的时钟。RTC还可以使用通用时钟模块(GCLK)提供的其他时钟源。

无论计数值为何值，RTC都可以根据预分频器的时钟输出生成周期外设事件，并触发警告/匹配中断和外设事件。此外，定时器还可以触发溢出中断和外设事件，并在出现警告/比较匹配时执行复位。这使得周期中断和外设事件的周期可以变得更长、更精确。

10位的可编程预分频器能够对时钟源进行分频，使得RTC的分辨率及超时周期范围更广。使用32.768 kHz的时钟源时，最小计数器滴答间隔为30.5 μs，超时周期达36 h。如果将计数器滴答间隔设置为1 s，最大超时周期将长达136年。

SAM D20实时时钟模块具有以下特征：

- 32位计数器，10位预分频器。
- 多个时钟源(内置32.768 kHz高精度振荡器、32 kHz超低功耗RC振荡器)。
- 32位或16位计数模式：一个32位或两个16位的比较值。
- 时钟/日历模式：
  - 时间表示使用秒、分和时(12或24小时制)；
  - 日期表示使用日、月和年；
  - 闰年校正。
- 可以校正/调整数字预分频器增加精度。
- 溢出、警告/比较匹配和预分频器类型中断或事件：可以选择关闭警告/比较匹配。

图4.3.4～图4.3.6所示为3种模式的功能框图。从图中可以看出，3种工作模式下的RTC都包含一个对时钟GCLK_RTC分频得到工作时钟CLK_RTC_CNT的10位预分频器。而32位和16位模式下的RTC都包含一个用于记录计数值的COUNT寄存器，并且当COUNT寄存器的值与COMPn寄存器的值匹配时，将会产生一个匹配中断。两种模式的区别是：在32位模式下，计数最大值为COUNT寄存器计数长度对应的最大值，当计数达到最大值后，RTC将发出溢出中断，并且当COUNT寄存器的值与COMPn寄存器的值匹配后将会清除COUNT寄存器的值；而在16位模式下，计数最大值保存在PER寄存器中，但计数值与该值匹配后将会引发溢出中断，同时会清除COUNT寄存器的值。在时钟/日历模式下，计数值以日期信息格式保存在CLOCK寄存器中，当计数溢出时将引发溢出中断，而当CLOCK寄存器的值经过MASKn寄存器的屏蔽后与ALARMn寄存器保存的日期信息匹配后，将引发一个警告中断，同时还将清除CLOCK寄存器的值。

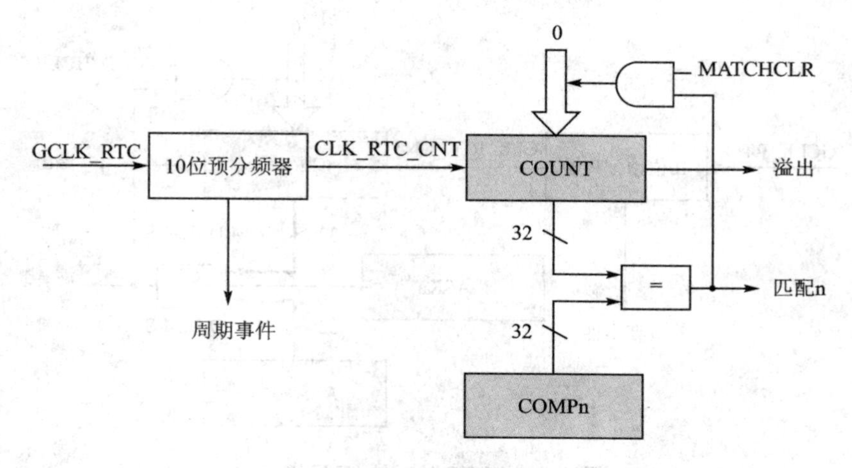

图 4.3.4 RTC 的 32 位计数模式

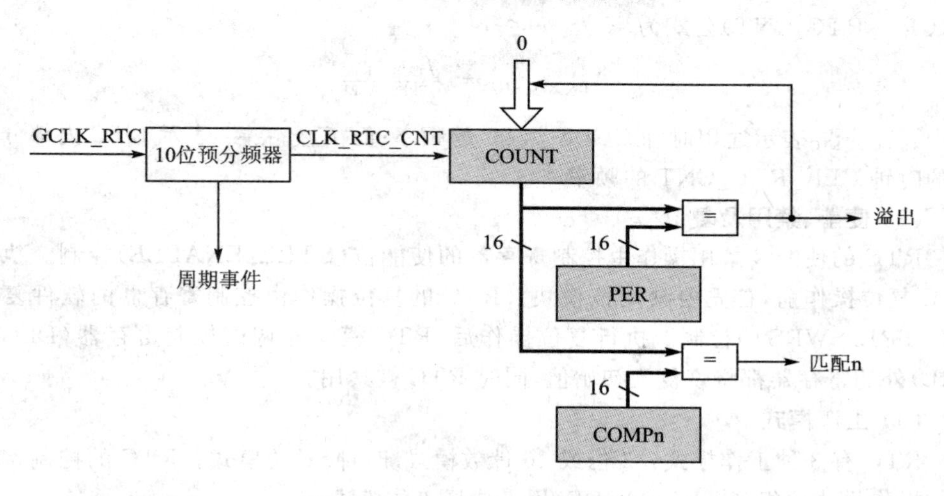

图 4.3.5 RTC 的 16 位计数模式

2. 功能描述

RTC 能够记录系统时间生成周期事件,并在某些时刻触发中断或事件。RTC 的 10 位预分频器可以为 32 位计数器提供时钟源。而在 3 种工作模式下,32 位计数器的计数格式也各不相同。

(1) 初始化

使能 RTC 需要对其执行下列配置操作:

- ➢ 设置控制寄存器的工作模式位组(CTRL. MODE)来选择工作模式;
- ➢ 设置控制寄存器的时钟表示位(CTRL. CLKREP)来选择时钟表示;
- ➢ 设置控制寄存器的预分频器位组(CTRL. PRESCALER)来选择预分频值。

RTC 的预分频器能够对时钟源进行分频来为计数器提供时钟源。RTC 时钟频

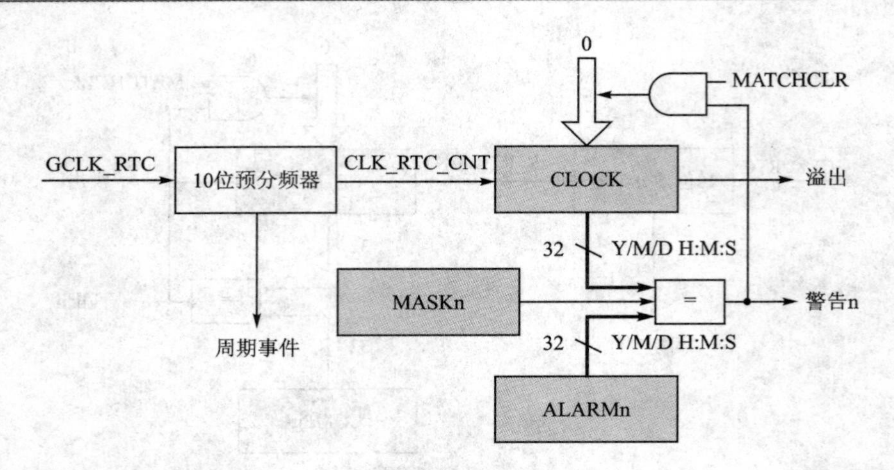

图 4.3.6 RTC 的时钟/日历模式

率(CLK_RTC_CNT)公式为

$$f_{\mathrm{CLK\_RTC\_CNT}} = \frac{f_{\mathrm{GCKL\_RTC}}}{2^{\mathrm{PRESCALER}}}$$

式中：$f_{\mathrm{GCLK_RTC}}$表示通用时钟 GCLK_RTC 的频率；而 $f_{\mathrm{CLK_RTC_CNT}}$表示 RTC 内部分频后的时钟 CLK_RTC_CNT 的频率。

(2) 使能、禁用及复位

RTC 的使能及禁用操作由控制寄存器的使能位(CTRL. ENABLE)控制。执行 RTC 复位操作前，首先要禁用该模块。RTC 的复位操作由控制寄存器的软件复位位(CTRL. SWRST)控制。执行复位操作后，RTC 模块除调试控制寄存器(DBGCTRL)外的寄存器都将恢复为初始值，同时 RTC 被禁用。

(3) 工作模式

RTC 有 3 种工作模式：32 位或 16 计数模式、时钟/日历模式。RTC 的控制寄存器的操作模式位组(CTRL. MODE)用于选择工作模式。

模式 0 32 位计数模式

当控制寄存器的操作模式位组(CTRL. MODE)值为 0 时，计数器进入 32 位模式。RTC 模块使能后，内部时钟 CLK_RTC_CNT 在每个从 0 到 1 转换时计数值将加 1。当计数达到最大值 0xFFFFFFFF 时，计数值将环绕回(回卷)0x00000000，同时将设置中断标志状态和清除寄存器的溢出中断标志(INTFLAG. OVF)。

RTC 的计数值保存在计数值寄存器(COUNT)中，该模式下将以 32 位格式对其执行读取或写入操作。

该模式下，计数值将连续与 32 位比较寄存器(COMP0)进行比较。如果出现比较匹配，中断标志状态和清除寄存器的比较 0 中断标志(INTFLAG. CMP0)将在内部时钟 CLK_RTC_CNT 的下一个从 0 到 1 转换时设置。

当控制寄存器的清除匹配位(CTRL. MATCHCLR)为 1 时，计数器将在

COMP0 比较匹配出现的下一个计数周期清除计数。这使得 RTC 生成的周期中断和事件的周期比预分频器事件的周期更长。当 CTRL. MATCH 为 1 时，COMP0 比较匹配出现，同时还将设置 INTFLAG. CMP0 和 INTFLAG. OVF。

模式 1　16 位计数模式

当控制寄存器的操作模式位组(CTRL. MODE)值为 1 时，计数器进入 16 位模式。RTC 模块使能后，内部时钟 CLK_RTC_CNT 在每个从 0 到 1 转换时计数值将加 1。在 16 位模式下，计数最大值保存在周期寄存器(PER)中，当计数达到 PER 值时，计数值将环绕回 0x0000，同时将设置中断标志状态和清除寄存器的溢出中断标志(INTFLAG. OVF)。

RTC 的计数值保存在计数值寄存器(COUNT)中，该模式下将以 16 位格式对其执行读取或写入操作。

该模式下，计数值将连续与 16 位比较寄存器(COMPn，n=0，1)进行比较。如果出现比较匹配，中断标志状态和清除寄存器的比较 n 中断标志(INTFLAG. CMPn，n=0，1)将在内部时钟 CLK_RTC_CNT 的下一个从 0 到 1 转换时设置。

模式 2　时钟/日历模式

当控制寄存器的操作模式位组(CTRL. MODE)值为 2 时，计数器进入时钟/日历模式。RTC 模块使能后，内部时钟 CLK_RTC_CNT 每次进行从 0 到 1 转换时计数值都加 1。在该模式下还需要选择时钟源及 RTC 预分频器进行配置，为计数器纠正操作提供 1 Hz 的时钟源。

时间和日期值保存在时钟值寄存器(CLOCK)中，该模式下以 32 位时间/日期格式对其执行读取和写入操作。时间表示格式如下：

➢ 秒；

➢ 分；

➢ 时。

时，表示可以为 12 或 24 小时格式，由控制寄存器的时钟表示位选择(CTRL. CLKREP)。仅当 RTC 禁用时才能修改该位。

日期的表示格式如下：

➢ 月份中的日期(从 1 开始)；

➢ 月份(1：一月，2：二月，以此类推)；

➢ 从软件定义的参考值开始的年份偏移值。

日期将根据闰年自动调整，假定能被 4 整除的年份都是闰年。因此，参考值必须为闰年，如 2000 年。RTC 可记录的最长时间跨度为 63 年 12 个月 31 天 23 时 59 分 59 秒，当时间记录溢出时，中断标志状态和清除寄存器的溢出中断标志(INTFLAG. OVF)将设置。

该模式下，计数值将连续与 32 位的报警(警告)寄存器(ALARM0)进行比较。如果出现警告匹配，中断标志状态和清除寄存器的警告 0 中断标志(INTFLAG.

ALARM0)将在内部时钟 CLK_RTC_CNT 的下一个从 0 到 1 转换时设置。

报警 0 屏蔽寄存器的警告屏蔽选择位(MASK0. SEL)用于选择合法的报警匹配。这些位将确定时钟和报警值的哪些时间/日期域用于比较、哪些将被忽略。

当控制寄存器的清除匹配位(CTRL. MATCHCLR)为 1 时,计数器将在 ALARM0比较匹配出现的下一个计数周期清除计数。这使得 RTC 生成的周期中断和事件的周期比预分频器事件的周期更长。当 CTRL. MATCH 为 1 时,ALARM0 报警匹配出现同时还将设置 INTFLAG. ALARM0 和 INTFLAG. OVF。

(4) 周期事件

RTC 预分频器使得 RTC 能够以周期间隔生成事件,因而系统滴答的生成更加灵活。预分频器高 8 位的任意一位(第 2～9 位)都可以作为事件源。当事件控制寄存器的任意一个周期事件输出位(EVCTRL. PEREOm)为 1 时,预分频器中相对应的位发生从 0 到 1 转换将会引发一个事件,周期事件频率的计算公式如下:

$$f_{\text{PERIODIC}} = \frac{f_{\text{GCLK\_RTC}}}{2^{n+3}}$$

式中:$f_{\text{GCLK_RTC}}$为内部预分频器时钟 GCLK_RTC 的频率;n 为 EVCTRL. PERnEO 位在寄存器中的位置。例如,根据图 4. 3. 7 所示,每 8 个 GCLK_RTC 时钟周期,PER0 将生成一个事件;而每 16 个 GCLK_RTC 时钟周期,PER1 将生成一个事件。如果 CTRL. PERSCALER 为 0,将不会生成周期事件;否则,周期事件与 RTC 计数器的预分频器的设置无关。

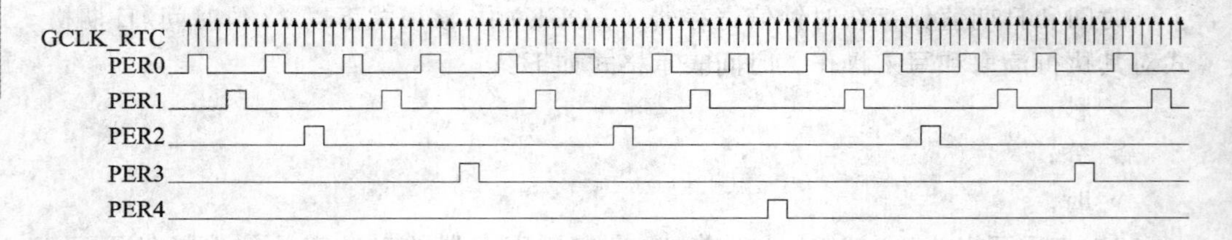

图 4.3.7 周期事件示例

(5) 频率校正

RTC 频率校正模块通过对周期计数器的校正来完成对振荡器过快或过慢的补偿。开启频率校正功能需要将 CTRL. PRESCALER 设置为大于 1 的值。

RTC 使用数字校正电路对预分频器输出的时钟周期进行周期添加或删除,使时钟频率的调整精度接近 1×10^{-6}。数字校正技术实现原理是增加或跳过预分频器对每 1 024 个 GCLK_RTC 时钟周期的计数。频率校正寄存器的 Value 位组(FREQCORR. VALUE)用于确定对 976 个周期的调整。校正结果转换公式如下:

$$\text{校正} = \frac{\text{FREQCORR. VALUE}}{1\,024 \times 976}$$

校正结果的分辨为 $1.000\,6\times10^{-6}$。

频率校正寄存器的符号位(FREQCORR. SIGN)用于确定校正的方向。符号位为正时,增加频率;为负时,降低频率。

数字校正还将影响预分频器的周期事件生成。在时钟周期结尾处使用校正,上次周期事件与下次事件出现的间隔将缩短或者加长。

3. RTC主要库函数与使用

(1) 主要结构体介绍

rtc_count_config 结构体是 RTC 配置结构体。表 4.3.10 所列为对结构体成员变量的简单描述。

表 4.3.10 rtc_count_config 成员变量描述

类 型	名 称	描 述
bool	clear_on_match	若为真,则当计数值匹配时自动清零计数值。只有在32位模式下才可用
uint32_t	compare_values[]	比较值数组。当在32位模式下,不是所有数组中的比较值都可用
bool	continuously_update	不断更新计数值,所以在读取时不需要同步操作
enum rtc_count_mode	mode	选择RTC的操作模式
enum rtc_count_prescaler	prescale	输入时钟的分频系数

下面对于结构体的成员变量与寄存器中具体位的对应关系作进一步介绍:clear_on_match 与匹配时清零位(CTRL. MATCHCLR)对应;compare_values[]与比较值寄存器(COMPn)对应(注意:RTC有3种模式,即32位或16位计数模式、时钟/日历模式,只有在计数器模式下,COMPn才具有存储比较值的功能);continuously_update 与不间断读位(READREQ. RCONT)对应;mode 与操作模式位(CTRL. MODE)对应;prescale 与分频系数为(CTRL. PRESACLER)对应。

(2) 回调机制下的 RTC 操作

该实例通过回调机制,配置 RTC 为 16 位计数模式,在 RTC 计数溢出后,触发回调函数,在回调函数中翻转 LED 灯。

```
void rtc_overflow_callback(void)                //定义回调函数
{
    port_pin_toggle_output_level(LED_0_PIN);
}

void configure_rtc_count(void)
{
    struct rtc_count_config config_rtc_count;
    //初始化 RTC 计数配置项为默认值
```

```
    rtc_count_get_config_defaults(&config_rtc_count);
    //配置 RTC 的分频系数、操作模式、连续读操作使能
    config_rtc_count.prescaler              = RTC_COUNT_PRESCALER_DIV_1;
    config_rtc_count.mode                   = RTC_COUNT_MODE_16BIT;
    config_rtc_count.continuously_update = true;
    rtc_count_init(&config_rtc_count);      //初始化 RTC
    rtc_count_enable();                     //使能 RTC
}
void configure_rtc_callbacks(void)
{
    //注册 RTC 回调函数
    rtc_count_register_callback(
            rtc_overflow_callback, RTC_COUNT_CALLBACK_OVERFLOW);
    //使能 RTC 回调函数
    rtc_count_enable_callback(RTC_COUNT_CALLBACK_OVERFLOW);
}

int main(void)
{
    system_init();
    configure_rtc_count();
    configure_rtc_callbacks();
    rtc_count_set_period(2000); //设置 RTC 计数值
    while (true) {
        /* Infinite while loop */
    }
}
```


1) 注册回调函数 rtc_count_register_callback()

用于注册中断回调函数。

原型：enum status_code rtc_count_register_callback(rtc_count_callback_t callback, enum rtc_count_callback callback_type)

函数参数：如表 4.3.11 所列。

返回值：如表 4.3.12 所列。

表 4.3.11　函数参数

数据方向	参数名称	描　述
输入	callback	指向回调函数的指针
输入	callback_type	回调类型

表 4.3.12　rtc_count_register_callback()返回值描述

返回值	描　述
STATUS_OK	操作成功
STATUS_ERR_INVALID_ARG	回调函数无效

枚举参数：enum rtc_count_callback 描述如表 4.3.13 所列。

表 4.3.13　枚举值描述

枚举值	描　述
RTC_COUNT_CALLBACK_COMPARE_0	比较通道 0 的回调
RTC_COUNT_CALLBACK_COMPARE_1	比较通道 1 的回调
RTC_COUNT_CALLBACK_COMPARE_2	比较通道 2 的回调
RTC_COUNT_CALLBACK_COMPARE_3	比较通道 3 的回调
RTC_COUNT_CALLBACK_COMPARE_4	比较通道 4 的回调
RTC_COUNT_CALLBACK_COMPARE_5	比较通道 5 的回调
RTC_COUNT_CALLBACK_OVERFLOW	溢出的回调

2）回调使能函数 rtc_count_enable_callback()

使能定义好的回调函数。

原型：void rtc_count_enable_callback(enum rtc_count_callback callback_type)

函数参数：如表 4.3.14 所列。

返回值：无。

3）RTC 的配置值初始化函数 rtc_count_get_config_defaults()

原型：void rtc_count_get_config_defaults(struct rtc_count_config * const config)

函数参数：如表 4.3.15 所列。

表 4.3.14　rtc_count_enable_callback() 函数参数

数据方向	参数名称	描　述
输入	callback_type	回调类型

表 4.3.15　rtc_count_get_config_defaults() 函数参数

数据方向	参数名称	描　述
输出	config	配置成默认参数的结构体

返回值：无。

该函数将传入的 RTC 配置结构体初始化为默认值。默认的配置如下：

- 内部时钟分频系数为 1 024；
- RTC 工作在 32 位模式；
- 匹配时清零功能禁止；
- 不间断同步计数寄存器功能禁止；
- 无事件激活；
- 所有的比较值均为 0。

4）RTC 初始化函数 rtc_count_init()

原型：enum status_code rtc_count_init(const struct rtc_count_config * const config)

函数参数：如表 4.3.16 所列。

返回值：如表 4.3.17 所列。

表 4.3.16　rtc_count_init()函数参数

数据方向	参数名称	描　述
输出	config	配置成默认参数的结构体

表 4.3.17　rtc_count_init()返回值描述

返回值	描　述
STATUS_OK	操作成功
STATUS_ERR_INVALID_ARG	参数无效

5）RTC 使能函数 rtc_count_enable()

原型：void rtc_count_enable(void)

函数参数：无。

返回值：无。

6）RTC 设置计数周期值函数 rtc_count_set_period()

原型：enum status_code rtc_count_set_period(uint16_t period_value)

函数参数：如表 4.3.18 所列。

返回值：如表 4.3.19 所列。

表 4.3.18　rtc_count_set_period()函数参数

数据方向	参数名称	描　述
输出	period_value	周期值

表 4.3.19　rtc_count_set_period()返回值描述

返回值	描　述
STATUS_OK	操作成功
STATUS_ERR_INVALID_ARG	RTC 工作在非 16 位模式下

注意：该函数只有在 16 位模式下才能调用成功。

(3) 轮询机制下的 RTC 操作

本实例是 RTC 的基本操作，触发计数后，不停查询是否匹配。若匹配后，则翻转 LED 灯。

```
void configure_rtc_count(void)
{
    struct rtc_count_config config_rtc_count;
    //初始化 RTC 计数配置项为默认值
    rtc_count_get_config_defaults(&config_rtc_count);
    //配置 RTC 的分频系数，操作模式，连续读操作使能，比较值设置为 1000
    config_rtc_count.prescaler                = RTC_COUNT_PRESCALER_DIV_1;
    config_rtc_count.mode                     = RTC_COUNT_MODE_16BIT;
    config_rtc_count.continuously_update      = true;
    config_rtc_count.compare_values[0]        = 1000;
    rtc_count_init(&config_rtc_count);        //RTC 初始化
    rtc_count_enable();                       //RTC 使能
}
```

```
int main(void)
{
    system_init();
    configure_rtc_count();
    rtc_count_set_period(2000);      //RTC 计数周期设置为 2 000 个时钟周期
    while (true) {
    //如果与比较值 0 相同,则翻转 LED 灯,清除比较匹配标志
        if (rtc_count_is_compare_match(RTC_COUNT_COMPARE_0)) {
            port_pin_toggle_output_level(LED_0_PIN);
            rtc_count_clear_compare_match(RTC_COUNT_COMPARE_0);
        }
    }
}
```

1) RTC 匹配查询函数 rtc_count_is_compare_match( )

原型:bool rtc_count_is_compare_match(const enum rtc_count_compare comp_index)

函数参数:如表 4.3.20 所列。

表 4.3.20 rtc_count_is_compare_match( )函数参数

数据方向	参数名称	描 述
输入	comp_index	与比较值比较的通道

返回值:匹配返回真,否则返回假。

枚举参数:enum rtc_count_compare comp_index 描述如表 4.3.21 所列。

表 4.3.21 枚举值描述

枚举值	描 述
RTC_COUNT_COMPARE_0	比较通道 0
RTC_COUNT_COMPARE_1	比较通道 1
RTC_COUNT_COMPARE_2	比较通道 2
RTC_COUNT_COMPARE_3	比较通道 3
RTC_COUNT_COMPARE_4	比较通道 4
RTC_COUNT_COMPARE_5	比较通道 5

注:比较通道 4、5 只能用于 16 位模式。

2) RTC 匹配标志清除函数 rtc_count_clear_compare_match( )

原型:enum status_code rtc_count_clear_compare_match(const enum rtc_count_compare comp_index)

函数参数:如表 4.3.22 所列。

表 4.3.22　rtc_count_clear_compare_match()函数参数

数据方向	参数名称	描　述
输入	comp_index	与比较值比较的通道

返回值：如表 4.3.23 所列。

表 4.3.23　rtc_count_clear_compare_match()返回值描述

返回值	描　述
STATUS_OK	操作成功
STATUS_ERR_INVALID_ARG	参数无效
STATUS_ERR_BAD_FORMAT	模块未初始化

4.4　串行通信接口

串行通信是指在两个设备的数据通道上，每次传输一位数据，并连续进行这个单次过程的通信方式。与之对应的并行通信，以每次同时传输若干位数据（如 8 位、32 位）的方式进行通信。串行通信接口是 MCU 的重要外部接口，可以实现与其他设备的数据通信，同时也是软件开发的重要调试手段。

4.4.1　多功能串行通信接口

SAM D20 多功能串行通信接口可以配置成 3 种接口模式：I^2C、SPI 和 USART。一旦某种模式配置确定，该接口上的所有资源都为该模式服务。多功能串行通信接口中的“串行发送机”包含一个发送器、一个接收器、一个波特率发生器和一个地址匹配检测。多功能串行通信接口可以使用内部或者外部时钟，并且在所有睡眠模式下都能正常工作。

相对于其他 MCU 将串行通信外设的数量固定，SAM D20 系列提供了最多 6 个串行接口通道，每一个通道可以分别配置成 I^2C、SPI 或者 USART 接口。这样提供了很大的灵活性，可以根据自己的需求配置不同数量的 I^2C、SPI 和 USART。

1. 概　述

SAM D20 多功能串行通信接口主要具有以下的特点：

➢ 接口可以配置成以下模式之一：
- I^2C 模式——双线串行模式，兼容 SMBus 模式；
- SPI 模式——串行外设接口；
- USART 模式——通用同步异步串行收发器。

➢ 一个单缓冲发送器、一个双缓冲接收器。

➢ 一个波特率发生器。

➢ 地址匹配功能/地址屏蔽功能。

➢ 在所有睡眠模式下都能正常工作。

从图 4.4.1 中可以看到，多功能串行通信接口主要包括 3 个部分，即寄存器接口、具体模式及串行发送机，最终通过 PAD[3:0]4 个引脚与外界通信。寄存器接口部分主要是对其他两个部分的控制；具体模式部分决定了该多功能串行通信接口配置成何种模式；串行发送机部分负责实际的发送、接收等工作。

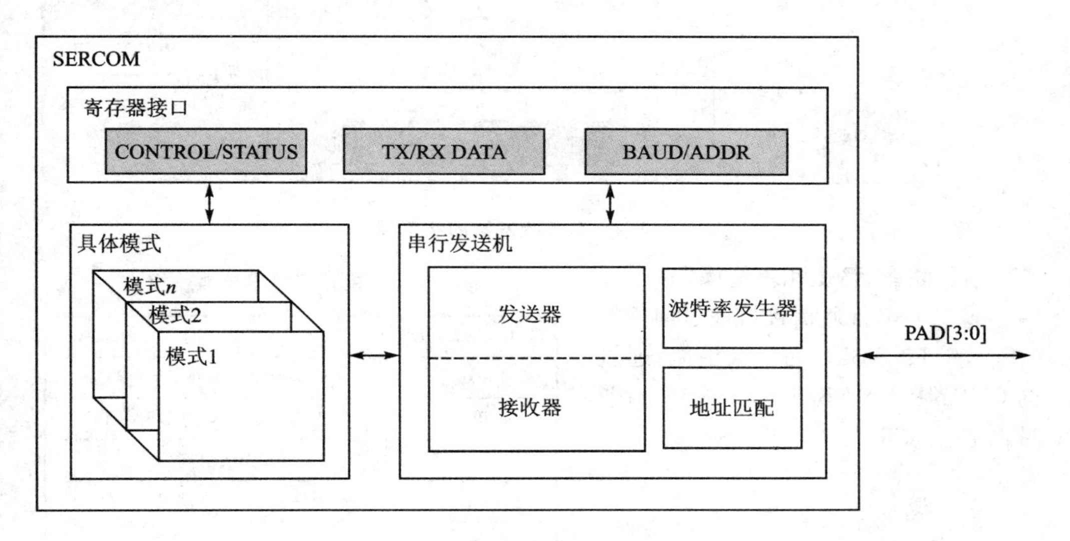

图 4.4.1　串行通信接口框图

2. 功能描述

多功能串行通信接口主要的工作都是由串行收发器完成的。图 4.4.2 所示为串行收发器的结构图。

图 4.4.2 中 BAUD、STATUS、RX/TX_DATA、ADDR/ADDRMASK 等是与系统时钟同步，并可以被 CPU 访问的寄存器；其他部分可以配置为由外部或内部时钟(GCLK_SERCOMx_CORE)驱动。发送器包含一个写缓存和一个移位寄存器；接收器包含一个两级接收缓存(双缓冲)。波特率生成器可以在内部或外部时钟下运行；地址匹配功能只有在 I^2C 或 SPI 模式下才有效。

(1) 初始化

多功能串行通信接口在使用之前必须配置成具体的模式。通过向 CTRLA. MODE 写入相应值，就可以配置成相应的模式。CTRLA. MODE 值对应的模式如表 4.4.1 所列，一般常用的是内部时钟驱动的 USART、SPI/I^2C 模式。

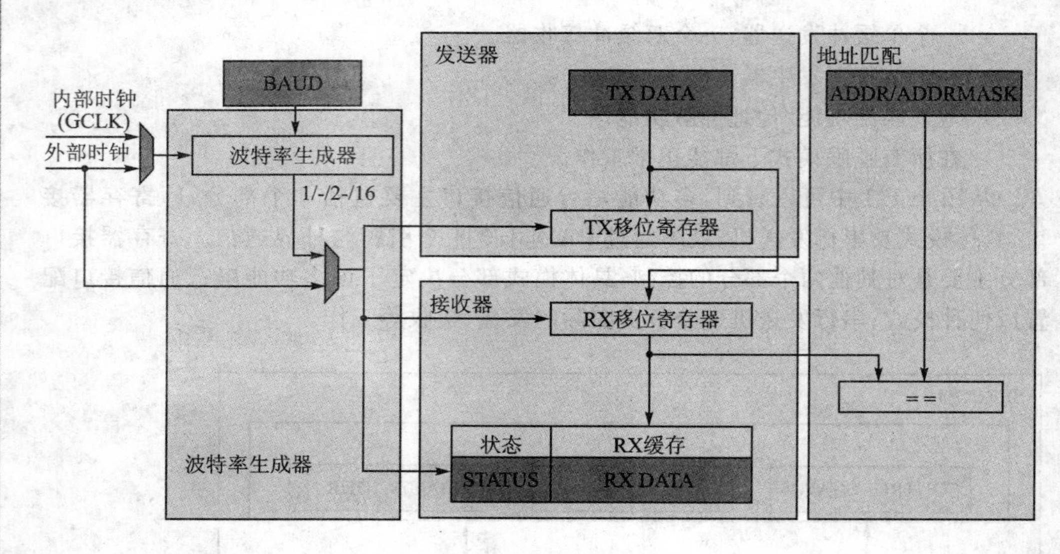

图 4.4.2 串行收发器的结构图

(2) 使能、禁止和复位操作

多功能串行通信接口通过向控制 CTRLA. ENABLE 写 1 来使能；通过向 CTRLA. ENABLE 写 0 来禁止；通过向控制 CTRLA. SWRST 写 1 来复位。

当多功能串行通信接口复位后，除了 DBGCTRL 寄存器外，其他寄存器都将复位成它的初始值，多功能串行通信接口也会被禁止。

表 4.4.1 串行通信接口操作模式

CTRLA. MODE	描 述
0x0	外部时钟驱动的 USART
0x1	内部时钟驱动的 USART
0x2	SPI 从机模式
0x3	SPI 主机模式
0x4	I^2C 从机模式
0x5	I^2C 主机模式
0x6～0x7	保留

(3) 时钟产生——波特率生成器

在同步或异步串行通信时，波特率生成器被用做内部驱动时钟。波特率生成器的输出频率(f_{BAUD})由波特率寄存器(BAUD)的设置值和波特率参考频率(f_{REF})共同决定；波特率生成器的参考频率可以是外部时钟或内部时钟。

对于异步(UART)操作，发送时使用波特率生成器的 16 分频输出；接收时使用波特率生成器的 1 分频输出。对于同步操作，发送和接收都使用波特率生成器的 2 分频输出。该功能是根据所配置的模式自动实现的，用户一般不必关心。如图 4.4.3 所示为波特率生成器。

从图 4.4.3 中可以看出，寄存器 CTRLA 的 MODE 位决定了 f_{REF} 的来源及发送和接收的时钟。例如：CTRLA. MODE[0]置 1 时，f_{REF} 为内部时钟，发送和接收来源都是波特率生成器的 2 分频输出。另外，异步操作下，BAUD 寄存器值是 16 位

(0～65 535)；同步操作下，BAUD 寄存器值是 8 位(0～255)。

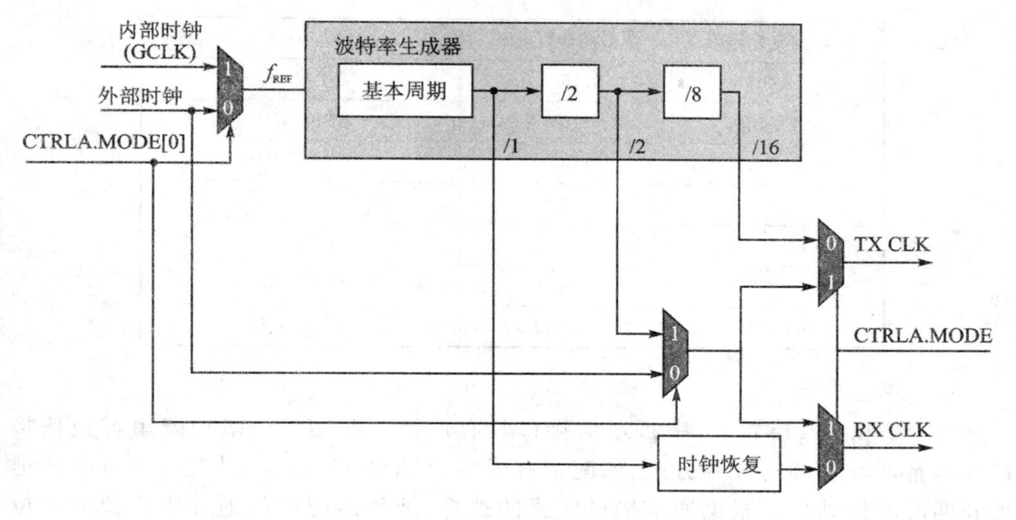

图 4.4.3 波特率生成器

表 4.4.2 所列为波特率(b/s)的计算公式，以及不同操作模式下波特率寄存器值的计算公式。对于异步模式，波特率寄存器是 16 位的，数值范围为 0～65 536；对于同步模式，波特率寄存器是 8 位的，数值范围为 0～255。

表 4.4.2 波特率计算公式

操作模式	条　件	波特率/(b・s^{-1})	波特率寄存器值的计算式
异　步	$f_{BAUD} \leqslant \frac{f_{REF}}{16}$	$f_{BAUD}=\frac{f_{REF}}{16}\left(1-\frac{BAUD}{65\,536}\right)$	$BAUD=65\,536\left(1-16\frac{f_{BAUD}}{f_{REF}}\right)$
同　步	$f_{BAUD} \leqslant \frac{f_{REF}}{2}$	$f_{BAUD}=\frac{f_{REF}}{2(BAUD+1)}$	$BAUD=\frac{f_{REF}}{2f_{BAUD}}-1$

异步模式下，波特率寄存器值的选取如下：

表 4.4.2 所列异步模式下的 f_{BAUD} 的计算公式是对于 65 536 个 f_{REF} 周期的平均频率。虽然波特率寄存器的数值范围为 0～65 535，但是该取值会影响特定 f_{BAUD} 单帧的平均周期，这将导致单帧的周期数(CPF)以特定整数的方式增加。

CPF 的计算公式为

$$CPF=\frac{f_{REF}}{f_{BAUD}}(D+S)$$

式中：D 为每帧的数据位；S 为每帧的起始位和停止位的总和。

表 4.4.3 所列为 f_{REF} 为 48 MHz 情况下，波特率寄存器值与波特率、单帧周期数(CPF)的对照表。这里假设 D 位 8 位，S 为 2 位。

表 4.4.3　波特率寄存器值与 CPF、波特率

波特率寄存器值	单帧周期数 CPF	在 f_{REF} 为 48 MHz 下的 f_{BAUD}
0～406	160	3 MHz
407～808	161	2.981 MHz
809～1 205	162	2.963 MHz
⋮	⋮	⋮
65 206	31 775	15.11 kHz
65 207	31 871	15.06 kHz
65 208	31 969	15.01 kHz

(4) 地址匹配

在 I²C 和 SPI 模式下，串行通信接口具有地址匹配功能。多功能串行通信接口的地址匹配功能有 3 种方式：匹配带有屏蔽（MASK）的地址、匹配两个唯一的地址和匹配一组地址。根据通信接口模式的选择，地址匹配中的地址用 7 位或 8 位来表示。

1) 带屏蔽(MASK)的地址匹配

如图 4.4.4 所示，一个用于匹配的地址被写入地址寄存器的地址位（ADDR. ADDR），同时，一个用于地址屏蔽的屏蔽字被写入地址寄存器的地址屏蔽位（ADDR. ADDRMASK），所有被屏蔽的地址位将不参与匹配。所以，如果设置 ADDR. ADDRMASK 为全 0，将匹配一个单一地址（ADDR. ADDR）；如果设置 ADDR. ADDRMASK 为全 1，将导致所有地址被接受（不进行地址匹配）。

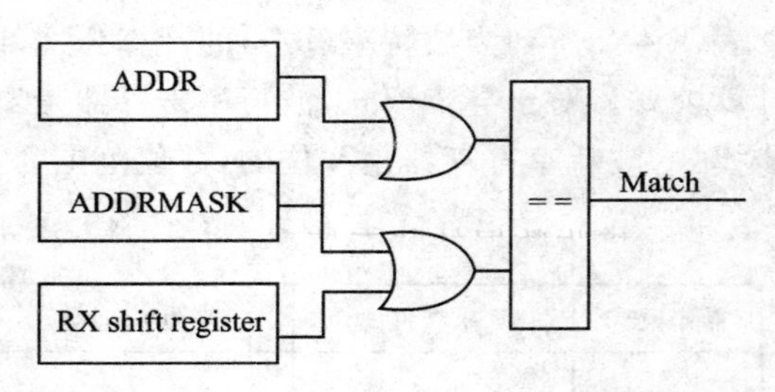

图 4.4.4　匹配带有 MASK 筛选的地址

2) 两个唯一地址匹配

如图 4.4.5 所示，接收到的地址（RX 移位寄存器）分别与 ADDR 寄存器和 ADDRMASK 寄存器作比较，只要 RX 值与两者中的任何一个值相同，则经过“或”门后，Match 输出 1，匹配成功。所以该模式下，只有与 ADDR 或 ADDRMASK 寄存器内容地址匹配时才接收数据。

3) 匹配一组地址

该模式很简单，接收地址的下限为 ADDRMASK，上限为 ADDR，在此范围内的地址均为匹配，如图 4.4.6 所示。

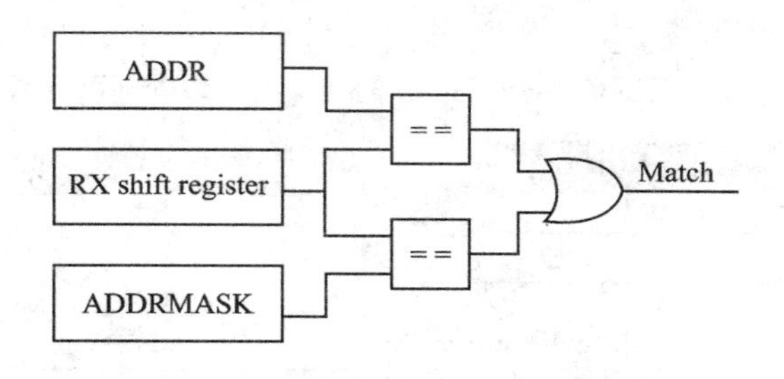

图 4.4.5 匹配两个唯一地址

图 4.4.6 匹配一组地址

4.4.2 通用同步异步串行收发器

通用同步异步串行收发器(USART)是多功能串行通信接口的一种配置模式。通常它利用RS-232C协议,来实现微控制器与电脑串行接口之间的通信。

SAM D20系列USART中的发送器包含一个写缓存、一个移位寄存器和一个操作不同数据格式帧的控制逻辑。由于写缓存的存在,USART在连续发送两个数据帧之间是没有任何延迟的。接收器包含了一个两级接收缓存(双缓冲)和一个接收移位寄存器。接收数据的状态信息可用于错误检测。数据和时钟恢复单元保证了鲁棒的同步及异步数据接收时的噪声过滤。

1. 概　述

SAM D20系列的USART具有以下特点:

- 全双工操作;
- 异步(具有时钟重建功能)与同步操作模式;
- 同步和异步操作模式下可选的外部或内部时钟源;
- 波特率生成器;
- 支持5位、6位、7位、8位或9位数据位和1位或2位停止位的串行帧格式;
- 奇偶校验位的生成与检查;
- 可选择的高位优先发送、低位优先发送;
- 缓存溢出和帧格式错误异常的检测;
- 噪声过滤,包括错误起始位的检测和数字低通滤波器;
- 可以工作在所有的睡眠模式下;
- 工作在内部时钟时,最高频率为系统时钟的一半;
- 工作在外部时钟时,最高频率为系统时钟。

从图4.4.7中可知,波特率生成器具有1、2、16分频的选择。数据通过TXD引脚发送，通过RXD引脚接收，XCK为外部时钟输入引脚。BAUD、STATUS、TX/RX DATA等是与CLK_SERCOMx_APB同步，且可以被CPU访问的寄存器。

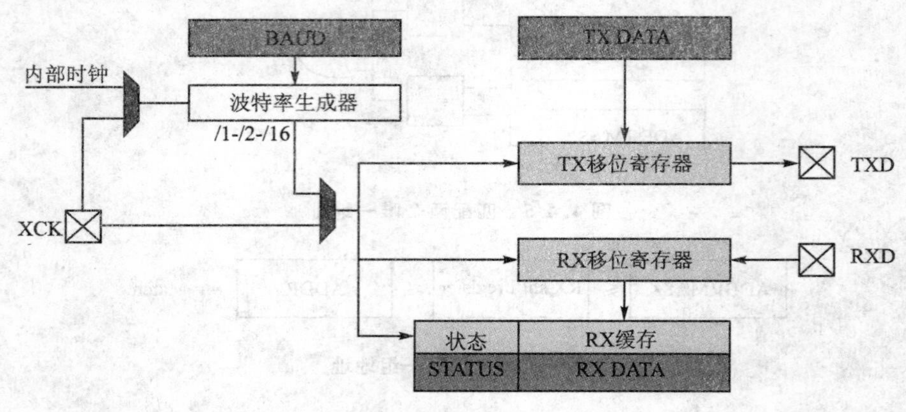

图4.4.7　USART系统框图

2. 功能描述

最简单方式下，USART可以利用3根通信线进行数据通信：

➢ RXD是数据接收线（输入）；

➢ TXD是数据发送线（输出）；

➢ XCK是在同步模式下的时钟线（输入或输出）。

USART的通信是基于数据帧的，一个数据帧包含：

➢ 1位起始位；

➢ 5位、6位、7位、8位或9位数据位；

➢ 最高位(MSB)优先发送、最低位(LSB)优先发送；

➢ 无校验、奇校验、偶校验；

➢ 1位或2位停止位。

一个数据帧是起始位加上数据位，最后是停止位。如果校验位使能，那么在数据位和停止位之间会插入校验位。一个数据帧可以紧接着一个数据帧发送，或者一个数据帧发送后，发送线返回空闲（高电平）状态。图4.4.8所示为一个可能的数据帧格式，其中方括号是可选项。

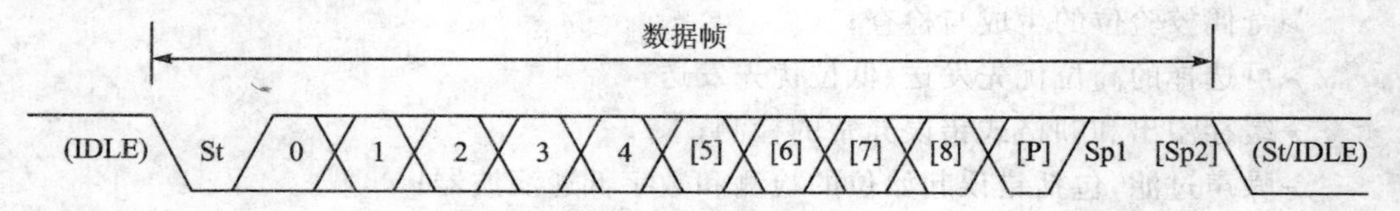

图4.4.8　数据帧格式

IDLE表示无数据通信，为空闲状态（一直为高电平）；St代表起始位；(*n*)代表数据位；P为校验位；Sp为停止位。

(1) 初始化

在USART使能之前,必须按照以下步骤配置USART:

- 通过向CTRLA.MODE写入0x0或者0x1来决定USART是工作在外部时钟源还是内部时钟源。
- 通过向CTRLA.CMODE写入相应值来决定USART是工作在同步模式还是异步模式。
- 通过向CTRLA.RXPO写入相应值来决定多功能通信串口接口的接收引脚位置。
- 通过向CTRLA.TXPO写入相应值来决定多功能通信串口接口的发送和外部时钟引脚位置。
- 通过向CTRLB.CHSIZE写入相应值来决定数据位的字节大小(数据位)。
- 通过向CTRLA.DORD写入相应值来决定是最高位(MSB)优先发送还是最低位(LSB)优先发送。
- 通过向CTRLA.FORM写入0x1来使能校验位;通过向CTRLB.PMODE写入相应值来决定使用奇校验还是偶校验。
- 通过向CTRLB.SBMODE写入相应值来决定停止位的模式(1位或2位停止位)。
- 当使用内部时钟时,波特率寄存器(BAUD)必须写入特定的值以产生相应的波特率。
- 通过向CTRLB.RXEN和CTRLB.TXEN写入1来使能接收器和发送器。

(2) 使能、禁止与复位

通过向USART控制CTRLA.ENABLE写入1来使能,写入0来禁止。通过向CTRLA.SWRST写入1来复位,USART中除了DBGCTRL(用来调试的)寄存器以外的其他寄存器都会复位到它们的初始值。复位后,USART是禁止的。

(3) 时钟产生与选择

对于异步模式和同步模式,用来移位输出和采样输入的时钟可以选择为内部时钟(由波特率生成器输出)或外部时钟(用XCX引脚线引入)。通过向CTRLA.CMODE写入1选择同步模式,写入0选择异步模式。通过向CTRLA.MODE写入0选择外部时钟,写入1选择内部时钟。

当选择内部时钟源时,就要用到波特率生成器。图4.4.9所示为波特率生成器的结构图。当选择了异步模式,即CTRLA.CMODE为0时,波特率生成器会自动选中异步模式且波特率寄存器(BAUD)是16位的;当选择了同步模式,即CTRLA.CMODE为1时,波特率生成器会自动选中同步模式且波特率寄存器(BAUD)是8位的。

从图4.4.9可以看出,当CTRLA.MODE为0、CTRLA.CMODE也为0时(即外部时钟下的异步模式),TX时钟和RX时钟的来源也是波特率生成器的输出,但

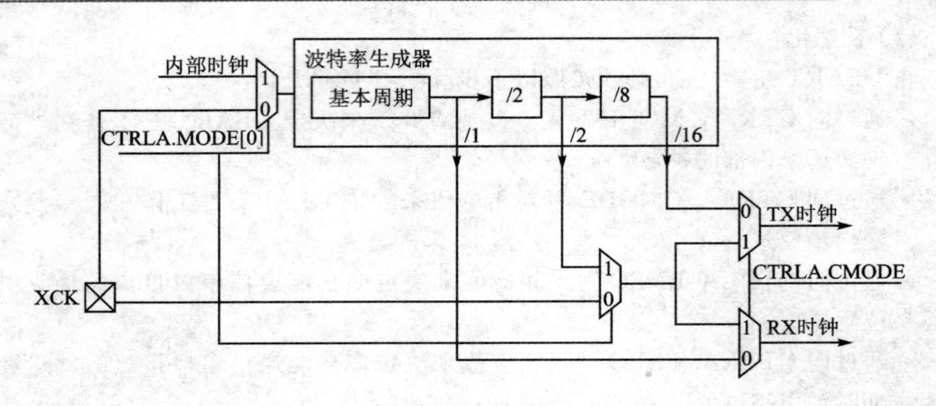

图 4.4.9 波特率生成器结构框图

是波特率生成器的输入是外部时钟(XCK)。其中,TX 时钟是基本时钟的 16 分频,RX 时钟是基本时钟的 1 分频。

当 CTRLA. MODE 为 0、CTRLA. CMODE 为 1 时(即外部时钟下的同步模式),TX 时钟和 RX 时钟都是外部时钟。

当 CTRLA. MODE 为 1、CTRLA. CMODE 为 0 时(即内部时钟下的异步模式),TX 时钟是基本时钟的 16 分频,RX 是基本时钟的 1 分频。

当 CTRLA. MODE 为 1、CTRLA. CMODE 为 1 时(即内部时钟下的同步模式),TX 时钟和 RX 时钟都是基本时钟的 2 分频。

当选中同步模式后,CTRLA. MODE 位决定了传输时钟线 XCX 引脚是输出还是输入。接收数据的采样和发送数据的更新,总是在时钟的边沿触发,并且是在相反的时钟跳变沿发生的,这是为了保证数据收发的正确性,在任何同步通信中都是如此。

CTRLA. CPOL 决定了在时钟上升沿或下降沿来进行接收数据的采样或发送数据的更新,如图 4.4.10 所示。

从图 4.4.10 中可以看出:当 CTRLA. CPOL 为 1 时,发送数据的更新发生在 XCK 时钟的下降沿,而接收数据的采样发生在 XCK 时钟的上升沿。

当 CTRLA. CPOL 为 0 时,发送数据的更新发生在 XCK 时钟的上升沿,而接收数据的采样发生在 XCK 时钟的下降沿。另外,当传输时钟用外部 XCK 提供时,由于 XCK 时钟是独立于系统时钟的,所以该时钟频率最高可以达到系统时钟(不能高于系统时钟,否则 MCU 将无法处理数据)。

(4) 数据寄存器与数据收发

USART 的发送数据寄存器(TXDATA)和接收数据寄存器(RXDATA)共用相同的 I/O 端口地址,都被视为数据寄存器(DATA)。写 DATA 寄存器会自动更新发送数据寄存器(TxDATA),读 DATA 寄存器会返回接收数据寄存器(RXDATA)的值。

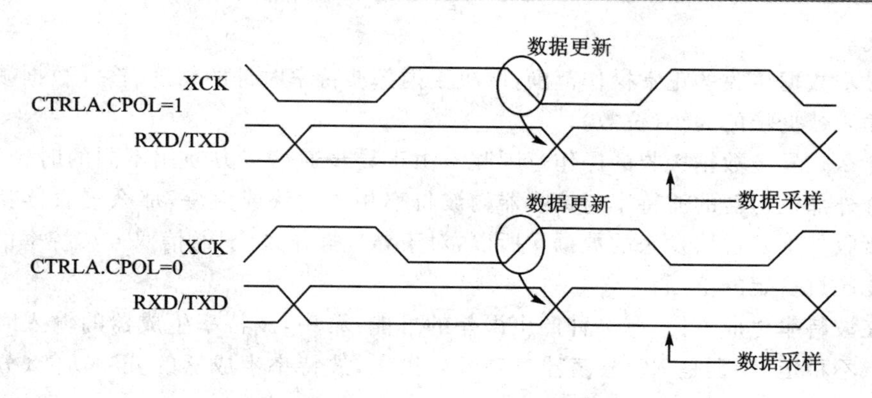

图 4.4.10　同步模式下的 XCK 时序

数据发送时，首先装载要发送的数据到 DATA 寄存器(TXDATA)。当移位寄存器为空，且准备发送新的数据帧时，TXDATA 中的值会转移到移位寄存器中。最后，移位寄存器将数据发送出去。

当一个数据帧发送完毕，并且没有新的数据写入 DATA 寄存器时，中断标志状态和清除寄存器中的发送完成中断标志(INTFLAG. TXC)会置位(可选择是否产生中断)。只有在中断标志状态和清除寄存器中的数据寄存器空标志(INTFLAG. DRE)置位时(表示寄存器为空，可以写入新的数据)，才能对 DATA 寄存器进行写入操作。如果正在发送数据，禁止发送器命令是不会立即生效的，只有当数据发送完成时发送器才会被禁止。

当一个有效的起始位被 USART 侦测到时，接收器就开始接收数据。紧跟着起始位的数据，会随着波特率发生器输出的时钟或 XCK 的时钟逐个进入接收移位寄存器。当第一个停止位被接收到时，移位寄存器中的数据就完整了，移位寄存器的数据会传送到二级接收缓存中。同时，中断标志状态和清除寄存器中的接收完成中断标志(INTFLAG. RXC)会置 1(可选择是否产生中断)。当 INTFLAG. RXC 置位以后，用户才可以读取 DATA 寄存器中的值。一般来说，第二个停止位会被 USART 忽略。

另外，接收器与发送器有几点不同：

① 正在接收数据时，禁止接收器会丢失数据，并且会清除二级缓存。

② USRAT 接收器会有 3 个错误位，即帧错误、缓存溢出(覆盖错误)和校验错误。这 3 个错误位都在状态寄存器(STATUS)中。通过接收器的错误检测装置，相应的错误会使相应的错误位置 1。向相应的错误位写 1 会清零该错误位。禁止接收器会自动清除这 3 个错误位。

③ 为了异步数据的接收，USRAT 包含一个时钟恢复单元和一个数据恢复单元。时钟恢复单元用于 RXD 输入的异步数据帧与内部产生的波特率时钟之间的同步；数据恢复单元对输入的每个数据位进行采样和低通滤波，以提高接收器对噪声的

抗干扰能力。

异步数据接收的正常操作范围，取决于内部波特率时钟的精度、输入数据帧的速率和输入数据帧的大小(位数)。

什么是异步数据接收的操作范围呢？由于异步通信双方使用不同的时钟源，如果一个外部发送器的波特率与接收器的波特率相比太快或太慢，那么接收器就不能正确接收外部发送器发来的数据。所以，对于异步操作来说，通信双方波特率值的误差不能超过一定的范围。

在波特率生成方面，有 2 种产生误差的可能：第一，波特率生成器的输入时钟总有一点不稳定(特别是 RC 振荡器时钟源)；第二，波特率生成器的分频功能(分频系数)不总是那么精确。

表 4.4.4 说明了对于不同的数据位长度，推荐的接收器最大波特率误差。

表 4.4.4 异步接收误差

D(数据位＋校验位)	R_{SLOW}/%	R_{FAST}/%	最大允许误差/%	推荐的 RX 误差/%
5	94.12	107.69	+5.88/−7.69	±2.5
6	94.92	106.67	+5.08/−6.67	±2.0
7	95.52	105.88	+4.48/−5.88	±2.0
8	96.00	105.26	+4.00/−5.26	±2.5
9	96.39	104.76	+3.61/−4.76	±1.5
10	96.70	104.35	+3.30/−4.35	±1.5

表中：R_{SLOW}代表最低的数据接收频率与接收器波特率的比值；R_{FAST}代表最高的数据接收频率与接收波特率的比值。可以用以下两个公式计算 R_{SLOW}和 R_{FAST}的值：

$$R_{SLOW} = \frac{16(D+1)}{16(D+1)+6}, R_{FAST} = \frac{16(D+2)}{16(D+1)+8}$$

因此，在 USART 的异步模式下，应该尽量使通信双方的实际波特率与标准波特率保持一致，这样可以保证最小的通信错误率。实际应用中，要特别注意使用内部 RC 振荡器作为波特率时钟源的情况，因为相对于晶振时钟源，RC 振荡器的精度和稳定度都相差很多。

3. USART 主要库函数与使用

(1) 主要结构体介绍

usart_config 结构体主要是对 USART 接口进行配置。

表 4.4.5 对结构体的成员变量作了简单描述。下面对于结构体的成员变量与寄存器中具体位的对应关系作进一步介绍：baudrate 与波特率寄存器(BAUD)对应；character_size 与字节大小位(CTRLB. CHSIZE)对应；clock_polarity_inverted 与时钟极性位(CTRLA. CPOL)对应；data_order 与数据顺序位(CTRLA. DORD)对应；

mux_setting 成员变量是一个枚举型，可选择的枚举值提供了 USART 引脚(TX、RX、XCK)和 PAD 引脚(PAD0、PAD1、PAD2、PAD3)不同的对应关系，具体关系参考附录 A；run_in_standby 与休眠模式下运转位(CTRLA. RUNSTDBY)对应；stopbits 与停止位模式位(CTRLB. SBMODE)对应；transf_mode 与通信模式位(CTRLA. CMODE)对应；parity 与校验模式位(CTRLB. PMODE)对应，在使用校验位时，首先需要配置帧格式位(CTRLA. FORM)；use_external_clock 与操作模式位(CTRLA. MODE)对应。

表 4.4.5 usart_config 成员变量描述

类 型	名 称	描 述
uint32_t	baudrate	USART 的波特率
enum usart_character_size	character_size	USART 字节大小
bool	clock_polarity_inverted	USART 的时钟极性。若为真，则数据在 XCK 的下降沿更新，在上升沿采样；若为假，则数据在 XCK 的下降沿采样，在上升沿更新
enum usart_dataorder	data_order	Usartd 发送字节序
uint32_t	ext_clock_freq	在同步模式下的外部时钟频率。若 use_external_clock 为真，则该位必须设置
enum gclk_generator	generator_source	GCLK 发生器的时钟来源
enum usart_signal_mux_settings	mux_setting	USART 与 PAD[0:3]的引脚对应
enum usart_parity	parity	USART 的校验位
uint32_t	pinmux_pad0	PAD0 的引脚设置
uint32_t	pinmux_pad1	PAD1 的引脚设置
uint32_t	pinmux_pad2	PAD2 的引脚设置
uint32_t	pinmux_pad3	PAD3 的引脚设置
bool	run_in_standby	使能在睡眠模式下工作
enum usart_stopbits	stopbits	停止位的位数
enum usart_transfer_mode	transfer_mode	USART 是工作在同步模式还是异步模式
bool	use_external_clock	是否使用外部时钟提供 XCK 引脚上的时钟

(2) 回调机制下的 USART 操作

本实例将多功能通信串口配置成 USART 模式，然后传输数据。发送和接收完毕都激活注册的回调函数。利用回调函数进行后续的操作。

```
//读回调函数
void usart_read_callback(const struct usart_module * const usart_module)
{
    usart_write_buffer_job(&usart_instance,
```

```
        (uint8_t *)rx_buffer, MAX_RX_BUFFER_LENGTH);
}
//写回调函数
void usart_write_callback(const struct usart_module * const usart_module)
{
    port_pin_toggle_output_level(LED_0_PIN);
}
void configure_usart(void)
    struct usart_config config_usart;
    usart_get_config_defaults(&config_usart);    //初始化USART的配置项为默认值
    config_usart.baudrate    = 9600;             //配置波特率
    config_usart.mux_setting = EDBG_CDC_SERCOM_MUX_SETTING;//引脚配置
    config_usart.pinmux_pad0 = EDBG_CDC_SERCOM_PINMUX_PAD0;
    config_usart.pinmux_pad1 = EDBG_CDC_SERCOM_PINMUX_PAD1;
    config_usart.pinmux_pad2 = EDBG_CDC_SERCOM_PINMUX_PAD2;
    config_usart.pinmux_pad3 = EDBG_CDC_SERCOM_PINMUX_PAD3;
    while (usart_init(&usart_instance,           //初始化USART
            EDBG_CDC_MODULE, &config_usart) != STATUS_OK) {
    }
    usart_enable(&usart_instance);               //使能USART
    //使能发送器和接收器
    usart_enable_transceiver(&usart_instance, USART_TRANSCEIVER_TX);
    usart_enable_transceiver(&usart_instance, USART_TRANSCEIVER_RX);
}

void configure_usart_callbacks(void)
{
    //注册回调函数
    usart_register_callback(&usart_instance,
            usart_write_callback, USART_CALLBACK_BUFFER_TRANSMITTED);
    usart_register_callback(&usart_instance,
            usart_read_callback, USART_CALLBACK_BUFFER_RECEIVED);
    //使能回调函数
    usart_enable_callback(&usart_instance, USART_CALLBACK_BUFFER_TRANSMITTED);
    usart_enable_callback(&usart_instance, USART_CALLBACK_BUFFER_RECEIVED);
}

int main(void)
{
    system_init();
    configure_usart();
    configure_usart_callbacks();
    system_interrupt_enable_global();
    uint8_t string[] = "Hello World! \r\n";
    //发送缓冲
```

```
        usart_write_buffer_job(&usart_instance, string, sizeof(string));
        while (true) {
        //接收缓冲
            usart_read_buffer_job(&usart_instance,
                    (uint8_t *)rx_buffer, MAX_RX_BUFFER_LENGTH);
        }
}
```

1）注册回调函数 usart_register_callback()

用于注册中断回调函数。

原型：voiduart_register_callback(struct usart_module * const module, usart_callback_t callback_func, enum usart_callback callback_type)

函数参数：如表 4.4.6 所列。

表 4.4.6 uart_register_callback()函数参数

数据方向	参数名称	描 述
输入	module	指向 USART 软件实例的指针
输入	callback_func	指向回调函数的指针
输入	callback_type	回调函数类型

返回值：无。

枚举参数：enum usart_callback callback_type 描述如表 4.4.7 所列。

表 4.4.7 枚举 usart_callback()成员描述

枚举值	描 述
USART_CALLBACK_BUFFER_TRANSMITTED	当缓冲发送完毕时回调
USART_CALLBACK_BUFFER_RECEIVED	当缓冲接收完毕时回调
USART_CALLBACK_ERROR	当回调出错

2）回调使能函数 usart_enable_callback()

使能定义好的回调函数。

原型：void usart_enable_callback(struct usart_mode * const module, enum usart_callback callback_type)

函数参数：如表 4.4.8 所列。

返回值：无。

3）USART 的配置值初始化函数 usart_get_config_defaults()

原型：void usart_get_config_defaults(struct usart_config * const config)

函数参数：如表 4.4.9 所列。

表4.4.8 usart_enable_callback()函数参数

数据方向	参数名称	描 述
输入	module	指向USART软件实例的指针
输入	callback_type	回调函数类型

表4.4.9 usart_get_config_defaults()函数参数

数据方向	参数名称	描 述
输出	config	配置成默认参数的结构体

返回值:无。

该函数将传入的USART接口配置结构体初始化为默认值。在用户使用USART接口配置结构体之前应该调用该函数。默认的配置如下:

➢ 8位异步USART;

➢ 无检验位;

➢ 1位停止位;

➢ 9 600波特率;

➢ 使用GCLK生成器0作为时钟源;

➢ 对于任何多功能串行通信接口的引脚配置都是默认的设置值。

4) USART初始化函数usart_init()

原型:enum status_code usart_init(struct usart_module * const module, Sercom * const hw,const struct usart_config * const config)

函数参数:如表4.4.10所列。

表4.4.10 usart_init()函数参数

数据方向	参数名称	描 述
输出	module	指向USART软件实例的指针
输入	hw	指向硬件实例的指针
输入	config	指向配置结构体的指针

返回值:如表4.4.11所列。

表4.4.11 usart_init()返回值描述

返回值	描 述
STATUS_OK	模块初始化成功
STATUS_BUZY	UASRT模块正在复位
STATUS_ERR_DENIED	模块已经使能
STATUS_ERR_INVALID_ARG	提供参数无效
STATUS_ERR_ALREADY_INITIALIZED	多功能串行通信接口已经被用不同的时钟配置初始化
STATUS_ERR_BAUD_UNAVAILABLE	给定的波特率无法满足

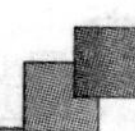

5）USART 使能函数 usart_enable()

原型：void usart_enable(struct usart_module * const module)

函数参数：如表 4.4.12 所列。

表 4.4.12　usart_enable()函数参数

数据方向	参数名称	描　述
输出	module	指向 USART 软件实例的指针

返回值：无。

6）USART 收发器使能 usart_enable_transceiver()

原型：void usart_enable_transceiver(const struct usart_module * const module, enum usart_transceiver_type transceiver_type)

函数参数：如表 4.4.13 所列。

返回值：无

枚举参数：transceiver_type 描述如表 4.4.14 所列。

表 4.4.13　usart_enable_transceiver()函数参数

数据方向	参数名称	描　述
输入	module	指向 USART 软件实例的指针
输入	transceiver_type	回调函数类型

表 4.4.14　枚举 usart_transceiver_type 成员描述

枚举值	描　述
USART_TRANSCEIVER_RX	接收器
USART_TRANSCEIVER_TX	发送器

7）USART 发送缓冲区大小字节函数 usart_write_buffer_job()

原型：enum status_code usart_write_buffer_job(struct usart_module * const module, uint8_t * tx_data, uint16_t length)

函数参数：如表 4.4.15 所列。

返回值：如表 4.4.16 所列。

表 4.4.15　usart_write_buffer_job()函数参数

数据方向	参数名称	描　述
输入	module	指向 USART 软件实例的指针
输入	tx_data	指向发送数据缓冲的指针
输入	length	发送数据的长度

表 4.4.16　usart_write_buffer_job 返回值描述

返回值	描　述
STATUS_OK	写操作完毕
STATUS_BUSY	写操作没有完成

8）USART 发送缓冲区大小字节函数 usart_read_buffer_job()

原型：enum status_code usart_read_buffer_job(struct usart_module * const module, uint8_t * tx_data, uint16_t length)

函数参数：如表 4.4.17 所列。

返回值：如表 4.4.18 所列。

表4.4.17 usart_read_buffer_job()函数参数

数据方向	参数名称	描 述
输入	module	指向USART软件实例的指针
输入	rx_data	指向发送数据缓冲的指针
输入	length	发送数据的长度

表4.4.18 usart_read_buffer_job()返回值描述

返回值	描 述
STATUS_OK	写操作完毕
STATUS_BUSY	写操作没有完成

(3) 轮询机制下的USART操作

本实例将多功能通信串口配置成USART模式,然后传输数据,但不是利用回调机制,而是通过查询的方式来得知发送是否完毕。

```
void configure_usart(void)
{
struct usart_config config_usart;
    usart_get_config_defaults(&config_usart); //初始化USART的配置项为默认值
    config_usart.baudrate    = 57600;          //配置波特率
    config_usart.mux_setting = EDBG_CDC_SERCOM_MUX_SETTING; //引脚配置
    config_usart.pinmux_pad0 = EDBG_CDC_SERCOM_PINMUX_PAD0;
    config_usart.pinmux_pad1 = EDBG_CDC_SERCOM_PINMUX_PAD1;
    config_usart.pinmux_pad2 = EDBG_CDC_SERCOM_PINMUX_PAD2;
    config_usart.pinmux_pad3 = EDBG_CDC_SERCOM_PINMUX_PAD3;
    while (usart_init(&usart_instance,//初始化USART
            EDBG_CDC_MODULE, &config_usart)!= STATUS_OK) {
            }
    usart_enable(&usart_instance);                              //USART使能
    usart_enable_transceiver(&usart_instance, USART_TRANSCEIVER_TX);
    usart_enable_transceiver(&usart_instance, USART_TRANSCEIVER_RX);
}

int main(void)
{
    system_init();
    configure_usart();
    uint8_t string[] = "Hello World! \r\n";
    //USART发送
    usart_write_buffer_wait(&usart_instance, string, sizeof(string));
    uint16_t temp;
    while (true) {
        if (usart_read_wait(&usart_instance, &temp) == STATUS_OK) {
            while (usart_write_wait(&usart_instance, temp)!= STATUS_OK) {
            }//读取数据成功后,发送temp
        }
```

```
    }
}
```

1) USART 发送缓冲区大小字节函数 usart_write_wait()

原型：enum status_code usart_write_wait (struct usart_module * const module,uint8_t * tx_data)

函数参数：如表 4.4.19 所列。

返回值：如表 4.4.20 所列。

表 4.4.19 usart_write_wait()函数参数

数据方向	参数名称	描　述
输入	module	指向 USART 软件实例的指针
输入	tx_data	指向发送数据缓冲的指针

表 4.4.20 usart_write_wait()返回值描述

返回值	描　述
STATUS_OK	写操作完毕
STATUS_BUSY	写操作没有完成

该函数只会发送一字节数据。

2) USART 发送缓冲区大小字节函数 usart_read_wait()

原型：enum status_code usart_read_wait(struct usart_module * const module, uint8_t * tx_data)

函数参数：如表 4.4.21 所列。

返回值：如表 4.4.22 所列。

表 4.4.21 usart_read_wait()函数参数

数据方向	参数名称	描　述
输入	module	指向 USART 软件实例的指针
输入	rx_data	指向发送数据缓冲的指针

表 4.4.22 usart_read_wait()返回值描述

返回值	描　述
STATUS_OK	写操作完毕
STATUS_BUSY	写操作没有完成

该函数只会读取一字节数据。

4.4.3 串行外围设备接口

串行外围外设接口(SPI)是一种高速同步数据传输接口，允许设备与外设之间的高速串行数据传输。SPI 接口主要应用在 EEPROM、Flash、实时时钟、A/D 和 D/A 转换器、无线通信及音频编解码等。SPI 是全双工同步通信，采用总线结构，一般需要 4 根通信线。

1. 概　述

SAM D20 系列的 SPI 具有以下特点：

- 全双工操作，4 线接口(MISO、MOSI、SCK、$\overline{SS}$)。
- 一个单缓冲发送器、一个双缓冲接收器。
- 支持所有 4 种 SPI 操作模式。

➢ MOSI引脚及MISO引脚上数据传输是单向的。
➢ 可选择的最高位(MSB)优先发送或最低位(LSB)优先发送。
➢ 主机操作包括:
- 串行时钟最高工作频率可达系统时钟的一半;
- 8位时钟生成器。
➢ 从机操作包括:
- 串行时钟最高工作频率可达系统时钟;
- 可选的8位地址匹配;
- 可工作在所有睡眠模式下。

由图4.4.11所示可知,SPI的通信由主机和从机构成。SPI通信是有主从关系的,而USART通信双方是平等的。主机包含1个波特率生成器,从机包含1个地址匹配单元。主从机都有1个移位寄存器、1个发送缓冲和1个二级接收缓存(双缓冲)。表4.4.23所列定义了引脚的数据方向。其中SCK是由主机波特率生成器提供的同步时钟。

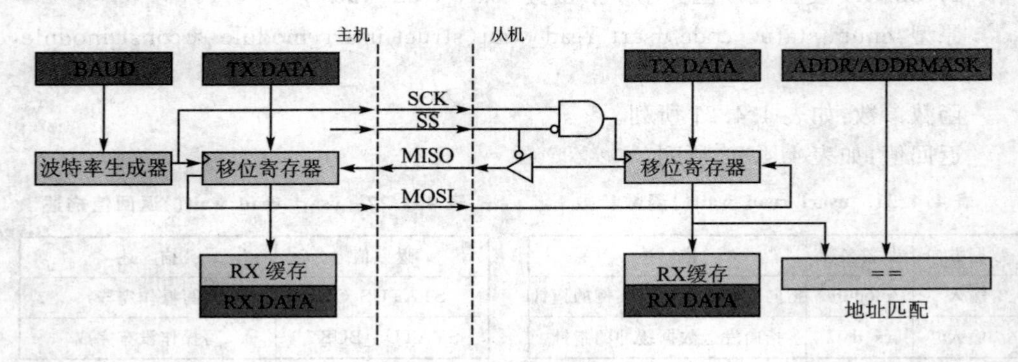

图4.4.11 SPI系统框图

表4.4.23 SPI引脚配置

引脚名称	主 机	从 机	引脚名称	主 机	从 机
MOSI	输出	输入	SCK	输出	输入
MISO	输入	输出	SS	用户定义	输入

2. 功能描述

SPI接口既可以工作在主机模式,也可以工作在从机模式。如果工作在主机模式,则SPI需要初始化和控制整个数据传输。当正在发送数据时,数据寄存器(DATA)可以载入下一个要发送的数据;当新的数据被移入移位寄存器时,该数据会被自动保存到数据寄存器(DATA),让移位寄存器准备接收下一个输入数据。主机通过向SPI数据寄存器写入一个数据来触发一次传输,主机的发送移位寄存器通过MO-

SI信号线将数据逐位传送给从机；同时，从机也将自己发送到移位寄存器中的内容通过MISO信号线发送给主机。SPI外设的写操作（数据发送）和读操作（数据接收）是同步完成的。如果只需要写操作（数据发送），主机可以忽略接收到的数据。反之，若主机只需要读取从机的一个数据，就必须发送一个数据（任意数据）来引发从机的传输。SPI的数据帧如图4.4.12所示。

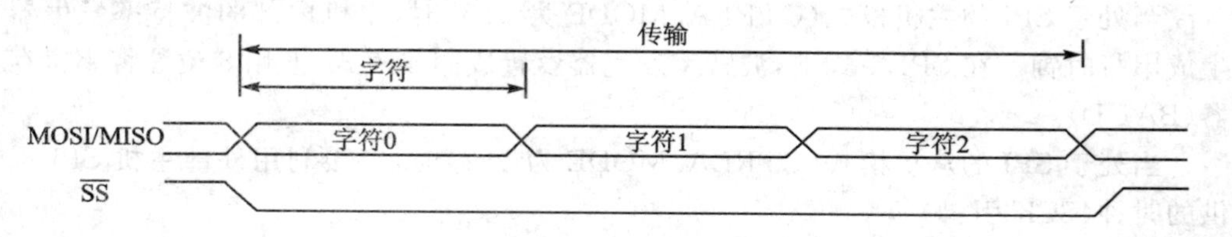

图4.4.12 SPI数据帧

每次传输可以包含多个字符数据，每一个字符数据可以是8位或9位。主机通过拉低想要与之通信的从机$\overline{SS}$引脚来开始一次传输。由主机的波特率生成器输出的时钟信号，作为串行同步时钟通过SCK引脚发送给从机。当$\overline{SS}$引脚被拉低后，主机就可以通过MOSI引脚发送数据、MISO引脚接收数据；而从机则通过MISO引脚发送数据、MOSI引脚接收数据。主机通过将$\overline{SS}$引脚拉高来中止一次传输。不管是主机端还是从机端，一位数据的接收和发送都是通过一个时钟完成的，区别在于：数据的接收和发送是在时钟的前沿还是后沿，上升沿还是下降沿。不同的传输模式有不同的数据接收和发送的时钟标志。

(1) 初始化

使用之前，需要按照以下步骤配置SPI接口：

➢ 通过向CTRLA.MODE写入0x2或者0x3来决定SPI是工作在主机模式还是从机模式。

➢ 通过向CTRLA.CPOL和CTRLA.CPHA写入相应值来决定SPI传输模式。该步的具体含义会在下面讲述。

➢ 通过向CTRLA.FORM写入相应值来决定SPI发送的帧格式。

➢ 通过向CTRLA.DIPO写入相应值来决定多功能通信串口接口的接收引脚位置。

➢ 通过向CTRLA.DOPO写入相应值来决定多功能通信串口接口的发送引脚位置。

➢ 通过向CTRLB.CHSIZE写入相应值来决定数据位的字节大小。

➢ 通过向CTRLA.DORD写入相应值来决定是最高位优先发送还是最低位优先发送。

➢ 当SPI作为主机操作时，波特率寄存器（BAUD）应该写入相应的波特率速度值。

➢ 通过向CTRLB.RXEN写入1来使能接收器。

(2) 使能、禁止与复位

SPI 通过向 CTRLA.ENABLE 写入 1 来使能，写入 0 来禁止。

SPI 通过向 CTRLA.SWRST 写入 1 来复位。SPI 中除了 DBGCTRL(用来调试的)寄存器以外的其他寄存器都会复位到它们的初始值。复位后，SPI 是禁止的。

(3) 时钟的生成

当处于 SPI 的主机模式(CTRLA.MODE 为 0x3)时，主机内部的波特率发生器生成串行时钟。在 SPI 模式下，波特率发生器设置成同步模式，使用 8 位波特率寄存器(BAUD)。

当处于 SPI 的从机模式(CTRLA.MODE 为 0x2)时，直接利用外部主机 SPI 提供的时钟(SCK 引脚)。

(4) 数据寄存器

SPI 的发送数据寄存器(TXDATA)和接收数据寄存器(RXDATA)共享相同的 I/O 地址，都被视为数据寄存器(DATA)。写 DATA 寄存器会自动更新发送数据寄存器，读 DATA 寄存器则会返回接收数据寄存器的值。

(5) SPI 传输模式

SPI 有 4 种传输模式。表 4.4.24 和图 4.4.13 说明了这 4 种传输模式。

表 4.4.24　SPI 传输模式

引脚名称	CPOL	CPHA	时钟前沿	时钟后沿
0	0	0	上升沿，采样	下降沿，更新
1	0	1	上升沿，更新	下降沿，采样
2	1	0	下降沿，采样	上升沿，更新
3	1	1	下降沿，更新	上升沿，采样

从表 4.4.24 可以看出，SPI 的传输模式受控于 3 个位，即 MODE 位、CPOL 位和 CPHA 位。

从图 4.4.13 可知，当处于模式 0 和模式 2 时，在 MOSI 和 MISO 引脚的输入数据采样(接收)总是发生在时钟前沿的，模式 0 是在前沿的上升沿采样，而模式 2 是在前沿的下降沿采样。在 MOSI 和 MISO 引脚的输出数据的更新总是发生在时钟后沿，模式 0 是在后沿的下降沿更新，模式 2 是在后沿的上升沿更新。

当处于模式 1 和模式 3 时，在 MOSI 和 MISO 引脚的输入数据采样总是发生在时钟后沿的，模式 1 是在后沿的下降沿采样，而模式 2 是在后沿的上升沿采样。在 MOSI 和 MISO 引脚的输出数据的更新总是发生在时钟前沿，模式 1 是在前沿的上升沿更新，模式 2 是在前沿的下降沿更新。

数据的发送顺序与位 DORD 有关，当 DORD 为 0 时，最高位(MSB)优先发送；当 DORD 为 1 时，最低位(LSB)优先发送。

总而言之，SPI 总线有 4 种工作模式与外设进行数据交换，根据外设的工作要

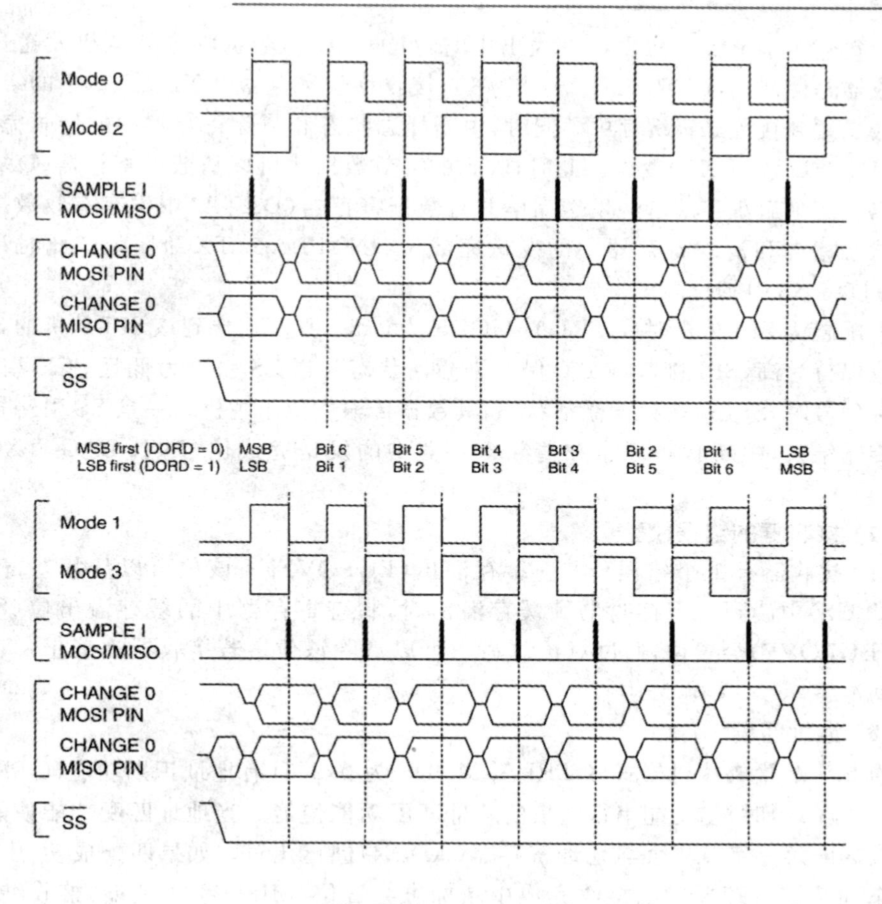

图 4.4.13　SPI 传输模式

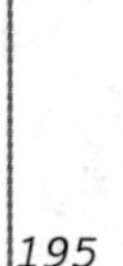

求，其输出串行同步时钟极性和相位可以进行配置，时钟极性(CPOL)对传输协议没有重大影响。如果 CPOL 为 0，串行同步时钟的空闲状态为低电平；如果 CPOL 为 1，串行同步时钟的空闲状态为高电平。时钟相位(CPHA)的配置用于选择两种传输协议之一进行数据传输。如果 CPHA 为 0，则在串行同步时钟的第一个跳变沿(上升或者下降)的数据被采样；如果 CPHA 为 1，则在串行同步时钟的第二个跳变沿(上升或者下降)的数据被采样。SPI 主机与从机的通信时钟相位和极性应该一致。

(6) 数据传输

当配置为 SPI 主机时(CTRLA. MODE 为 0x3)，$\overline{\text{SS}}$ 引脚可以是任何通用 IO 引脚，但是必须配置为输出模式。当 SPI 准备发送数据时，将 $\overline{\text{SS}}$ 引脚拉低。向数据寄存器(DATA)中写入 1 字节数据时，当发送移位寄存器(TXDATA)为空时，该字节会自动发送到发送移位寄存器(TXDATA)。同时，中断标志状态和清除寄存器中的数据寄存器为空位(INTFLAG. DRE)置位，此时新的字节数据才可以写入数据寄存器中。每当1字节数据从主机发送出去时，另外1字节数据将会从从机发送过来。若接收器是使能的(CTRLA. RXEN为1)，接收移位寄存器(RXDATA)中的字节数据将会发送到接收二级缓存中。同时，中断标志状态和清除寄存器中的接收完成标志位(INTFLAG. RXC)置位。此时，收到的字节数据才可以从数据寄存器(DATA)中读出。当最后1字节已经发送完毕并且数据寄存器(DATA)中没有有效数据时，中断状态标志和清除寄存器中的发送完成位(INTFLAG. TXC)置位。此时，主机SPI应该将$\overline{SS}$引脚拉高。

当配置为SPI从机时(CTRLA. MODE为0x2)，只要连接到该SPI从机的$\overline{SS}$引脚一直保持为高，SPI接口将1直保持未激活状态。当$\overline{SS}$引脚为低且SCK引脚上有时钟信号时，SPI从机处于激活状态，其数据传输类似于主机。一旦$\overline{SS}$引脚拉高，数据传输结束，中断状态标志和清除寄存器中的发送完成位(INTFLAG. TXC)将置位。

(7) 接收器的错误校验

SPI接收器有1个错误位——缓存溢出(BUFOVF)。该位可以从状态寄存器(STATUS)中读到。当接收器帧缓存溢出时，状态寄存器中的缓存溢出位(STATUS. BUFOVF)会置位，通过对该位写1可以清除该位。若接收器被禁止，该位也会自动清零。

(8) 地址匹配

当SPI配置成从机模式(CTRLA. MODE为0x2)且有地址识别功能(CTRLA. FORM为0x2)时，多功能串行通信的地址匹配功能使能。当地址匹配功能使能后，发送数据的第一字节将会与地址寄存器(ADDR)进行比对。如果匹配成功，中断标志状态和清零寄存器中的接收完成中断标志会置位，MISO引脚使能，接收继续进行。如果不匹配，SPI将忽略此次数据传输。

若设备处于睡眠状态，地址匹配时会唤醒设备用于处理数据传输。若地址不匹配，设备继续休眠。若使用9位字符数据位，只有低8位会与地址寄存器(ADDR)进行比较。

(9) 从机移位寄存器的预载入

在SPI的传输过程中，从机总是被动地进行数据传输，即从机不知道也不确定数据传输的开始，从机移位寄存器的值总是未知的。然而，从机总是先将移位寄存器中的数据发送出去，然后再将新接收到的数据载入进来。这样，一开始主机可能会收到无定义的数据或者无效的数据(可能是移位寄存器的复位值，也有可能是上次传输时最后一字节)。为了避免这种情况，从机可以使用预载入功能。从机可以在$\overline{SS}$引脚还处于高的情况下，先装载想要发送的数据到移位寄存器中，从而避免数据传输时，主机接收到无效数据或者无定义数据的情况。

为了保证在第一个SCK时钟之前准备工作的完成，在$\overline{SS}$拉低到第一个SCK时钟沿到来之前应保证足够的时间，如图4.4.14所示。

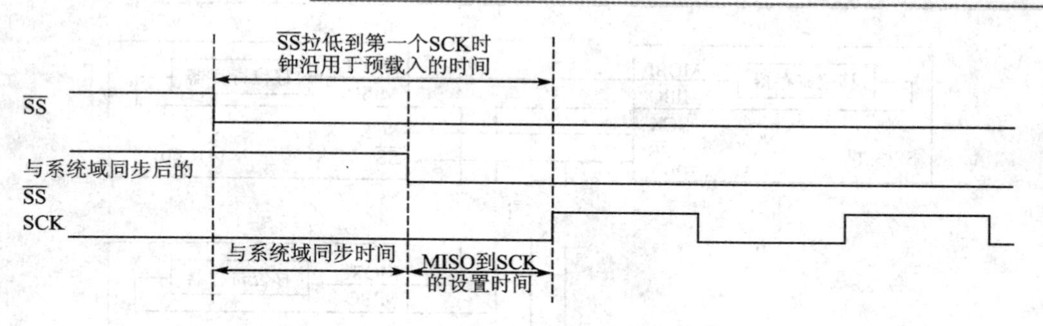

图 4.4.14 用于预载入的时间

通过向控制 B 寄存器中的从机数据预载入位(CTRLB. PLOADEN)写 1 来使能该功能。

(10) 带有多个从机的主机 SPI

主机 SPI 可以控制多个从机 SPI 的通信，主要分为两类，即从机并行通信和从机串行通信。图 4.4.15 所示为从机并行通信。

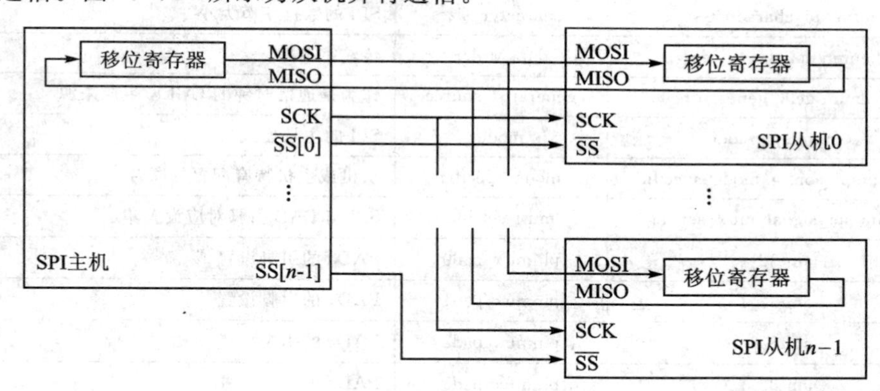

图 4.4.15 多从机并行通信

从图 4.4.15 可以看出，多个从机并行通信时，每个从机都有一个单独的 $\overline{SS}$ 引脚，并且也有单独的 MISO 引脚用于发送数据给主机。

从机串行通信如图 4.4.16 所示，此时，多个从机的 MISO、MOSI 相互串联工作。

3. SPI 的主要库函数与使用

下面介绍两个 SPI 的操作实例，这两个实例都是利用 ASF 库函数编写的。一个实例是利用回调机制，另一个实例则不使用回调机制。通过这两个实例，我们可以了解 SPI 的基本配置与使用。

(1) SPI 的主要结构体

spi_config 结构体主要是对 SPI 接口进行配置。表 4.4.25 所列为该结构体的成员变量描述。

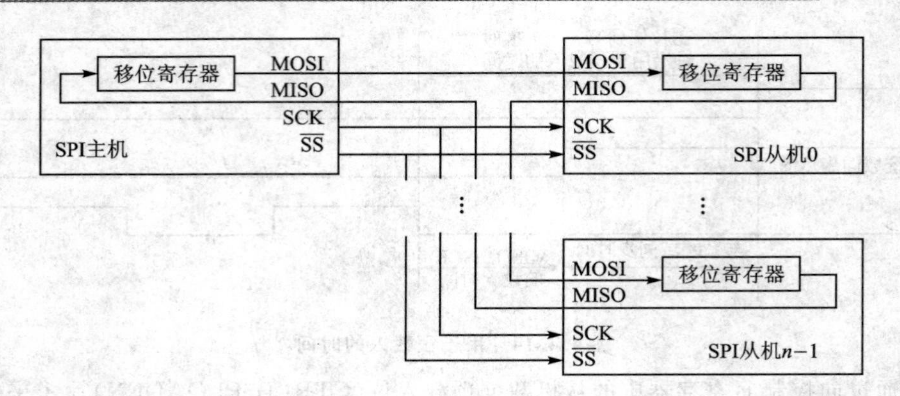

图 4.4.16 多从机串行通信

表 4.4.25 spi_config 成员变量描述

类 型	名 称	描 述
enum spi_character_size	character_size	SPI 的数据字节大小
enum spi_data_order	data_order	传输字节序
enum gclk_generator	generator_source	作为是通信时钟的 GCLK 生成来源
enum spi_mode	mode	SPI 的主从模式
union spi_config. mode_specific	mode_specific	从机或主机特有配置的联合
enum spi_signal_mux_setting	mux_setting	SPI 与 PAD 引脚对应设置集
uint32_t	pinmux_pad0	PAD0 的引脚设置
uint32_t	pinmux_pad1	PAD1 的引脚设置
uint32_t	pinmux_pad2	PAD2 的引脚设置
uint32_t	pinmux_pad3	PAD3 的引脚设置
bool	receiver_enable	接收器使能
bool	run_in_standby	在休眠模式下工作使能
enum spi_transfer_mode	transefer_mode	传输模式

下面对于结构体的成员变量与寄存器中的具体位的对应关系作进一步介绍：character_size 与字节大小位（CTRLB. CHSIZE）对应；data_order 与数据顺序位（CTRLA. DORD）对应；mode 与操作模式位（CTRLA. MODE）对应；receive_enable 与接收器使能位（CTRLB. RXEN）对应；run_in_standby 与休眠下工作使能位（CTRLA. RUNSTDBY）对应；transefer_mode 与时钟极性位、时钟相位位（CTRLA. CPOL、CTRLA. CPHA）对应；mux_setting 成员变量是一个枚举型，可选择的枚举值提供了 SPI 引脚（SS、CLK、MOSI、MISO）和 PAD 引脚（PAD0、PAD1、PAD2、PAD3）不同的对应关系，与数据输出引脚位（CTRLA. DOPO）、数据输入引脚位（CTRLA. DIPO）相对应。详见 ASF 的相关 API 说明。

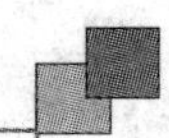

上面所描述的SPI的配置都是SPI接口共性配置，即不管SPI是主机还是从机都具有的配置项。而SPI主机和从机所特有的配置项，是通过联合成员变量mode_specific来提供的，union spi_config. mode_specific包含两个结构体struct spi_master_config和struct spi_slave_config，如表4.4.26和表4.4.27所列，分别对应于主机和从机所特有的配置。

表4.4.26　spi_master_config成员变量描述

类　型	名　称	描　述
uint32_t	baudrate	时钟波特率

注：baudrate的值并不是直接载入BAUD寄存器的值，而是表4.4.2公式中f_{BAUD}的值。

表4.4.27　spi_slave_config成员变量描述

类　型	名　称	描　述
uint8_t	address	从机地址
uint8_t	address_mask	从机地址掩码
enum spi_addr_mode	address_mode	地址模式
enum spi_frame_format	frame_format	帧格式
bool	preload_enable	当SS为高时，是否预装载数据到移位寄存器中

对于SPI主机，需要提供通信时钟波特率，所以baudrate与波特率寄存器(BAUD)相对应。对于SPI从机，需要提供从机地址、地址掩码、地址模式、帧格式和预加载功能。address_mode与地址模式位(CTRLB. AMODE)对应；frame_format与帧格式位(CTRLA. FORM)对应；preload_enable与预装载使能位(CTRLB. PLOADEN)对应。

(2) 回调机制下的SPI主机操作

本实例将多功能通信串口配置成SPI主机模式，先发送一组数据，然后等待(在实际的应用中，可以去做其他事情)。当发送完毕时，会激活主机的回调函数，处理后续操作。

```
static void callback_spi_master(const struct spi_module * const module)
{     //回调函数的定义，将发送完毕的标志变量置为真
    transfer_complete_spi_master = true;
}
void configure_spi_master_callbacks(void)
{
    spi_register_callback(&spi_master_instance, callback_spi_master,
            SPI_CALLBACK_BUFFER_TRANSMITTED);//回调函数的注册
    spi_enable_callback (&spi_master_instance,
                        SPI_CALLBACK_BUFFER_TRANSMITTED);//回调函数的使能
```

```
}
void configure_spi_master(void)
{
    struct spi_config config_spi_master;    //SPI的配置结构体
    struct spi_slave_inst_config slave_dev_config;//SPI从机的配置结构体
/*在对slave_dev_config配置之前,通过spi_slave_inst_get_config_defaults()函数
来获取每个成员变量的默认值,以免用户没有配置而发生未知的错误*/
    spi_slave_inst_get_config_defaults(&slave_dev_config);
    slave_dev_config.ss_pin = SLAVE_SELECT_PIN;     //从机的片选引脚
    spi_attach_slave(&slave, &slave_dev_config);//将从机配置与从机实例绑定
    spi_get_config_defaults(&config_spi_master);//SPI接口配置为默认值
    //PAD[0:3]与SPI通信引脚对应定义
    config_spi_master.mux_setting = EXT1_SPI_SERCOM_MUX_SETTING;
    //PAD[0:3]与物理GPIO引脚对应
    config_spi_master.pinmux_pad0 = EXT1_SPI_SERCOM_PINMUX_PAD0;
    config_spi_master.pinmux_pad1 = PINMUX_UNUSED;
    config_spi_master.pinmux_pad2 = EXT1_SPI_SERCOM_PINMUX_PAD2;
    config_spi_master.pinmux_pad3 = EXT1_SPI_SERCOM_PINMUX_PAD3;
    //配置SPI主机实例
    spi_init(&spi_master_instance, EXT1_SPI_MODULE, &config_spi_master);
    spi_enable(&spi_master_instance);     //使能SPI
}

int main(void)
{
    system_init();
    configure_spi_master();//配置SPI
    configure_spi_master_callbacks();//配置回调函数
    spi_select_slave(&spi_master_instance, &slave, true);//选择从机
    spi_write_buffer_job(&spi_master_instance, buffer, BUF_LENGTH);//写数据
    //等待写完成,变量transfer_complete_spi_master又回到函数置1
    while (! transfer_complete_spi_master) {
        /* Wait for write complete */
    }
    spi_select_slave(&spi_master_instance, &slave, false); //断开与从机的连接
}
```


下面对上述实例所用到的函数作进一步的讲解：

1）注册回调函数 spi_register_callback()

用于注册中断回调函数。

原型：void spi_register_callback(struct spi_module * const module, spi_callback_t callback_func, enum spi_callback callback_type)

函数参数：如表 4.4.28 所列。

表 4.4.28　spi_register_callback()函数参数

数据方向	参数名称	描　述
输入	module	指向 SPI 软件实例的指针
输入	callback_func	指向回调函数的指针
输入	callback_type	回调函数类型

返回值：无。

结构体参数 struct spi_module * const module 描述：结构体 spi_module 是多功能串行通信接口 SPI 软件驱动实例。用来告知多功能串行通信接口，此时该接口被配置成 SPI 模式。注意：结构体内部的成员是不允许用户随意修改的。

枚举参数：enum spi_callback callback_type 描述如表 4.4.29 所列。

表 4.4.29　枚举 spi_callback 成员描述

枚举值	描　述
SPI_CALLBACK_BUFFEER_TRANSMITTED	当缓冲发送完毕时回调
SPI_CALLBACK_BUFFER_RECEIVED	当缓冲接收完毕时回调
SPI_CALLBACK_BUFFER_TRANSCEIVED	当缓冲收发完毕时回调
SPI_CALLBACK_ERROR	出错时回调
SPI_CALLBACK_SLAVE_TRANSMISSION_COMPLETE	当缓冲被从机写和读之前，主机结束了传输

注意：对于从机来说，这些回调函数会在主机通过拉高片选信号来终止传输时触发。

2）回调使能函数 spi_enable_callback()

使能定义好的回调函数。

原型：void spi_enable_callback(struct spi_mode * const module, enum spi_callback callback_type)

函数参数：如表 4.4.30 所列。

表 4.4.30　spi_enable_callback()函数参数

数据方向	参数名称	描　述
输入	module	指向 SPI 软件实例的指针
输入	callback_type	回调函数类型

返回值：无。

3）SPI 从机软件实例的配置值初始化函数 spi_slave_inst_get_config_defaults()

原型：void spi_slave_inst_get_config_defaults(struct spi_slave_inst_config * constconfig)

函数参数：如表 4.4.31 所列。

表 4.4.31 spi_slave_inst_get_config_defaults()函数参数

数据方向	参数名称	描 述
输出	config	配置成默认参数的结构体

返回值:无。

什么叫软件实例?当SPI配置成主机模式时,如果主机需要与某个从机外设通信时,ASF库就将这个从机外设抽象成一个软件实例。所以需要配置这个软件实例,"填写"一些基本的信息才可以通信。这些信息包括从机地址、地址使能和从机片选引脚。

结构体参数:struct spi_slave_inst_config 结构体是记录SPI从机软件实例信息的,其描述如表4.4.32所列。

默认情况下:地址未使能;地址片选信号引脚为GPIO10。

4) 绑定SPI从机软件实例函数 spi_attach_slave()

利用配置结构体的值(struct spi_slave_inst_config)初始化SPI从机软件实例。

原型:void spi_attach_slave(struct spi_slave_inst * const slave, struct spi_slave_inst_config * const config)

函数参数:如表4.4.33所列。

表 4.4.32 结构体 spi_slave_inst_config 成员参数

类 型	名 称	描 述
uint8_t	address	从机地址
bool	address_enable	地址使能
uint8_t	ss_pin	从机片选引脚

表 4.4.33 spi_attach_slave()函数参数

数据方向	参数名称	描 述
输出	slave	指向SPI从机软件实例的指针
输入	config	指向配置结构体的指针

返回值:无。

结构体参数:struct spi_slave_inst 结构体是SPI从机实例结构体,与 struct spi_slave_inst_config 成员完全相同。spi_attach_slave 就是利用 spi_slave_inst_config结构体去初始化 spi_slave_inst 结构体的,其描述如表4.4.34所列。

5) SPI配置项初始化函数 spi_get_config_defaults()

原型:void spi_get_config_defaults(struct spi_config * const config)

函数参数:如表4.4.35所列。

表 4.4.34 结构体 spi_slave_inst 成员参数

类 型	名 称	描 述
uint8_t	address	从机地址
bool	address_enable	地址使能
uint8_t	ss_pin	从机片选引脚

表 4.4.35 spi_get_config_defaults()函数参数

数据方向	参数名称	描 述
输出	config	配置成默认参数的结构体

返回值：无。

该函数将传入的SPI接口配置结构体初始化为默认值。在用户使用SPI接口配置结构体之前应该调用该函数。默认的配置如下：

- 主机模式使能；
- 最高位优先发送；
- 传输模式0；
- 多功能串行通信接口的引脚复用设置集为E；
- 8位数据长度；
- 在睡眠模式下不工作；
- 接收器使能；
- 波特率位100 000；
- 使用GCLK生成器0；
- 对于任何多功能串行通信接口的引脚配置都使用一样的设置值。

6）SPI初始化函数spi_init()

原型：enum status_code spi_init(struct spi_module * const module, Sercom * const hw, const struct spi_config * const config)

函数参数：如表4.4.36所列。

表4.4.36 spi_init()函数参数

数据方向	参数名称	描 述
输出	module	指向SPI软件实例的指针
输入	hw	指向硬件实例的指针
输入	config	指向配置结构体的指针

返回值：如表4.4.37所列。

表4.4.37 spi_init()返回值描述

返回值	描 述
STATUS_OK	模块初始化成功
STATUS_ERR_DENIED	模块已经使能
STATUS_BUSY	模块正在复位
STATUS_ERR_INVALID_ARG	提供参数无效

7）SPI使能函数spi_enable()

原型：void spi_enable(struct spi_module * const module)

函数参数：如表4.4.38所列。

表 4.4.38　spi_enable()函数参数

数据方向	参数名称	描　述
输出	module	指向 SPI 软件实例的指针

返回值:无。

8) SPI 选择从机软件实例函数 spi_select_slave()

原型:enum status_code spi_select_slave(struct spi_module * const module, struct spi_slave_inst * const slave,bool select)

函数参数:如表 4.4.39 所列。

表 4.4.39　spi_select_slave()函数参数

数据方向	参数名称	描　述
输入	module	指向 SPI 软件实例的指针
输入	slave	指向欲与之通信的从机实例
输入	select	是否选择该从机

返回值:如表 4.4.40 所列。

表 4.4.40　spi_select_slave()返回值描述

返回值	描　述
STATUS_OK	欲与其通信的从机被选中
STATUS_ERR_UNSUPPORTED_DEV	该 SPI 操作在 SPI 从机模式下
STATUS_BUSY	该 SPI 没有准备好写地址给从机

该函数通过拉高、拉低从机片选引脚 SS 来选中或断开从机。

9) 异步写从机函数 spi_write_buffer_job()

原型:enum status_code spi_write_buffer_job(struct spi_module * const module,uint8_t * tx_data,uint16_t length)

函数参数:如表 4.4.41 所列。

表 4.4.41　spi_write_buffer_job()函数参数

数据方向	参数名称	描　述
输入	module	指向 SPI 软件实例的指针
输入	tx_data	指向发送数据缓冲的指针
输入	length	发送数据的长度

返回值:如表 4.4.42 所列。

表 4.4.42 spi_write_buffer_job()返回值描述

返回值	描 述
STATUS_OK	欲与其通信的从机被选中
STATUS_ERR_BUSY	SPI接口正在处理一个写操作
STATUS_ERR_INVALID_ARG	提供参数无效

该函数使SPI从一个发送缓冲中将数据发送给从机。如果注册了回调函数并且使能了回调函数。在SPI写操作完成后,回调函数会被系统调用。

(3) 轮询机制的SPI从机操作

该实例将多功能串行通信接口配置成SPI从机模式,然后从机将一组数据发送出去,但不是利用回调机制,而是通过查询方式来得知发送是否完毕。

```
void configure_spi_slave(void)
{
    spi_get_config_defaults(&config_spi_slave);//初始化 SPI 接口配置项为默认值
    config_spi_slave.mode = SPI_MODE_SLAVE;//SPI 模式是从机
    config_spi_slave.slave.preload_enable = true;        //预装载模式使能
    //帧格式中不带从机地址信息
    config_spi_slave.slave.frame_format = SPI_FRAME_FORMAT_SPI_FRAME;
    //PAD[0:3]与 SPI 通信引脚对应定义
    config_spi_slave.mux_setting = EXT1_SPI_SERCOM_MUX_SETTING;
    //PAD[0:3]与物理 GPIO 引脚对应
    config_spi_slave.pinmux_pad0 = EXT1_SPI_SERCOM_PINMUX_PAD0;
    config_spi_slave.pinmux_pad1 = EXT1_SPI_SERCOM_PINMUX_PAD1;
    config_spi_slave.pinmux_pad2 = EXT1_SPI_SERCOM_PINMUX_PAD2;
    config_spi_slave.pinmux_pad3 = EXT1_SPI_SERCOM_PINMUX_PAD3;
    //配置 SPI 从机实例
    spi_init(&spi_slave_instance, EXT1_SPI_MODULE, &config_spi_slave);
    spi_enable(&spi_slave_instance);//SPI 使能
}

int main(void)
{
    system_init();
    configure_spi_slave();
    //发送缓冲区数据
    while (spi_write_buffer_wait(&spi_slave_instance, buffer, BUF_LENGTH )! =
        STATUS_OK) {}
    while (true) {}
}
```

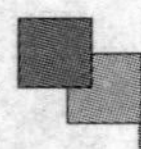

SPI发送缓冲区大小字节函数 spi_write_buffer_wait()

原型:enum status_code spi_write_buffer_wait(struct spi_module * const module,const uint8_t * tx_data,uint16_t length)

函数参数:如表4.4.43所列。

表4.4.43 spi_write_buffer_wait()函数参数

数据方向	参数名称	描 述
输入	module	指向SPI软件实例的指针
输入	tx_data	指向发送数据缓冲的指针
输入	length	发送数据的长度

返回值:如表4.4.44所列。

表4.4.44 spi_write_buffer_wait()返回值描述

返回值	描 述
STATUS_OK	写操作完毕
STATUS_ABORTED	发送操作完毕前被SPI主机终止了传输
STATUS_ERR_INVALID_ARG	提供参数无效
STATUS_ERR_TIMEOUT	在从机模式下,发送超时

该函数发送缓冲区大小字节的数据,并且忽视任何收到的数据。

注意:该函数在主机模式下不会去处理片选信号(SS),所以用户要根据需要自己拉高和拉低片选信号。

4.4.4 内部集成电路总线

内部集成电路总线I²C是最初由Philips公司开发的两线式串行总线,产生于20世纪80年代,用于连接微控制器及其外围设备。I²C总线简单而有效,占用很少的PCB空间,通信引脚数量少,设计成本低。I²C总线支持多主模式,任何能够进行发送和接收的设备都可以成为主设备。主控设备能够控制数据的传输和时钟频率,但在任何时刻只能有一个主控设备。

I²C是由数据线SDA和时钟线SCL构成的串行总线,可发送和接收数据。在CPU与被控IC之间、IC与IC之间进行双向数据传送。低速I²C总线支持100 kb/s的通信速率,高速I²C总线一般可达到400 kb/s以上。

1. 概 述

SAM D20系列的I²C具有以下特点:

- 主机或者从机操作模式。
- 兼容Philips I²C协议。

- 兼容 SMBus 协议。
- 支持 100 kHz 和 400 kHz 传输速率。
- 物理接口包括：
  - 摆率限制的输出；
  - 输入滤波。
- 从机操作包括：
  - 可工作在所有睡眠模式下。
  - 地址匹配时唤醒。
  - 硬件地址匹配：
    - 7 位唯一地址与/或 7 位广播地址；
    - 7 位地址段(范围)；
    - 两个 7 位唯一地址。

从图 4.4.17 可知，I^2C 的通信是由主机和从机构成的。主机包含 1 个波特率生成器，而从机包含 1 个地址匹配逻辑单元。主从机都有 1 个移位寄存器、1 个发送缓冲和 1 个接收缓存。

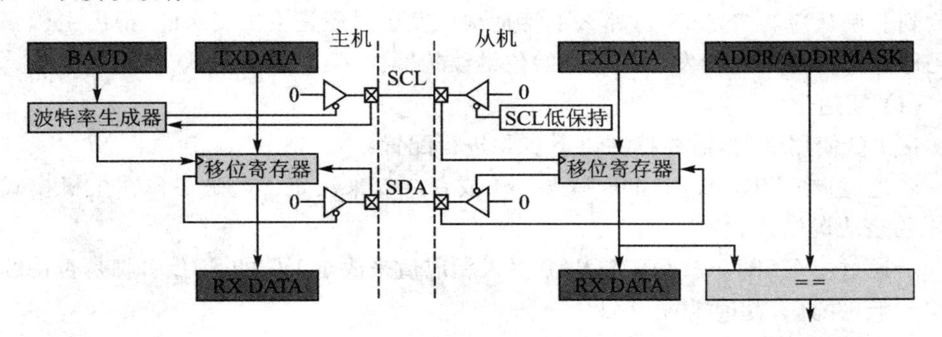

图 4.4.17 I^2C 系统框图

2. 功能描述

I^2C 接口利用两条物理通信线：SDA 和 SCL。SDA 用于数据传输，SCL 用于总线时钟。I^2C 的传输很有特点，如图 4.4.18 所示。

图 4.4.18 中 S 代表传输的起始条件，若在 SCL 为高电平时，SDA 从高电平跳变为低电平，则起始条件满足，传输开始。P 代表传输的结束条件，若在 SCL 为高电平时，SDA 从低电平跳变为高电平，则结束条件满足，传输结束。另外，需要强调的是：在 SCL 为高电平时，SDA 的数据必须保持稳定，数据线上的数据只有在 SCL 为低电平时才改变。

跟着 S 的是地址包，地址包由 7 位地址位(ADDRESS)，1 位数据方向位(R/W)和 1 位应答位(A)构成。其中，ADDRESS 是主机想要与之通信的从机地址；(R/W)代表本次传输时主机写还是主机读，A 是从机收到的对 ADDRESS 和 R/W 共 8 位

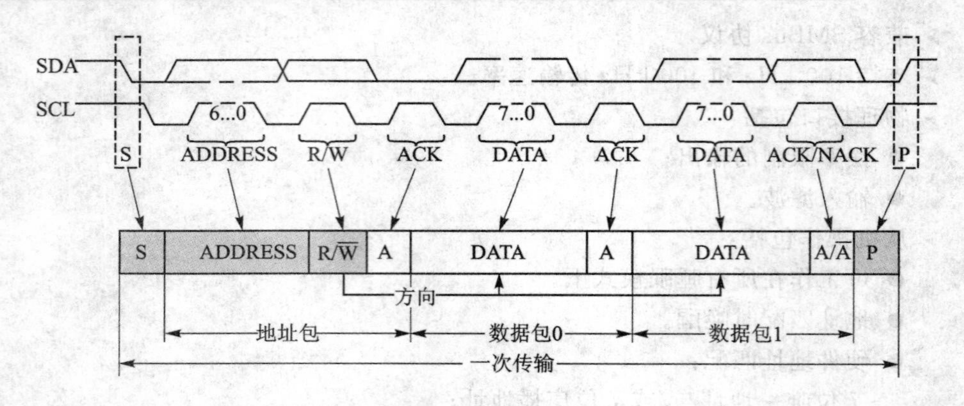

图 4.4.18　I²C 传输框图

数据的应答。一般情况，R/W 位为 1 表示主机读，为 0 表示主机写。应答 A 位为 0 表示确认(ACK)，为 1 表示非确认(NACK)，即传输可能出错。

跟着地址包的是数据包，数据包由 8 位数据和一位应答构成。如果是主机读，则应答位由主机发送给从机。如果是主机写，则应答位由从机发送给主机。若有设备接收到非确认应答(NACK)，那么不管是从机发送的还是主机发送的，都由主机来决定是停止传输还是重新发送一个开始位继续传输。

(1) 初始化

在 I²C 使用之前，需要按照以下步骤进行配置：

➢ 通过向 CTRLA. MODE 写入 0x4 或者 0x5 来决定 I²C 是工作在主机模式还是从机模式。

➢ 通过向 CTRLA. LOWTOUT 写入相应值来决定 I²C 的 SCL 引脚是否持续为低，并具有超时功能。

➢ 在主机模式下，通过向 CTRLA. INACTOUT 写入相应值来决定 I²C 在主机模式下的总线非活跃时间是否有超时功能。

➢ 通过向 CTRLA. SDAHOLD 写入相应值来决定 SDA 数据的保持时间。

➢ 通过向 CTRLB. SMEN 写入相应值来决定智能操作模式的使能与否。

➢ 在从机模式下，通过向 CTRLB. AMODE 写入相应值来设置地址匹配配置。

➢ 通过向 CTRLA. DORD 写入相应值来决定是最高位优先发送还是最低位优先发送。

➢ 在从机模式下，从机地址必须通过地址寄存器中的地址位与地址掩码位(ADDR. ADDR 与 ADDR. ADDRMASK)设置。

➢ 在主机模式下，波特率寄存器(BAUD)必须写入相应位来生成相应的波特率。

(2) 使能、禁止与复位

I²C 通过向 CTRLA. ENABLE 写入 1 来使能，写入 0 来禁止。

I²C 通过向 CTRLA. SWRST 写入 1 来复位。I²C 中除了 DBGCTRL(用来调试

的)寄存器以外的其他寄存器都会复位到其初始值。复位后,I²C是禁止的。

(3) I²C的总线状态逻辑

总线状态逻辑包含几个逻辑块,这些逻辑块在所有睡眠模式下持续不断地监听着I²C总线上的活动。在决定当前总线处于什么状态时,起始、停止条件的侦测和传输位数的计数都是至关重要的。图4.4.19所示是总线状态转换图。软件可以通过读状态寄存器中的主机总线状态位(STATUS. BUSSTATE)来得到当前总线的状态,图4.4.19中已经标示出每个状态的二进制数。

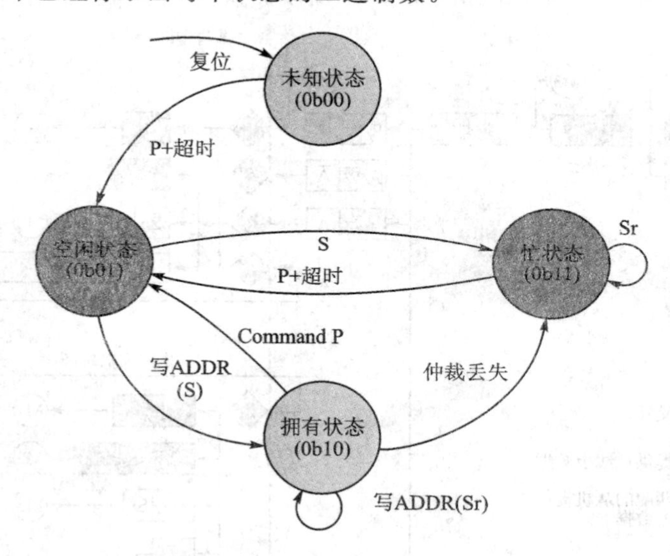

图4.4.19 I²C总线状态转换图

当I²C主机使能时,总线状态机就被激活。当I²C主机使能完毕时,总线状态机是处于未知状态的。未知状态只能进入空闲状态。进入空闲状态的方式如下,可以通过软件向STATUS. BUSSTATUS写入相应值(0x0B01),或者当没有软件操作,而总线上侦测到一个停止条件P,又或者总线一直没有任何消息而发生超时(当非活动总线超时使能)。

注意:一旦总线状态机进入空闲状态后,将不会再从其他状态回到未知状态,除非复位I²C主机。

当总线处于空闲状态时,说明总线已准备好数据的传输。当总线侦测到一个起始条件S,(一般是由多主机竞争总线时,其他主机发送的),总线状态从空闲状态变为忙状态,说明此时别的主机已经竞争到总线,所以不宜发送数据。只有当总线状态机侦测到停止条件P或者总线一直处于未活动状态而发生超时,即总线状态机从忙状态变为空闲状态时,才能再次竞争总线。若起始条件是由本机通过写ADDR寄存器产生的,则总线状态机会变为拥有状态,说明总线被本机竞争到,此时可以发送数据了。若在整个传输期没有任何干扰,比如仲裁丢失,则在传输完毕后,本机应发送结束条件 P，从而总线状态变为空闲状态。但是，若在传输过程中，发生了数据包传输冲突，即发生仲裁丢失，则总线状态机从拥有状态变为忙状态。

(4) I²C 主机操作

I²C 的主机是面向字节和基于中断的。通过自动处理大多数的事件来令传输过程中中断的数目最小。自动触发操作和特殊的智能模式（通过向控制 A 寄存器中的智能模式使能位 CTRLA. SMEN 写 1 来使能）可以减小软件驱动的复杂度和软件代码的大小。主机模式下的操作如图 4.4.20 所示。

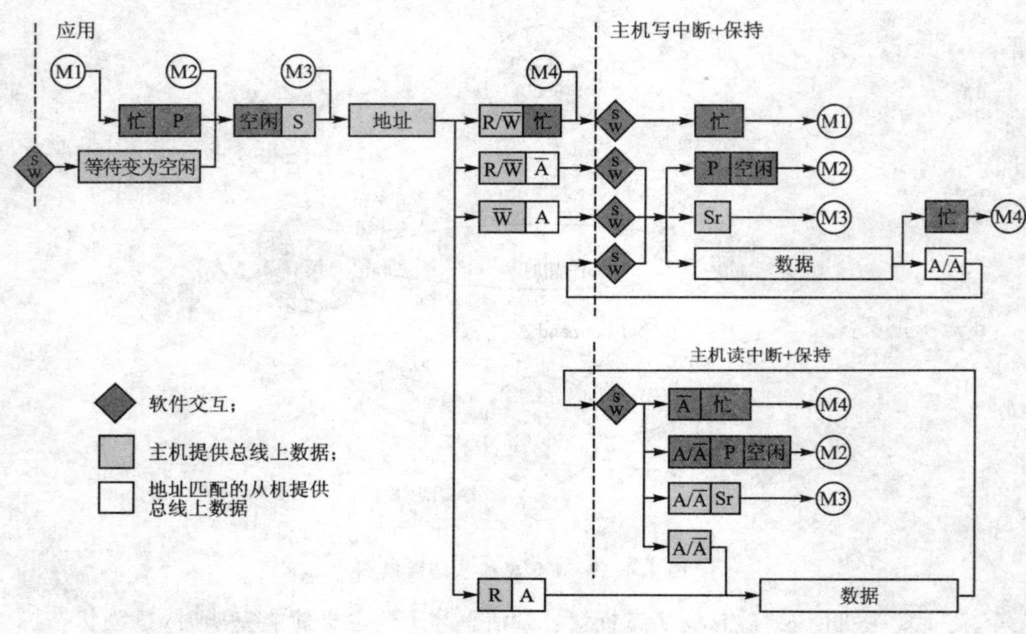

图 4.4.20　I²C 主机操作图

1）发送地址数据包

当开始传输数据时，软件先要侦测 I²C 的总线是否为空闲，若是忙状态，则 I²C 的主机须等待总线变为空闲才继续后续的操作；若是空闲状态，I²C 的主机会提供一个开始条件 S，然后再发送地址数据包，即 ADDR. ADDR 中的地址。当地址发送完毕后，会发生以下 4 种情况：

情况一，在发送数据包时发生仲裁丢失或者总线错误。若在地址包发送时，发生了仲裁丢失，那么中断标志寄存器中的总线主机位（INTFLAG. MB）和状态寄存器中的仲裁丢失位（STATUS. ARBLOST）都会置位。在 SDA 上的串行输出数据失效，SCL 被释放（这样就禁止了时钟延迟功能）。事实上，I²C 的主机将不会再执行任何操作直到总线再一次空闲。总线错误的情况与仲裁丢失的情况类似，只是状态寄存器中不是仲裁丢失位置位而是总线错误位置位（STATUS. BUSERR）。

情况二，地址包发送完毕，没有接收到应答。如果没有 I²C 从机应答该地址数据包，则 INTFLAG. MB 置位，状态寄存器中的无应答接收位（STATUS. RXNACK）

置位。此时，时钟保持功能激活，阻止进一步的总线操作。没有接收到应答可能是地址错误或者是从机忙于其他任务，或者是从机在睡眠状态。对于主机来说，我们可以提供一个停止条件P(推荐这么做)来终止本次传输或者提供一个再次起始条件SR，再一次传输地址数据包。

情况三，地址包发送完毕，接收到应答，写数据包，本次传输作为主机。若地址包发送完毕，并且数据方向位是向外发送数据(即写数据包)，当接收到应答时，INTFLAG.MB置位，STATUS.RXNACK清零。此时，时钟保持功能激活，阻止进一步的总线操作。在这种情况下，软件的实现就高度依赖于协议了。三种可能操作会让I^2C的操作继续：①将数据写入数据寄存器中(DATA.DATA)开始数据传输。②发送一个新的地址包数据，一个再次起始条件(SR)会自动插入地址包前。③提供一个停止条件来终止本次传输。

情况四，地址包发送完毕，接收到应答，读数据包，本次传输作为从机。当主机接收到从机的应答时，I^2C的主机继续接收I^2C从机发送的数据。当接收到第一个数据包时，中断标志寄存器中的总线从机位(INTFLAG.SB)置位，STATUS.RXNACK清零。此时，时钟保持功能激活，阻止进一步的总线操作。在这种情况下，软件的实现就高度依赖于协议了。三种可能操作会让I^2C的操作继续：①通过确认接收到的数据让I^2C主机继续读取数据。若智能模式使能，确认接收数据可以通过读取数据寄存器(DATA.DATA)自动完成。②发送一个新的地址包。③提供一个停止条件(P)终止本次传输。对于后两种情况，当智能模式使能时，ACK或NACK会自动发送。控制B寄存器中的应答活动位(CTRLB.ACKACT)决定了发送ACK还是NACK。

2) 发送数据包

当一个地址包和设置成写的数据方向位发送完毕后，INTFLAG.MB将会置位，I^2C主机开始发送数据。I^2C主机通过I^2C总线发送数据时，还在不断地监测数据包冲突。如果监测到冲突，I^2C主机丢失了仲裁，STATUS.ARBLOST置位；如果发送成功，I^2C主机会自动接收从机发送来的ACK，STATUS.RXNACK会清零。但是，不管是冲突还是发送成功，INTFLAG.MB都会置位。在主机总线中断(INTFLAG.MB置位)中，测试STATUS.ARBLOST位，及时处理仲裁丢失的情况，是比较好的做法。在发送下一个数据包之前，应该及时检查STATUS.RXNACK位。

3) 接收数据包

当INTFLAG.SB置位时，I^2C主机已经接收到了一个数据。I^2C主机应该发送ACK或者NACK给从机。同样，在接收数据包时，也要考虑仲裁丢失的情况。当仲裁丢失时，INTFLAG.SB将不会置位，INTFALG.MB将用来指示仲裁的变化。

(5) I^2C从机操作

I^2C从机是面向字节和基于中断的。通过自动处理大多数事件来达到传输过程中中断的数目最小。自动触发操作和特殊的智能模式(通过向CTRLA.SMEN写1

来使能)可以减小软件驱动的复杂度和软件代码的大小。从机模式下的操作可以通过图4.4.21来说明。

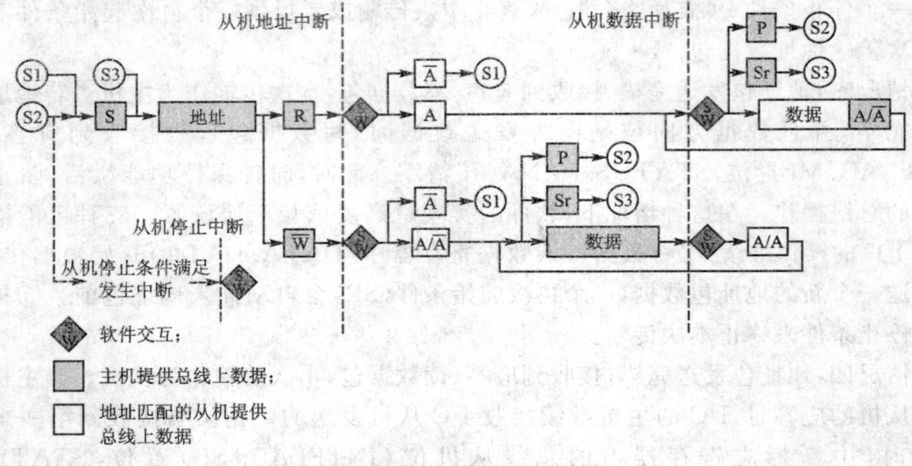

图4.4.21 I²C从机操作图

1) 接收地址包数据

当I²C从机配置好后,从机将会等待总线上的起始条件。当检测到一个起始条件后,后续的地址包将会被接收并被地址匹配逻辑块检测。如果接收到地址与本从机地址不匹配,数据包将会被丢弃,从机继续等待新的起始条件。当有效的地址被接收到后,从机的中断标志寄存器中的地址匹配位(INTFLAG. AMATCH)会置位。SCL引脚上的时钟会被从机拉伸直到从机的INTFLAG. AMATCH清零。因为从机有时钟持续拉低功能,所以软件有无限制的时间去应答该地址数据包。数据方向位通过读取状态寄存器中的读/写方向位(STATUS. DIR)来得知。如果状态寄存器中的传输冲突位(STATUS. COLL)置位,说明上一个数据包发生了冲突。一个冲突将会引起从机释放SDA和SCL,并且不会通知软件。当成功接收到地址包后,会发生以下两种情况:

情况一,地址包接收成功,读标志置位。STATUS. DIR为1时,说明I²C主机执行读操作。此时在从机回应主机之前,从机将对SCL强制持续拉低,从而暂停总线进行时钟拉伸(Clock Stretch)。如果一个ACK由从机发送给主机,用于应答地址包,I²C从机硬件会置位中断标志寄存器中断数据就绪位(INTFLAG. DRDY)。此时表明,从机中的数据可以发送。如果一个NACK由从机发送给主机,则从机重新开始等待起始条件和地址匹配。通常,在接收到地址包后应该立即发送一个ACK或者NACK。对INTFLAG. AMATCH写1也会根据CTLAB. ACKBIT位自动发送ACK或者NACK。

情况二,地址包接收成功,写标志置位。STATUS. DIR为0时,说明I²C主机执行写操作。此时在从机回应主机之前,从机将对SCL强制持续拉低,从而暂停总线进行时钟拉伸(Clock Stretch)。如果一个ACK由从机发送给主机,用于应答地址包，I^2C从机等待数据。等待的数据可以是数据、停止条件、再一次的起始条件。如果从机发送一个NACK给主机，则从机重新开始等待起始条件和地址匹配。通常，在接收到地址包后应该立即发送一个ACK或者NACK。对INTFLAG. AMATCH写1也会根据CTLAB. ACKBIT位自动发送ACK或者NACK。

2）接收和发送数据包

当I^2C从机接收到地址包后，将会根据数据方向来做出响应：等待要接收的数据包或者将数据写入DATA. DATA并发送。当一个数据包发送或接收完毕时，INTFLAG. DRDY将被置位。而I^2C从机接收到数据后，将会根据CTRLB. ACKACT的设置发送确认。下面对I^2C的从机确认进行解释：

情况一，完成数据接收。INTFLAG. DRDY将置位，而SCL将保持低电平并等待软件处理。

情况二，完成数据发送。当成功完成一字节数据的传输后，INTFLAG. DRDY中断标志将被设置。如果接收到NACK，I^2C从机将会释放对数据线路的占用，并等待I^2C发出停止条件或再次开始条件。

如果检测到停止条件后，中断标志寄存器的停止接收位（INTFLAG. PREC）将被设置，并且I^2C从机将会变为空闲。

3. I^2C的主要库函数与使用

这里我们将要介绍两个I^2C的实例。两个实例都是利用ASF库函数写的：一个实例是利用回调机制，另一个实例是不使用回调机制。通过这两个实例，我们可以了解I^2C的基本配置与使用。

（1）I^2C的主要结构体

1）i2c_master_config

i2c_master_config结构体包含I^2C主机的配置项内容。表4.4.45所列为该结构体的成员变量描述。

表4.4.45 i2c_master_config成员描述

类型	名称	描述
enum i2c_master_baud_rate	baud_rate	I^2C操作的波特率
uint16_t	buffer_timeout	等待从机写数据包超时
enum gclk_generator	generator_source	作为通信时钟的GCLK来源
uint32_t	pinmux_pad0	PAD0(SDA)的引脚设置
uint32_t	pinmux_pad1	PAD1(SCL)的引脚设置
bool	run_in_standby	使能是否在睡眠模式下工作
enum i2c_master_start_hold_time	start_hold_time	出现开始信号后的总线保持时间
uint16_t	unknown_bus_state_timeout	总线状态处于未知状态的超时时间

注：此处baud_rate的值并不是直接载入BAUD寄存器的值，而是表4.4.2公式中f_{BAUD}的值。

下面对结构体的成员变量与寄存器中具体位的对应关系作进一步介绍. baud_rate 与波特率寄存器(BAUD)对应; buffer_timeout 超时时间是 16 位正整数,最大值是 65 535,单位是通信波特率的倒数; run_in_standby 与休眠模式下工作位(CTRLA. RUNSTDBY)对应; start_hold_time 与 SDA 保持位(CTRLA. SDAHOLD)对应; unknow_bus_state_timeout 超时时间是 16 位正整数,最大值是 65 535,单位是通信波特率的倒数;当用 i2c_master_config 配置时,I^2C 的接口就配置成主机模式与操作模式位对应。

2) i2c_slave_config

i2c_slave_config 该结构体包含 I^2C 从机的配置项内容,如表 4.4.46 所列。

表 4.4.46 i2c_slave_config 成员变量描述

类 型	名 称	描 述
uint8_t	address	从机地址或从机地址范围的上限
uint8_t	address_mask	地址掩码或第二地址或地址范围的下限
enum i2c_salve_address_mode	address_mode	地址模式
uint16_t	buffer_timeout	等待主机响应的超时时间
bool	enable_general_call_address	广播地址使能
bool	enable_nack_on_address	当地址匹配时回复 NACK 使能
Bool	enable_scl_low_timeout	SCL 持续为低的超时使能
enum gclk_generator	generator_source	作为通信时钟的 GCLK 来源
uint32_t	pinmux_pad0	PAD0(SDA)的引脚设置
uint32_t	pinmux_pad1	PAD1(SCL)的引脚设置
bool	run_in_standby	使能是否在睡眠模式下工作
enum i2c_slave_sda_hold_time	sda_hold_time	SCL 下降沿后 SDA 的保持时间

表 4.4.46 对结构体的成员变量作了简单描述。下面对于结构体的成员变量与寄存器中具体位的对应关系作进一步介绍:address_mode 与地址模式位(CTRLA. AMODE)对应;enable_general_call_address 与广播地址使能位(ADDRESS. GENCEN)对应;enable_nack_on_address 与回复行动位(CTRLB. ACKACT)对应;enable_scl_low_timeout 与 SCL 为低超时位(CTRLA. LOWTOUT)对应;run_in_standby 与休眠模式下工作位(CTRLA. RUNSTDBY)对应;start_hold_time 与 SDA 保持位(CTRLA. SDAHOLD)对应,该成员变量不能自定义取值,详见 ASF 中相关 API 的说明。

3) i2c_packet

i2c_packet 结构体用来打包数据包,发送数据包。表 4.4.47 所列为该结构体的成员变量描述。

表 4.4.47 i2c_slave_config 成员变量描述

类 型	名 称	描 述
uint8_t	address	从机地址
uint8_t *	data	包含要发送的数据数组
uint16_t	data_length	数组长度

每次发送数据时，都是利用这个结构体将数据打包，然后进行传输的。

(2) 回调机制下的 I²C 主机操作

本实例将多功能通信串口配置成 I²C 主机模式，先发送一组正序数据，然后等待(在实际的应用中，可以去做其他事情)。当发送完毕时，会激活主机的回调函数。在回调函数中，判断数据是正序还是逆序，若是正序则在下次发送逆序；反之亦然。

```
static uint8_t buffer[DATA_LENGTH] = {
    0x00, 0x01, 0x02, 0x03, 0x04, 0x05, 0x06, 0x07
};

static uint8_t buffer_reversed[DATA_LENGTH] = {
    0x07, 0x06, 0x05, 0x04, 0x03, 0x02, 0x01, 0x00
};

#define SLAVE_ADDRESS 0x12
struct i2c_packet packet;
struct i2c_master_module i2c_master_instance;

void i2c_write_complete_callback(  //回调函数的定义
        struct i2c_master_module * const module)
{
    if (packet.data[0] == 0x00) {      //如果数组第一个数据是 0x00,则发送逆序数据
        packet.data = &buffer_reversed[0];
    } else {
        packet.data = &buffer[0];
    }

    i2c_master_read_packet_job(module, &packet);//从从机读取数据包
}

void configure_i2c(void)
{
    struct i2c_master_config config_i2c_master;
```

```
    //I²C主机配置项初始化位默认值
i2c_master_get_config_defaults(&config_i2c_master);

config_i2c_master.buffer_timeout = 65535;  //发送超时时间
    //I²C主机初始化
    while (i2c_master_init(&i2c_master_instance,SERCOM2,&config_i2c_master)!=
        STATUS_OK);
    i2c_master_enable(&i2c_master_instance); //I²C主机使能
}

void configure_i2c_callbacks(void)
{

    i2c_master_register_callback(&i2c_master_instance,i2c_write_complete_callback,
    I2C_MASTER_CALLBACK_WRITE_COMPLETE); //回调注册函数,在发送完毕时激活回调函数
    i2c_master_enable_callback(&i2c_master_instance,     I2C_MASTER_CALLBACK_WRITE_
    COMPLETE);//回调函数使能
}
int main(void)
{
    system_init();
    configure_i2c();
    configure_i2c_callbacks();

    packet.address     = SLAVE_ADDRESS;  //数据包发送的地址
    packet.data_length = DATA_LENGTH;    //数据包长度
    packet.data        = buffer;         //数据包内容
    //数据包发送给从机
    i2c_master_write_packet_job(&i2c_master_instance, &packet);
    while (true) {}
}
```


1) 注册回调函数 i2c_master_register_callback()

用于注册中断回调函数。

原型:voidi2c_master_register_callback (struct i2c_master_module * const module,i2c_master_callback_t callback_func,enum i2c_master_callback callback_type);

函数参数:如表4.4.48所列。

表 4.4.48 i2c_master_register_callback()函数参数

数据方向	参数名称	描　述
输入	module	指向 SPI 软件实例的指针
输入	callback_func	指向回调函数的指针
输入	callback_type	回调函数类型

返回值:无。

枚举参数:enum i2c_master_callback callback_type 描述如表 4.4.49 所列。

表 4.4.49 枚举 i2c_master_callback 成员描述

枚举值	描　述
I2C_MASTER_CALLBACK_WRITE_COMPLETE	当数据包发送完毕时回调
I2C_MASTER_CALLBACK_READ_COMPLETE	当数据包接收完毕时回调
SPI_CALLBACK_ERROR	出错时回调

2）回调使能函数 i2c_master_enable_callback()

使能定义好的回调函数。

原型:voidi2c_master_enable_callback(struct i2c_master_module * const module,enum i2c_master_callback callback_type)

函数参数:如表 4.4.50 所列。

返回值:无。

3）初始化主机配置项为默认值函数 i2c_master_get_config_defaults()

原型:void i2c_master_get_config_defaults(struct i2c_master_config * const config)

函数参数:如表 4.4.51 所列。

表 4.4.50 i2c_master_enable_callback() 函数参数

数据方向	参数名称	描　述
输入	module	指向 I²C 主机软件实例的指针
输入	callback_type	回调函数类型

表 4.4.51 i2c_master_get_config_defaults() 函数参数

数据方向	参数名称	描　述
输出	config	配置成默认参数的结构体

返回值:无。

默认的配置如下:

➢ 波特率为 100 kHz;

➢ 使用 GCLK 生成器 0;

➢ 在睡眠模式下不工作;

➢ SDA 保持时间为 300～600 ns;

➢ 发送超时时间为65 535个时钟；
➢ 总线处于未知总线状态超时时间为65 535个时钟；
➢ 引脚配置为PINMUX_DEFAULT。

4) I²C主机初始化函数i2c_master_init()

原型：enum status_code i2c_master_init(struct i2c_master_module * const module, Sercom * const hw, const struct i2c_master_config * const config)

函数参数：如表4.4.52所列。

表4.4.52 i2c_master_init()函数参数

数据方向	参数名称	描　述
输出	module	指向I²C主机软件实例的指针
输入	hw	指向硬件实例的指针
输入	config	指向配置结构体的指针

返回值：如表4.4.53所列。

表4.4.53 i2c_master_init()返回值描述

返回值	描　述
STATUS_OK	模块初始化成功
STATUS_ERR_DENIED	模块已经使能
STATUS_BUSY	模块正在复位
STATUS_ERR_ALREADY_INITIALIZED	GLCK来源已经被使用了
STATUS_ERR_BAUDRATE_UNAVAILABLE	波特率无效

5) I²C主机使能函数i2c_master_enable()

原型：voidi2c_master_enable(struct spi_module * const module)

函数参数：如表4.4.54所列。

表4.4.54 i2c_master_enable()函数参数

数据方向	参数名称	描　述
输出	module	指向I²C主机软件实例的指针

返回值：无。

该函数使能I²C主机，并且在一段特定时间内总线上无停止位则总线状态机设置成空闲状态。

6) I²C主机读取数据包函数i2c_master_read_packet_job()

原型：enum status_code i2c_master_read_packet_job(struct i2c_master_module * constmodule, struct i2c_packet * const packet)

函数参数：如表4.4.55所列。

返回值：如表4.4.56所列。

表4.4.55 i2c_master_read_packet_job()

函数参数

数据方向	参数名称	描 述
输入	module	指向 I²C 主机软件实例的指针
输入	packet	指向 I²C 传输数据包的指针

表4.4.56 i2c_master_read_packet_job()

返回值描述

返回值	描 述
STATUS_OK	读操作已经成功开始
STATUS_BUSY	模块忙

从 I²C 从机接收一个数据包，并且发送停止位。

7) I²C 主机写数据包函数 i2c_master_write_packet_job()

原型：enum status_code i2c_master_write_packet_job(struct i2c_master_module * constmodule,structi2c_packet * const packet)

函数参数：如表4.4.57所列。

返回值：如表4.4.58所列。

表4.4.57 i2c_master_write_packet_job()

函数参数

数据方向	参数名称	描 述
输入	module	指向 I²C 主机软件实例的指针
输入	packet	指向 I²C 传输数据包的指针

表4.4.58 i2c_master_write_packet_job()

返回值描述

返回值	描 述
STATUS_OK	读操作已成功开始
STATUS_BUSY	模块忙

向 I²C 从机写入一个数据包，并且发送停止位。

(3) 轮询机制下的 I²C 从机操作

本实例将多功能通信串口配置成 I²C 从机模式，然后使用轮询方式等待 I²C 主机发送消息命令。若接收到的消息是读，则读入后续的数据包；若接收到的消息是写，则将数据包发送给主机。

```
uint8_t write_buffer[DATA_LENGTH] = {
    0x00, 0x01, 0x02, 0x03, 0x04, 0x05, 0x06, 0x07, 0x08, 0x09
};                                                        //将要发送的数据包
uint8_t read_buffer[DATA_LENGTH];                         //接收数据包的缓冲
struct i2c_slave_module i2c_slave_instance;
void configure_i2c_slave(void)
{
    struct i2c_slave_config config_i2c_slave;
    i2c_slave_get_config_defaults(&config_i2c_slave);  //初始化从机配置项为默认值
    config_i2c_slave.address         = SLAVE_ADDRESS;     //配置从机地址
    //配置从机地址模式
    config_i2c_slave.address_mode    = I2C_SLAVE_ADDRESS_MODE_MASK;
    config_i2c_slave.buffer_timeout = 1000;               //配置从机超时时间
    i2c_slave_init(&i2c_slave_instance, SERCOM1, &config_i2c_slave); //初始化
```

```
    i2c_slave_enable(&i2c_slave_instance);//使能 I²C
}
int main(void)
{
    system_init();
    configure_i2c_slave();
    enum i2c_slave_direction dir;
    struct i2c_packet packet = {//配置数据包
        .address     = SLAVE_ADDRESS,
        .data_length = DATA_LENGTH,
        .data        = write_buffer,
    };
    while (true) {
        //接收主机发送过来的数据方向
        dir = i2c_slave_get_direction_wait(&i2c_slave_instance);
    if (dir == I2C_SLAVE_DIRECTION_READ) {//若是从机读,则数据包地址是读缓冲
            packet.data = read_buffer;
            i2c_slave_read_packet_wait(&i2c_slave_instance, &packet);
        }
    //若是从机写,则数据包地址是写缓冲
    else if (dir == I2C_SLAVE_DIRECTION_WRITE) {
            packet.data = write_buffer;
            i2c_slave_write_packet_wait(&i2c_slave_instance, &packet);
        }
    }
}
```


1）初始化从机配置项为默认值函数 i2c_slave_get_config_defaults( )

原型：void i2c_slave_get_config_defaults(struct i2c_master_config * const config)

函数参数：如表 4.4.59 所列。

表 4.4.59　i2c_slave_get_config_defaults( )函数参数

数据方向	参数名称	描　述
输出	config	配置成默认参数的结构体

返回值：无。

默认的配置如下：

➢ 禁止 SCL 持续为低超时等待；

➢ SDA 保持时间为 300～600 ns；

➢ 等待主机响应的超时为 65 535 个时钟；

➢ 带地址掩码的地址模式；

➢ 地址为 0；
➢ 地址掩码为 0；
➢ 禁止广播地址；
➢ 接收到地址则回复 NACK 功能禁止，若使用中断驱动；
➢ 使用 GCLK 生成器 0；
➢ 休眠模式下不工作；
➢ 引脚配置为 PINMUX_DEFAULT。

2）I^2C 从机初始化函数 i2c_slave_init( )

原型：enum status_code i2c_slave_init(struct i2c_slave_module * const module, Sercom * const hw, const struct i2c_slave_config * const config)

函数参数：如表 4.4.60 所列。

表 4.4.60 i2c_slave_init( )函数参数

数据方向	参数名称	描 述
输出	module	指向 I^2C 从机软件实例的指针
输入	hw	指向硬件实例的指针
输入	config	指向配置结构体的指针

返回值：如表 4.4.61 所列。

表 4.4.61 i2c_slave_init( )返回值描述

返回值	描 述
STATUS_OK	模块初始化成功
STATUS_ERR_DENIED	模块已经使能
STATUS_BUSY	模块正在复位
STATUS_ERR_BAUDRATE_UNAVAILABLE	波特率无效

3）I^2C 从机使能函数 i2c_slave_enable( )

原型：void i2c_slave_enable(struct i2c_slave_module * const module)

函数参数：如表 4.4.62 所列。

表 4.4.62 i2c_slave_enable( )函数参数

数据方向	参数名称	描 述
输出	module	指向 I^2C 主机软件实例的指针

返回值：无。

4）I^2C 从机等待总线起始位函数 i2c_slave_get_direction_wait( )

原型：enum i2c_slave_direction i2c_slave_get_direction_wait(struct i2c_slave_module * const module)

函数参数：如表4.4.63所列。

表4.4.63 i2c_slave_get_direction_wait()函数参数

数据方向	参数名称	描 述
输出	module	指向 I^2C 主机软件实例的指针

返回值：如表4.4.64所列。

表4.4.64 i2c_slave_get_direction_wait()返回值描述

返回值	描 述
I2C_SLAVE_DIRECTION_NONE	在超时到达之前无主机响应
I2C_SLAVE_DIRECTION_READ	主机要写数据到从机
I2C_SLAVE_DIRECTION_WRITE	主机要从从机读数据

5) I^2C 从机从主机读数据函数 i2c_salve_read_packet_wait()

原型：enum status_code i2c_slave_read_packet_wait(struct i2c_slave_module * const module, struct i2c_packet * const packet)

函数参数：如表4.4.65所列。

表4.4.65 i2c_salve_read_packet_wait()函数参数

数据方向	参数名称	描 述
输入	module	指向 I^2C 从机软件实例的指针
输入	packet	指向 I^2C 传输数据包的指针

返回值：如表4.4.66所列。

表4.4.66 i2c_salve_read_packet_wait()返回值描述

返回值	描 述
STATUS_OK	数据包被读取成功
STATUS_ABORTED	在数据包发送完之前，主机又发送了一个开始位或者发送了一个停止位
STATUS_ERR_IO	在上一次传输过程中出现错误
STATUS_ERR_DENIED	开始位未收到，另一个中断标志就置位
STATUS_ERR_INVALID_ARG	参数无效
STATUS_ERR_BUSY	I^2C 接口忙
STATUS_ERR_BAD_FORMAT	主机想要接收数据
STATUS_ERR_ERR_OVERFLOW	缓冲溢出

6) I^2C 从机写数据到主机函数 i2c_slave_write_packet_wait()

原型：enum status_code i2c_slave_write_packet_wait(struct i2c_slave_module

    * const module, struct i2c_packet * const packet)

函数参数：如表 4.4.67 所列。

表 4.4.67　i2c_salve_write_packet_wait()函数参数

数据方向	参数名称	描　述
输入	module	指向 I²C 从机软件实例的指针
输入	packet	指向 I²C 传输数据包的指针

返回值：如表 4.4.68 所列。

表 4.4.68　i2c_salve_write_packet_wait()返回值描述

返回值	描　述
STATUS_OK	发送数据包成功
STATUS_ERR_IO	在上一次传输过程中出现错误
STATUS_ERR_DENIED	开始位未收到，另一个中断标志就置位
STATUS_ERR_INVALID_ARG	参数无效
STATUS_ERR_BUSY	I²C 接口忙
STATUS_ERR_BAD_FORMAT	主机想要发送数据
STATUS_ERR_ERR_OVERFLOW	缓冲溢出
STATUS_ERR_TIMEOUT	在超时之前，主机没有响应

4.5　模拟外设

本节主要介绍 SAM D20 内部 3 种与模拟信号相关的外设：模拟比较器 AC、模/数转换器 ADC 及数/模转换器 DAC。模拟比较器 AC 可以比较 2 个模拟信号的电压高低，并根据比较结果产生数字输出。模/数转换器 ADC 用于将模拟输入信号(电压)转换成数字信号。模/数转换器最重要的参数是转换精度与转换速率，通常用输出数字信号的二进制位数表示精度，用每秒转换的次数表示速率。数/模转换器 DAC 是把数字信号转换为模拟信号(电压或电流)的器件。最常见的数/模转换器是将并行二进制的数字量转换为直流电压或直流电流，它常用于波形生成、音频信号合成，以及过程控制系统的输出通道，与执行器相连，实现对系统过程的自动控制。

4.5.1　模拟比较器 AC

SAM D20 的模拟比较器(AC)用于将一个模拟量与一个标准电压进行比较。当模拟量高于标准电压时，AC 就输出高(或低)电平，反之，则输出低(或高)电平。例如，将一温度电压信号连接到一个运放的同相端，反相端连接到一个电压基准(代表某一温度)，当温度高于基准值时，运放输出高电平，控制加热器关闭；反之，当温度信号低于基准值时，运放输出低电平，将加热器接通。这个运放就相当于一个简单的比较器。

有的模拟比较器具有迟滞回归（施密特触发），称为迟滞比较器，有助于消除在比较点附近寄生在信号上的干扰。

1. SAM D20模拟比较器概述

SAM D20的模拟比较器（AC）模块包含两个单独的比较器（COMP0/1）。每个比较器（COMP）将两个输入电平做比较，并根据比较结果产生数字输出。对于多种输入组合，每个比较器可生成不同的中断请求或外设事件。

迟滞和传输延迟是比较器的两个重要特性，属于比较器的动态特性。为了实现应用的最佳性能，可以对两个参数进行调整。

AC的输入包括4个共享的模拟端口引脚和若干内部信号。每个比较器的输出，也可以使用引脚输出供外部设备使用。

通常，每个端口上的比较器成组使用。SAM D20的AC模块中包含了两个比较器，比较器0（COMP0）和比较器1（COMP1）。它们拥有相同的功能和特性，但使用了不同的控制寄存器。比较器一起使用时，可设置为窗口模式，即可将输入信号区分不同的电压范围，而不是单一的电压电平比较。

图4.5.1所示为模拟比较器的功能框图。从图中可以看出，比较器COMP0和COMP1包含AIN[0..3]的正负信号输入引脚、地信号（GND）、电压定标器VDD SCALER的输出、DAC输出及带隙基准电压BANDGAP。比较器COMPx的结果使用信号COMPx直接输出，或者经过中断灵敏度控制及窗口功能逻辑产生相应的中断或事件请求。

SAM D20内部模拟比较器AC具有以下特征：

- 拥有两个独立的比较器。
- 可以选择传输延迟和电流消耗。
- 可以选择迟滞：可开启/关闭。
- 模拟比较器结果可以输出到引脚上：同步输出或异步输出。
- 灵活的输入选择：
  - 4个引脚可以选择作为正输入或负输入；
  - 地（GND，用于过零检测）；
  - 带隙基准电压源；
  - 每个比较器拥有64级可编程VDD定标器；
  - DAC。
- 中断生成时机：
  - 上升沿或下降沿；
  - 翻转；

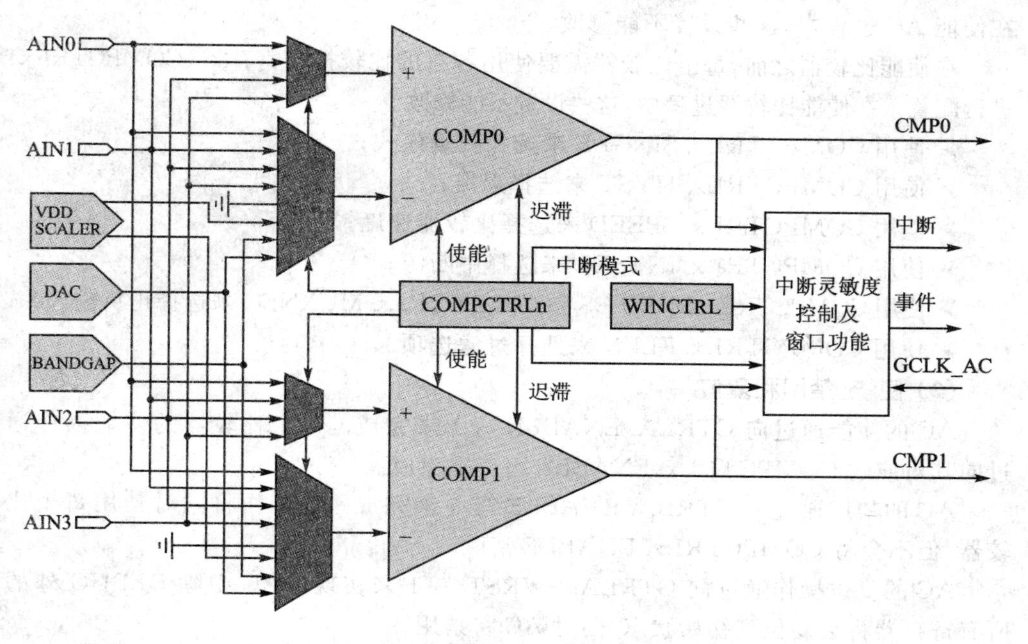

图 4.5.1　模拟比较器功能框图

- 比较结束。

➢生成窗口功能中断：
- 信号高于窗口；
- 信号位于窗口内部；
- 信号低于窗口；
- 信号在窗口内。

➢ 事件生成源：
- 比较器输出；
- 进入/退出窗口功能。

➢ 可以为比较器输出选择数字滤波器。

➢ 低功耗选项：支持单次触发。

2. 功能描述

每个比较器有一个正输入和一个负输入。正输入可以使用模拟输入引脚作为输入源。负输入可以使用模拟输入引脚或内部输入作为输入源，例如带隙基准电压源。如果正输入电压与负输入电压的差为正时，比较器的数字输出值为 1，否则为 0。

每个比较器可以独立使用，即正常模式；或者在窗口模式下成组使用，并生成窗口比较。

(1) 初始化

使能 AC 之前，需要使用事件控制寄存器（EVCTRL）来配置输入和输出事件。

在使能 AC 过程中，这些设置不能修改。

在使能比较器之前，每个比较器需要使用各自的比较控制寄存器(COMPCTRLx)进行配置。在使能比较器过程中，这些设置不能修改。

➢ 使用 COMPCTRLx. SINGLE 来选择测量模式；
➢ 使用 COMPCTRLx. HYST 来选择迟滞；
➢ 使用 COMPCTRLx. SPEED 来选择比较器速度；
➢ 使用 COMPCTRLx. INTSEL 来选择中断源；
➢ 使用 COMPCTRLx. MUXPOS 和 COMPCTRLx. MUXNEG 来选择正负输入源；
➢ 使用 COMPCTRLx. FLEN 来选择过滤选项。

(2) 使能、禁用和复位

AC 的使能通过向 CTRLA. ENABLE 写 1 来完成。每个比较器的使能操作通过向其对应的 COMPCTRLx. ENABLE 写 1 来完成。

AC 的禁用通过向 CTRLA. ENABLE 写 0 来完成。该操作将同时禁用每个比较器，但不会将 COMPCTRLx. ENABLE 清除。

AC 的复位操作通过向 CTRLA. SWRST 写 1 来实现。AC 中除 DEBUG 外的所有寄存器将会复位到初始状态，同时 AC 将禁用。

(3) 启动比较

每个比较器通道有两种不同的工作模式，COMPCTRLx. SINGLE 用于选择具体的工作模式。两种工作模式分别为连续比较模式和单次触发模式。

使能 AC 之后，在比较结果就绪之前，需要经过一个启动延迟。启动时间的长短受环境参数的影响，如温度或电源电压。

在启动时间内，比较器的输出不可用。如果电源电压低于 2.5 V，启动时长还与电压倍增器(电压泵)有关。如果能够确保电源电压高于 2.5 V，可以通过向 CTRLA. LPMUX 写 1 来禁用电压倍增器。对于输出翻转中断，需要配置比较器来确定中断何时发生：输出从 0 变成 1(上升沿)、输出从 1 变成 0(下降沿)或者比较结束时。比较结束中断可用于单次触发模式下链接系统中的更多事件，而与比较器输出无关。中断模式由比较器控制寄存器的中断选择位(COMPCTRLx. INTSEL)确定。比较器生成事件使用的是比较器输出状态，而与中断是否使能无关。

1) 连续比较

连续比较模式通过向 COMPCTRLx. SINGLE 写入 0 来选定。在连续模式下，比较器连续使能并执行比较操作。上述操作确保了 STATUSA. STATEx 始终保存最新比较结果值。当经过启动时间后，比较器就完成了一次比较操作并且 STATUSA 寄存器将更新。STATUSB. READYx 将设置，同时将生成相应的外设事件和中断。新的比较操作将在 COMPCTRLx. ENABLE 写入 0 后连续执行。启动时间仅用于第一次比较。

在连续比较模式下，比较器输出中断边沿检测通过比较当前采样和前一次采样

完成。采样率等于 GCLK_AC_DIG 的频率。图 4.5.2 是一个连续比较模式的示例。

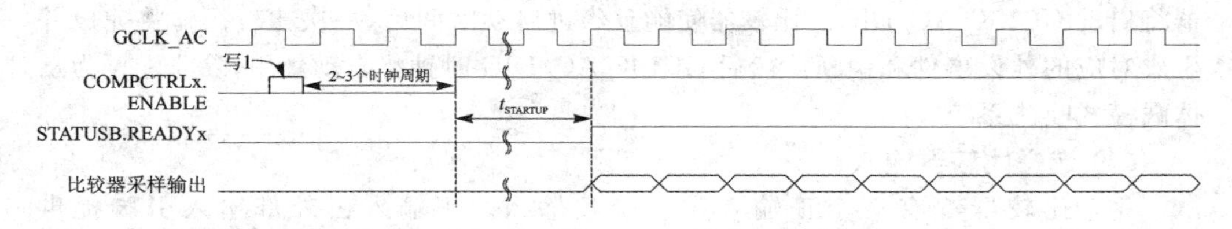

图 4.5.2　连续测量模式示例

对于低功耗操作，在休眠模式下比较操作不使用时钟就可以执行。比较器连续使能，并且异步检测比较器状态的变化。当出现翻转时，电源管理器将会启动 GCLK_AC_DIG 来记录相应的外设事件和中断。然后 GCLK_AC_DIG 时钟将自动禁用，除非配置为从休眠模式唤醒系统。

2）单次触发

单次触发模式通过向 COMPCTRLx. SINGLE 写入 1 来选定。在单次触发模式下，比较器通常处于空闲状态。启动一次比较操作通过向 CTRLB. STARTx 写入 1 来完成。比较器使能，并且经过启动时间后，一次比较操作将完成并且 STATUSA 将更新。同时，将生成对应的外设事件和中断。然后会执行新的比较操作。

向 CTRLB. STARTx 写入 1 将清除 STATUSB. READYx。当一次比较操作完成时，STATUSB. READYx 将被硬件自动设置。如果不使用轮询方式，那么还有一种启动比较操作的方式。对 STATUSC 的读取操作，所有当前配置为单次触发操作的比较器将会启动一次比较操作。该读操作将会延迟总线直到所有使能的比较器处于就绪态。如果比较器正在执行一次比较操作，读取操作将会延迟直到当前比较完成，并且比较器不会启动一次新的比较操作。

单次触发测量还可以由事件系统触发。向 EVCTRL. COMPEIx 写 1 时，传入的外设事件将触发一次比较操作。每个比较器可以使用不同的事件单独触发。事件触发操作类似于用户触发操作，区别是其他外设模块生成的外设事件引发硬件自动启动比较操作并清除 STATUSB. READYx。

单次触发模式下，为了检测比较器输出中断边沿，当前测量结果将同前一次测量结果作比较。图 4.5.3 是一个单次触发测量模式的示例。

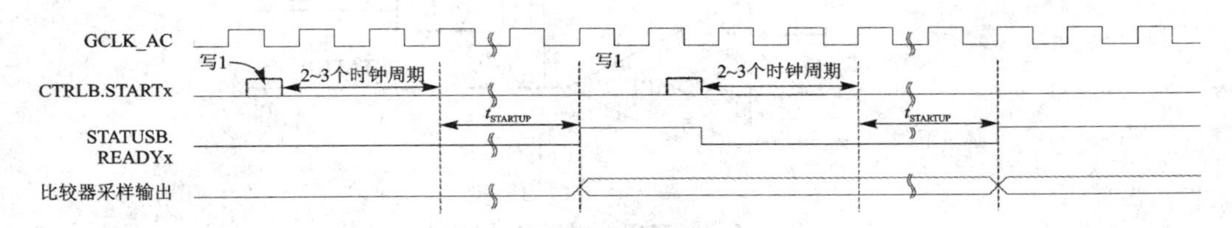

图 4.5.3　单次触发测量模式

对于低功耗操作，事件触发测量将在休眠模式下执行。当出现事件时，电源管理器将启动 GCLK_AC_DIG。比较器使能且经过启动时间后，一次比较操作将完成并生成对应的外设事件和中断。然后 GCLK_AC_DIG 时钟将自动禁用，除非配置为从休眠模式唤醒系统。

(4) 选择比较器输入

每个比较器都有一个正输入和一个负输入。正输入由外部输入引脚提供(AINx)。负输入由外部输入引脚(AINx)或所有比较器共用的若干内部参考电压源提供。输入源选择过程如下：

- 正输入由 COMPCTRLx. MUXPOS 确定；
- 负输入由 COMPCTRLx. MUXNEG 确定。

当使用外部 I/O 引脚时，选定的引脚需要配置为模拟用途。需要控制模拟输入复用器的切换来减少信道间的串扰。仅当单个比较器禁用时才需要改变输入选择。

(5) 窗口模式

可配置比较器组使其工作在窗口模式下。在该模式下，需要预定义一个电压范围，比较器将给出输入信号是否在此范围内的信息。窗口模式使能操作通过设置窗口控制寄存器的窗口使能 x 位(WINCTRL. WENx)来实现。比较器组中的每个比较器都需要为其对应的比较控制寄存器(COMPCTRLx. SINGLE)设置相同的测量模式。

在窗口模式下配置比较器组时，需要为每个比较器的正输入选择同一个 I/O 引脚来生成共享输入信号。负输入定义窗口的输入范围。在图 4.5.4 中，COMP0 定义窗口上限，而 COMP1 定义窗口的下限，但是窗口工作的配置却相反，COMP0 表示低值，COMP1 表示高值。窗口功能的当前状态由状态寄存器的窗口 x 状态位组(STATUS. WSTATEx)表示。

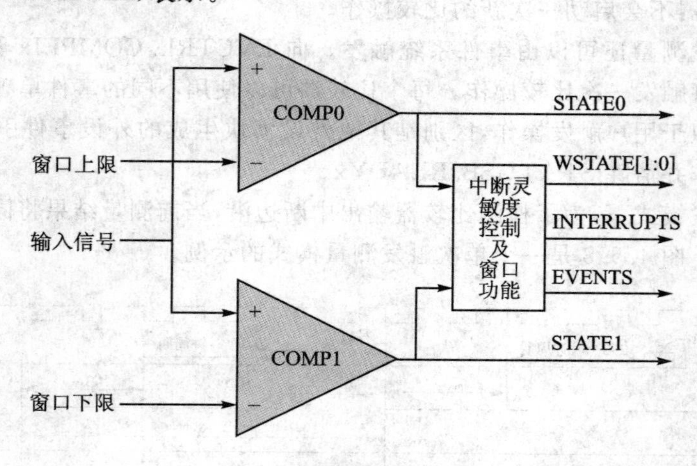

图 4.5.4　窗口模式下的比较器

可对窗口模式进行配置，使得输入电压发生变化低于窗口时、输入电压发生变化高于窗口时、输入电压发生变化进入窗口时或输入电压发生变化离开窗口时都将生成一个中断。中断选择由窗口控制寄存器的窗口中断选择位组(WINCTRL.WINTSELx[1:0])设置。可以在进入或离开窗口状态时生成事件,而无需考虑中断是否开启。在窗口模式下,单个比较器输出、中断和事件将继续正常工作。

当比较器组配置为窗口模式及单次触发模式时,测量操作将同时在两个比较器执行。向 CTRLB. STARTx 写 1 将启动一次测量。同样,任意一个外设事件将启动一次测量。

(6) 电压倍增器

AC 中包含一个电压倍增器,当电源电压低于 2.5 V 时,它能减小模拟复用器的阻抗。电压倍增器可以根据电源的电平状态自动开启或关闭。当使能比较器时,还需要额外的启动时间来设置电压倍增器。如果能够确保电源电压高于 2.5 V,则可以向 CTRLA. LPMUX 写 1 来禁用电压倍增器。禁用电压倍增器可以降低功耗,同时缩短启动时间。

(7) VDD 定标器

VDD 定标器可以对设备电源电压进行分压后生成参考电压,最多可进行 64 级分压。每个比较器单独使用一个专用的电压通道。当比较器的控制寄存器的负输入复用位组(COMPCTRLx. MUXNEG)值设置为 5 且比较器使能后,定标器将使能。设置定标器 x 寄存器的 Value 位组(SCALERx. VALUE[5:0])可以为每个通道选择电压。VDD 定标器的电路图如图 4.5.5 所示。

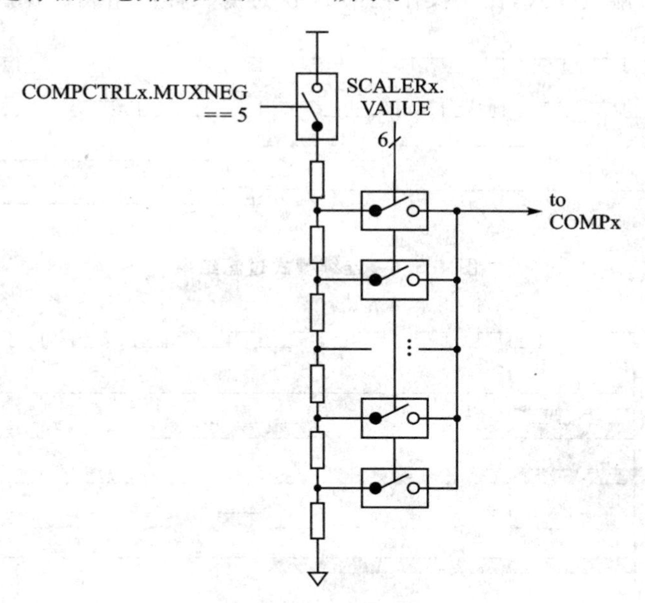

图 4.5.5　VDD 定标器

(8) 输入迟滞

应用软件可以为比较操作选择使能或禁用迟滞。使用迟滞将会减少输出的经常性翻转，翻转通常是由过于接近的输入信号带来的噪声引起的。每个比较器的输入使能操作通过设置比较器对应的控制寄存器的迟滞模式位(COMPCTRLx. HYST)来完成。迟滞仅在连续模式下可用(COMPCTRLx. SINGLE=0)。

(9) 传输延迟与功耗

为了获得最短的传输延迟以及最低的电源消耗就需要在比较速度与电源效率之间做折中。每个比较器的转换速度由其对应的控制寄存器的速度位组(COMPCTRLx. SPEED)控制。速度位组选择提供给比较器的偏压数量，并将影响启动时间。

(10) 过 滤

比较器的输出可以使用一个简单的数字过滤器来滤除噪声。过滤由 COMPCTRLx. FLEN 来确定，并且可以单独控制每个比较器的过滤操作。过滤的可选模式有：不过滤、3次采样比较($N=3$)以及5次采样比较($N=5$)。对于比较器输出改变，仅当与前 N 次采样中的 $N/2+1$ 次采样结果相同时，才认为改变是有效的。过滤器采样率等于时钟 CLK_AC 的频率，通过 CTRLA. PRESCALER 来控制。

需要注意，过滤器还带了从比较启动到比较器输出值有效的 $N-1$ 个采样周期。对于连续测量模式，第一个有效输出直到过滤器执行了 N 次采样后才会出现。后续的输出在每个时钟周期内，根据当前采样以及前 $N-1$ 次采样共同确定，如图4.5.6所示。对于单次触发模式，比较操作在第 N 次过滤采样后完成，如图4.5.7所示。

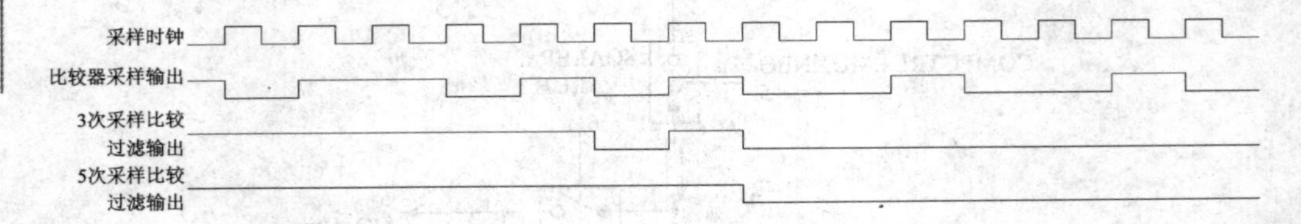

图 4.5.6 连续模式过滤结果

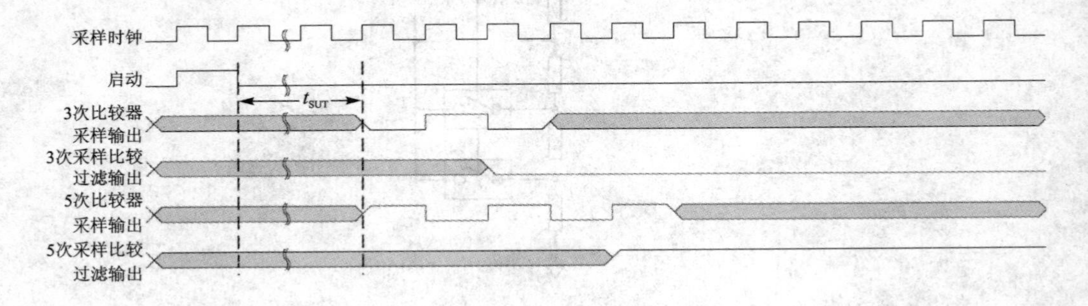

图 4.5.7 单次触发模式过滤结果

在休眠模式下，过滤仅支持单次触发测量。对于连续测量模式需要禁用过滤，否则可能会生成不正确的中断或事件请求。

(11) 比较器输出

每个比较器的输出都可以使用I/O引脚输出，使得外部电路能够使用比较器。该项功能由COMPCTRLx.OUT控制。比较器的原始输出、非同步输出或与CLK_AC同步后的输出，以及过滤后的输出都可以作为I/O信号源。比较器输出使用对应的CMP[x]引脚输出。

(12) 偏移补偿

COMPCTRLx.SWAP控制输入信号在比较器的正输入终端或负输入终端间的切换。当比较器的中断切换时，比较器的输出信号将同时发生翻转，如图4.5.8所示。这使得用户能够测量或补偿比较器的输出偏移电压。作为输出选择的一部分，仅当比较器禁用时，COMPCTRLx.SWAP才能改变。

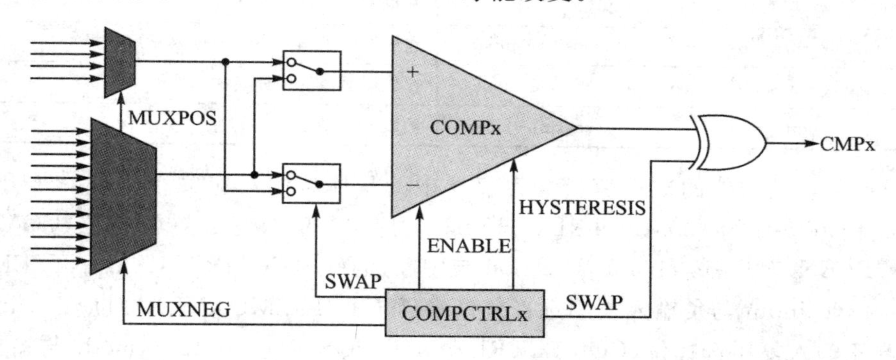

图4.5.8　输入偏移补偿交换

3. AC主要库函数与使用

(1) 主要结构体介绍

1) ac_config

ac_config结构体是比较器配置结构体。表4.5.1所列为该结构体的成员变量描述。

表4.5.1　ac_config成员变量描述

类　型	名　称	描　述
bool	run_in_standby[]	若为真，当比较器触发比较操作后，在休眠模式下，也会继续采样数据
enum gclk_generator	source_generator	AC GCLK的来源

数组run_in_standby与休眠模式下的工作位(CTRLA.RUNSTDBY)对应，因为SAM D20有两个AC，所以数组大小为2。

2）ac_chan_config

ac_chan_config 结构体是比较器通道的输入、输出设置配置结构体。表 4.5.2 所列为该结构体的成员变量描述。

表 4.5.2 ac_chan_config 成员变量描述

类 型	名 称	描 述
bool	enable_hysteresis	若为真，比较器的输入滞后模式使能
enum ac_chan_filter	filter	比较器输出的滤波模式
enumac_chan_interrupt_selection	interrupt_selection	比较器通道的中断源中，选择一个用于触发中断的源
enum ac_chan_neg_mux	negative_input	比较器的负输入引脚的输入复用选择
enum ac_chan_output	output_mode	比较器的输出模式，是做内部使用，还是同步或异步地连接到 GPIO 引脚
enum ac_chan_pos_mux	positive_input	比较器的正输入引脚的输入复用选择
enum ac_chan_sample_mode	sample_mode	比较器通道的采样模式
uint8_t	vcc_scale_factor	VCC 分频系数

下面对该结构体的成员变量与寄存器中的具体位的对应关系作进一步介绍：enable_hysteresis 与 COMPCTRLx. HYST 对应；filter 与滤波器长度位（COMPCTRLx. FLEN）对应；interrupt_selection 与中断选择位（COMPCTRLx. INTSEL）对应；negative_input 与负输入复用选择位（COMPCTRLx. MUXNEG）对应；positive_input与正输入复用选择位（COMPCTRLx. MUXPOS）对应；output_mode 与输出位（COMPCTRLx. OUTPUT）对应；sampl_mode 与单次转换位（COMPCTRLx. SINGLE）对应；vcc_scale_factor 与分频系数寄存器（SCALERn）对应。

（2）回调机制下的 AC 操作

本实例通过 GPIO 输入一个电压，通过 AC 与另一个电压比较，比较的结果用 LED 显示。利用回调机制不断地触发单次比较。

```
void configure_ac(void)
{
    struct ac_config config_ac;
    ac_get_config_defaults(&config_ac);//初始化 AC 的配置项为默认值
    ac_init(&ac_instance, AC, &config_ac);  //用配置项初始化 AC
}

void configure_ac_channel(void)
{
    struct ac_chan_config config_ac_chan;
    ac_chan_get_config_defaults(&config_ac_chan);//初始化 AC 的通道配置项为默认值
```

```
    config_ac_chan.sample_mode       = AC_CHAN_MODE_SINGLE_SHOT;//采样模式为单次
    config_ac_chan.positive_input    = AC_CHAN_POS_MUX_PIN0;//正输入引脚
    config_ac_chan.negative_input    = AC_CHAN_NEG_MUX_SCALED_VCC;//负输入引脚
    config_ac_chan.vcc_scale_factor= 32;//VCC 分频系数为 32
    //中断源选择为完成比较时触发中断
    config_ac_chan.interrupt_selection = AC_CHAN_INTERRUPT_SELECTION_END_OF_
    COMPARE;

    struct system_pinmux_config ac0_pin_conf;
    system_pinmux_get_config_defaults(&ac0_pin_conf);
    ac0_pin_conf.direction           = SYSTEM_PINMUX_PIN_DIR_INPUT;
    ac0_pin_conf.mux_position        = MUX_PA04B_AC_AIN0;
    system_pinmux_pin_set_config(PIN_PA04B_AC_AIN0, &ac0_pin_conf);

    //用配置项初始化 AC 实例
    ac_chan_set_config(&ac_instance, AC_COMPARATOR_CHANNEL, &config_ac_chan);
    ac_chan_enable(&ac_instance, AC_COMPARATOR_CHANNEL); //AC 使能
}

void callback_function_ac(struct ac_module * const module_inst)//回调函数定义
{
    callback_status = true;
}

void configure_ac_callback(void)
{
    //注册回调函数,在比较器 0 完成比较操作时回调
    ac_register_callback(&ac_instance,callback_function_ac,AC_CALLBACK_
    COMPARATOR_0);
    //使能回调函数
    ac_enable_callback(&ac_instance, AC_CALLBACK_COMPARATOR_0);
}

int main(void)
{
    system_init();
    configure_ac();
    configure_ac_channel();
    configure_ac_callback();
    ac_enable(&ac_instance); //AC 使能
    //单次 AC 比较开始
    ac_chan_trigger_single_shot(&ac_instance, AC_COMPARATOR_CHANNEL);
```

```
    uint8_t last_comparison = AC_CHAN_STATUS_UNKNOWN;
    port_pin_set_output_level(LED_0_PIN, true);
    while (true) {
        if (callback_status == true) {
            do
            {     //读取 AC 当前状态,若比较完成则跳出循环
                last_comparison = ac_chan_get_status(&ac_instance,
                        AC_COMPARATOR_CHANNEL);
            } while (last_comparison & AC_CHAN_STATUS_UNKNOWN);

            port_pin_set_output_level(LED_0_PIN,
                    (last_comparison & AC_CHAN_STATUS_NEG_ABOVE_POS));

            ac_chan_trigger_single_shot(&ac_instance, AC_COMPARATOR_CHANNEL);

            callback_status = false;
        }
    }
}
```

1）注册回调函数 ac_register_callback( )

用于注册中断回调函数。

原型：voidac_register_callback(struct ac_module * const module, usart_callback_t callback_func, enum ac_callback callback_type)

函数参数：如表 4.5.3 所列。

表 4.5.3　函数参数

数据方向	参数名称	描　述
输入	module	指向 AC 软件实例的指针
输入	callback_func	指向回调函数的指针
输入	callback_type	回调函数类型

返回值：无。

枚举参数：enum ac_callback callback_type 描述如表 4.5.4 所列。

表 4.5.4　枚举值描述

枚举值	描　述
AC_CALLBACK_COMPARATOR_0	比较器 0 的回调
AC_CALLBACK_COMPARATOR_1	比较器 1 回调
AC_CALLBACK_WINDOW_0	窗口比较回调

2）回调使能函数 ac_enable_callback()

使能定义好的回调函数。

原型：void ac_enable_callback(struct ac_mode * const module, enum ac_callback callback_type)

函数参数：如表4.5.5所列。

返回值：无。

3）AC的配置值初始化函数 ac_get_config_defaults()

原型：void ac_get_config_defaults(struct ac_config * const config)

函数参数：如表4.5.6所列。

表4.5.5　ac_enable_callback()函数参数

数据方向	参数名称	描　述
输入	module	指向AC软件实例的指针
输入	callback_type	回调函数类型

表4.5.6　ac_get_config_defaults()函数参数

数据方向	参数名称	描　述
输出	config	配置成默认参数的结构体

返回值：无。

该函数将传入的AC配置结构体初始化为默认值。在用户使用AC配置结构体之前应该调用该函数。默认的配置如下：

➢ 所有比较器在睡眠模式下都禁止；

➢ 生成器0是GCLK的默认来源。

4）AC初始化函数 ac_init()

原型：enum status_code ac_init(struct ac_module * const module, Ac * const hw, struct ac_config * const config)

函数参数：如表4.5.7所列。

5）AC通道配置值初始化函数 ac_chan_get_config_defaults()

原型：void ac_chan_get_config_defaults(struct usart_config * const config)

函数参数：如表4.5.8所列。

表4.5.7　ac_init()函数参数

数据方向	参数名称	描　述
输出	module	指向AC软件实例的指针
输入	hw	指向硬件实例的指针
输入	config	指向配置结构体的指针

表4.5.8　ac_get_config_defaults()函数参数

数据方向	参数名称	描　述
输出	config	配置成默认参数的结构体

返回值：无。

该函数将传入AC的通道配置结构体初始化为默认值。默认的配置如下：

➢ 连续采样模式；

- 5样例输出后滤波；
- 输入引脚的滞后特性使能；
- 内部比较输出模式；
- 比较器的复用0号引脚选择为正输入；
- 分频后的VCC电压选择为负输入；
- VCC的分频系数为2；
- 超过比较阈值，激活中断。

6）AC通道配置函数 ac_chan_set_config()

原型：enum status_code ac_chan_set_config(struct ac_module * const module_inst, const enum ac_chan_channel channel, struct ac_chan_config * const config)

函数参数：如表4.5.9所列。

7）AC通道使能函数 ac_chan_enable()

原型：voidac_chan_enable(struct ac_module * const module_inst, const enum ac_chan_channel channel)

函数参数：如表4.5.10所列。

表4.5.9 ac_chan_set_config()函数参数

数据方向	参数名称	描 述
输出	module_inst	指向AC软件实例的指针
输入	channel	需要配置的AC通道
输入	config	指向配置结构体的指针

表4.5.10 ac_chan_enable()函数参数

数据方向	参数名称	描 述
输入	module_inst	指向AC软件实例的指针
输入	channel	要使能的AC通道

返回值：无。

8）AC使能函数 ac_enable()

原型：void ac_enable(struct ac_module * const module_inst)

函数参数：如表4.5.11所列。

返回值：无。

9）AC单次比较触发函数 ac_chan_trigger_single_shot()

原型：void ac_chan_trigger_single_shot(struct ac_module * const module_inst, const enum ac_chan_channel channel)

函数参数：如表4.5.12所列。

表4.5.11 ac_enable()函数参数

数据方向	参数名称	描 述
输入	module_inst	指向AC软件实例的指针

表4.5.12 ac_chan_trigger_single_shot()函数参数

数据方向	参数名称	描 述
输入	module_inst	指向AC软件实例的指针
输入	channel	要触发的AC通道

返回值：无。

10）AC 通道输出状态查询函数 ac_chan_get_status( )

原型：uint8_t ac_chan_get_status(struct ac_module * const module_inst, const enum ac_chan_channel channel)

函数参数：如表 4.5.13 所列。

返回值：比较通道状态标志的位掩码。

表 4.5.13　ac_chan_get_status( )函数参数

数据方向	参数名称	描　述
输入	module_inst	指向 ac 软件实例的指针
输入	channel	AC 的通道

该函数总是返回上一次比较后的结果的掩码，若在比较还未完成时调用该函数，则返回结果是未知。在 ASF 框架中，一般返回 3 个宏定义：AC_CHAN_STATUS_UNKNOWN，AC_CHAN_STATUS_NEG_ABOVE_POS，AC_CHAN_STATUS_POS_ABOVE_NEG，分别代表比较未完成、负输入大于正输入和负输入小于正输入。

(3) 轮询机制下的 AC 操作

本实例通过 GPIO 输入一个电压，通过 AC 与另一个电压比较，比较的结果用 LED 显示。利用轮询机制执行下一次比较。

```
void configure_ac(void)
{
    struct ac_config config_ac;             //AC 的配置
    ac_get_config_defaults(&config_ac);
    ac_init(&ac_instance, AC, &config_ac);
}

void configure_ac_channel(void)//AC 通道配置
{
    struct ac_chan_config ac_chan_conf;
    ac_chan_get_config_defaults(&ac_chan_conf);

    ac_chan_conf.sample_mode        = AC_CHAN_MODE_SINGLE_SHOT;//比较模式
    ac_chan_conf.positive_input     = AC_CHAN_POS_MUX_PIN0;//正输入
    ac_chan_conf.negative_input     = AC_CHAN_NEG_MUX_SCALED_VCC; //负输入
    ac_chan_conf.vcc_scale_factor   = 32;  //ACC 分频系数

    struct system_pinmux_config ac0_pin_conf;    //GPIO 配置
    system_pinmux_get_config_defaults(&ac0_pin_conf);
    ac0_pin_conf.direction     = SYSTEM_PINMUX_PIN_DIR_INPUT;
    ac0_pin_conf.mux_position = MUX_PA04B_AC_AIN0;
```

```
    system_pinmux_pin_set_config(PIN_PA04B_AC_AIN0, &ac0_pin_conf);
    //配置AC通道,使能AC通道
    ac_chan_set_config(&ac_instance, AC_COMPARATOR_CHANNEL, &ac_chan_conf);
    ac_chan_enable(&ac_instance, AC_COMPARATOR_CHANNEL);
}
int main(void)
{
    system_init();
    configure_ac();
    configure_ac_channel();
    ac_enable(&ac_instance); //AC使能
    //触发单次比较
    ac_chan_trigger_single_shot(&ac_instance, AC_COMPARATOR_CHANNEL);
    uint8_t last_comparison = AC_CHAN_STATUS_UNKNOWN;
    while (true) {
        //查询AC通道是否准备好
        if (ac_chan_is_ready(&ac_instance, AC_COMPARATOR_CHANNEL)) {
            do
            {   //查询AC状态
                last_comparison = ac_chan_get_status(&ac_instance,
                        AC_COMPARATOR_CHANNEL);
            } while (last_comparison & AC_CHAN_STATUS_UNKNOWN);

            port_pin_set_output_level(LED_0_PIN,
                    (last_comparison & AC_CHAN_STATUS_NEG_ABOVE_POS));
            //触发单次比较
            ac_chan_trigger_single_shot(&ac_instance, AC_COMPARATOR_CHANNEL);
        }
    }
}
```


AC通道状态查询函数 ac_chan_is_ready()

原型:boolac_chan_is_ready(structac_module ＊constmodule_inst, constenumac_chan_channel channel)

函数参数:如表4.5.14所列。

表4.5.14 ac_chan_is_ready()函数参数

数据方向	参数名称	描 述
输入	module_inst	指向AC软件实例的指针
输入	channel	AC的通道

返回值:为真则准备好,为假则没有准备好。

4.5.2 模/数转换器ADC

模/数转换器ADC是用于将模拟形式的连续信号转换为数字形式的离散信号的一类设备。典型的模/数转换器(ADC)将模拟信号转换为表示一定比例电压值的数字信号。数字信号输出可能会使用不同的编码结构,通常会使用二进制补码表示,但也有一些ADC会使用其他编码,如无符号二进制编码。

衡量一个ADC器件的特性,一般有以下性能指标:

① 分辨率 ADC的分辨率,是指ADC所能分辨的模拟输入信号的最小变化量。假设ADC输出的数字信号的位数为n,满量程时的电压为FSR,则分辨率的定义为

$$\text{分辨率}=\frac{\text{FSR}}{2^n}$$

由于ADC分辨率的高低取决于其数字输出的位数,所以通常使用位数n来间接表示分辨率。常用ADC的分辨率有8位、10位、12位、16位和24位等几种。目前,技术上ADC的最高分辨率已经可以达到30位,但是一般商业产品最多只有24位。

② 量程 ADC允许输入的模拟信号的电压范围,如0～5 V(单极性输入)、－5～＋5 V(双极性输入)等。如果转换电压超出器件规定的范围,将产生过载失真,甚至会损坏器件。

③ 精度 由于ADC是将连续模拟信号量化为离散数字信号,量化过程必然会产生量化误差。通常将ADC的绝对精度定义为:对应于输出数码的实际模拟输入电压与理想模拟输入电压之差。除量化误差外,影响ADC精度的还有非线性误差、零点漂移误差和增益误差等。ADC的实际输出与理论上的输出之差就是这些误差共同叠加的结果。

④ 转换速度 ADC最重要的指标之一,也是制约ADC应用范围的主要因素。评价转换速度的指标通常包括转换时间和单位时间内转换的样本数。转换时间是指启动一次转换到转换结束所花费的时间。而单位时间内能够转换的样本数为转换时间的倒数。

在实际应用中会遇到许多种不同类型的ADC,常用的有逐次逼近式ADC、流水线式ADC、双积分ADC、Sigma-Delta ADC等。不同的ADC有着不同的特性,对于Sigma-Delta ADC,其分辨率可达24位以上,但其采样速率比较低。逐次逼近式ADC比较适应中等采样率、分辨率在16位以下的应用。流水线式ADC主要用于高速采样,如视频信号采样,其分辨率则在16位以下。

1. SAM D20 ADC概述

SAM D20内部包含一个12位分辨率的逐次逼近式模/数转换器(ADC),其最高转换速率可达350 ks/s。SAM D20的ADC具有灵活的输入选择方式,可支持差分测量和单端测量。ADC还拥有一个可选的增益控制级,从而增加了ADC的动态

范围。此外，ADC还拥有若干内部输入信号（如温度传感器）。SAM D20的ADC可以提供有符号和无符号两种输出结果。

ADC测量可以由应用软件或其他外设产生的事件启动。ADC测量以可预测的时序开始，并且不需要软件的干预。

SAM D20内部有一个集成的温度传感器，该传感器可以与ADC一起使用。ADC还可以测量片上带隙电压、I/O电源分压和内核电压。

SAM D20 ADC的比较功能可以准确测量用户定义的阈值，并且不需要过多的软件干预。

为了实现缩短转换时间的目标，可以对ADC进行配置，生成8位、10位或12位的输出结果。ADC可以提供左对齐或右对齐的转换结果，当结果使用有符号表示时能够减少计算量。

SAM D20 ADC的功能框图如图4.5.9所示。从图中可以看出，由输入控制寄存器（INPUTCTRL）选择的正负输入信号经ADC模块转换以及后置处理单元的操作后，将转换结果存储到RESULT寄存器中，其中参考电压由参考电压选择寄存器（REFCTRL）选择。

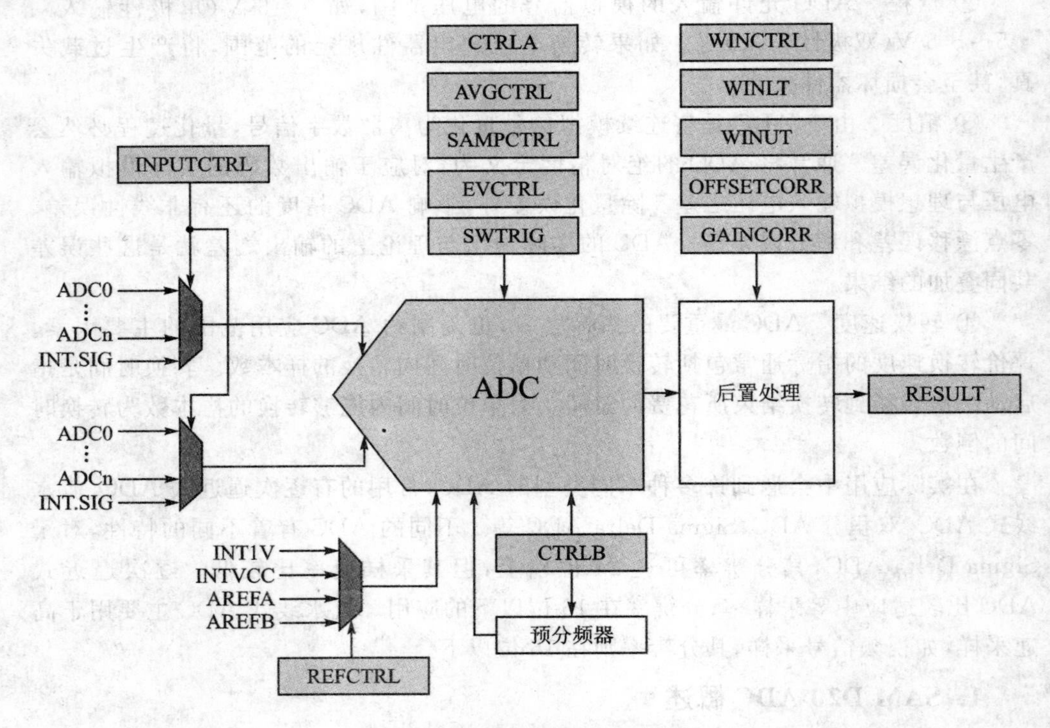

图4.5.9 模/数转换器功能框图

SAM D20内部ADC具有以下特征：

➢ 8位、10位和12位三种分辨率。

- 采样率高达350 ks/s。
- 差分和单端两种类型输入:多达32个模拟输入。有25个正输入和10个负输入可选,包括内部和外部输入。
- 5种内部输入:
  - 带隙基准;
  - 温度传感器;
  - DAC;
  - 可扩展内核电源;
  - I/O电源比例分压。
- 1/2～16倍增益可选。
- 单次、连续和引脚扫描转换可选。
- 可以对通道进行窗口监视。
- 转换范围:
  - V_{REF}[1 V到V_{DDANA}−0.6 V];
  - ADCx×GAIN [0 V到$-V_{REF}$]。
- 内部电压参考或外部电压参考选项:四位参考电压选择。
- 精确定时的事件触发转换(一个事件输入)。
- 硬件增益和偏移补偿。
- 支持平均和过采样,可得到最多16位输出结果。
- 可以选择采样时间。

2. 功能描述

默认情况下,SAM D20 ADC提供12位分辨率的输出结果。出于缩短转换时间的目的,还可以选择8位或10位的输出结果。ADC使用过采样抽取功能选项后,能够将分辨率扩展到16位。ADC的输出值可以是内部信号(如内部温度传感器)或者外部输入(连接到外部I/O引脚)。转化模式有单端型和差分测量两种方式。

(1) 初始化

在使能ADC之前,需要为其选择并使能一个异步时钟源,同时还需要配置参考电压。参考电压改变后的第一次转化结果无法使用。在转换期间,所有的配置寄存器值都不能修改。ADC时钟GCLK_ADC的选择和使能由系统控制器(SYSCTRL)控制。

当GCLK_ADC使能后,使能ADC的操作通过向CTRLA.ENABLE写1来完成。

(2) 使能、禁用及复位

使能ADC的操作需要向CTRLA.ENABLE写1,禁用ADC的操作则需要向该位写0。

复位ADC的操作通过向CTRLA.SWRST写1完成。ADC中除DBGCTRL外的所有寄存器将会复位成初始状态,同时ADC将禁用。复位ADC之前,一般首先需要将其禁用。

(3) 基本操作

在对ADC进行了最基本的配置后,ADC将从设定的内部或外部输入信号源获取采样值,其中输入信号由INPUTCTRL选择和控制。ADC的转换速率由时钟GCLK_ADC的频率以及时钟预分频器共同决定。

为了将模拟值转换成数字值,首先需要对ADC进行初始化。启动数/模转换的操作既可以手工完成,也可以自动完成。手工操作通过向软件触发寄存器的启动标志位(SWTRIG.START)写1实现,自动操作通过配置自动触发器来启动转换。ADC可以使用自由运行模式,在该模式下ADC将能对一个输入通道进行连续转换。在该模式下,新的转换不需要使用触发器来启动,前一次转换结束时将自动开始新的转换操作。

转化完成后新的结果将存储到结果寄存器(RESULT)中,同时将覆盖前一次转换结果。

如果ADC开启了多个通道,为了避免数据丢失,只有当转换结果就绪(由INTFLAG.RESRDY标志)后,才能对其执行读取操作。否则,将引发超越(Overrun)错误,该错误由中断标志状态和清除寄存器的OVERRUN位(INTFLAG.OVERRUN)标志。

如果需要使用中断处理函数,则要将中断使能设置寄存器(INTENSET)的对应位置1。

(4) 预分频器

ADC使用GCLK_ADC作为工作通用时钟。ADC内部有一个预分频器,可以提供更低的转换时钟率。图4.5.10所示为ADC的预分频器。

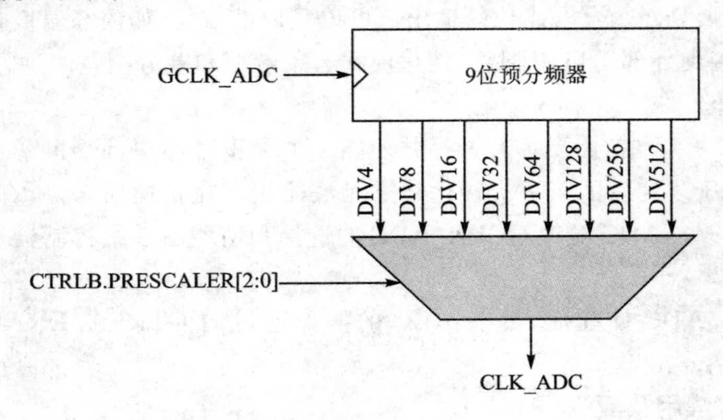

图4.5.10 ADC预分频器

一次ADC测量的转换延迟公式如下:

$$转换延迟 = \frac{1 + \frac{分辨率}{2} + 延迟增益}{f_{ADC}}$$

式中：f_{ADC}表示时钟 GCLK_ADC 的频率。

ADC 的延迟增益(Delay Gain)由输入控制寄存器的增益位组(INPUTCTRL. GAIN)确定。表 4.5.15 列出了 INPUTCTRL. GAIN 值在不同工作模式下，延迟增益对应的周期数。

表 4.5.15　延迟增益

INPUTCTRL. GAIN[3:0]	延迟增益(CLK_ADC 周期数)	
	差分模式	单边沿模式
0x0	0	0
0x1	0	1
0x2	1	1
0x3	1	2
0x4	2	2
0x5..0xE	保留	保留
0xF	0	1

(5) ADC 分辨率

ADC 支持 8 位、10 位和 12 位三种分辨率。ADC 的分辨率由控制 B 寄存器的分辨率位组(CTRLB. RESSEL)确定。ADC 复位后，分辨率将默认设置为 12 位。

(6) 差分和单端输入转换

SAM D20 ADC 有两种转换模式：差分模式和单端模式。如果测量信号的正输入端的电压一直比负输入的电压高，则使用单端模式转换将仅产生正值，因此可以更好地利用 12 位的分辨率。单端模式要求负输入端接地，如内部的 GND、IOGND 或使用引脚连接到外部地。如果正输入端的电压值有可能低于负输入端，ADC 将会产生一些负数结果，为了获得正确的结果就需要使用差分转换模式。转换模式的配置通过设置控制 B 寄存器的差分模式位(CTRLB. DIFFMODE)来完成。ADC 两种模式的转换都可以有单次转换和连续(自由)运行两种方式。如果设置为自由运行，则 ADC 将连续采样并进行新的转换。每次转换结束时 INTFLAG. RESRDY 将置位。

ADC 转换时序如图 4.5.11～图 4.5.15 所示。

图 4.5.11 所示为在无增益差分模式下，一次转换的 ADC 时序。为了启动采样操作，需要在启动转换的 CLK_ADC 时钟前至少一个 CLK_ADC_APB 时钟，将软件触发寄存器的启动标志位(SWTRIG. START)或者事件控制寄存器的启动转换事件

输入位(EVCTRL. STARTEI)置位。输入通道在第一个CLK_ADC时钟的前半个周期进行采样。修改采样时间控制寄存器的采样时长位(SAMPCTRL. SAMPLEN)能够修改采样时间。图4.5.12所示为延长采样时长后,在无增益差分模式下,一次转换的ADC时序。图4.5.13所示为在无增益差分模式下,自由运行转换的ADC时序。图4.5.14所示为在无增益单端模式下,单次转换的ADC时序。图4.5.15所示为在无增益单端模式下,自由运行转换的ADC时序。

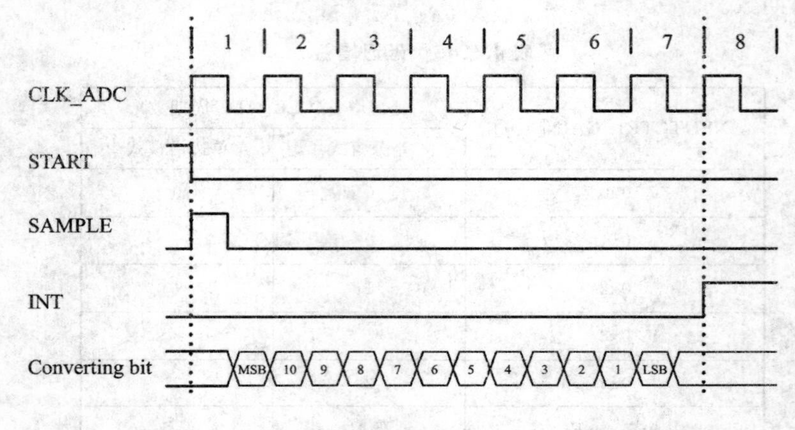

图4.5.11　无增益差分模式下,一次ADC转换时序

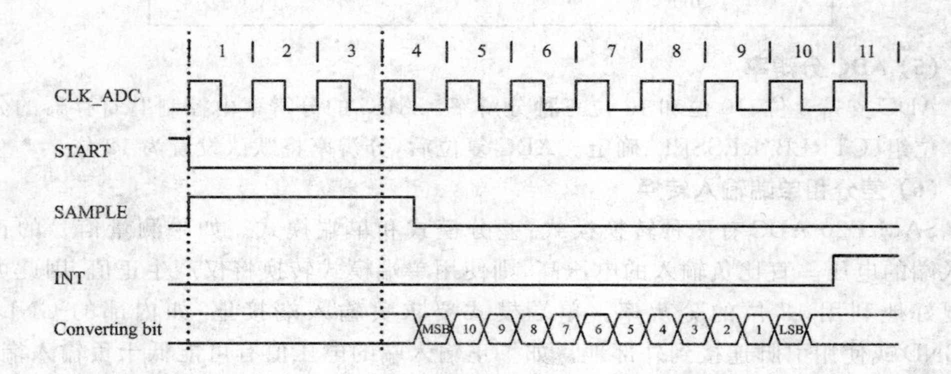

图4.5.12　延长采样时长后,在无增益差分模式下,一次ADC转换时序

(7) 采样累加

ADC的多个连续转换结果可以累加,累加的采样数目由平均控制寄存器的采样数目位组(AVGCTRL. SAMPLENUM)确定,该位组可以指定的数目如表4.5.16所列。如果需要累加的采样数目大于16个,16位的RESULT寄存器将无法存储累加结果。为了避免溢出,累加结果将自动右移。表4.5.16也说明了自动右移量。如果需要累加的采样数目为两个或者更多时,控制B寄存器的转换结果分辨率域(CTRLB. RESSEL)需要置为1。

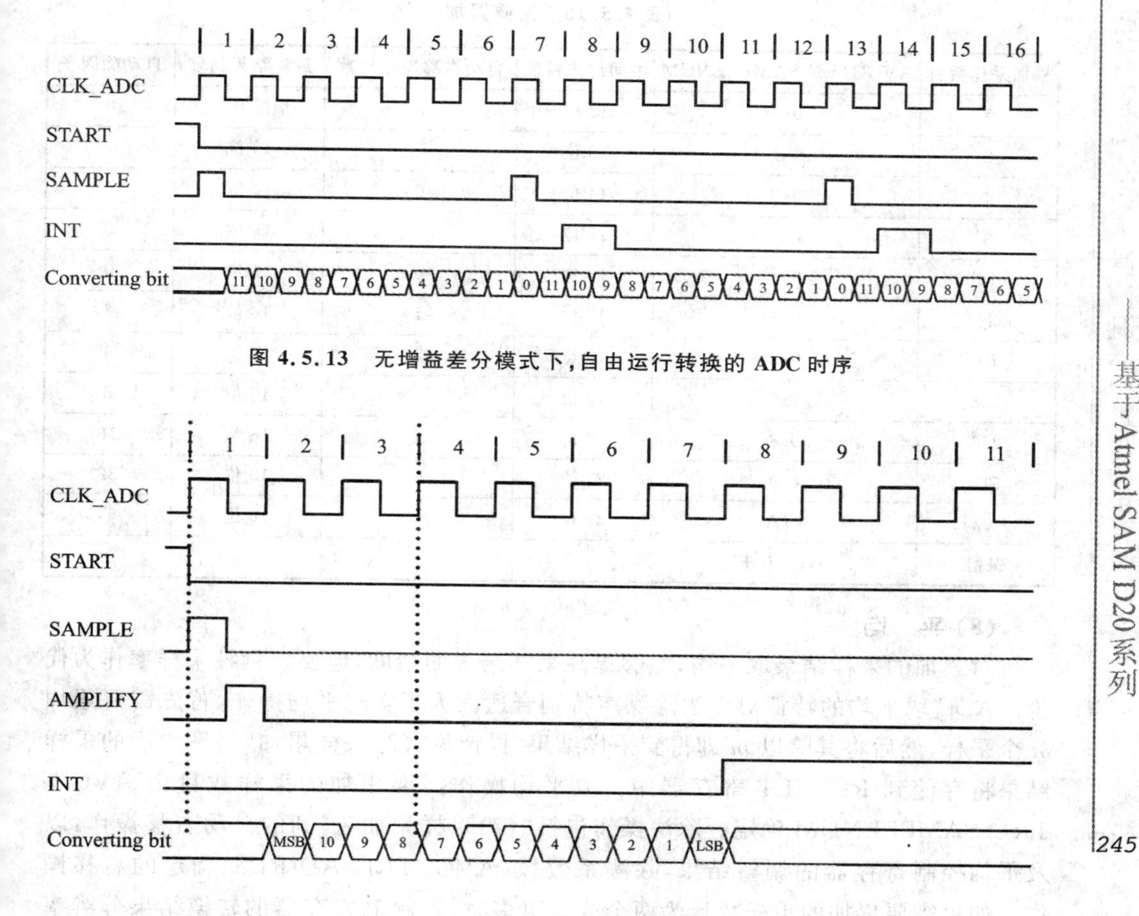

图4.5.13 无增益差分模式下,自由运行转换的ADC时序

图4.5.14 无增益单端模式下,一次转换的ADC时序

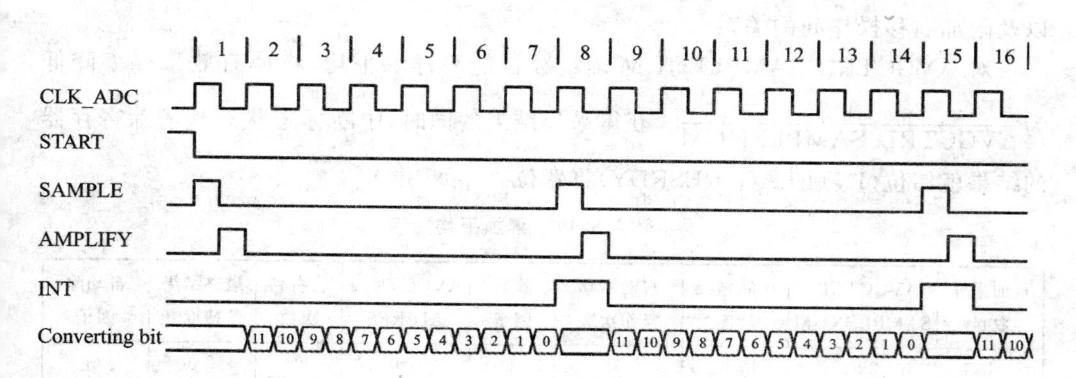

图4.5.15 无增益单端模式下,自由运行转换的ADC时序

表4.5.16 采样累加

累加采样数目	AVGCTRL.SAMPLENUM	中间结果精度	自动右移操作次数	最终结果精度	自动除因子
1	0x0	12位	0	12位	0
2	0x1	13位	0	13位	0
4	0x2	14位	0	14位	0
8	0x3	15位	0	15位	0
16	0x4	16位	0	16位	0
32	0x5	17位	1	16位	2
64	0x6	18位	2	16位	4
128	0x7	19位	3	16位	8
256	0x8	20位	4	16位	16
512	0x9	21位	5	16位	32
1 024	0xA	22位	6	16位	64
保留	0xB～0xF	—	—	—	—

(8) 平 均

对累加的采样结果取平均，能够提高采样结果的精度，但要以牺牲采样率作为代价。ADC取平均的特征对于去除噪声特别合适。为了实现平均操作，首先需要累加 m 个采样，然后将其除以 m 即得到采样结果，详情见“(7)采样累加”。平均后的采样结果将存储到RESULT寄存器中。取平均操作需要累加的采样数目由AVGCTRL.SAMPLENUM确定。除法操作包括“(7)采样累加”提到的自动右移操作，以及平均控制寄存器的调整结果/除法系数域(AVGCTRL.ADJRES)确定的右移操作。如果需要累加的采样数目为两个或者更多时，控制B寄存器的转换结果分辨率域(CTRLB.RESSEL)需要置为1。表4.5.17所列为累加采样数目与自动右移操作以及附加右移操作间的关系。

对AVGCTRL.SAMPLENUM确定数目的采样取平均，将使有效采样率降低为 $\frac{1}{\text{AVGCTRL.SAMPLENUM}}$。获得采样结果的同时，中断标志状态和清除寄存器的结果就绪位(INTFLAG.RESRDY)将置位。

表4.5.17 累加平均

累加采样数目	AVGCTRL.SAMPLENUM	中间结果精度	自动右移操作次数	除数因子	AVGCTRL.ADJRES	总右移次数	最终结果精度	自动除因子
1	0x0	12位	0	1	0x0	0	12位	0
2	0x1	13位	0	2	0x1	1	12位	0
4	0x2	14位	0	4	0x2	2	12位	0

续表 4.5.17

累加采样数目	AVGCTRL. SAMPLENUM	中间结果精度	自动右移操作次数	除数因子	AVGCTRL. ADJRES	总右移次数	最终结果精度	自动除因子
8	0x3	15位	0	8	0x3	3	12位	0
16	0x4	16位	0	16	0x4	4	12位	0
32	0x5	17位	1	16	0x4	5	12位	2
64	0x6	18位	2	16	0x4	6	12位	4
128	0x7	19位	3	16	0x4	7	12位	8
256	0x8	20位	4	16	0x4	8	12位	16
512	0x9	21位	5	16	0x4	9	12位	32
1024	0xA	22位	6	16	0x4	10	12位	64
保留	0xB～0xF	—	—	—	—	—	—	—

(9) 过采样和抽取

通过使用过采样和抽取，ADC的分辨率将从12位增加到16位。如果要将分辨率增加 n 位，就需要积累 4^n 个采样。同时，累加采样的结果需要右移 n 位。右移操作包括自动右移和 AVGCTRL. ADJRES 确定数目的右移。为了获得正确的分辨率，ADJRES需要按照表4.5.18所列进行配置。使用该方法将引入 n 位额外的最低有效位。

表 4.5.18 过采样和抽取配置

结果分辨率	需要平均的采样数目	AVGCTRL. SAMPLENUM[3:0]	自动右移操作次数	AVGCTRL. ADJRES[2:0]
13位	$4^1=4$	0x2	0	0x1
14位	$4^2=16$	0x4	0	0x2
15位	$4^3=64$	0x6	2	0x1
16位	$4^4=256$	0x8	4	0x0

(10) 窗口监视器

窗口监视器用于将转换结果与用户预定义的阈值作比较。ADC的窗口模式由窗口监视控制寄存器的窗口监视模式位组(WINCTRL. WINMODE[2:0])确定。用户定义的阈值由监视窗口阈值低位寄存器(WINLT)和监视窗口阈值高位寄存器(WINUT)确定。

如果输入选择为差分输入，WINLT和WINUT为有符号数，否则为无符号数。另外，需要注意的是，WINLT和WINUT的有效位由CTRLB. RESSEL选择的精度确定，即在8位模式下，仅最低8位有效。如果这些寄存器的第9位为0，第8位将当做符号位使用。

在窗口监视模式下，如果转换结果匹配，则中断标志 INTFLAG. WINMON 将设置。

(11) 偏移和增益校准

ADC 自身的增益以及偏移误差将影响其绝对精度。偏移误差是 ADC 实际转换函数与理想的零输入电压开始的线性函数之间的偏差。偏移校正寄存器(OFFSETCORR)用于抵消 ADC 的偏移误差。转换后的结果要在减去偏移校正值后，才被写入 RESULT 寄存器。增益误差是经过偏移误差补偿后，实际输出与理想输出之间的倍率误差。增益校正寄存器(GAINCORR)用于抵消 ADC 的增益误差。为了校正这两个误差，需要将 CTRLB. CORREN 设置为 0。

经过偏移误差及增益误差补偿后的转换结果计算公式为

结果＝(转换值－OFFSETCORR)×GAINCORR

在单次转换模式下，获得最终结果之前需要经过 13 个 GCLK_ADC 的时钟延迟。由于校正时间通常小于延迟时间，所以在自由(连续)转换模式下，仅第一次转换会有一些延迟。此后，每次转换完成之后将启动新一次的转换，其他结果的转换速率与采样率相同。图 4.5.16 所示为使能校正后的 ADC 时序显示了自由运行模式下的使能校正后的时序。

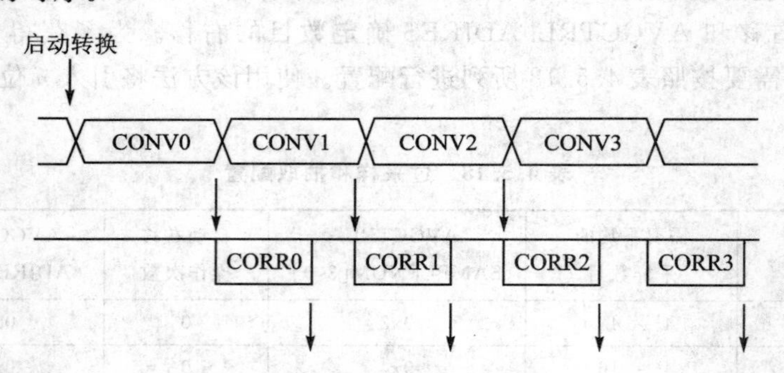

图 4.5.16　使能校正后的 ADC 时序

3. ADC 主要库函数与使用

(1) 主要结构体介绍

1) adc_config

adc_config 结构体是 ADC 配置结构体。表 4.5.19 所列为该结构体的成员变量描述。

表 4.5.19　adc_config 成员变量描述

类　型	名　称	描　述
enum adc_accumulate_samples	accumulate_samples	当使用 ADC_RESOLUTION_CUSTO 模式时，用于平均计算的 ADC 的采样总数
enum adc_clock_prescaler	clock_presacler	时钟分频系数

续表 4.5.19

类 型	名 称	描 述
enum gclk_generator	clock_source	GCLK 的时钟来源
struct adc_correction_config	correction	增益和偏移修正配置结构体
bool	differential_mode	使能差分模式
enum adc_divide_result	divide_result	当使用 ADC_RESOLUTION_CUSTO 模式时，平均除数
enum adc_event_action	event_action	事件到来时的操作
bool	freerunning	使能自由运转模式
enum adc_gain_factor	gain_factor	增益系数
bool	left_adjust	AD 值是否左对齐
enum adc_negative_input	negative_input	负输入的引脚
struct adc_pin_scan_config	pin_scan	引脚扫描配置结构体
enum adc_positive_input	positive_input	正输入的引脚
enum adc_reference	reference	参考电压
bool	reference_compensation_enable	使能参考电压偏移缓冲补偿，这将提高增益阶段的准确性，但降低了输入阻抗，因此参考电压的启动时间必须得到增加
enum adc_resolution	resolution	AD 的分辨率
bool	run_in_standby	是否能工作在休眠模式下
uint8_t	sample_length	利用采样长度来控制采样时间，采样时间＝(sample_length＋1) * (ADCclk / 2)
struct adc_window_config	window	窗口监视配置结构体

下面对该结构体的成员变量与寄存器中具体位的对应关系作进一步介绍：accumlate_samples 与收集采样个数位(AVGCTRL. SAMPLENUM)相对应；clock_prescaler 与分频配置位(CTRLB. PRESCALER)对应；differential_mode 与差分模式位(CTRLB. DIFFMODE)对应；divide_result 与结果调整和除法系数位(AVGCTRL. ADJRES)对应；event_action 与同步事件触发位(EVCTRL. SYNCEI)和开始转换事件触发位(EVCTRL. STARTEI)对应；freerunning 与自由运转模式(CTRLB. FREERUN)对应；gain_factor 与增益系数选择位(INPUTCTRL. GAIN)对应；left_adjust 与结果左对齐位(CTRLB. LEFTADJ)对应；negative_input 与负输入引脚复用选择位(INPUTCTRL. MUXNEG)对应；positive_input 与正输入引脚复用选择位(INPUTCTRL. MUXPOS)对应；reference 与参考电压选择位(REFCTRL. REFSEL)对应；reference_compensation_enable 与参考电压偏移缓冲补偿位(REFCTRL. REFCOMP)对应；resolution 与转换结果分辨率位(CTRLB. RESSEL)对应；

window 与窗口上限寄存器（WINUT）、窗口下限寄存器（WINLT）和窗口监视控制寄存器（WINCTRL）对应。

2）adc_correction_config

adc_correction_config 结构体主要是配置增益和偏移补偿。表 4.5.20 所列为该结构体的成员变量描述。

表 4.5.20 adc_correction_config 成员变量描述

类 型	名 称	描 述
bool	correction_enable	使能增益和偏移的补偿功能
uint16_t	gain_correction	用于增益补偿值，12 位有效，12 位的最高位表示整数，其余 11 位表示小数部分。因此有效值位 0.5～2 之间
uint16_t	offset_correction	用于偏移补偿值，12 位有效。有 2 种表示方法

表中：correction_enable 与数字修正逻辑使能位（CTRLB. CORREN）对应；gain_correction 与增益补偿寄存器（GAINCORR）对应；offset_correction 与偏移补偿寄存器（OFFSETCORR）对应。

3）adc_pin_scan_config

adc_pin_scan_config 结构体是引脚扫描模式下的配置结构体。表 4.5.21 所列为 adc_pin_scan_config 成员变量描述。

表 4.5.21 adc_pin_scan_config 成员变量描述

类 型	名 称	描 述
uint8_t	inputs_to_scan	引脚扫描模式下，扫描引脚的个数。小于 2 的值，会禁止引脚扫描模式
uint8_t	offset_start_scan	在引脚扫描模式下，第一个扫描引脚相对于正输入选择的引脚的偏移量

表中：inputs_to_scan 与输入通道个数位（INPUTCTRL. INPUTSCAN）对应；offset_start_scan 与正输入偏移设置位（INPUTCTRL. INPUTOFFSET）对应。

4）adc_window_config

adc_window_config 结构体是窗口功能配置结构体。表 4.5.22 所列为 adc_window_config 成员变量描述。

表 4.5.22 adc_window_config 成员变量描述

类 型	名 称	描 述
uint32_t	window_lower_value	窗口下限
enum adc_window_mode	window_mode	窗口功能模式选择
uint32_t	window_upper_value	窗口上限

表中：window_lower_value 与窗口上限寄存器(WINUT)对应；window_upper_value 与窗口下限寄存器(WINLT)对应；window_mode 与窗口监视控制寄存器(WINCTRL)对应。

(2) 回调机制下的 ADC 操作

本实例通过回调机制，连续读取 ADC_SAMPLES 的 AD 值到缓冲中。

```
void adc_complete_callback(//定义回调函数
        const struct adc_module * const module)
{
    adc_read_done = true;
}
void configure_adc(void)
{
    struct adc_config config_adc;
    adc_get_config_defaults(&config_adc);//初始化 ADC 配置项为默认值
    config_adc.gain_factor      = ADC_GAIN_FACTOR_DIV2;      //ADC 增益系数
    config_adc.clock_prescaler  = ADC_CLOCK_PRESCALER_DIV8;  //ADC 时钟分频系数
    config_adc.reference        = ADC_REFERENCE_INTVCC1;     //ADC 参考电压设置
    config_adc.positive_input   = ADC_POSITIVE_INPUT_PIN4;   //正输入引脚
    config_adc.resolution       = ADC_RESOLUTION_12BIT;      //ADC 分辨率
    adc_init(&adc_instance, ADC, &config_adc);               //ADC 初始化
    adc_enable(&adc_instance);                               //ADC 使能
}

void configure_adc_callbacks(void)  //注册与使能回调函数
{
    adc_register_callback(&adc_instance,
            adc_complete_callback, ADC_CALLBACK_READ_BUFFER);
    adc_enable_callback(&adc_instance, ADC_CALLBACK_READ_BUFFER);
}

int main(void)
{
    system_init();
    configure_adc();
    configure_adc_callbacks();
    system_interrupt_enable_global();
    //读取 ADC 的值
    adc_read_buffer_job(&adc_instance, adc_result_buffer, ADC_SAMPLES);
    //等待回调函数完成,即 ADC 完成操作。
    while (adc_read_done == false) {}
    while (1) {
```

```
        /* Infinite loop */
    }
}
```

1）注册回调函数 adc_register_callback()

用于注册中断回调函数。

原型：void adc_register_callback(struct adc_module * const module, adc_callback_t callback_func, enum adc_callback callback_type)

函数参数：如表4.5.23所列。

返回值：无。

枚举参数：enum adc_callback 描述如表4.5.24所列。

表4.5.23 函数参数

数据方向	参数名称	描 述
输入	module	指向ADC软件实例的指针
输入	callback_func	指向回调函数的指针
输入	callback_type	回调函数类型

表4.5.24 枚举值描述

枚举值	描 述
ADC_CALLBACK_READ_BUFFER	ADC缓冲接收到数据
ADC_CALLBACK_WINDOW	ADC窗口命中
ADC_CALLBACK_ERROR	ADC出错

2）回调使能函数 adc_enable_callback()

使能定义好的回调函数。

原型：void adc_enable_callback(struct adc_mode * const module, enum adc_callback callback_type)

函数参数：如表4.5.25所列。

返回值：无。

3）ADC的配置值初始化函数 adc_get_config_defaults()

原型：void adc_get_config_defaults(struct adc_config * const config)

函数参数：如表4.5.26所列。

表4.5.25 adc_enable_callback()函数参数

数据方向	参数名称	描 述
输入	module	指向ADC软件实例的指针
输入	callback_type	回调函数类型

表4.5.26 adc_get_config_defaults()函数参数

数据方向	参数名称	描 述
输 出	config	配置成默认参数的结构体

返回值：无。

该函数将传入的AC配置结构体初始化为默认值。在用户使用USART接口配置结构体之前应该调用该函数。默认的配置如下：

➢ 生成器0是GCLK的默认来源；

- 1 V 内部基准参考源作为参考电压；
- 时钟分频系数为 4；
- 12 位分辨率；
- 窗口监视功能禁止；
- 无增益；
- 正输入为 ADC_PIN0；
- 负输入为 ADC_PIN1；
- 平均输出功能禁止；
- 过采样禁止；
- 数据靠右对齐；
- 单次转换模式；
- 自由转换模式禁止；
- 所有事件都禁止；
- 睡眠模式下停止工作；
- 没有参考电压补偿；
- 出厂时的增益/偏移修正值；
- 不增加采样时间；
- 引脚扫描模式禁止。

4）ADC 初始化函数 adc_init()

原型：enum status_code adc_init(struct adc_module * const module, Adc * const hw, const struct adc_config * const config)

函数参数：如表 4.5.27 所列。

5）ADC 使能函数 adc_enable()

原型：void adc_enable(struct adc_module * const module_inst)

函数参数：如表 4.5.28 所列。

表 4.5.27　adc_init()函数参数

数据方向	参数名称	描　述
输出	module	指向 ADC 软件实例的指针
输入	hw	指向硬件实例的指针
输入	config	指向配置结构体的指针

表 4.5.28　adc_enable()函数参数

数据方向	参数名称	描　述
输入	module_inst	指向 ADC 软件实例的指针

返回值：无。

6）ADC 读取多个采样值函数 adc_read_buffer_job()

原型：enum status_code adc_read_buffer_job(struct adc_module * const module_inst, uint16_t * buffer, uint16_t samples)

函数参数：如表 4.5.29 所列。

返回值:如表4.5.30所列。

表4.5.29 adc_read_buffer_job()函数参数

数据方向	参数名称	描 述
输入	module_inst	指向ADC软件实例的指针
输入	samples	采样的个数
输出	buffer	存储采样值的缓存

表4.5.30 adc_read_buffer_job()返回值描述

返回值	描 述
STATUS_OK	操作成功
STATUS_BUSY	ADC正在进行另外的操作

(3) 轮询机制下的ADC操作

本实例是ADC的基本操作,用软件触发ADC转换,然后不停地查询是否转换完毕。

```
void configure_adc(void)
{
    struct adc_config config_adc;
    adc_get_config_defaults(&config_adc);//初始化ADC配置项为默认值
    adc_init(&adc_instance, ADC, &config_adc);//初始化ADC
    adc_enable(&adc_instance);//ADC使能
}
int main(void)
{
    system_init();
    configure_adc();
    adc_start_conversion(&adc_instance);  //软件触发ADC转换开始
    uint16_t result;
    //等待ADC转换完毕
    do {} while (adc_read(&adc_instance, &result) == STATUS_BUSY);
    while (1) {
        /* Infinite loop */
    }
}
```


1) ADC软件触发转换函数adc_start_conversion()

原型:voidadc_start_conversion(structadc_module * constmodule_inst)

函数参数:如表4.5.31所列。

表4.5.31 adc_start_conversion()函数参数

数据方向	参数名称	描 述
输入	module_inst	指向ADC软件实例的指针

返回值:无。

2）读取 ADC 值函数 adc_read()

原型：enum status_codeadc_read(struct adc_module * const module_inst, uint16_t * result)

函数参数：如表 4.5.32 所列。

返回值：如表 4.5.33 所列。

表 4.5.32 adc_read()函数参数

数据方向	参数名称	描　述
输入	module_inst	指向 ADC 软件实例的指针
输出	result	存储转换值结果

表 4.5.33 adc_read()返回值描述

返回值	描　述
STATUS_OK	AD 值读取成功
STATUS_BUSY	ADC 转换没有完成

4.5.3 数/模转换器 DAC

数/模转换器 DAC，是一种将有限精度数据转换成具体物理量的设备。数/模转换器也常用于将有限精度时间序列的数据，转换成连续的物理电压信号。按照采样定理，数/模转换器能够重建原始信号的条件是，信号带宽满足特定的条件（例如，基频信号的带宽小于奈奎斯特频率）。

1. DAC 转换基本原理

将输入的数字编码（$d_{n-1}\cdots d_1 d_0$），按其权值大小转换成相应的模拟量（电压值），然后将代表各位的模拟量相加，所得的总模拟量与数字量成正比，即实现了从数字量到模拟量的转换。DAC 转换器的主要组成为：权电阻网络、精密参考电压源 VREF、模拟开关、求和放大器、数字信号输入控制及锁存电路。

衡量一个 DAC 的特性，一般有以下性能指标：

（1）分辨率

分辨率说明了 DAC 分辨最小输出电压的能力，通常用最小输出电压与最大输出电压之比表示。所谓最小输出电压 U_{LSB} 指当输入的数字量仅为最低位 1 时的输出电压，而最大输出电压 U_{OMAX} 是指当输入数字量各有效位全为 1 时的输出电压。

对于一个 n 位的 DAC，其分辨率可表示为

$$\text{分辨率}=\frac{U_{LSB}}{U_{OMAX}}=\frac{1}{2^n-1}$$

（2）转换误差

转换误差是指 DAC 输入端加最大数字量时，实际输出的模拟电压与理论输出模拟电压的最大误差。通常要求 DAC 的误差小于$\frac{U_{LSB}}{2}$。

（3）转换速度

转换速度是指 DAC 从数码输入开始，到输出的模拟电压达到额定稳定值所需的时间，也称为转换时间。一般为输入由全 0 变成全 1 或者反之，其输出达到稳定值

所需要的时间。对于 DAC 来说，转换时间越短，工作速度就越高。

2. SAM D20 DAC 概述

SAM D20 的 DAC 分辨率为 10 位，每秒能够转换 350 000 个采样，即采样率为 350 ks/s。SAM D20 DAC 的功能框图如图 4.5.17 所示。从图中可以看出，数据缓存 DATABUF 的内容被保存到数据寄存器 DATA 中，经过 10 位 DAC 的转换后的结果可以输出到 VOUT 引脚，或者输出到 ADC 或 AC 模块的输入端。SAM D20 DAC 有以下特征：

- 10 位分辨率；
- 转化速率高达 350 ks/s；
- 多个触发源可选；
- 高输出驱动能力；
- 输出可作为模拟比较器(AC)和 ADC 的输入。

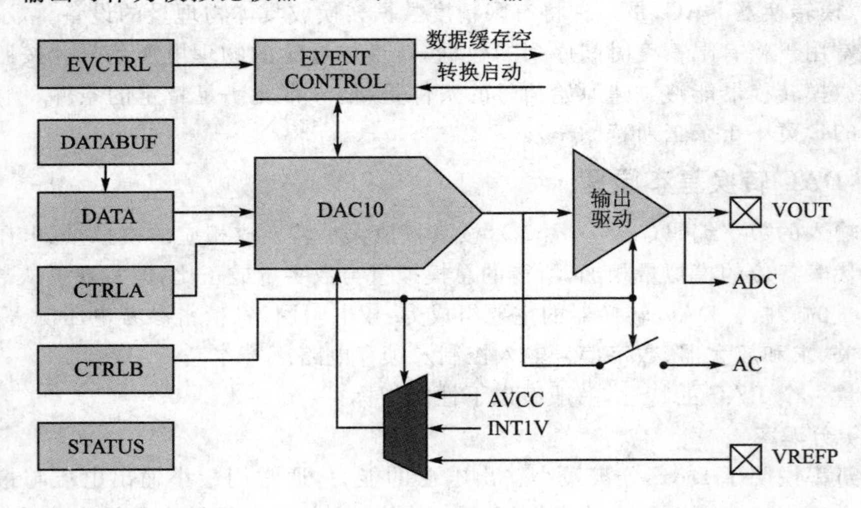

图 4.5.17　DAC 功能框图

3. 功能描述

数/模转换器将数据寄存器(DATA)保存的数字量转换为模拟电压并输出。通常，新数据写入 DATA 寄存器后将会启动一次新的转换，转换完成后 DAC 将输出相应的模拟电压。经过相应配置后，还可以使用事件系统的事件来触发一次新的转换。

(1) 初始化

使能 DAC 之前，需要为其配置参考电压。该操作通过设置控制 B 寄存器的参考电压选择位来(CTRLB. REFSEL)完成。

(2) 使能、禁用和复位

DAC 使能操作通过向 CTRLA. ENABLE 写 1 来完成。

DAC的禁用操作通过向CTRLA.ENABLE写0来完成。

DAC的复位操作通过向CTRLA.SWRST写1来完成。执行复位操作后,DAC中的所有寄存器将恢复到初始状态,同时DAC将禁用。

(3) 使能输出缓存

为了使DAC能够在引脚VOUT上输出,需要使能DAC的输出驱动,该操作通过向CTRLB.EOEN写1来完成。

DAC的输出缓存提供了高驱动强度输出,并且能够驱动电阻型和电容型负载。为了减少电源功耗,当需要外部输出时才使能输出缓存。

(4) 转换范围

DAC的转换范围是从GND到选定的DAC参考电压值。默认的电压参考为内部1 V的参考电压(INT1V)。其他参考电压选项包括3.3 V模拟电源电压($AV_{CC}=V_{DDANA}$)和外部参考电压(V_{REFP})。选择参考电压通过设置CTRLB.REFSEL来完成。DAC的输出电压的计算公式为

$$V_{DAC}=\frac{DATA}{0x3FF}\times V_{REF}$$

(5) 使用DAC作为内部参考

DAC的输出可以作为模拟比较器的输入,该操作通过向CTRLB.IOEN写1来完成。DAC还可以同时产生内部输出和外部输出。

DAC的输出还可以作为模/数转换器(ADC)的输入。此时,需要使能DAC的输出缓冲器。

(6) 数据缓存

数据缓存寄存器(DATABUF)和数据寄存器(DATA)可以组成一个两级FIFO数据缓存。DAC使用启动转换事件将DATABUF中的数据加载到DATA,同时将启动一次新的转换。设置启动事件通过向事件控制寄存器的启动事件输入位(EVCTRL.STARTEI)写1来完成。当DATABUF为空时启动了一次新的转换事件,如果欠载运行中断被使能,DAC还将发出一个欠载运行中断请求。

当DATABUF为空时,DAC将生成一个数据缓存空事件,然后新数据将加载到缓存中。数据缓存空事件通过向事件控制寄存器的空事件输出位(EVCTRL.EMPTYEO)写1来完成。如果数据缓存空中断使能,当数据缓存为空时将生成一个数据缓存空的中断。

(7) DATA寄存器值左对齐或右对齐

由于DAC的10位输入值将保存到16位的DATA寄存器中,所以需要对其进行左对齐或右对齐设置。在图4.5.18中同时显示了两种对齐方式,同时还标志了寄存器的最高位(MSB)和最低位(LSB)。寄存器中未使用的位将填写0。

(8) 电压泵

当DAC的工作电压低于2.5 V时,内部电压泵升压电路将会使能。使能操作

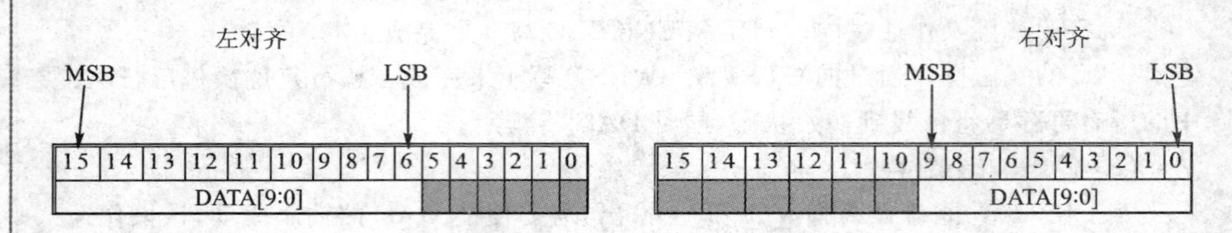

图 4.5.18 左对齐和右对齐

将根据工作电压自动完成。

禁用电压泵的操作可以通过向 CTRLB. VPD 写 1 来完成。当工作电压高于 2.5 V时，禁用电压泵能够降低电源消耗。

电压泵使用异步时钟 GCLK_DAC 作为工作时钟，并且要求工作时钟频率至少比采样频率高 4 倍。

(9) 采样/转换周期

由于 DAC 内部没有转换完成自动标志，因此采样周期需要大于或等于具体的转换时间。

4. DAC 主要库函数与使用

(1) 主要结构体介绍

1) dac_config

dac_config 结构体是 DAC 配置结构体。表 4.5.34 所列为该结构体的成员变量描述。

表 4.5.34 dac_config 成员变量描述

类 型	名 称	描 述
enum gclk_generator	clock_source	GCLK 的来源
bool	left_adjust	数据是左对齐还是右对齐
enum dac_output	output	DAC 的输出引脚
enum dac_reference	reference	DAC 的参考电压
bool	run_in_standby	是否在睡眠模式下工作

表中：left_adjust 与左对齐数据位(CTRLB. LEFTADJ)对应；output 与内部输出使能位(CTRLB. IOEN)和外部输出使能位(CTRLB. EOEN)对应；reference 与参考电压选择位(CTRLB. REFSEL)对应；run_in_standby 与休眠模式工作位(CTRLA. RUNSTDBY)对应。

2) dac_chan_config

dac_chan_config 结构体也是 DAC 通道配置结构体。该结构体无任何成员。

(2) 轮询机制下的 DAC 操作

本实例是一个简单基本的 DAC 操作，就是不停地向 DAC 写入值。

```
void configure_dac(void)
{
    struct dac_config config_dac;
    dac_get_config_defaults(&config_dac); //初始化DAC配置项为默认值
    dac_init(&dac_instance, DAC, &config_dac);//初始化DAC
    dac_enable(&dac_instance); //使能DAC
}
void configure_dac_channel(void)
{
    struct dac_chan_config config_dac_chan;
    dac_chan_get_config_defaults(&config_dac_chan); //配置DAC通道配置项为默认值
    //设置DAC通道,使能DAC通道
    dac_chan_set_config(&dac_instance, DAC_CHANNEL_0, &config_dac_chan);
    dac_chan_enable(&dac_instance, DAC_CHANNEL_0);
}

int main(void)
{
    system_init();
    configure_dac();
    configure_dac_channel();
    uint16_t i = 0;
    while (1) {
        dac_chan_write(&dac_instance, DAC_CHANNEL_0, i);//向DAC通道0写入i值
        if (++i == 0x3FF) {
            i = 0;
        }
    }
}
```


1) DAC的配置值初始化函数 dac_get_config_defaults()

原型:void dac_get_config_defaults(struct dac_config * const config)

函数参数:如表4.5.35所列。

表4.5.35 dac_get_config_defaults()函数参数

数据方向	参数名称	描 述
输出	config	配置成默认参数的结构体

返回值:无。

该函数将传入的ADC配置结构体初始化为默认值。默认的配置如下:

- 内部基准参考电压1 V;
- DAC的输出为VOUT引脚;

➢ 数据向右对齐；
➢ 生成器 0 是 GCLK 的默认来源；
➢ 在睡眠模式下不工作。

2）DAC 初始化函数 dac_init()

原型：enum status_code dac_init(struct dac_module * const module, Dac * const hw, const struct dac_config * const config)

函数参数：如表 4.5.36 所列。

返回值：如表 4.5.37 所列。

表 4.5.36　dac_init()函数参数

数据方向	参数名称	描　述
输出	module	指向 DAC 软件实例的指针
输入	hw	指向硬件实例的指针
输入	config	指向配置结构体的指针

表 4.5.37　dac_init()返回值描述

返回值	描　述
STATUS_OK	模块初始化成功
STATUS_ERR_DENIED	模块已经使能
STATUS_BUSY	模块正在复位

3）DAC 通道配置值初始化函数 ac_chan_get_config_defaults()

原型：void dac_chan_get_config_defaults(struct dac_config * const config)

函数参数：如表 4.5.38 所列。

表 4.5.38　dac_get_config_defaults()函数参数

数据方向	参数名称	描　述
输出	config	配置成默认参数的结构体

返回值：无。

该函数将传入的 AC 的通道配置结构体初始化为默认值。默认的配置如下：

➢ 开始转换事件使能；
➢ 开始数据缓冲为空事件禁止。

4）DAC 通道配置函数 dac_chan_set_config()

原型：enum status_code dac_chan_set_config(struct dac_module * const module_inst, const enum dac_chan_channel channel, struct dac_chan_config * const config)

函数参数：如表 4.5.39 所列。

表 4.5.39　dac_chan_set_config()函数参数

数据方向	参数名称	描　述
输出	module_inst	指向 DAC 软件实例的指针
输入	channel	需要配置的 DAC 通道
输入	config	指向配置结构体的指针

5) DAC 通道使能函数 dac_chan_enable()

原型:voiddac_chan_enable(struct dac_module * const module_inst, enum dac_chan_channel channel)

函数参数:如表 4.5.40 所列。

表 4.5.40 dac_chan_enable()函数参数

数据方向	参数名称	描 述
输入	module_inst	指向 DAC 软件实例的指针
输入	channel	要使能的 DAC 通道

返回值:无。

6) DAC 使能函数 dac_enable()

原型:void dac_enable(struct dac_module * const module_inst)

函数参数:如表 4.5.41 所列。

表 4.5.41 dac_enable()函数参数

数据方向	参数名称	描 述
输入	module_inst	指向 DAC 软件实例的指针

返回值:无。

7) DAC 写入函数 dac_chan_write()

原型:enum status_code dac_chan_write(struct dac_module * const dev_inst, enum dac_channel channel,const uint16_t data)

函数参数:如表 4.5.42 所列。

表 4.5.42 dac_chan_write()函数参数

数据方向	参数名称	描 述
输入	module_inst	指向 DAC 软件实例的指针
输入	channel	要使能的 DAC 通道
输入	data	转换数据

返回值:如表 4.5.43 所列。

表 4.5.43 dac_chan_write()返回值描述

返回值	描 述
STATUS_OK	模块初始化成功

4.6 触摸控制器

电容式触摸技术与市场上的其他解决方案相比，具有应用稳定、设计简单等优点，所以在越来越多的消费电子产品中得到使用。当前，无论是在智能手机，还是在消费电子中，基于电容式触摸技术的人机界面都是这些应用领域的首选。Atmel公司在电容式触摸技术方面有独特的技术和产品。SAM D20微控制器内部集成的触摸控制器具有极高的灵敏度和噪声容忍度，并且支持互容和自容两种触摸方式。通过使用Atmel公司提供的QTouch软件库，用户可以很方便地在SAM D20系列微控制器应用中使用电容式按键、滑块和滑轮等功能。

4.6.1 概 述

触摸控制器(PTC)通过采集外部信号来检测对电容式触摸传感器的触摸操作。通常，外部电容式触摸传感器直接装在PCB上，并且传感器的电极通过微控制器的I/O引脚连接到PTC的模拟前端。SAM D20系列的PTC模块支持自容式和互容式两种传感器。

在互容模式下，传感操作通过使用各种$X-Y$配置的电容触摸矩阵来完成，该电容触摸矩阵由铟锡氧化物(ITO)传感器网格组成。PTC需要为每条X线路及Y线路都使用一根引脚。图4.6.1所示为PTC框图及PTC与互容的连接，图4.6.7更为详细地展示了PTC与电容触摸矩阵的连接。

在自容模式下，PTC仅需使用一根引脚(连接到Y线路)就能使用一个触摸传感器。图4.6.2所示为PTC框图及PTC与自容的连接，同时图4.6.8对PTC与自容的连接做了更为详细的解释。

SAM D20的PTC模块具有以下特征：

- 低功耗、高灵敏度、受环境干扰小，鲁棒性高的电容性触摸按键、滑动条、滑轮以及接近传感。200 ms扫描率，最小可感应电流为8 μA。
- 支持互容和自容感应：
  - 自容模式下可以支持6/10/16个按键，分别需要使用32/48/64根引脚；
  - 互容模式下可以支持60/120/256个按键，分别需要使用32/48/64根引脚；
  - 混合及匹配的互容和自容的传感器。
- 每个电极连接到一根引脚——无外部组件。
- 负载补偿电荷感应：使用寄生电容补偿及可调节的增益来实现出色的灵敏性。
- 对温度和V_{DD}范围的零漂移：传感器可以自动校正及重新校正。
- 单次触发和自由运行两种电荷测量模式。
- 使用硬件噪声过滤和噪声信号不同步来实现高传导抗扰度。

➢ 可选择的通过变更延迟：根据需要可以选择对新通道的设置时间。
➢ 由中断或中断事件触发启动采集操作。
➢ 采集完成后发出中断信号从而降低了CPU占用率：50 ms扫描10个通道的扫描率仅为5%CPU占用率。
➢ Atmel QTouch Composer开发工具对其提供支持，该工具由QTouch库项目构建器和QTouch分析器组成。

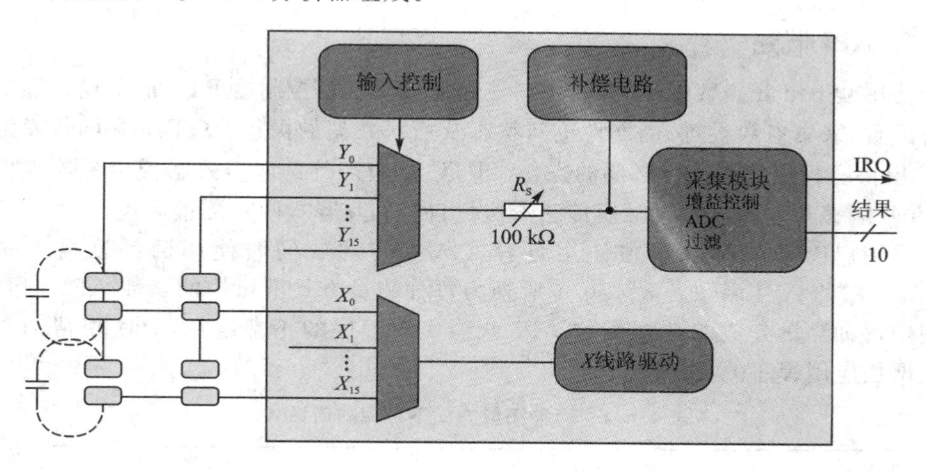

图 4.6.1 PTC框图与互容

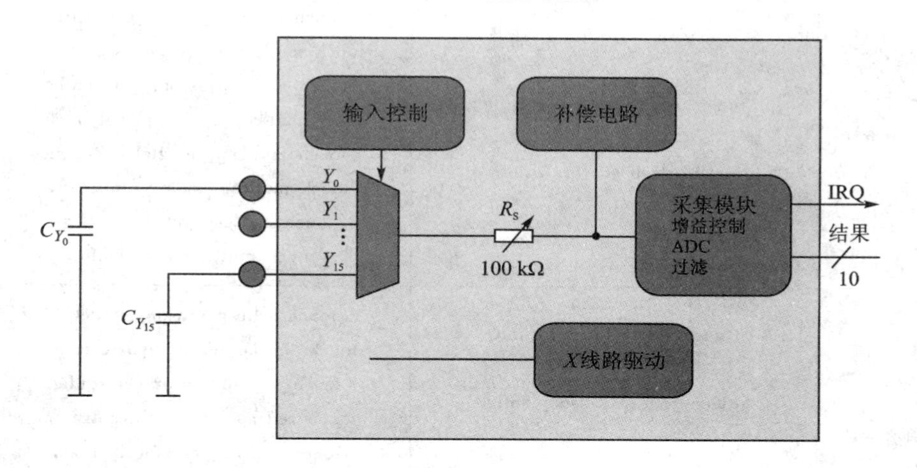

图 4.6.2 PTC框图与自容

4.6.2 QTouch函数库

为了访问PTC，用户需要使用QTouch Composer工具对QTouch库固件库进行配置并将其链接到用户代码中。QTouch库用于在界面上实现按键、滑动条、滑轮和邻近感应。QTouch库的用法如图4.6.3所示。

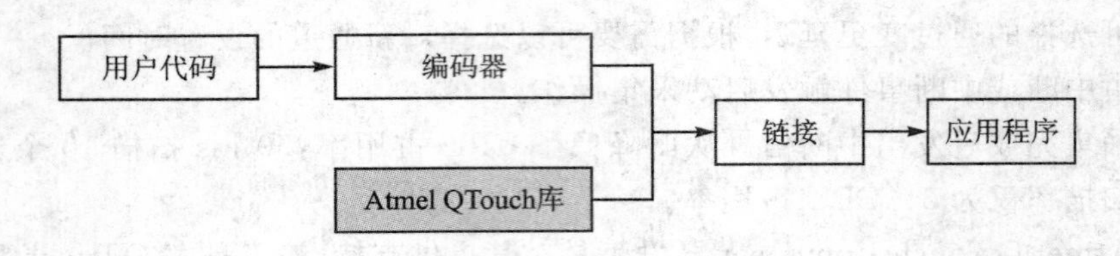

图 4.6.3　QTouch 库的用法

1. API 概述

使用 QTouch 函数库的 API,用户能够完成对触摸控制器 PTC 的触摸传感器的引脚配置、采集参数设置、周期性更新状态及捕获数据的操作。QTouch 函数库将与 PTC 模块进行通信来执行必要的操作。PTC 模块与外部电容式触摸传感器直接相连,并且能够对外部电容式触摸传感器执行自容和互容式两种测量方式。

在用户代码中可以单独使用自容式或互容式或同时使用两种测量方式的 QTouch 库的 API 函数。表 4.6.1 所列为每种测量方式下可用的函数 API。通常,仅使用每种测量方式的常规函数 API 就能实现程序的正常运行,而使用帮助函数 API 增加应用程序的灵活性。

表 4.6.1　两种测量方式下可用的函数 API

测量方式	常规函数 API	帮助函数 API
互容方式	touch_mutlcap_sensors_init touch_mutlcap_sensor_config touch_mutlcap_sensors_calibrate touch_mutlcap_sensors_measure	touch_mutlcap_sensor_get_delta touch_mutlcap_sensor_update_config touch_mutlcap_sensor_get_config touch_mutlcap_update_global_param touch_mutlcap_get_global_param touch_mutlcap_update_acq_config touch_mutlcap_get_acq_config touch_mutlcap_get_libinfo
自容方式	touch_selfcap_sensors_init touch_selfcap_sensor_config touch_selfcap_sensors_calibrate touch_selfcap_sensors_measure	touch_selfcap_sensor_get_delta touch_selfcap_sensor_update_config touch_selfcap_sensor_get_config touch_selfcap_update_global_param touch_selfcap_get_global_param touch_selfcap_update_acq_config touch_selfcap_get_acq_config touch_selfcap_get_libinfo

图 4.6.4 所示为 QTouch 库的模块组成,以及与用户代码、QTouch 库、SAM D20 的触摸控制器 PTC 和外部触摸按键等之间的关系。由图可知,QTouch 库包含传感器通道/引脚配置、传感器参数设置、传感器状态/位置后处理、传感器自校正、邻

近按键禁止、噪声计数器测量、检测集成机制及自动重校正等模块。从图中还可以看出，应用程序使用QTouch库处理外部触摸按键等流程为：当发生对外部触摸按键等触摸操作时，将通过GPIO引脚将信号发送给SAM D20内部的PTC模块；然后PTC模块会将原始的传感器数据发送给QTouch库，QTouch库中的相关模块对原始传感器数据进行处理后得到传感器触摸状态、转子/滑动条位置信息，并且将这些信息发送给应用程序；应用程序对得到的信息处理后将会调用相关的QTouch库的API函数，而QTouch库函数将通过寄存器编程来控制PTC模块；最后PTC将相关处理操作通过GPIO引脚发送到外部触摸按键等。

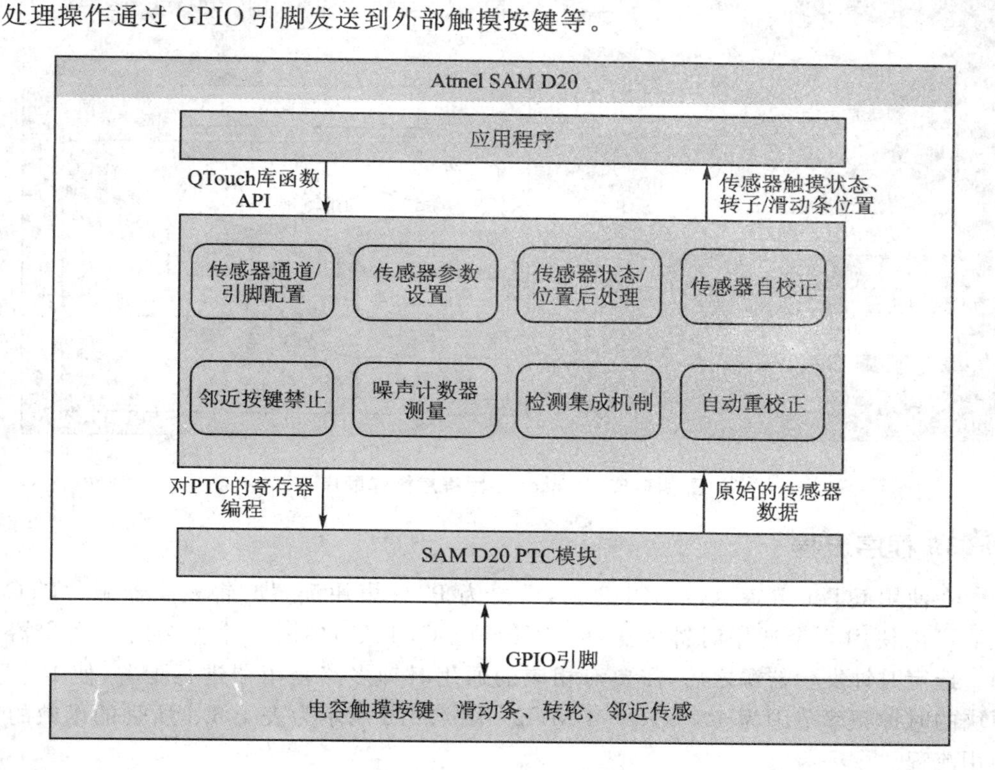

图4.6.4 QTouch库概述图

2. 操作顺序

图4.6.5所示为一个应用程序使用QTouch库的操作示例。从图中可以看出，应用程序周期性地启动一次对互容或自容传感器的触摸测量操作。在每次测量结束时，PTC模块将生成一个转换结束中断(EOC)。触摸测量操作将顺序执行直到对所有传感器的测量操作都完成。在EOC中断处理函数中将对测量得到的传感器数据进行附加的后处理操作来确定触摸状态和转子/滑动条位置，然后将触发一个回调函数来标志测量完成。而当执行触摸传感器测量时，图4.6.5所示示例将让CPU进入休眠状态或者执行其他功能。

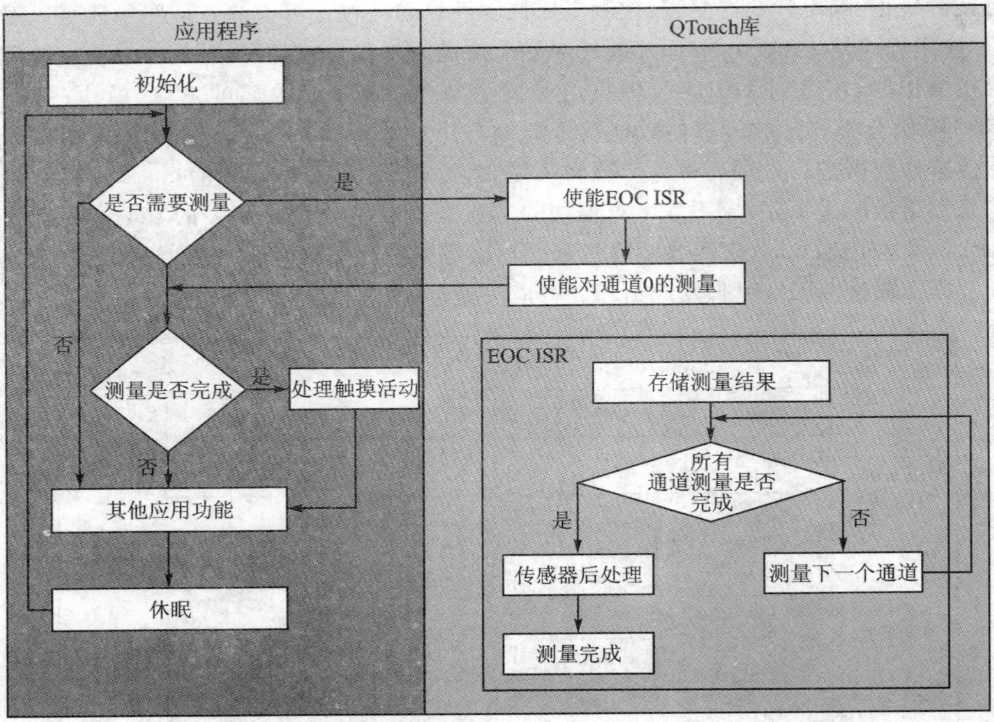

图 4.6.5 QTouch 应用程序操作顺序

3. 程序流程

在使用 QTouch 库函数 API 之前，需要为 PTC 模块配置时钟发生器源。PTC 模块可以使用 8 个通用时钟发生器(GCLK0～GCLK7)中的一个作为时钟发生器源。选定时钟发生器源之后，需要对相应的通用时钟多路复用器进行配置，使 PTC 模块的时钟频率范围为 400 kHz～4 MHz。图 4.6.6 所示为表 4.6.1 所列的函数的使用流程。

API 函数 touch_xx_sensors_init 将启动 QTouch 函数库和 PTC 模块。这些函数还将启动互容或自容模式对应的引脚、寄存器及全局传感器配置。

API 函数 touch_xx_sensor_config 将对单个传感器进行配置。具体的传感器配置参数可以作为输入参数提供给这些 API 函数。

API 函数 touch_xx_sensors_calibrate 将对所有配置过的传感器进行校正并使需要执行正常操作的传感器处于就绪状态。

API 函数 touch_xx_sensors_measure 将启动对所有配置过的传感器的测量操作。

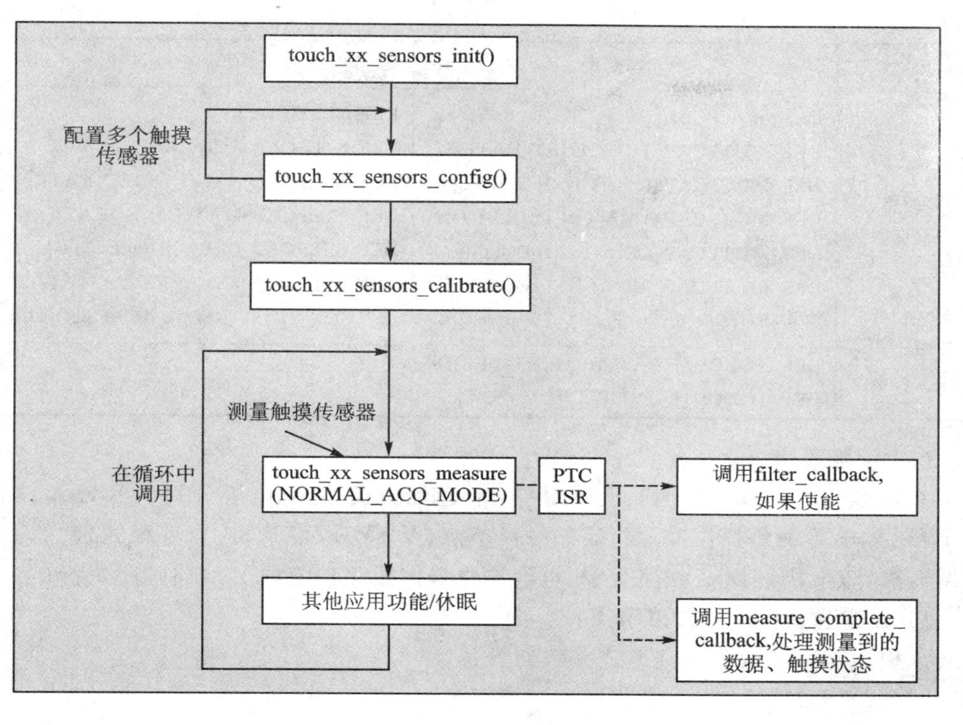

图 4.6.6　API 函数用法

4. 配置参数

表 4.6.2 所列为 QTouch 库函数中配置参数的可用值。

表 4.6.2　QTouch 库函数配置参数的可用值

参　数	互容模式	自容模式
引脚配置	DEF_MUTLCAP_NODES	DEF_SELFCAP_LINES
传感器配置	DEF_MUTLCAP_NUM_CHANNELS DEF_MUTLCAP_NUM_SENSORS DEF_MUTLCAP_NUM_ROTORS_SLIDERS	DEF_SELFCAP_NUM_CHANNELS DEF_SELFCAP_NUM_SENSORS DEF_SELFCAP_NUM_ROTORS_SLIDERS
采集操作参数	DEF_MUTLCAP_FILTER_LEVEL DEF_MUTLCAP_GAIN_PER_NODE DEF_MUTLCAP_AUTO_OS DEF_MUTLCAP_NOISE_COUNTER_MEASURE	DEF_SELFCAP_FILTER_LEVEL DEF_SELFCAP_GAIN_PER_NODE DEF_SELFCAP_AUTO_OS DEF_SELFCAP_NOISE_COUNTER_MEASURE

续表 4.6.2

参 数	互容模式	自容模式
传感器全局参数	DEF_MUTLCAP_DI DEF_MUTLCAP_TCH_DRIFT_RATE DEF_MUTLCAP_ATCH_DRIFT_RATE DEF_MUTLCAP_MAX_ON_DURATION DEF_MUTLCAP_DRIFT_HOLD_TIME DEF_MUTLCAP_ATCH_RECAL_DELAY DEF_MUTLCAP_ATCH_RECAL_THRESHOLD	DEF_SELFCAP_DI DEF_SELFCAP_TCH_DRIFT_RATE DEF_SELFCAP_ATCH_DRIFT_RATE DEF_SELFCAP_MAX_ON_DURATION DEF_SELFCAP_DRIFT_HOLD_TIME DEF_SELFCAP_ATCH_RECAL_DELAY DEF_SELF_ATCH_RECAL_THRESHOLD
公共参数	DEF_TOUCH_MEASUREMENT_PERIOD_MS DEF_TOUCH_PTC_ISR_LVL	

(1) 引脚配置

在互容模式下每个触摸通道使用一对传感器电极，这对电极分别表示为 X 线路和 Y 线路，电容测量操作按照指定的触摸节点(X－Y)顺序执行；自容模式使用一个传感电极，该电极使用 Y 线路表示，电容测量操作按照指定的 Y 线路顺序执行。

1) 互容通道(*X*－*Y* 传感节点)

该模式支持的设备及其通道参数如下：

- SAM D20J(64 根引脚)：16×16 通道。
- SAM D20G(48 根引脚)：12×10 通道。
- SAM D20E(32 根引脚)：10×6 通道。

在两根 I/O 线路之间形成一个互容传感器——X 电极用于传输而 Y 电极用于接收。PTC 将测量 X 电极与 Y 电极之间的互容。PTC 引脚与电容触摸矩阵的连接如图 4.6.7 所示。

2) 自容通道(*Y* 传感线路)

该方式支持的设备及其通道参数如下：

- SAM D20J(64 根引脚)：16 通道。
- SAM D20G(48 根引脚)：10 通道。
- SAM D20E(32 根引脚)：6 通道。

自容传感器使用接收信号的 Y 电极连接到 PTC 的一根引脚上，而 PTC 将对传感电极的电容进行测量。PTC 的引脚与传感器电容之间连接如图 4.6.8 所示。

在两种测量模式下，为了提高电磁兼容性能，可以在 X 和 Y 线路之间使用一系列 1 kΩ 的电阻。

(2) 传感器配置

在互容模式下，触摸按键由一个 X－Y 通道组成，转轮或滑动条可以由 3～8 个 X－Y 通道组成。相较之下，在自容模式中，触摸按键由 1 个 Y 线路通道组成，转轮或滑动条可以由 3 个 Y 线路通道组成。

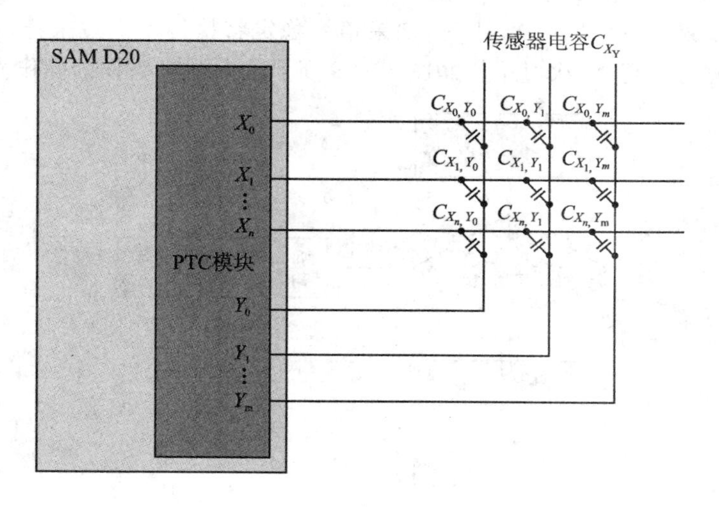

图 4.6.7　互容模式排列

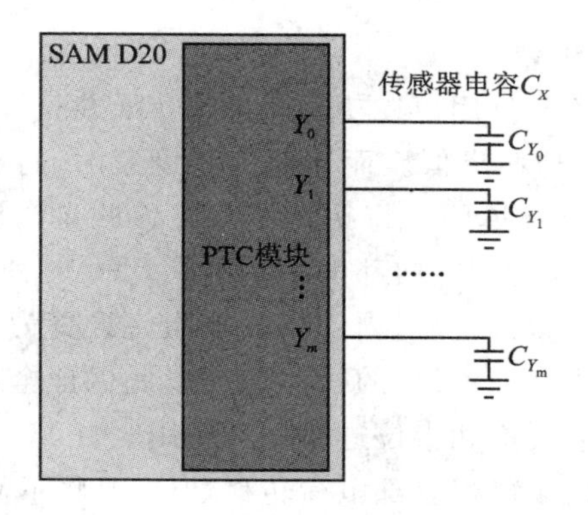

图 4.6.8　自容模式排列

(3) 采集操作参数

这里介绍传感器的采集操作参数设置，这些设置包括：过滤层设置、自动过采样设置、噪声计数器测量设置和增益设置。接下来将对这几种参数设置类型作简单介绍。

1) 过滤层设置

过滤层参数控制每次采集操作将要解析的采样数目。将过滤层参数设置较高时，即使在充满噪声的条件下依然能得到较好的信噪比。然而，这种做法的代价是增加了信号测量的总时间，致使功耗开销增加。

2) 自动过采样设置

当使用过滤层默认配置检测到不稳定信号时，自动过采样设置控制对传感器通道的自动过采样。当检测到不稳定信号时，每次通道自动过采样的增加操作将对相应传感器通道的采样数目进行加倍。例如，当过滤层设置为 FILTER_LEVEL_4 并自动过采样设置为 AUTO_OS_4 时，如果信号稳定将执行 4 次过采样，而当检测到不稳定信号时将执行 16 次过采样。图 4.6.9 所示为自动过采样的操作流程。

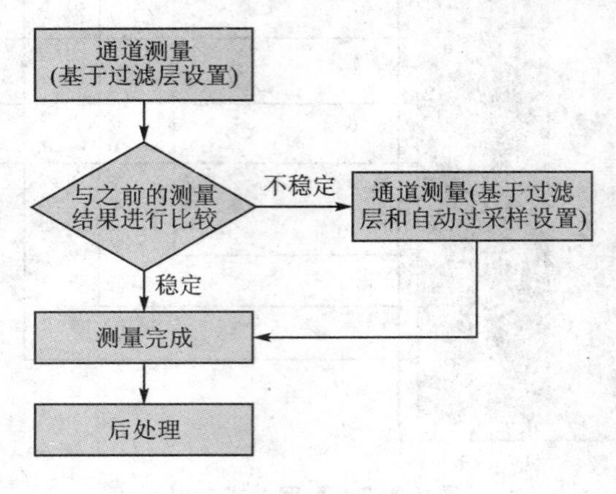

图 4.6.9 自动过采样

3）噪声计数器测量设置

噪声计数器测量设置允许用户在功耗和噪声容限方面取得折中。当禁用该设置时，PTC 执行速度加快且功耗降低。而当使能该设置时，将获得更好的噪声容限性能。在初始化期间，QTouch 库函数将执行电荷转移的自动调整来确保每个传感器的电荷完成转移，该操作通过调整内部串联电阻或 PTC 时钟预分频器来完成。

当使能噪声计数器测量设置后，内部串联电阻将设置为最大阻值，并且 PTC 的预分频器也将进行调整来降低 PTC 的操作速度以此保证全部电荷转移。使能计数器测量还将实现一个跳频周期和中位过滤。当禁用时，PTC 以最大速率运行并且内部串联电阻设置为最优值来确保全部电荷转移，但此时将不使用跳频和中位滤波。

4）增益设置

增益设置可以在每个通道上使用，使得接触操作的触摸延迟将按比例增加。

(4) 传感器全局参数

这里介绍传感器的全局设置，包括：重校正阈值、检测集成、漂移保持时间、最大 ON 持续时间、正/负漂移及正重校正延迟。表 4.6.2 中的全局参数行给出了两种模式下可用的参数值。

(5) 公共参数

1）中断优先级设置

SAM D20 内部的嵌套向量中断控制器(NVIC)拥有 4 个中断优先级。根据应用需求，可以选择 PTC 模块的转换结束中断的优先级来满足时间临界操作。

为了避免栈溢出，需要在用户应用中设置足够的栈尺寸。

2）测量周期设置

测量周期设置用于设置对触摸传感器进行测量的周期间隔。

5. QTouch的设备支持和内存需求

这里主要介绍QTouch库对SAM D20系列设备的型号支持，以及使用GCC和IAR等开发工具时在两种模式下的内存需求。

(1) 设备支持

表4.6.3所列为QTouch函数库所支持的SAM D20的设备型号。

表4.6.3 QTouch函数库支持的SAM D20的设备型号

SAM D20系列	设备型号
SAM D20 J系列	ATSAMD20J18、ATSAMD20J17、ATSAMD20J16、ATSAMD20J15、ATSAMD20J14
SAM D20 G系列	ATSAMD20G18、ATSAMD20G17、ATSAMD20G16、ATSAMD20G15、ATSAMD20G14
SAM D20 E系列	ATSAMD20E17、ATSAMD20E16、ATSAMD20E15、ATSAMD20E14

(2) 内存需求

表4.6.4和表4.6.5分别列出了仅使用常规函数API时，两种模式下的两种开发工具需要使用的代码和数据内存。如果使用帮助函数API将消耗额外的代码内存。

每种测量方式需要应用提供额外的数据内存来保存信号、参考、传感器配置信息和触摸状态。应用程序使用数据块数组的方式来提供这些内存。而数据块的大小取决于配置的传感器数量。在头文件touch_api_SAMD20.h中的宏定义PRIV_xx_DATA_BLK_SIZE用于计算该数据内存块的大小。

表4.6.4 互容模式下的内存需求

库	代码内存	数据内存	使用转轮或滑动条后的代码内存	使用转轮或滑动条后的数据内存
libsamd20-qtouch-gcc.a	5 244	220	6 564	236
libsamd20－qtouch－iar.a	5 162	237	6 384	253

表4.6.5 自容模式下的内存需求

库	代码内存	数据内存	使用转轮或滑动条后的代码内存	使用转轮或滑动条后的数据内存
libsamd20-qtouch-gcc.a	5 162	230	6 392	236
libsamd20-qtouch-iar.a	5 112	245	6 234	253

注：1 不同系列型号的设备所支持的传感器总数受$X-Y$线路总数、代码内存、数据内存及栈内存需求约束。

2 为了节省代码和数据内存，可以在GCC示例项目中使用newlib-nano C函数库。

第5章

开发工具与应用举例

前几章详细讲述了 Atmel SAM－D20 的体系结构和外设原理，以及使用 ASF 对一些主要外设的编程操作。本章将介绍 SAM D20 的开发工具与应用，包括Atmel Studio 软件开发环境、Atmel 软件框架(ASF)，并结合硬件开发板，介绍一些更完整的实验例程。

5.1 Atmel Studio 软件开发环境

Atmel Studio 集成开发平台(IDP)是一个用于开发和调试 Atmel ARM Cortex-M和 Atmel AVR 微控制器(MCU)的软件工具。Atmel Studio 提供了一个无缝、易于使用的环境，可以使用 C/C＋＋或汇编语言编写代码，构建和调试应用程序。

Atmel Studio 是免费的，并且集成了 Atmel 软件框架(ASF)—— 一个有 1 600 个ARM 和 AVR 工程实例的大型代码库。在相同的环境中，ASF 通过提供现成的代码/库，可最大限度地减少用户底层代码的设计，提高开发效率。

Atmel Studio 还引入了 Atmel 库和 Atmel 空间，可进一步简化嵌入式 MCU 应用系统的设计，缩短了开发时间，降低了开发成本。Atmel 库是一个开发工具和嵌入式软件的在线应用程序商店。Atmel 空间是一个基于云计算的协同开发工作区，可让用户针对 Atmel 微控制器的软件和硬件项目进行协同开发。

Atmel Studio 的 IDP 具有更高层次的功能：

➢ 便于重复使用现有的软件；

➢ 通过访问 Atmel 库、空间，支持产品开发过程。

5.1.1 Atmel Studio 6.1 的安装

最新版本的 Atmel Studio 为 6.1，可从 Atmel 官网上免费下载。安装过程主要包括支持组件的安装、接受协议和选择安装目录、安装模式等。

1. 支持组件安装

如图 5.1.1 所示，根据不同电脑的不同配置进行相应的安装，根据提示安装即可。

2. Atmel Studio 6.1 安装

如图 5.1.2 所示，按照步骤选择安装目录，其余的只要按提示进行操作，便可完成安装。

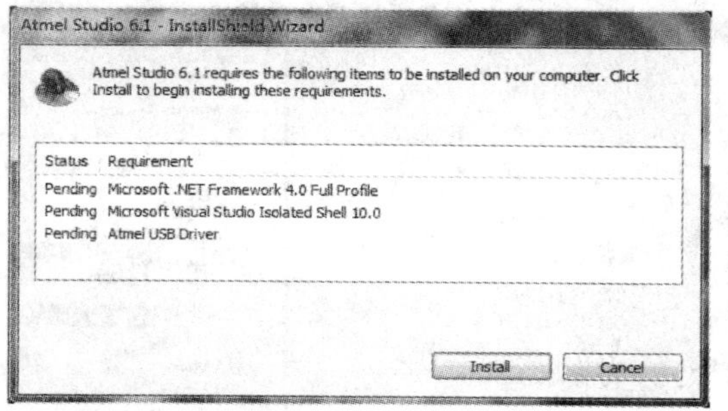

图 5.1.1 组件安装

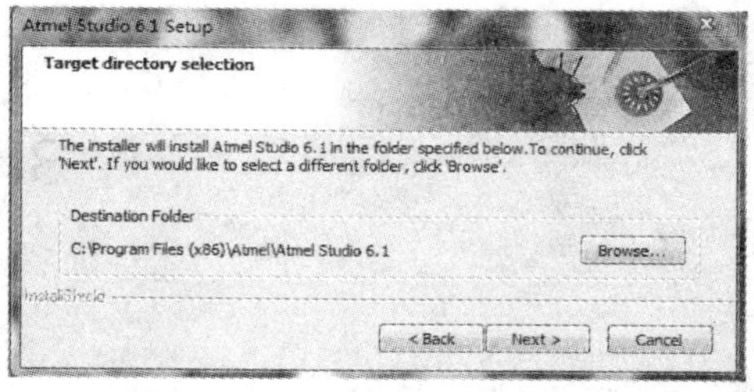

图 5.1.2 Atmel Studio 6.1 安装

5.1.2 建立一个新工程

安装完成后单击打开：其工作区域与 Visual Studio 2010 十分相似。若需要新建一个工程，单击 New Project，也可选择 File→New→Project，打开如图 5.1.3 所示的对话框。

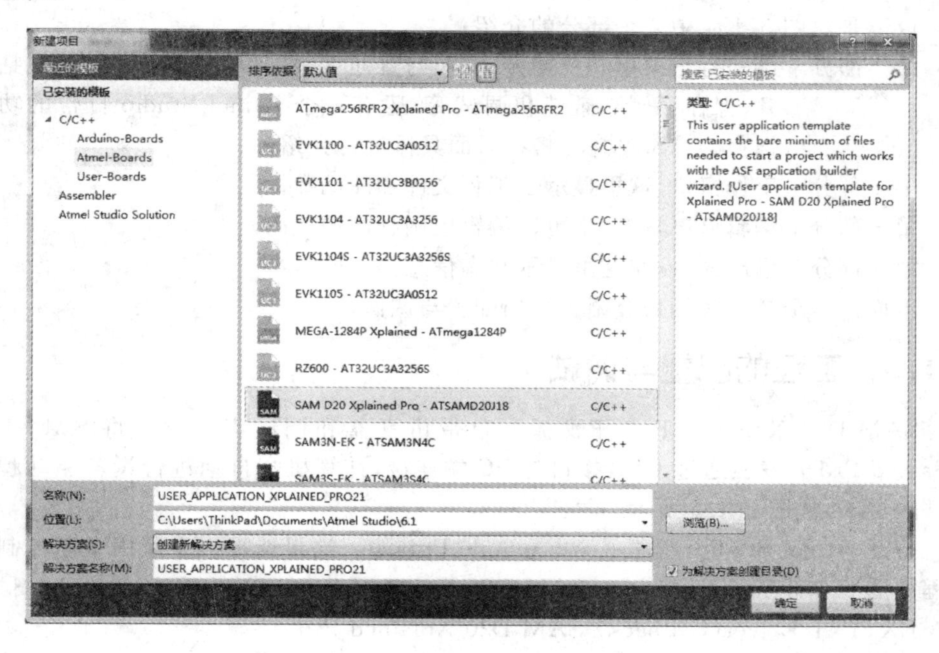

图 5.1.3 Atmel Studio 工程建立

对其进行相应的配置，即选择 SAM D20 相应的模板。在 Atmel - Boards 中选择 SAM D20 Xplained,选择好相应的存储位置后即可进入编程环境,如图 5.1.4 所示。

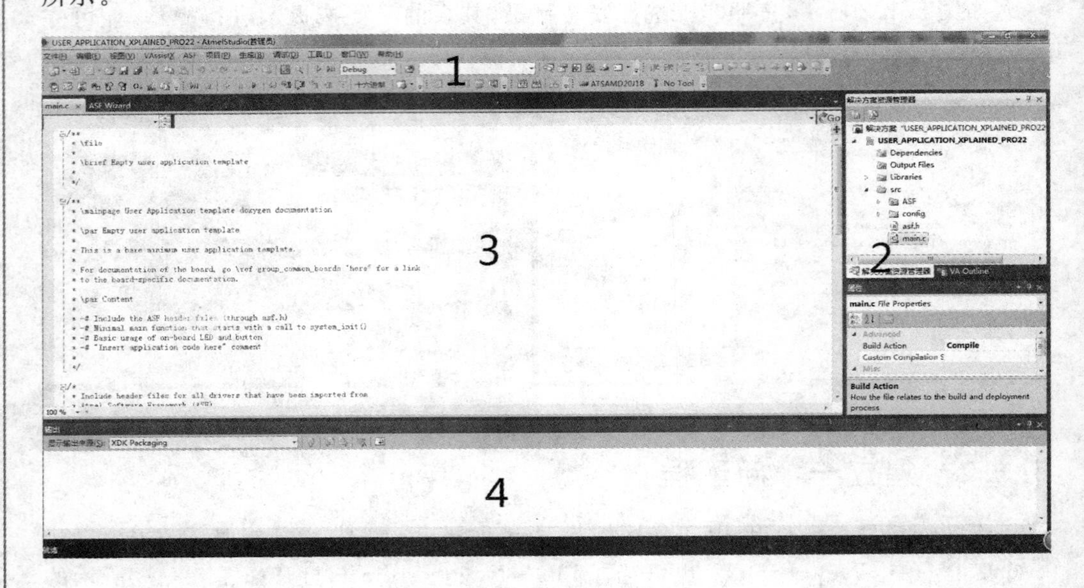

图 5.1.4 Atmel Studio 界面

以下是对图 5.1.4 中 4 个部分的介绍:

第 1 部分 第一行是菜单和快捷方式栏,与普通 VS2010 的结构差不多,包括打开、保存、复制、撤销和调试等,还有一个 Atmel Studio 自带的功能强大的 ASF 功能,将在后面具体进行介绍。

第 2 部分 工作窗口,这里显示了工程文件和库函数。

第 3 部分 编辑窗口,在这里可以编辑应用程序源代码。

第 4 部分 输出窗口,在这里显示状态信息。

下面以一个具体实例来介绍工程的配置与调试。

5.1.3 工程的配置与调试

SAM D20 Xplained Pro 开发板上自带仿真器和调试串口。先将 SAM D20 Xplained Pro 开发板通过 USB 接口与 PC 端连接,计算机会自动进行设备驱动程序软件的更新,如图 5.1.5 所示。

打开 Atmel Studio,新建一个 Example Project。这里选择一个采用中断控制的例程如图 5.1.6 所示,选择 kit→SAM D20 Xplained Pro→Quick Start for the SAM D20 EXTINT Driver(Callback)-SAM D20 Xplained Pro。

单击 OK 按钮确认,会出现 License Agreement,接受即可。第一次使用时要求注册一个新的账户,按照要求进行注册即可。

若在解决方案生成之后直接进行 Debug,会出现如图 5.1.7 所示的错误提示。

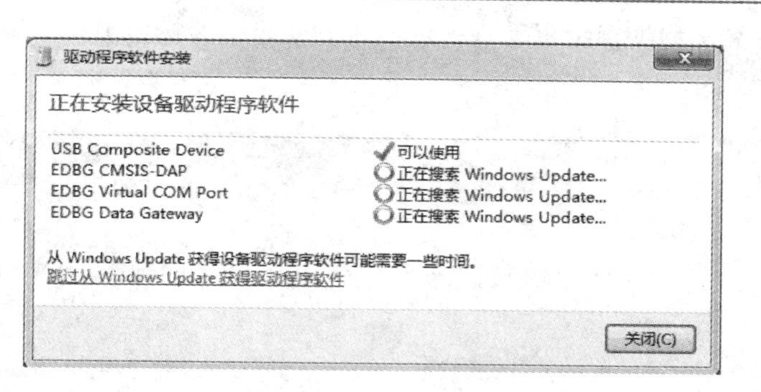

图 5.1.5　驱动软件更新

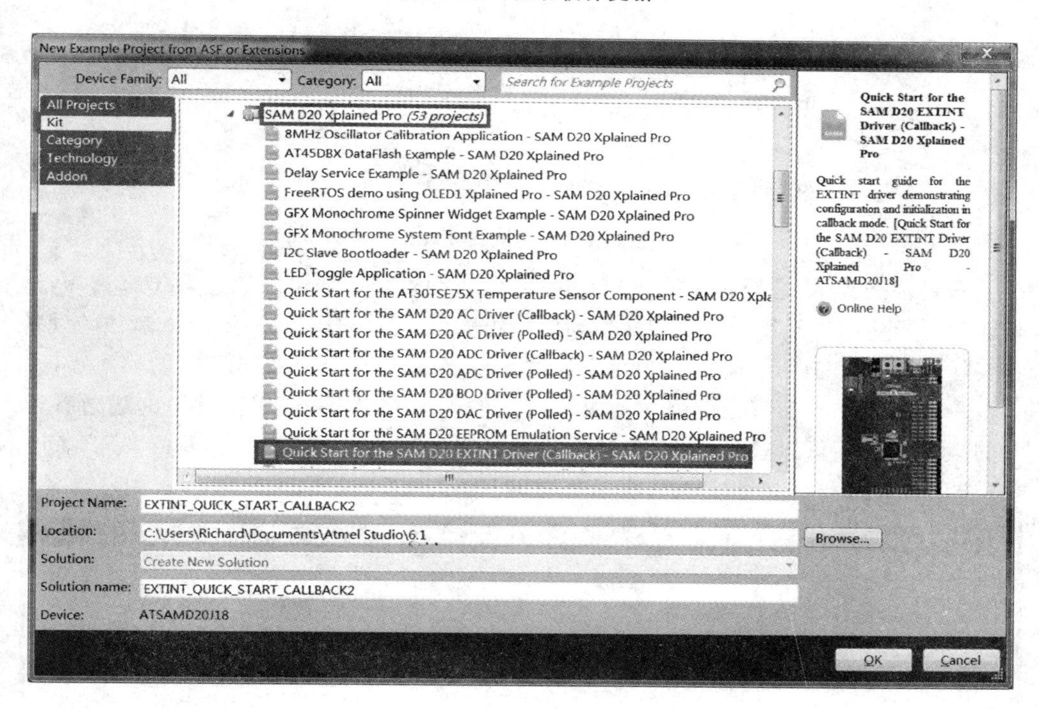

图 5.1.6　新工程建立

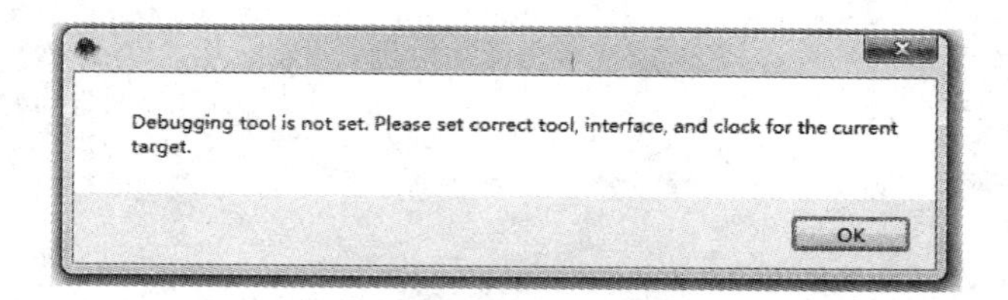

图 5.1.7　错误提示

这提示用户未对当前目标的工具进行相应的配置，单击 OK 按钮之后会进入如

图 5.1.8 所示的界面。还可以通过右键解决方案资源管理器中的工程文件的“属性”来进行配置。

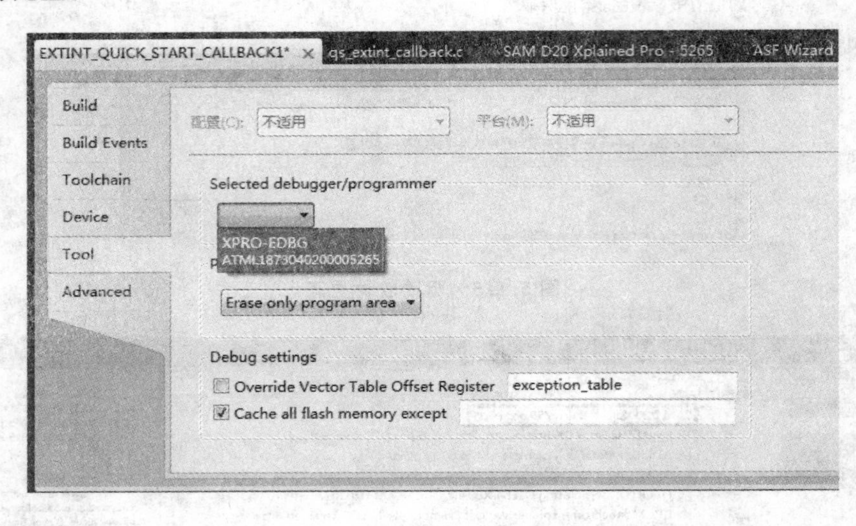

图 5.1.8　调试工具设置

只要根据提示，选择对应的 debugger 即可。除此之外，还可以通过 Device 选项，清晰地看到所使用的开发板的所有属性和可用的烧写工具。若 Atmel Studio 默认的设备和实际使用的设备型号不相符，也可以通过 Change Device 选项来进行更改。

Atmel Studio 拥有一个强大的可视图化的配置界面——ASF Wizard，通过菜单上的“项目”选项可以打开，或者右键解决方案资源管理器中的工程文件的 ASF Wizard 选项也可以打开如图 5.1.9 所示的界面。

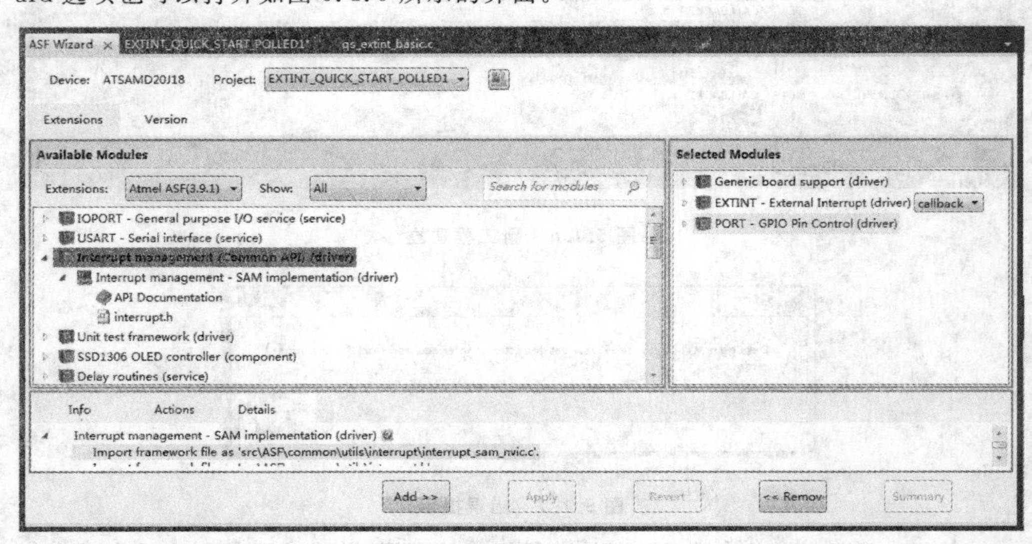

图 5.1.9　ASF 界面

在第一排可以看到所使用的设备和工程名称。在 Available Modules 中有各种 MCU 模块，可以看到各种加入的模块，右边是已经被选择的模块，比如需要一个延迟(delay)，则可以在左边的搜索栏中输入 delay，选中后单击 Add 键，就会在右侧添加所选的模块，如图 5.1.10 所示。

这时的 Delay 模块已经加入到已选模块中，但是在右边的解决方案资源管理器中没有找到相应的头文件，这时单击下方的 Apply 按钮，那些头文件就能顺利地加入，并可以使用里面的库函。这时候的 Selected Modules 如图 5.1.11 所示。

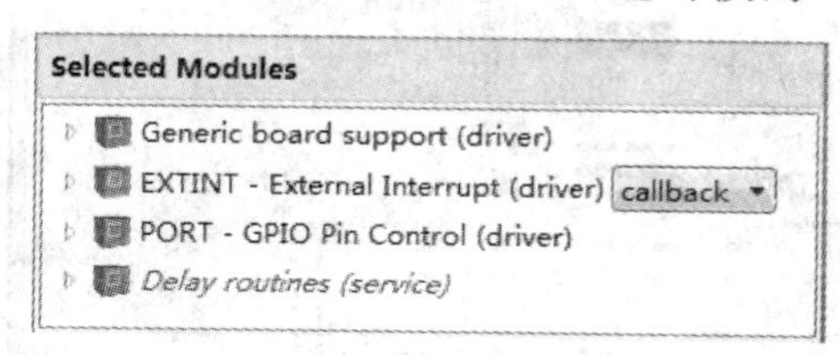

图 5.1.10　添加模块

Selected Modules
Generic board support (driver)
Delay routines (service)
EXTINT - External Interrupt (driver) callback
PORT - GPIO Pin Control (driver)

图 5.1.11　选择要添加的模块

当需要调试时，可设置断点，在需要设置断点的那行双击函数，选择右键→"断点"→"插入断点"。然后按启动调试按钮(F5)，运行后便可以看到箭头停在了断点处，如图 5.1.12 所示。

```
int main(void)
{
    system_init();

    //! [setup_init]
    extint_enable();
    configure_extint_channel();
    configure_extint_callbacks();

    system_interrupt_enable_global();
    //! [setup_init]

    //! [main]
    while (true) {
        /* Do nothing - EXTINT will fire callback asynchronously */
    }
    //! [main]
```

图 5.1.12　添加断点

在快捷菜单栏中，有快捷方式图标，分别是"逐语句"(F11)、"逐过程"(F10)、"跳出"(Shift+F11)、"运行到光标处"(Ctrl+F10)和 Reset(Shift+F5)，其中比较常用的是"逐语句"和"逐过程"，前者用于进入一个函数，后者用于不进入该函数而进入下一行语句。调试结束后用左边的"停止调试"快捷键停止调试过程。

当进行串口调试时，Atmel Studio 自带有串口调试工具，可以在"工具"→"扩展管理器"中找到，如图 5.1.13 所示。

安装之后，在 ASF Wizard 中添加 Standard serial I/O(stdio)(driver)，并如图 5.1.14 进行配置。

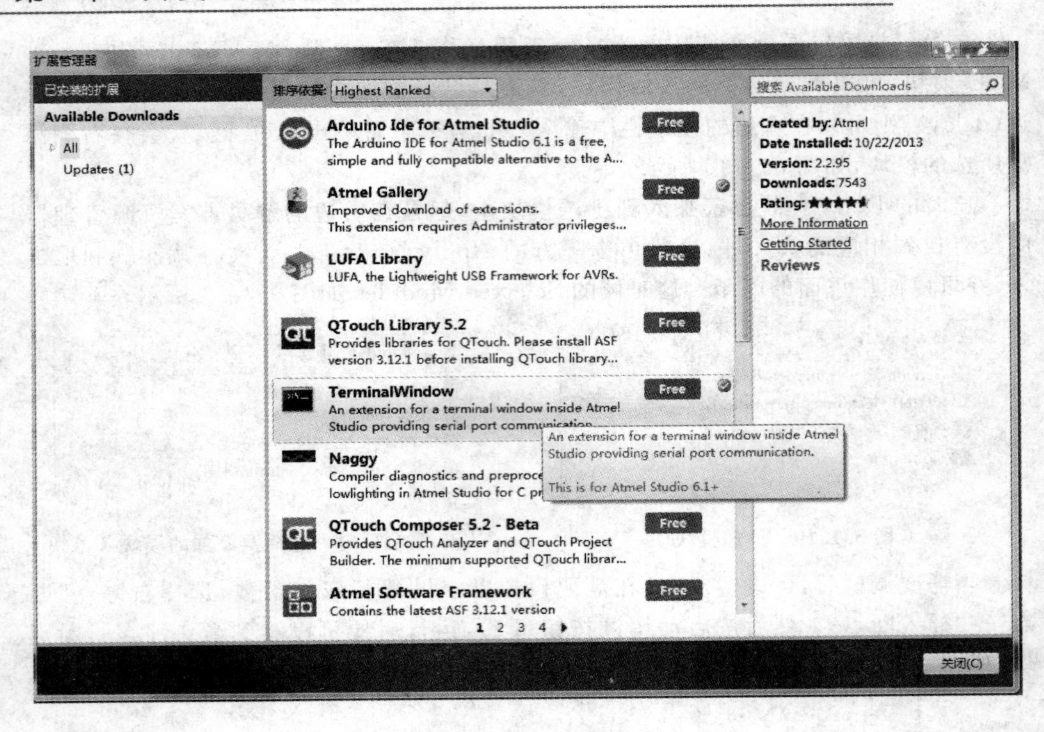

图 5.1.13　下载 TerminalWindow

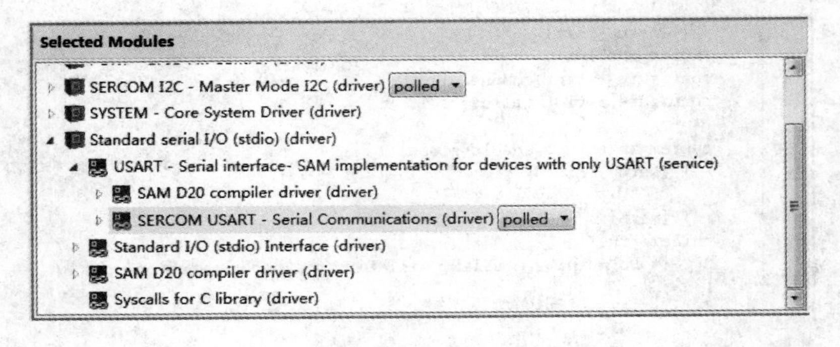

图 5.1.14　串口调试配置

可以通过"视图"→Terminal Window 打开串口调试工具，配置串口号和波特率之后便可进行 Connect，具体如图 5.1.15 所示。

如果使用第三方串口工具，要注意 PC 串口的配置如波特率、停止位和奇偶校验等必须与虚拟 COM 端口相匹配；当没有终端程序连接到计算机上的虚拟 COM 端口时，EDBG 的收、发数据引脚为高阻态。所以，第三方串口工具必须使能发送 DTR 信号的功能，否则可能无法收到 MCU 的 UART 数据。

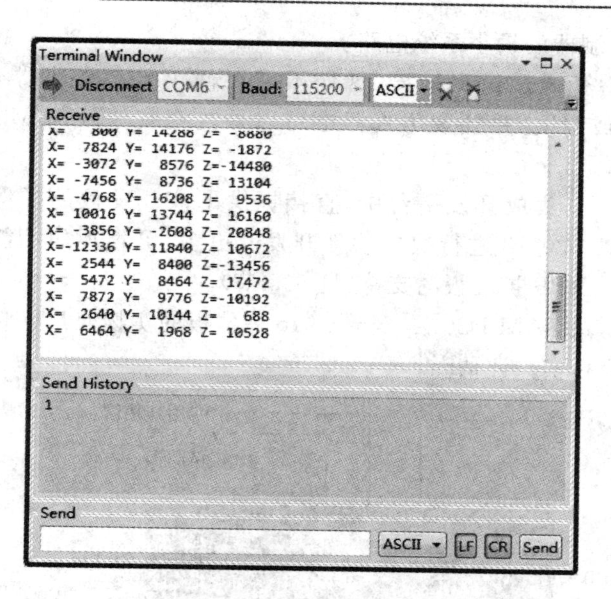

图 5.1.15 串口调试工具

5.2 Atmel 软件框架介绍

Atmel 软件框架(ASF)是一个 Atmel MCU 的嵌入式软件库，简化了微控制器的使用和软件开发，提供了一组硬件抽象层驱动和高价值的中间件。ASF 可用于评估、原型设计、开发和生产等各个阶段。ASF 集成在 Atmel Studio IDP 中，也可为独立的 GCC、IAR 编译器所使用。

本书的前几章已经有使用 ASF 进行 SAM D20 外设编程操作的示例，本章也使用 ASF 介绍更完整的实验例程。详细的 ASF 信息、完整的 ASF 库函数说明，可参见附录 A 及 ASF 在线文档。

5.3 SAM D20 Xplained Pro 评估板

Xplained Pro 评估板是一个评估 SAM D20 的入门级硬件平台，主要搭载了一片 SAM D20J18 微控制器芯片及一个板载仿真调试接口，并引出了 MCU 所有可用的 I/O 引脚，为开发者自行扩展开发提供了最大程度的便利。本节将对该开发板的仿真器接口及外扩 I/O 接口作详细描述。

5.3.1 概 览

Xplained Pro 是由 Atmel 公司研制开发出的一套 SAM D20 评估板，包含了开发 SAM D20 微控制器的最小系统电路。

板上搭载了一个调试仿真接口，这样不需要使用外部仿真器便可以对 SAM D20J18 进行编程或调试，并且该仿真器也可以外接至其他外部 MCU 进行烧写和调试。

在 Atmel Studio 集成开发平台中，直接提供了该开发板的样例程序和调试环境，并可以对 SAM D20J18 进行快速软件开发。更多、更直观的功能体验及用于实验，需要 SAM D20 XPB 扩展板的支持(见 5.5 节)。

图 5.3.1 所示是 SAM D20 Xplained Pro 评估板的实物照片。它仅需一根 USB 线连接 PC，即可进行实验评估。

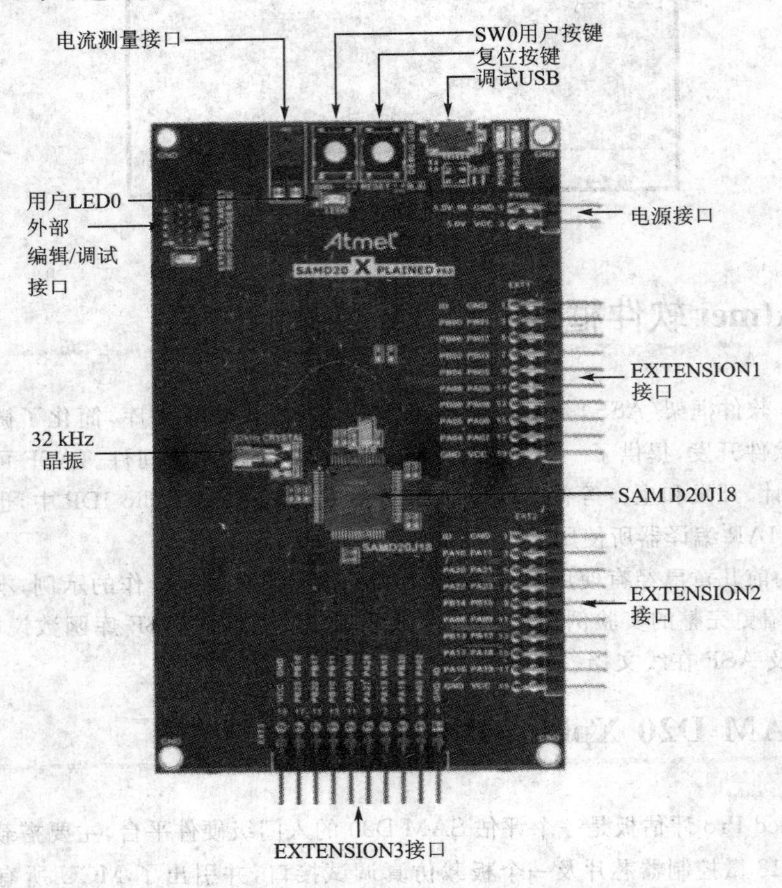

图 5.3.1 SAM D20 Xplained Pro 评估板实物图

一旦与 PC 连接上，绿色电源指示灯就会点亮。由于评估板上自带一个标志其唯一性的 ID 芯片，Atmel Studio 将会自动检测 Xplained Pro 评估板的连接，并获得相关信息。这时便可以选择启动 Atmel 软件框架(ASF)中的例程，使用板载调试器进行编程和调试。

Xplained Pro 支持各种扩展板连接,只需通过一组或多组标准化硬件扩展接口连接到 Xplained Pro。如果使用 Atmel 原装的扩展板,每种扩展板上都有一个 ID 芯片来唯一地标志,以便软件自动识别。相关信息可以查阅 Atmel Studio 和扩展板的用户手册、应用笔记等。

Xplained Pro 主要由 SAM D20J18 微控制器(见图 5.3.2)、嵌入式调试器(EDBG)、I/O、3 个扩展接口、电源和 32 kHz 晶振构成。下面几小节中将逐一介绍。

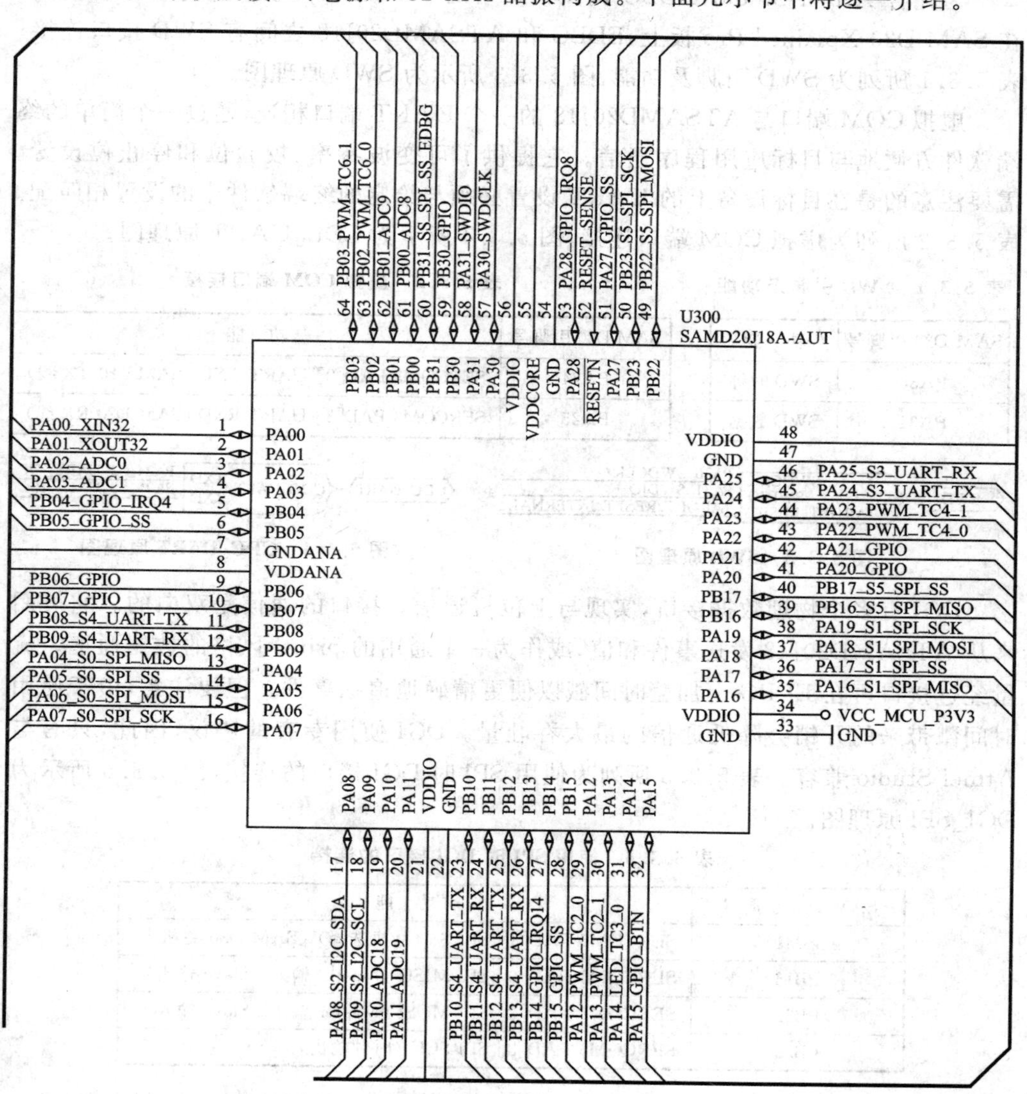

图 5.3.2 SAM D20J18 的原理图

5.3.2 嵌入式调试器

SAM D20 Xplained Pro 包含了 Atmel 嵌入式调试器(EDBG)用以板上调试。EDBG 包含 3 个接口复合 USB 设备、1 个调试器、虚拟 COM 端口和数据网关接口(DGI)。

为配合 Atmel Studio,EDBG 调试接口可对 ATSAMD20J18 进行编程和调试。在 SAM D20 Xplained Pro 板上,EDBG 和 ATSAMD20J18 之间有 SWD 接口连接。表 5.3.1 所列为 SWD 引脚及功能,图 5.3.3 所示为 SWD 原理图。

虚拟 COM 端口与 ATSAMD20J18 的一个 UART 端口相连,通过一个简单的终端软件方便地与目标应用程序通信。它提供了可变波特率、校验位和停止位设置。需要注意的是在目标设备上的 UART 设置必须与给定的终端软件中的设置相匹配。表 5.3.2 所列为虚拟 COM 端口连接,图 5.3.4 所示为 CDC_UART 原理图。

表 5.3.1 SWD 引脚及功能

SAM D20 引脚号	功 能
PA30	SWD 时钟
PA31	SWD 数据

表 5.3.2 虚拟 COM 端口连接

SAM D20 引脚号	功 能
PA24	SERCOM3 PAD[2] UART TXD (SAM D20 TX 线)
PA25	SERCOM3 PAD[3] UART RXD (SAM D20 RX 线)

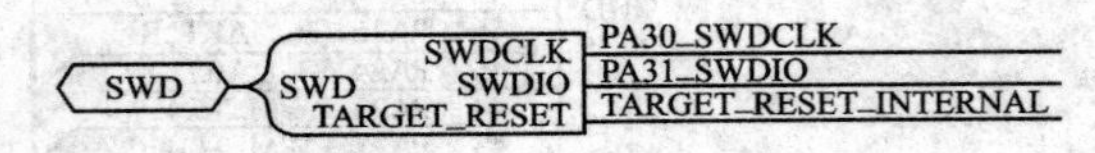

图 5.3.3 SWD 原理图

图 5.3.4 CDC_UART 原理图

DGI 有多个物理数据接口,实现与上位机通信。接口的通信是双向的。它可用来从 ATSAMD20J18 发送事件和值,或作为一个通用的 printf 风格的数据通道。流量经过接口可在 EDBG 上加盖时间戳以便更精确地追踪事件。但要注意,由于使用时间戳带来的开销会降低通信的最大吞吐量。DGI 使用专有的协议,因此,只有与 Atmel Studio 兼容。表 5.3.3 所列为使用 SPI 时 DGI 接口的连接,图 5.3.5 所示为 DGI_SPI 原理图。

表 5.3.3 使用 SPI 时 DGI 接口的连接

SAM D20 引脚号	功 能
PB31	SERCOM5 PAD[1] SPI SS (从机选择) (SAM D20 主机)
PB16	SERCOM5 PAD[0] SPI MISO (Master 输入, Slave 输出)
PB22	SERCOM5 PAD[2] SPI MOSI (Master 输出, Slave 输入)
PB23	SERCOM5 PAD[3] SPI SCK (时钟输出)

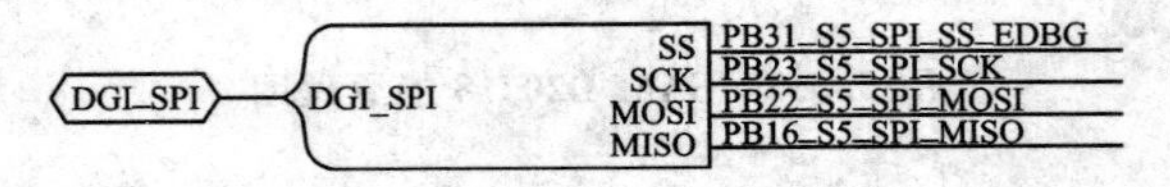

图 5.3.5 DGI_SPI 原理图

表5.3.4所列为使用I^2C时DGI接口的连接。图5.3.6所示为DGI_TWI原理图。表5.3.5所列为连接到EDBG的GPIO线，图5.3.7所示为DGI_GPIO原理图。

表5.3.4　使用I^2C时DGI接口的连接

SAM D20引脚号	功　能
PA08	SERCOM2 PAD[0] SDA（数据线）
PA09	SERCOM2 PAD[1] SCL（时钟线）

表5.3.5　连接到EDBG的GPIO线

SAM D20引脚号	功　能
PA27	GPIO0
PA28	GPIO1
PA20	GPIO2
PA21	GPIO3

图5.3.6　DGI_TWI原理图

图5.3.7　DGI_GPIO原理图

EDBG控制SAM D20 Xplained Pro上的两个LED灯，即一个电源指示灯和一个状态指示灯。表5.3.6所列为在不同操作模式下LED的状态。

表5.3.6　在不同的操作模式下LED的状态

操作模式	电源指示灯	状态指示灯
正常工作	通电时，电源指示灯亮	动态指示灯，在EDBG发生事件时LED灯闪烁
Bootloader模式（空闲）	电源指示灯和状态指示灯同时闪烁	
Bootloader模式（固件升级）	电源指示灯和状态指示灯交替闪烁	

5.3.3　硬件标志系统

所有的Xplained Pro兼容扩展板均装有一片Atmel ATSHA204加密认证芯片。该芯片包含标志扩展板名及一些额外数据的信息。当Xplained Pro扩展板连接到Xplained Pro母板时，Xplained Pro板将会读取扩展板的信息并将其发送给Atmel Studio。Atmel Studio中的Atmel套件扩展，将会给出与扩展板相关的信息、示例代码及相关文档的链接。表5.3.7所列为一个存储在ID芯片中数据域的示例内容。

表 5.3.7 Xplained Pro ID 芯片内容

数据域	数据类型	示例内容
制造商	ASCII 字符串	Atmel'\0'
产品名	ASCII 字符串	Segment LCD1 Xplained Pro'\0'
产品版本	ASCII 字符串	02'\0'
产品序列号	ASCII 字符串	1774020200000010'\0'
最小电压/mV	uint16_t	3 000
最大电压/mV	uint16_t	3 600
最大电流/mA	uint16_t	30

5.3.4 板载外设

在该开发板上，提供了几个最基本的外设——按键和 LED 灯，下面对相关外设的引脚和原理图做一一介绍。

1. 一个用户 LED 灯

表 5.3.8 列出一个用户 LED 灯。图 5.3.8 所示为用户 LED 灯和用户按键原理图。

表 5.3.8 LED 灯

SAM D20 引脚号	LED
PA14	黄色 LED0

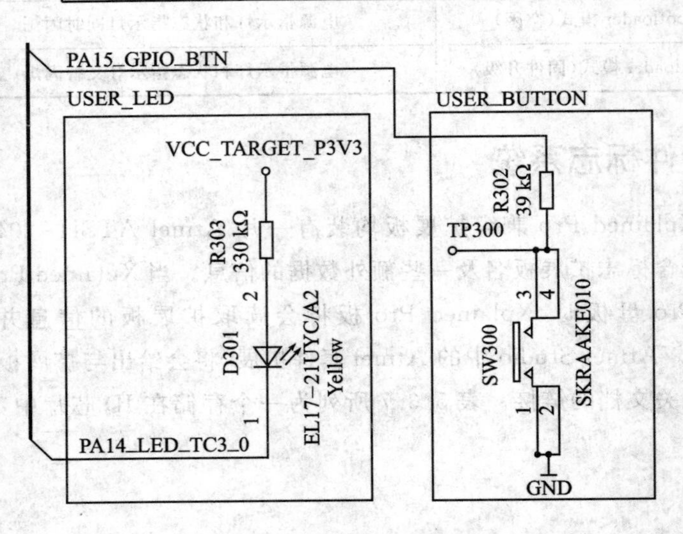

图 5.3.8 用户 LED 和用户按键原理图

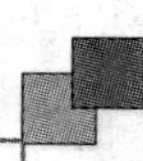

2. 两个机械按键(用户按键和复位按键)

表 5.3.9 所列为两个机械按键,图 5.3.9 所示为复位按键原理图。

表 5.3.9 机械按键

SAM D20 引脚号	功 能
RESETN	复位
PA15	SW0

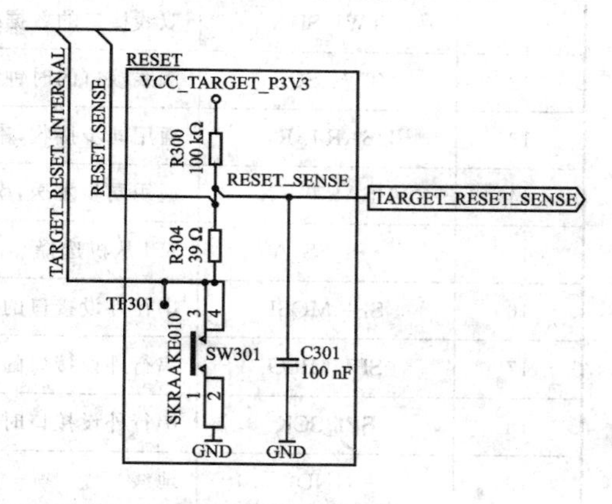

图 5.3.9 复位按键原理图

5.3.5 扩展接口

所有 Xplained Pro 套件有一个或多个双行、20 引脚、100mil 的扩展接口。Xplained Pro MCU 板是排针,对应的扩展板有相应的排孔。扩展接口可以将各种 Xplained Pro 扩展板连接到 Xplained Pro MCU 板上。请注意,引脚并非总是连接的。Xplained Pro 扩展接口如表 5.3.10 所列,图 5.3.10 所示为 Xplained Pro 扩展接口原理图。

表 5.3.10 Xplained Pro 扩展接口

引脚号	名 称	描 述
1	ID	扩展板 ID 芯片通信线路
2	GND	地线
3	ADC(+)	模/数转换器(正极)
4	ADC(−)	模/数转换器(负极)
5	GPIO1	通用 IO 口
6	GPIO2	通用 IO 口
7	PWM(+)	脉冲宽度调制(正极)
8	PWM(−)	脉冲宽度调制(负极)
9	IRQ/GPIO	中断请求线/通用 IO 口
10	SPI_SS_B/GPIO	SPI 从机选择/通用 IO 口

续表 5.3.10

引脚号	名　称	描　述
11	TWI_SDA	双线接口的数据线,一直有效,总线模式
12	TWI_SCL	双线接口的时钟线,一直有效,总线模式
13	USART_RX	通用同步接收,串行异步接收发送
14	USART_TX	通用同步发送,串行异步接收发送
15	SPI_SS_A	SPI 从机选择
16	SPI_MOSI	串行外设接口的主机输出从机输入线,一直有效,总线模式
17	SPI_MISO	串行外设接口的主机输入从机输出线,一直有效,总线模式
18	SPI_SCK	串行外设接口时钟,一直有效,总线模式
19	GND	地线
20	VCC	扩展板电源

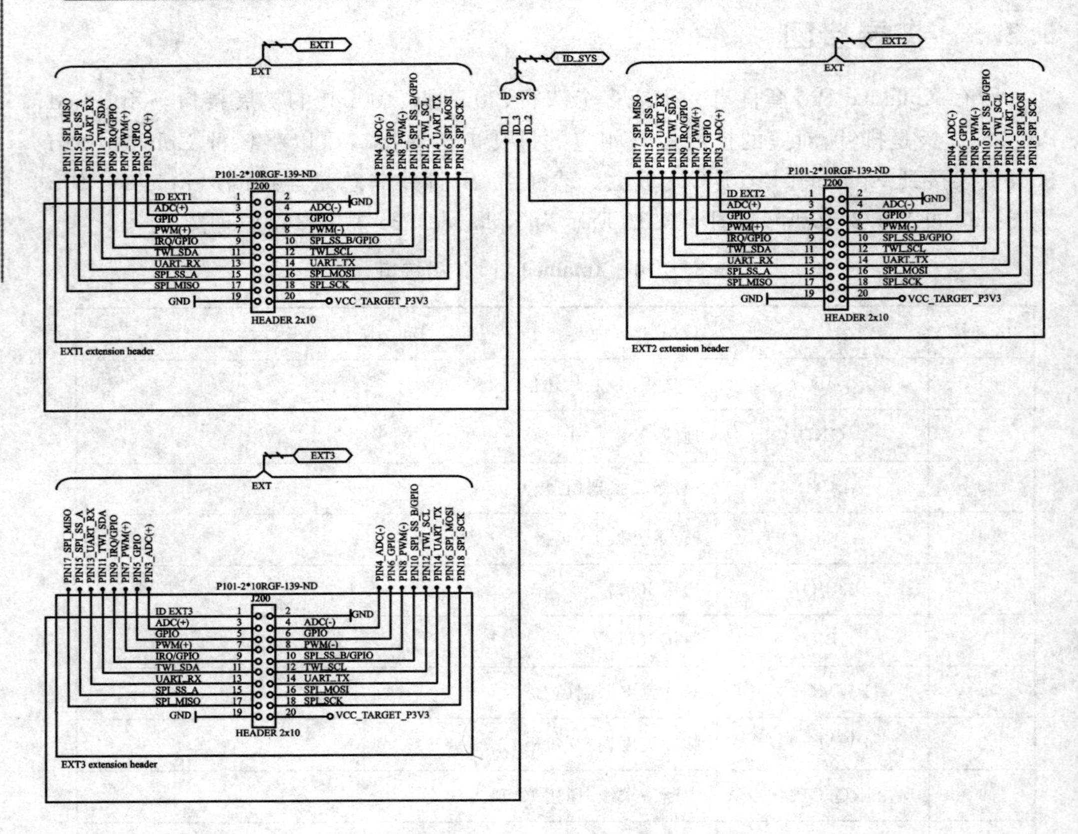

图 5.3.10　Xplained Pro 扩展接口原理图

SAM D20 Xplained Pro 的接口 EXT1、EXT2 和 EXT3 提供访问微控制器的 I/O,以扩展功能,比如连接扩展板。这些接口都符合 Xplained Pro 标准扩展接口的规则。所有排针的间距均为 2.54 mm(0.1 in)。表 5.3.11～5.3.13 所列为 EXT1、EXT2 和 EXT3 的扩展接口。

表 5.3.11　EXT1 扩展接口

EXT1 引脚	SAM D20 引脚	功　能	共享功能
1	—	—	扩展板 ID 芯片通信线路
2	—	—	地线
3	PB00	AIN[8]	
4	PB01	AIN[9]	
5	PB06	GPIO	
6	PB07	GPIO	
7	PB02	TC6/WO[0]	
8	PB03	TC6/WO[1]	
9	PB04	EXTINT[4]	
10	PB05	GPIO	
11	PA08	SERCOM2 PAD[0] I^2C SDA	EXT2、EXT3 和 EDBG
12	PA09	SERCOM2 PAD[1] I^2C SCL	EXT2、EXT3 和 EDBG
13	PB09	SERCOM4 PAD[1] UART RX[1]	
14	PB08	SERCOM4 PAD[0] UART TX[1]	
15	PA05	SERCOM0 PAD[1] SPI SS	
16	PA06	SERCOM0 PAD[2] SPI MOS	
17	PA04	SERCOM0 PAD[0] SPI MISO	
18	PA07	SERCOM0 PAD[3] SPI SCK	
19	—	—	地线
20	—	—	VCC

1 SERCOM4 模块被 EXT1、2 和 3 的 UART 共享,但使用了不同的引脚。

表 5.3.12 EXT2 扩展接口

EXT2 引脚	SAM D20 引脚	功 能	共享功能
1	—	—	扩展板 ID 芯片通信线路
2	—	—	地线
3	PA10	AIN[18]	
4	PA11	AIN[19]	
5	PA20	GPIO	
6	PA21	GPIO	
7	PA22	TC4/WO[0]	
8	PA23	TC4/WO[1]	
9	PB14	EXTINT[14]	
10	PB15	GPIO	
11	PA08	SERCOM2 PAD[0] I²C SDA	EXT1、EXT3 和 EDBG
12	PA09	SERCOM2 PAD[1] I²C SCL	EXT1、EXT3 和 EDBG
13	PB13	SERCOM4 PAD[1] UART RX[1]	
14	PB12	SERCOM4 PAD[0] UART TX[1]	
15	PA17	SERCOM1 PAD[1] SPI SS	
16	PA18	SERCOM1 PAD[2] SPI MOSI	
17	PA16	SERCOM1 PAD[0] SPI MISO	
18	PA19	SERCOM1 PAD[3] SPI SCK	
19	—		地线
20	—		VCC

1 SERCOM4 模块被 EXT1、2 和 3 的 UART 共享，但使用了不同的引脚。

表 5.3.13 EXT3 扩展接口

EXT2 引脚	SAM D20 引脚	功 能	共享功能
1	—	—	扩展板 ID 芯片通信线路
2	—	—	地线
3	PA02	AIN[0]	
4	PA03	AIN[1]	
5	PB30	GPIO	
6	PA15	GPIO	Onboard SW0
7	PA12	TC2/WO[0]	
8	PA13	TC2/WO[1]	
9	PA28	EXTINT[8]	

续表 5.3.13

EXT2 引脚	SAM D20 引脚	功 能	共享功能
10	PA27	GPIO	
11	PA08	SERCOM2 PAD[0] I^2C SDA	EXT1，EXT2 和 EDBG
12	PA09	SERCOM2 PAD[1] I^2C SCL	EXT1，EXT2 和 EDBG
13	PB11	SERCOM4 PAD[1] UART RX[1]	
14	PB10	SERCOM4 PAD[0] UART TX[1]	
15	PB17	SERCOM5 PAD[1] SPI SS	
16	PB22	SERCOM5 PAD[2] SPI MOSI	EDBG
17	PB16	SERCOM5 PAD[0] SPI MISO	EDBG
18	PB23	SERCOM5 PAD[3] SPI SCK	EDBG
19	—	—	地线
20	—	—	VCC

1 SERCOM4 模块被 EXT1、2 和 3 的 UART 共享，但使用了不同的引脚。

5.3.6 电 源

SAMD20 Xplained Pro 套件可以由外部电源通过 4 针标有 PWR 的电源接口供电，或通过 USB 嵌入式调试器供电。表 5.3.14 所列为两种可用电源。

表 5.3.14 两种可用电源

电源输入	电压要求	电流要求	连接标志
外部电源	4.3～5.5 V	推荐最低电流为 500 mA 以便为扩展板和自身提供足够的电流。推荐的最大值为 2A	PWR
USB 嵌入式调试器	4.4～5.25 V（根据 USB 规范）	500 mA（根据 USB 规范）	DEBUG USB

作为评估 SAM D20 的一部分，测量功耗是非常重要的。在该主板上有一个单独的电源跳线帽（VCC_MCU_P3V3），可用来测量流入 MCU 系统的总电流消耗。VCC_MCU_P3V3 跳线帽通过一个跳线与主电源（VCC_TARGET_P3V3）连接，去除跳线帽后，将电流表与该接口串联便可测量总系统的电流开销。表 5.3.15 所列为 PWR 电源接口，图 5.3.11 所示为 PWR 原理图。

表 5.3.15 PWR 电源接口

PWR 引脚号	引脚名称	描 述
1	VEXT_P5V0	外设 5V 输入
2	GND	地线
3	VCC_P5V0	未稳压 5V(输出,来自输入源)
4	VCC_P3V3	稳压 3.3V(输出,套件的主要电源)

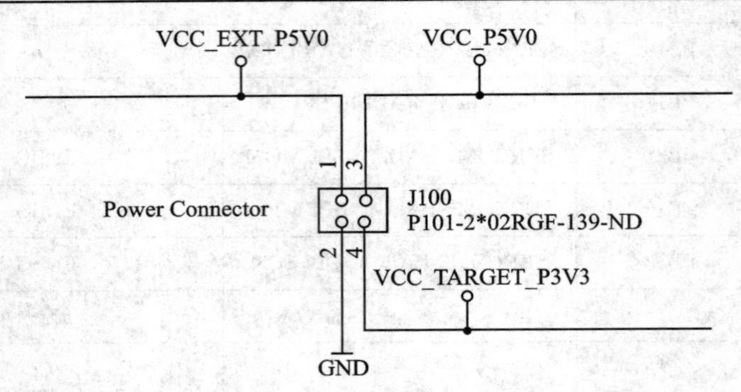

图 5.3.11 PWR 原理图

5.3.7 32 kHz 晶振

SAM D20 Xplained Pro 包含一个晶振,用做 SAM D20 低速外部时钟源。该晶振可用于测量校正内部振荡器的频率。引脚号及功能如表 5.3.16 所列。图 5.3.12 所示为外部晶振原理图。

表 5.3.16 外部 32.768 kHz 晶振

SAM D20 引脚号	功 能
PA00	X 输入 32
PA01	X 输出 32

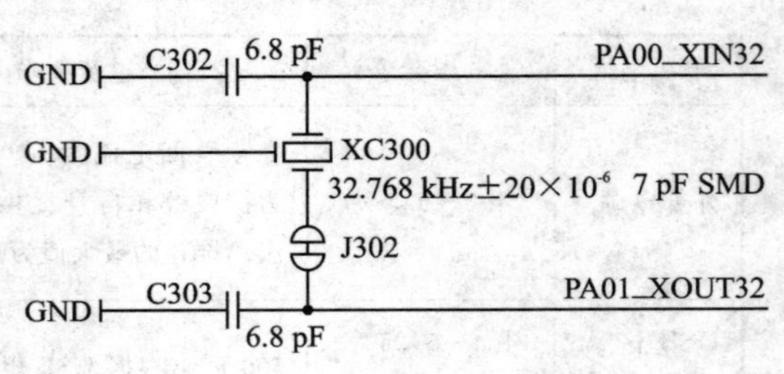

图 5.3.12 外部晶振原理图

5.4 Atmel QT1 Xplained Pro 扩展板

Atmel QT1 Xplained Pro 套件是扩展板,可在外设触摸控制器(PTC)的支持下采用自电容和互电容模式。套件展示了如何在不需要任何外部元件的情况轻松地设计出 PTC 电容式触控板。该套件包括两块板:一个使用自电容(SC),另一个使用互电容(MC)。

5.4.1　套件概述

Atmel QT1 Xplained Pro 被设计成连接标有 EXT1 和 EXT2 接口的 Xplained Pro MCU 开发板。为了进行触摸式应用程序的开发，需要下载和安装 Atmel Studio 中的扩展程序库中的 Atmel QTouch 库和 Atmel QTouch 编辑器。

一旦 Xplained Pro MCU 板上电，绿色电源指示灯被点亮，Atmel Studio 将自动检测哪一个 Xplained Pro MCU 扩展板被连接了，并会给出相关信息。同时，也可以在 Atmel Studio 中选择并运行一个 Atmel 软件框架（ASF）的应用实例。

5.4.2　硬件用户指南

基于互电容和自电容两种触摸模式，QT1 Xplained Pro 提供了两种不同模式的扩展板：QT1 Xplained Pro MC 扩展板（见图 5.4.1）和 QT1 Xplained Pro SC 扩展板（见图 5.4.2），设有 LED 和触摸传感器。下面逐一进行介绍。

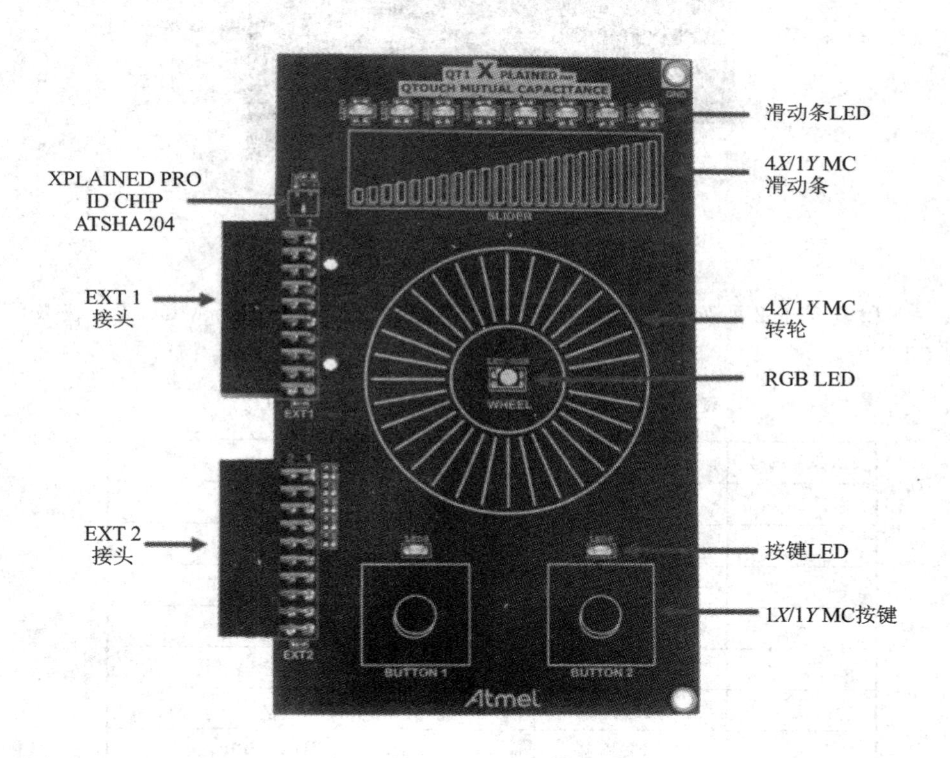

图 5.4.1　QT1 Xplained Pro MC 扩展板

1. QT1 Xplained Pro MC 扩展接口

QT1 Xplained Pro MC 有 EXT1 和 EXT2 两个 Xplained Pro 标准扩展接口，如

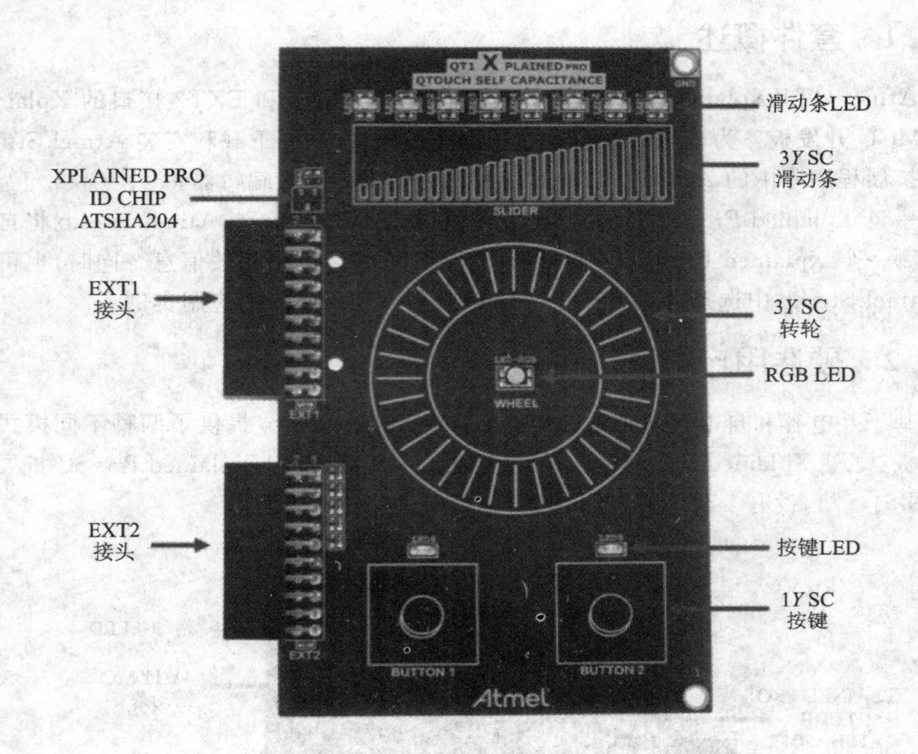

图 5.4.2 QT1 Xplained Pro SC 扩展板

表 5.4.1 和表 5.4.2 所列。这些接口可使它连接到 Xplained Pro MCU 板，该 MCU 设有 PTC 模块。

表 5.4.1 QT1 Xplained Pro MC 外设接口 1

EXT 引脚号	功 能	描 述
1	ID	ID 芯片的通信线路
2	GND	地线
3	LED_0	滑动条，LED 0（黄）
4	LED_1	滑动条，LED 1（黄）
5	Y_S	滑动条 Y-线
6	Y_W	转轮 Y-线
7	LED_2	滑动条，LED 2（黄）
8	LED_3	滑动条，LED 3（黄）
9	Y_B	按键 Y-线
10	未连接	
11	未连接	

续表 5.4.1

EXT 引脚号	功 能	描 述
12	未连接	
13	未连接	
14	未连接	
15	LED_4	滑动条,LED 4(黄)
16	LED_5	滑动条,LED 5(黄)
17	LED_6	滑动条,LED 6(黄)
18	LED_7	滑动条,LED 7(黄)
19	GND	地线
20	VCC	向目标板供电

表 5.4.2 QT1 Xplained Pro MC 外设接口 2

EXT 引脚号	功 能	描 述
1	未连接	
2	GND	地线
3	X_1	*X*-线 1
4	X_2	*X*-线 2
5	X_3	*X*-线 3
6	X_4	*X*-线 4
7	LED_8	按键 1,LED 8(黄)
8	LED_9	按键 2,LED 9(黄)
9	LED_R	转轮,RGB LED (红)
10	LED_G	转轮,RGB LED (绿)
11	未连接	
12	未连接	
13	未连接	
14	未连接	
15	LED_B	转轮,RGB LED (蓝)
16	未连接	
17	未连接	
18	未连接	
19	GND	地线
20	VCC	向目标板供电

2. QT1 Xplained Pro SC 扩展接口

QT1 Xplained Pro SC 有 EXT1 和 EXT2 两个 Xplained Pro 标准扩展接口，如表 5.4.3 和表 5.4.4 所列。这些接口可使它连接到 Xplained Pro MCU 板，该 MCU 设有 PTC 模块。

表 5.4.3 QT1 Xplained Pro SC 外设接口 1

EXT 引脚号	功 能	描 述
1	ID	ID 芯片的通信线路
2	GND	地线
3	Y_1	滑动条 *Y*-线 1
4	Y_2	滑动条 *Y*-线 2
5	Y_3	滑动条 *Y*-线 3
6	Y_4	转轮 *Y*-线 4
7	LED_0	滑动条，LED 0（黄）
8	LED_1	滑动条，LED 1（黄）
9	Y_5	转轮 *Y*-线 5
10	Y_6	转轮 *Y*-线 6
11	未连接	
12	未连接	
13	未连接	
14	未连接	
15	LED_2	滑动条，LED 2（黄）
16	Y_7	按键 2*Y*-线 7
17	LED_3	滑动条，LED 3（黄）
18	Y_8	按键 1*Y*-线 8
19	GND	地线
20	VCC	向目标板供电

表 5.4.4 QT1 Xplained Pro SC 外设接口 2

EXT 引脚号	功 能	描 述
1	未连接	
2	GND	地线
3	LED_4	滑动条，LED 4（黄）
4	LED_5	滑动条，LED 5（黄）
5	LED_6	滑动条，LED 6（黄）

续表 5.4.4

EXT 引脚号	功 能	描 述
6	LED_7	滑动条，LED 7（黄）
7	LED_8	滑动条，LED 8（黄）
8	LED_9	滑动条，LED 9（黄）
9	LED_R	转轮，RGB LED（红）
10	LED_G	转轮，RGB LED（绿）
11	未连接	
12	未连接	
13	未连接	
14	未连接	
15	LED_B	转轮，RGB LED（蓝）
16	未连接	
17	未连接	
18	未连接	
19	GND	地线
20	VCC	向目标板供电

3. LED

每个 QT1 Xplained Pro 扩展板都有 13 个可用的 LED(分为 10 个黄色和 1 个 RGB 色)，能可视化触摸传感器的动作。每个传感器都有自己的一组 LED。滑动条上有 8 个黄色的 LED 灯，每个按键有 1 个 LED，转轮有 1 个 RGB LED。所有板上的 LED 都是低电平有效，即微控制器只要把相应的 I/O 引脚输出 0，就可以点亮相应的 LED。

4. 触摸传感器

QT1 Xplained Pro 有 4 个可用的触摸传感器：1 个滑动条、1 个转轮和 2 个按键。互电容板和自电容板的传感器由于其触摸感应方法的差异，设计时有所不同。对于互电容(互容)，微控制器的 X-和 Y-线均用于检测的 X 和 Y 传感器之间的电容，该传感器被放置在内层的顶部；自电容(自容)只使用微控制器的 Y-线，印刷电路板只有一层用于放置传感器。因此，MC 扩展板和 SC 扩展板的触摸原理是完全不同的。

5.4.3 QT1 Xplained Pro 例程

SAM D20 Xplained Pro 评估套件支持 QT1 Xplained Pro 自电容和互电容扩展板。QT1 Xplained Pro 包括 2 个按键、1 个滑动条、10 个黄色 LED、1 个转轮和 1 个 RGB LED。其例程提供 IAR 和 GCC 两种版本。

自电容和互电容的 QT1 Xplained Pro 套件 GCC 例程可以从 Atmel Studio

QTouch 编译器的开始界面进入，如图 5.4.3 所示。

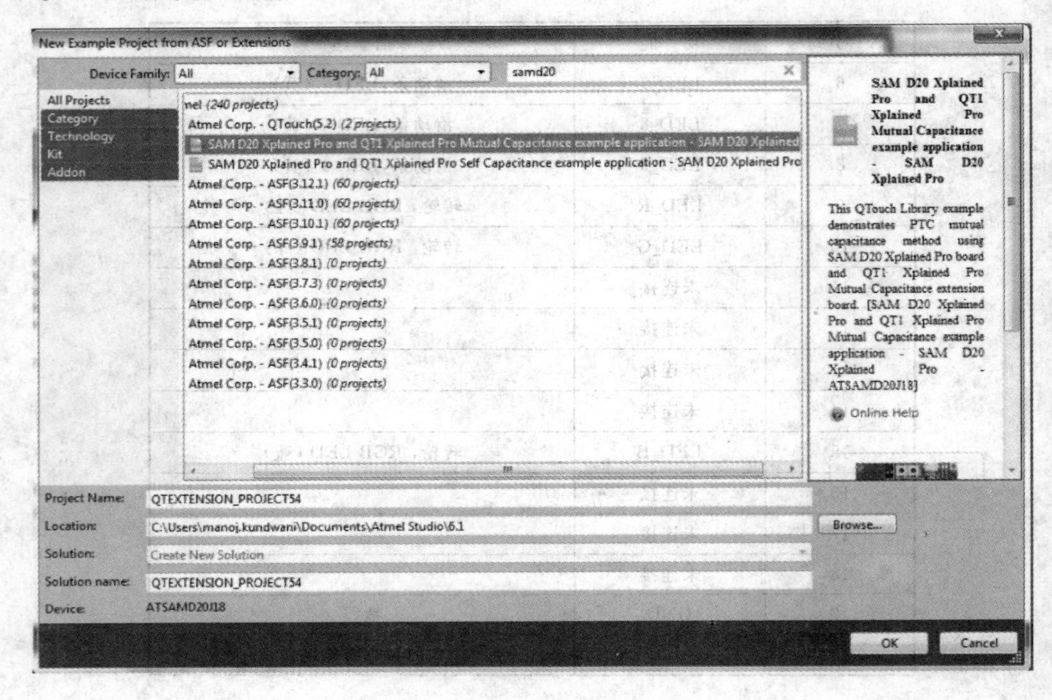

图 5.4.3 QT1 Xplained Pro 例程

Atmel Studio QTouch 编译器可用于创建 GCC 例程，这基于由用户定义的传感器和引脚配置，如表 5.4.5 所列。建立好的例程 QDebug 数据会通过 EDBG 数据通路接口到 QTouch 解析器，如图 5.4.4～图 5.4.8 所示。

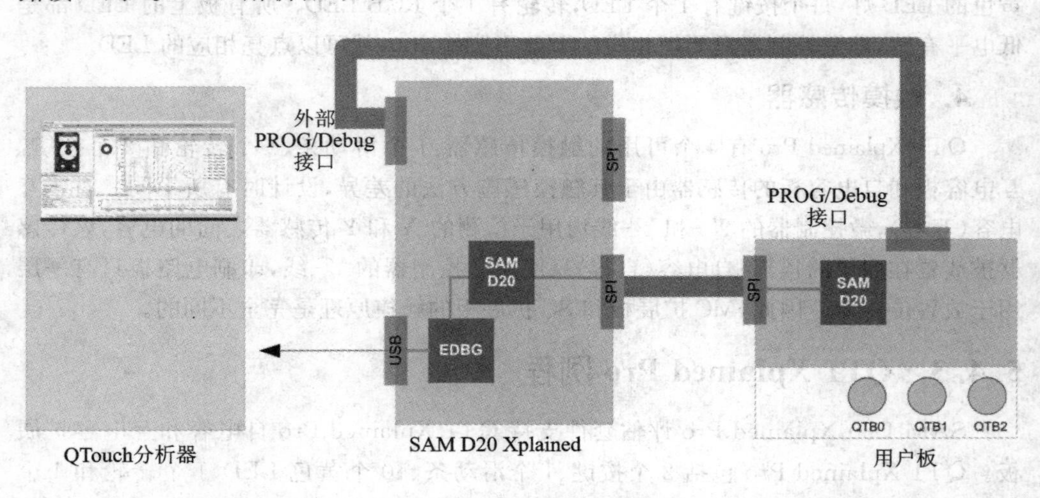

图 5.4.4 QDebug 数据流

表 5.4.5 Xplained Pro 套件和用户板的 SPI 连接

SAM D20 Xplained Pro 扩展接口 EXT3		用户板引脚
EXT3 引脚	功 能	
16	SPI MOSI(PB22)	MOSI
17	SPI MISO(PB16)	MISO
18	SPI SCK(PB23)	SCK
—		SS -连接至地
19	GND	GND

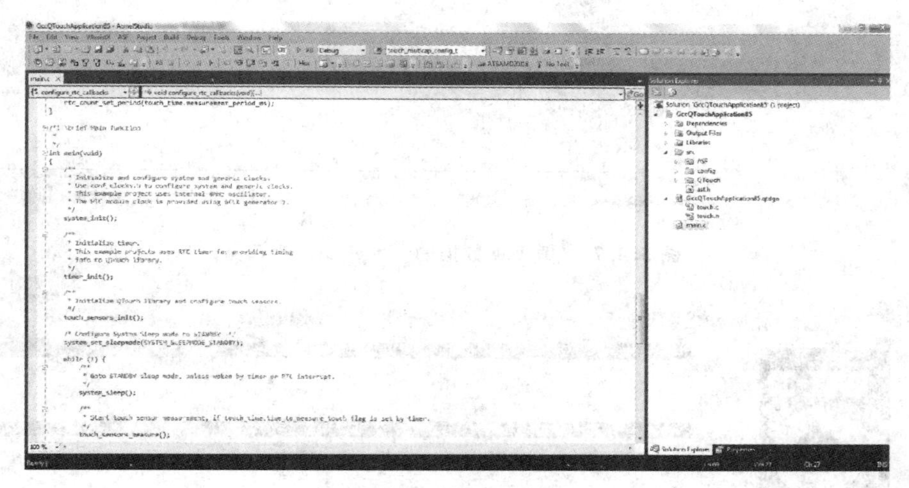

图 5.4.5 用户板例程

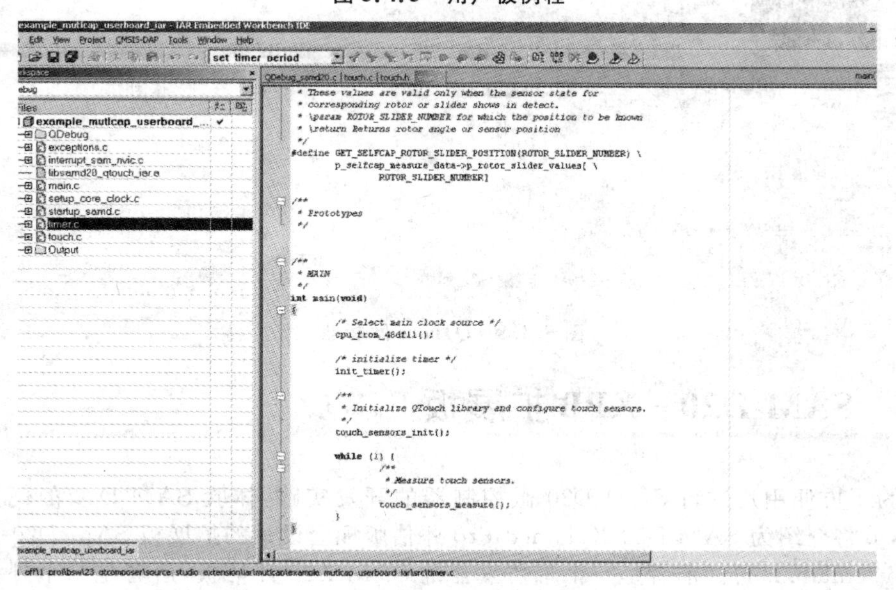

图 5.4.6 IAR 例程

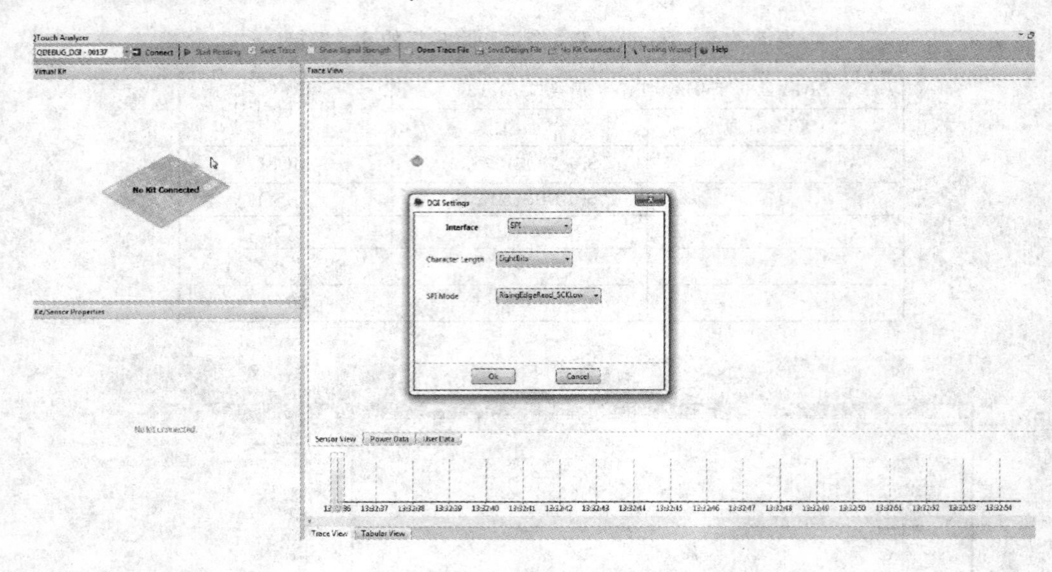

图 5.4.7 QDebug 数据的 Atmel DGI 接口

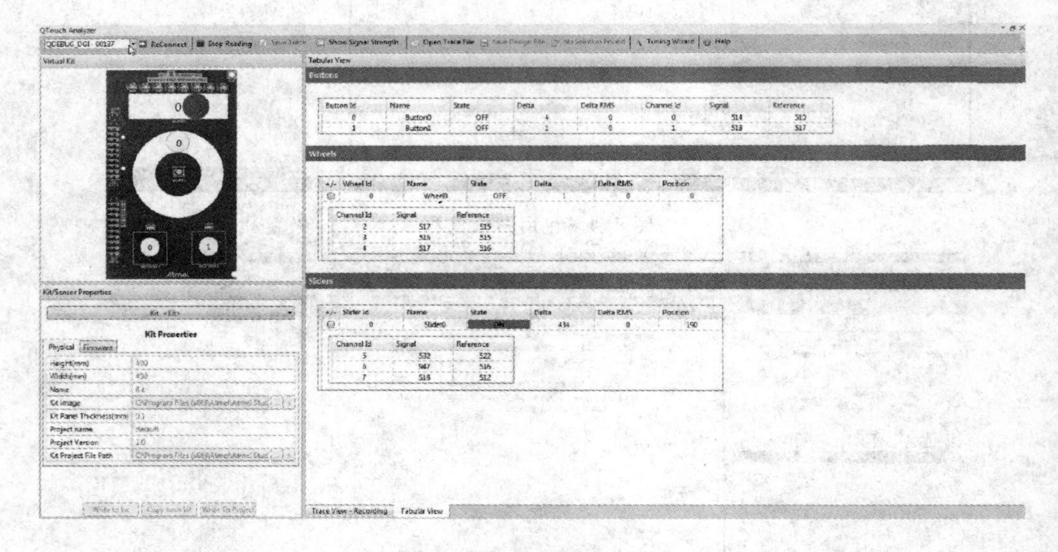

图 5.4.8 QTouch 解析器

5.5 SAM D20-XPB 扩展板

为了方便用户进行 SAM D20 微控制器的开发实践，体验 SAM D20 的优异性能，本节将介绍为 SAM D20 Xplained Pro 评估版配套设计的扩展板 SAM D20-XPB (www.emlab.net)。前者是一个带仿真器的 SAM D20 评估板，后者是一个外设扩展板。这两个开发板可为后续实验开发提供一个廉价、高效的硬件平台。

SAM D20-XPB 上可用外设非常丰富，包括外部接口、电源接口、串口通信模块、按键模块、LED、蜂鸣器、ADC 和 AC 模块、温湿度传感器、WiFi 模块（可选）、加密芯片、TFT 彩屏、Micro SD(TF)卡及三轴加速度传感器等。图 5.5.1 所示为该扩展板的实物照片。图 5.5.2 所示为该扩展板的电路原理图。表 5.5.1 和表 5.5.2 所列分别为 XPB 扩展板的两个外部接口的引脚功能描述。

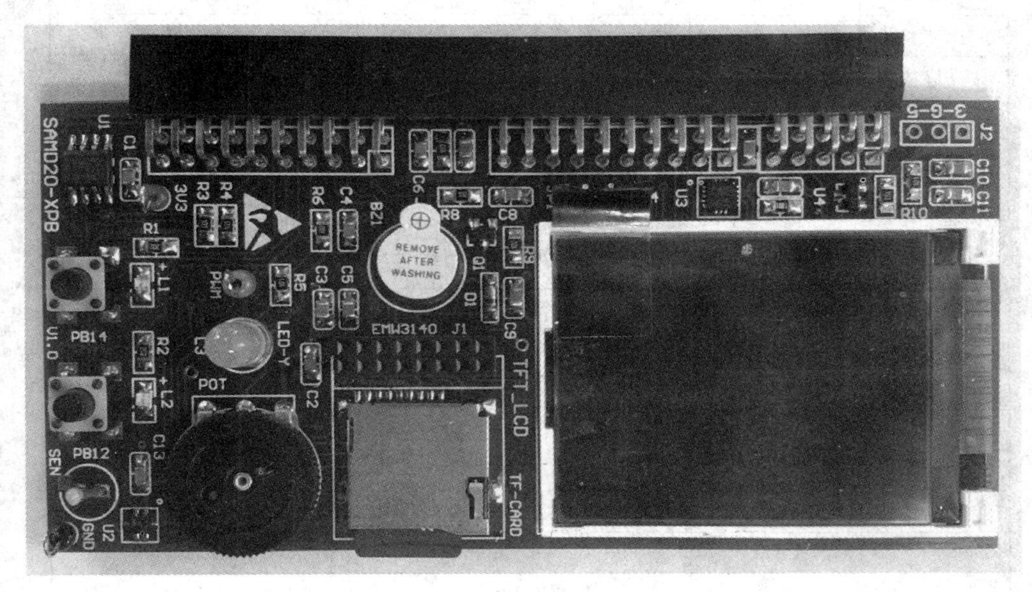

图 5.5.1　SAM D20-XPB 开发板

表 5.5.1　EXT1 引脚功能描述

EXT 引脚号	功　能	描　述	备　注
1	ID	未连接	
2	GND	接地	
3	PB0	未连接	
4	PB1	未连接	
5	PB7	SPI_MISO	TFT 的 SDI
6	PB6	DO_PP	TFT 的 RES
7	PB2	TCx_PWM	蜂鸣器
8	PB3	DI/DO，单总线	U4(ATSHA204)
9	PB4	DI_PU	U3(LIS3DH)的 INT
10	PB5	DO_PP，WIFI 功耗控制	WIFI 的 PWD
11	PA8	I2C_SDA	U3(LIS3DH)
12	PA9	I2C_SCL	U3(LIS3DH)

续表 5.5.1

EXT 引脚号	功 能	描 述	备 注
13	PB9	UART_RX	JP1－1
14	PB8	UART_TX	JP1－2
15	PA5	DO_PP	TFT 的 CS
16	PA6	SPI_MOSI	TFT 的 SDO
17	PA4	AC	变阻器
18	PA7	SPI_CLK	TFT 的 CLK
19	GND	接地	
20	VCC	3.3V	

表 5.5.2　EXT2 引脚功能描述

EXT 引脚号	功 能	描 述	备 注
1	ID	未连接	
2	GND	接地	
3	PA10	ADC_INx	变阻器
4	PA11	ADC_INy	103AT2 温度采集
5	PA20	DO_PP	WIFI 的 CS
6	PA21	DI_PU	WIFI 的 INT
7	PA22	TCx_PWM	LED3
8	PA23	DO_PP	LED2
9	PB14	DI_PU	K1
10	PB15	DO_PP	LED1
11	PA8	I2C_SDA	U1(AT24C04)和 U2(HTS221)
12	PA9	I2C_SCL	U1(AT24C04)和 U2(HTS221)
13	PB13	未连接	
14	PB12	DI_PU	K2
15	PA17	DO_PP	TF 的 CS
16	PA18	SPI_MOSI	WIFI 和 TF
17	PA16	SPI_MISO	WIFI 和 TF
18	PA19	SPI_CLK	WIFI 和 TF
19	GND	接地	
20	VCC	3.3 V	

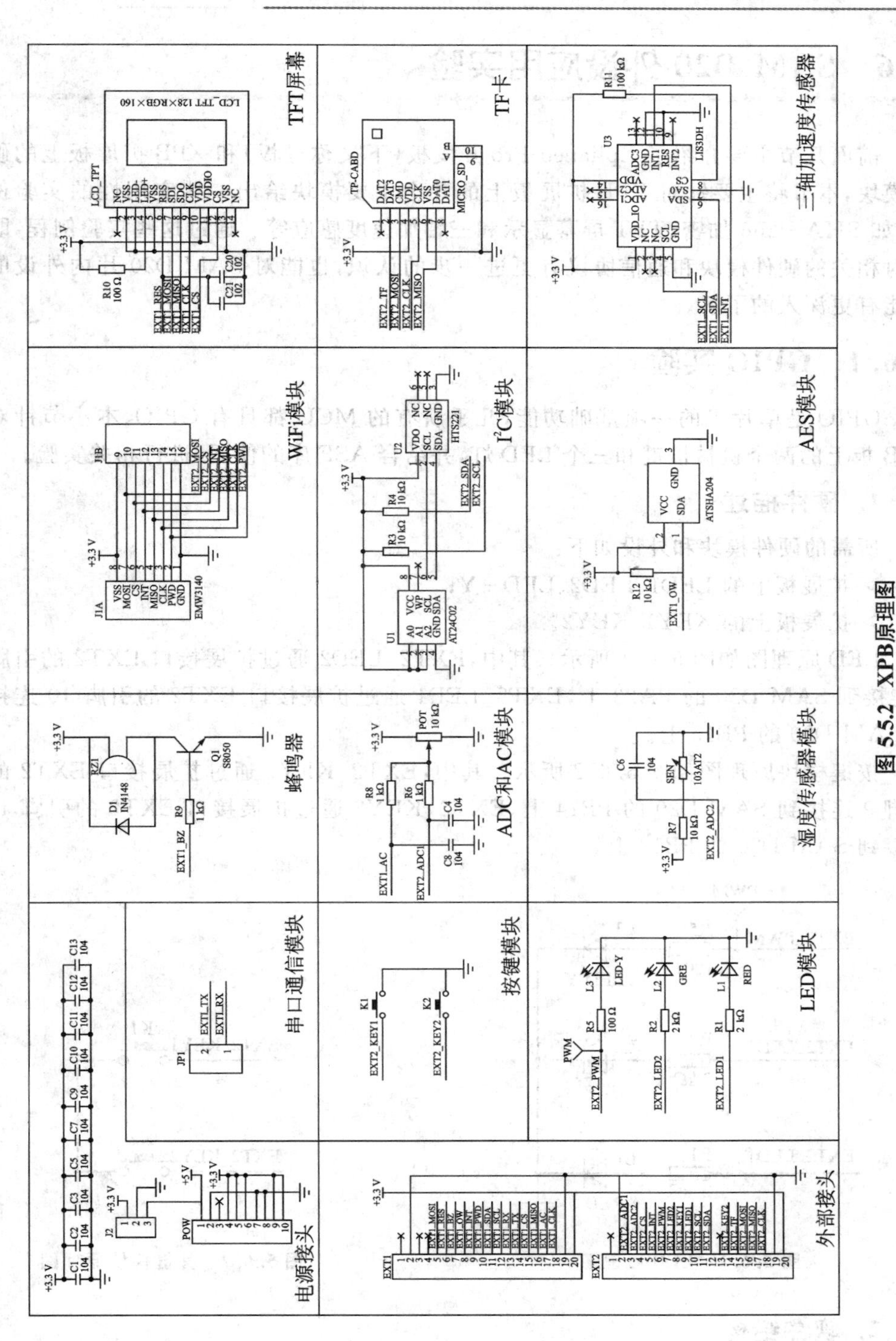
TFT屏幕
WiFi模块
蜂鸣器
串口通信模块
电源接头
TF卡
I²C模块
ADC和AC模块
按键模块
外部接头
三轴加速度传感器
AES模块
湿度传感器模块
LED模块

图 5.5.2 XPB原理图

5.6 SAM D20外设应用实验

前面几节主要介绍了Xplianed Pro开发板(下文称母板)和XPB扩展板上的硬件模块,本节将主要针对XPB扩展板上的几个主要模块给出一些实用性的实验例程,如SHA-256加密、TFT屏幕显示和三轴加速度感应等。通过这些实验例程,既能对相关的硬件模块和通信协议有更进一步的认识,也能对SAM D20片内外设的功能有更深入的了解。

5.6.1 GPIO实验

GPIO是单片机的一项基础功能,几乎所有的MCU都具有GPIO,本小节针对XPB板上的两个机械按键和三个LED灯,并结合ASF库的使用,进行相关实验。

1. 硬件描述

所需的硬件模块和外设如下:

- 扩展板上的LED1、LED2、LED-Y;
- 扩展板上的KEY1、KEY2。

LED原理图如图5.6.1所示。其中,EXT2_LED2通过扩展接口EXT2的引脚8连接到SAM D20的PA23上,EXT2_LED1通过扩展接口EXT2的引脚10连接到SAM D20的PB15上。

按键模块原理图如图5.6.2所示。其中,EXT2_KEY1通过扩展接口EXT2的引脚9连接到SAM D20的PB14上,EXT2_KEY2通过扩展接口EXT2的引脚14连接到SAM D20的PB12上。

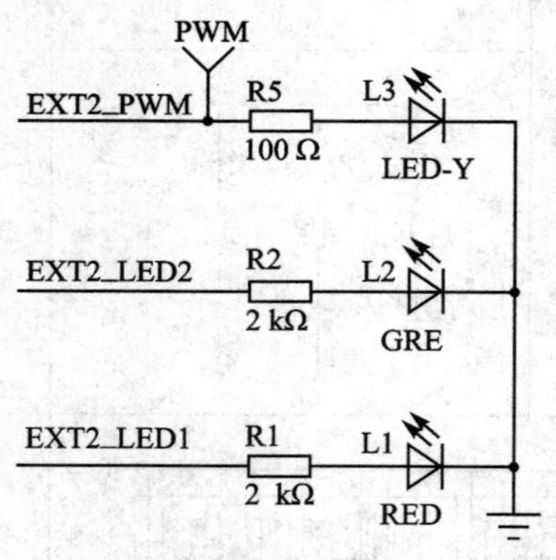

图5.6.1 LED原理图

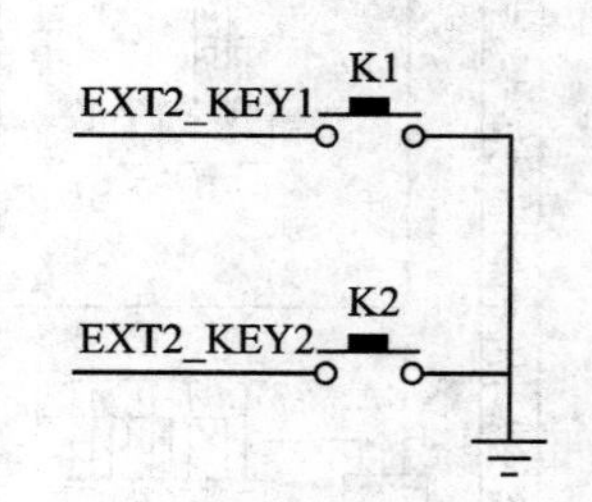

图5.6.2 按键模块原理图

2. 软件结构

本实验的实验现象为:按K1时LED-Y点亮,再次按下时熄灭;按下K2后

LED1 和 LED2 交替闪烁，此时若再按下 K1 则 LED1 和 LED2 熄灭、LED－Y 按照 K1 规律亮或暗，若按下 K2 则 LED1 和 LED2 熄灭。具体的软件流程如图 5.6.3 所示。

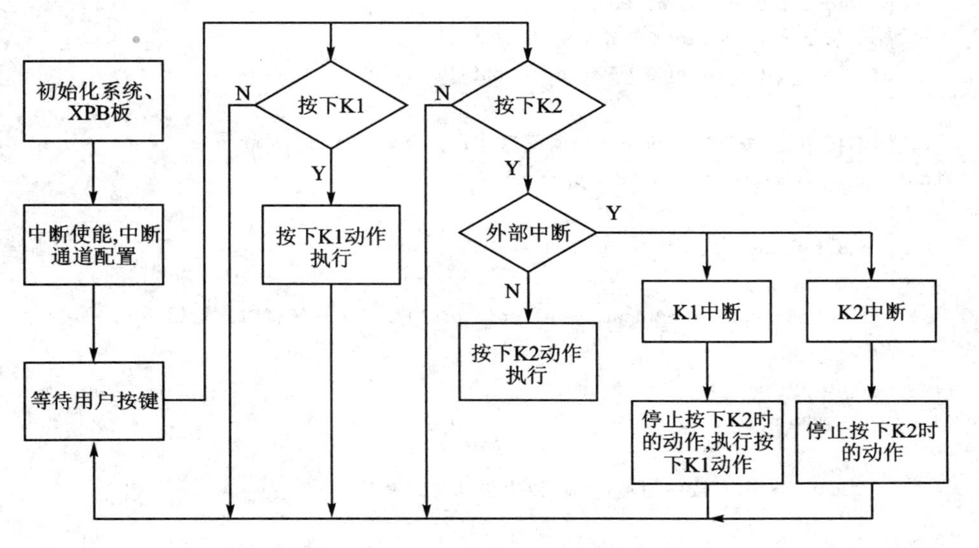

图 5.6.3　GPIO 实验软件流程图

3. 代码实现

新建 Xplianed Pro 样板工程后，在 ASF Wizard 中选择添加以下模块：

➢ Delay routines(service)模块；

➢ EXTINT － External Interrupt(driver)模块(polled)。

另外，使用默认的系统时钟和 GCLK 源(8 MHz)，添加 xpb_gpio.h 与 xpb_gpio.c。


```
//xpb_gpio.c 中代码
//XPB 板初始化
void xpb_board_init()
{
    struct port_config pin_conf;
    port_get_config_defaults(&pin_conf);
    /* LED 作为输出,默认关闭 */
    pin_conf.direction    = PORT_PIN_DIR_OUTPUT;
    port_pin_set_config(XPB_LED1, &pin_conf);
    port_pin_set_output_level(XPB_LED1, LED_INACTIVE);
    port_pin_set_config(XPB_LED2, &pin_conf);
    port_pin_set_output_level(XPB_LED2, LED_INACTIVE);
    port_pin_set_config(XPB_LED3, &pin_conf);
```

```
    port_pin_set_output_level(XPB_LED3, LED_INACTIVE);
    /* 按键作为输入 */
    pin_conf.direction    = PORT_PIN_DIR_INPUT;
    pin_conf.input_pull   = PORT_PIN_PULL_UP;
    port_pin_set_config(XPB_K1, &pin_conf);
    port_pin_set_config(XPB_K2, &pin_conf);
}
//按键消抖函数(按下),当按下一段时间后才作为有效输入,返回 true
bool get_down_key(const uint8_t gpio_pin)
{
    uint8_t count;
    count = 0;
    while(!port_pin_get_input_level(gpio_pin))//当按住按键时执行循环
    {
        delay_ms(1);
        count++;
    }
    if (count>10)//按住超过 10 ms 以上被认为是有效信号
    {
        return true;
    }
    else
    {
        return false;
    }
}
//按键消抖函数(松开),简单的一个延时
void get_up_key()
{
    delay_ms(50);
}
//LED-Y 的控制,按一次亮,再次按熄
void k1_led()
{
    static uint8_t K1_flag = 1;        //静态变量作为 flag
    if (K1_flag == 1)
    {
        port_pin_set_output_level(XPB_LED3,LED_ACTIVE);
        K1_flag = 0;               //点亮后 flag 改变,下一次按键时会跳入关闭 LED 的函数
    }
    else
    {
```

```
        port_pin_set_output_level(XPB_LED3,LED_INACTIVE);
        K1_flag = 1;
    }
}
//LED1 和 LED2 交替闪烁函数
void k2_led(uint8_t flag)
{
    switch(flag % 2)        //接收一个外部参数作为 flag
    {
        case 0:
        {
            //此时 LED1 打开,LED2 关闭
            port_pin_set_output_level(XPB_LED1,LED_ACTIVE);
            port_pin_set_output_level(XPB_LED2,LED_INACTIVE);
            delay_ms(1);  //延迟 1 ms 后跳出,为检查外部是否有中断,在 main 函数中具体看
            break;
        }
        case 1:
        {
            port_pin_set_output_level(XPB_LED2,LED_ACTIVE);
            port_pin_set_output_level(XPB_LED1,LED_INACTIVE);
            delay_ms(1);
            break;
        }
    }
}
//main 函数
int main (void)
{
    system_init();
    xpb_board_init();
    delay_init();
    extint_enable();//中断使能
    configure_extint_channel();//中断通道的配置
    while (1) {
        if (get_down_key(XPB_K1))//检测到 K1 被按下
        {
            k1_led();
            //清除中断信号
            extint_chan_clear_detected(XPB_K1_EIC_LINE);
        }
        else if (get_down_key(XPB_K2))      //检测到 K2 被按下
```

```
        {
            static uint8_t K2_flag = 1;
            int count = 0;
            //清除 K2 中断信号
            extint_chan_clear_detected(XPB_K2_EIC_LINE);
            get_up_key();
            //消抖
            while((extint_chan_is_detected(XPB_K1_EIC_LINE) = = false)&&(extint_
                chan_is_detected(XPB_K2_EIC_LINE) = = false))   //没有中断时
            {
                k2_led(K2_flag);   //给 k2_led 一个静态变量作为 flag
                count + + ;        //每隔 1ms k2_led()执行结束去监视是否有外部中断,
                                   //count 自加
                if (count>1000)
                {
                    K2_flag + + ;  //1 s 之后 flag 值改变,使得交替闪烁,count 重新计时
                    count = 0;
                }
            }
            //当检测到中断并确认是 K1 按下
        if(extint_chan_is_detected(XPB_K1_EIC_LINE)&&get_down_key(XPB_K1))
            {
                //关闭 LED1 和 LED2
                port_pin_set_output_level(XPB_LED1,LED_INACTIVE);
                port_pin_set_output_level(XPB_LED2,LED_INACTIVE);
                k1_led();      //执行按下 K1 时的动作
                extint_chan_clear_detected(XPB_K1_EIC_LINE);    //清除中断信号
            }
        //当检测到中断并确认是 K2 按下
        elseif(extint_chan_is_detected(XPB_K2_EIC_LINE)
        &&get_down_key(XPB_K2))
            {
                //关闭 LED1 和 LED2
                port_pin_set_output_level(XPB_LED1,LED_INACTIVE);
                port_pin_set_output_level(XPB_LED2,LED_INACTIVE);
                extint_chan_clear_detected(XPB_K2_EIC_LINE);    //清除中断信号
            }
        }
    }
}
//配置中断通道的函数体
void configure_extint_channel()
```

```
{
    struct extint_chan_conf config_extint_chan;
    extint_chan_get_config_defaults(&config_extint_chan);
    //K1
    config_extint_chan.gpio_pin = XPB_K1_EIC_PIN;
    config_extint_chan.gpio_pin_mux = XPB_K1_EIC_MUX;
    extint_chan_set_config(XPB_K1_EIC_LINE,&config_extint_chan);
    //K2
    config_extint_chan.gpio_pin = XPB_K2_EIC_PIN;
    config_extint_chan.gpio_pin_mux = XPB_K2_EIC_MUX;
    extint_chan_set_config(XPB_K2_EIC_LINE,&config_extint_chan);
}
```

5.6.2　TC PWM 实验

TC 模块既可以用于实现计时功能，也可以通过 PWM 功能调节波形输出操作。本小节针对 SAM D20 中 TC 模块的 PWM 功能，给出点亮 XPB 扩展板上呼吸灯和控制蜂鸣器的两个实验。

1. 点亮呼吸灯实验

呼吸灯可以实现灯光由亮到暗的逐渐变化，给人一种呼吸的感觉。通过使用 TC 模块提供的 PWM 功能，可以调节引脚输出的占空比。当输出为高电平时，LED 将发光；而当输出为低电平时，LED 将不发光。由于频率比较快，所以感觉不到间歇性的发光与不发光，但会给人一种亮度改变的感觉，因而通过 PWM 调节引脚输出的占空比就可以实现对 LED 亮度的调节。本实验将使用 XPB 扩展板上提供的 LED－Y 和微控制器的 TC4 实现一个简单的呼吸灯。

(1) 硬件描述

所需的硬件模块和外设如下：

➢ 扩展板上的 LED－Y；

➢ 设置为 NPWM 输出功能计数器 TC4。

LED－Y 原理图如 5.6.4 所示。其中，EXT2_OW 通过扩展接口 EXT2 的引脚 7 连接到 SAM D20 的 PA22 上。

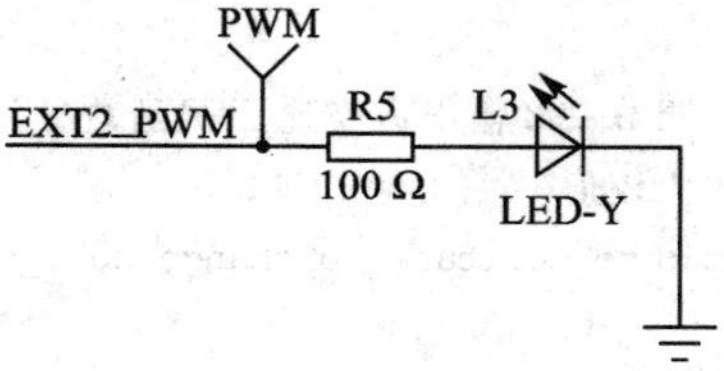

PWM
EXT2_PWM
R5
100 Ω
L3
LED-Y

图 5.6.4　LED－Y 原理图

(2) 软件结构

在实验中使用定时器是 TC4，计数长度为 16 位，使用 NPWM 模式且初始比较值为 0xFFFF，使能 TC4 的通道 0 并使用引脚 PA22 作为 PWM 输出。在中断处理函数中，使用标志变量 litFlag 判断计数方向，如果为真，则增大比较值；如果为假，则减小比较值。比较值越大则输出占空比越高，反之亦然。具体的软件流程如图 5.6.5 所示。

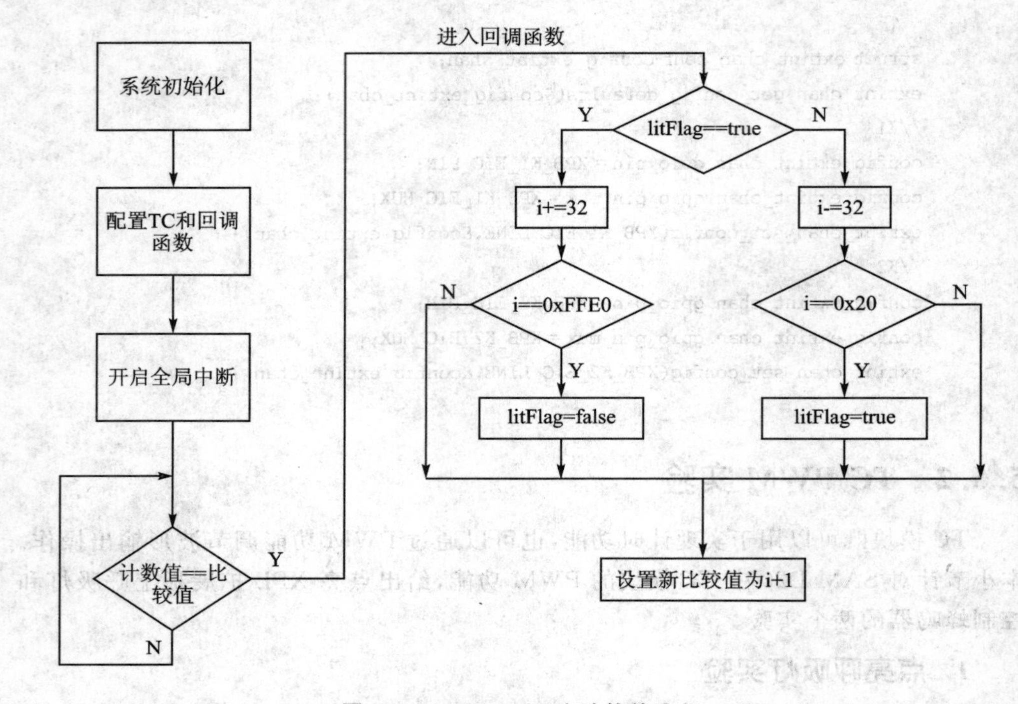

图 5.6.5 TC PWM 实验软件流程

(3) 代码实现

新建 Xplianed Pro 样板工程后，在 ASF Wizard 中选择添加 TC 模块(callback 模式)。

本实验例程使用默认的系统时钟和 GCLK 源(8 MHz)，然后在 main.c 中添加相关的功能代码，TC 模块的相关配置代码参考 4.2 节中的例程部分，主要代码如下：

```
//调节 PWM 输出占空比回调函数(当 TC 的计数值与输出通道对应的比较值相匹配时就改变
//比较值)
void tc_callback_to_change_duty_cycle(struct tc_module * const module_inst)
{
    static uint16_t i = 0;
    static bool litFlag = true;//判断 LED 明暗变化过程,为真则由暗到明;为假则相反

    if(litFlag)
    {
        i += 32;//增加比较值
        if(i == 0xFFE0)//达到比较值上限,改变计数方向
          litFlag = false;
    }
```

```
    else
    {
        i -= 32;//减小比较值
        if(i==0x20)//达到比较值下限,改变计数方向
            litFlag = true;
    }

    //通过设置新的比较值来改变 PWM 输出的占空比
    tc_set_compare_value(module_inst, TC_COMPARE_CAPTURE_CHANNEL_0, i+1);
}
int main(void)
{

    system_init();//初始化板载外设(LED0 和 SW0 的 GPIO)

    configure_tc();//配置 TC4 模块(开启 TC4 的 NPWM 功能,并使用 PA22 引脚作为输出)
    configure_tc_callbacks();//注册回调函数

    system_interrupt_enable_global();//开启全局中断
    while (true)
    {
        /*无限循环*/
    }

}
```


2. 蜂鸣器实验

上面的实验通过 TC 模块的 PWM 功能实现了对 LED 的亮度调节,本实验将使用 PWM 功能来调节蜂鸣器的音量。在 XPB 扩展板上使用了 10 kΩ 的滑动变阻器,使用 SAM D20 内部的 ADC 可以测量滑动变阻器的电压值,根据该值来调整 TC 的 PWM 占空比即可实现改变蜂鸣器音量的功能。

(1) 硬件描述

蜂鸣器按其是否带有信号源分为有源和无源两种类型。有源蜂鸣器只需要在其供电端加上额定直流电压,其内部的振荡器就可以产生固定频率的信号,驱动蜂鸣器发出声音。无源蜂鸣器可以理解成与扬声器一样,需要在其供电端上加上高低不断变化的电信号才可以驱动发出声音。本实验采用的是有源蜂鸣器。

完成本实验所需的硬件模块和外设如下:

➢ 扩展板上的有源蜂鸣器 BZ1;

➢ 扩展板上的滑动变阻器 POT;

➢ 用于测量滑动变阻器电压的 ADC；

➢ 设置为 NPWM 输出功能计数器 TC6。

蜂鸣器的原理图如图 5.6.6 所示。图中 Q1 用来扩流，D1 用来防止反向电压。蜂鸣器 BZ1 的信号直接连到 MCU 的 PB02 上。

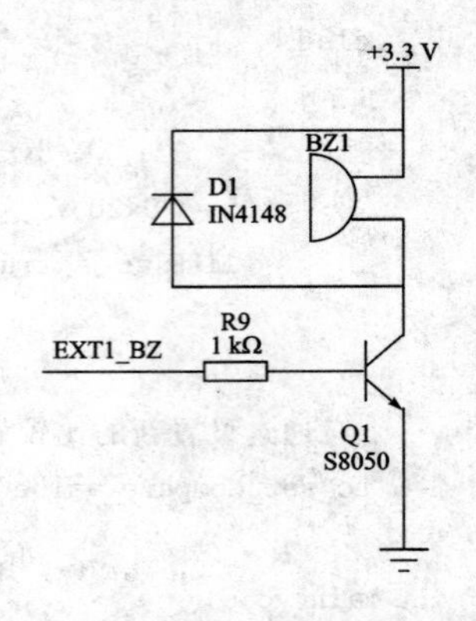

图 5.6.6 蜂鸣器原理图

(2) 软件结构

在实验中使用定时器是 TC6，计数长度为 16 位，使用 NPWM 模式且初始比较值为 0xFFFF，使能 TC6 的通道 0 并使用引脚 PB02 作为 PWM 输出。对 ADC 设置为 10 位分辨率，2 倍增益，1/2 的 VCC 作为参考电压，并且正输入为 ADC 的通道 18，负输入为地。软件流程如图 5.6.7 所示。

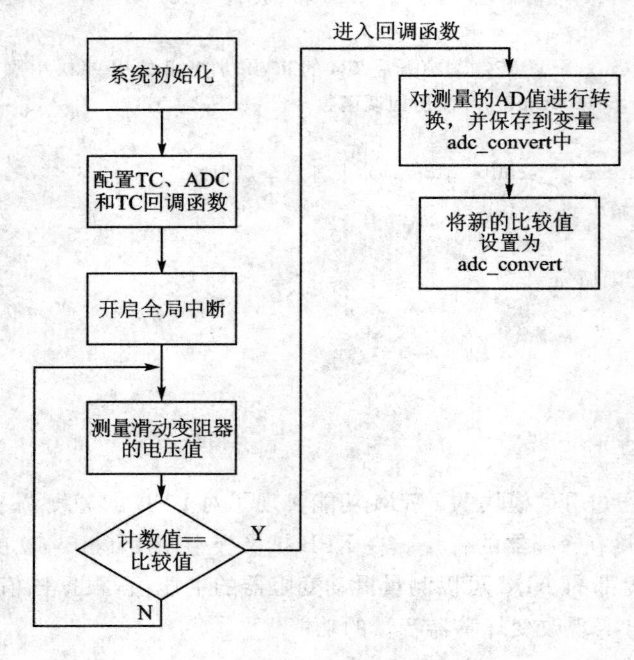

图 5.6.7 蜂鸣器实验软件流程

(3) 代码实现

本实验例程使用默认的系统时钟和 GCLK 源(8 MHz)，在 main.c 中添加相关的功能代码，TC 模块和 ADC 模块的相关配置代码分别参考 4.2 节和 4.5 节中的例程部分，主要代码如下：

```
void tc_callback_to_change_duty_cycle(struct tc_module * const module_inst)
{
    //对测量到的 ADC 值进行转换，其中 adc_result 为全局变量
```

```
    uint16_t adc_convert = (adc_result * 0xFFFF)/1024;

    if(adc_convert >= 0xFFFF)//转换值达到上限时,对其进行减 1 处理
       adc_convert = 0xFFFF - 1;
    else if(adc_convert <= 0x0)//转换值达到下限时,对其进行加 1 处理
       adc_convert = 0x1;

    //通过设置新的比较值来改变 PWM 输出的占空比
    tc_set_compare_value(module_inst,TC_COMPARE_CAPTURE_CHANNEL_0, adc_convert);
}
int main (void)
{
    system_init();//初始化板载外设(LED0 和 SW0 的 GPIO)
    delay_init();//初始化延时服务

    configure_adc();//配置 ADC
    configure_tc();//配置 TC
    configure_tc_callbacks();//配置 TC 回调函数

    system_interrupt_enable_global();//开启全局中断

    while (1) {
        delay_ms(10);
        if(adc_read_flag)
        {
            adc_start_conversion(&adc_instance);//对滑动变阻器电压值进行测量
            //等待测量完成
            while(adc_read(&adc_instance, &adc_result)! = STATUS_OK){}
            adc_flush(&adc_instance);//清空 ADC 中缓存
        }

    }
}
```

5.6.3 USART 串口实验

UART 串口既是一个重要的通信接口,同时也是固件开发中十分有用的调试工具。本小节将针对 SAM D20 中的 USART 模块,给出串口自检和 PC 串口命令行的两个例程实验。

1. 串口自检实验

检验串口通信是否成功最简单的办法就是将 MCU 的 USART 模块进行自发自

收，即将 TX 和 RX 引脚短接。在本实验中，USART 将不断发送一个固定的字符，如果收到相同的字符，则亮起 LED0，否则熄灭 LED0。

(1) 硬件描述

所需的硬件模块和外设如下：

- 母板上的 LED0；
- 扩展板上的 JP1(PB8 和 PB9 引脚)以及短接帽；
- SERCOM4 的 USART 模式。

(2) 软件结构

由于 USART 的配置在 4.4 节中已经详细讨论过，所以不再详述。这里使用 USART 的回调方式，即需要设计用户的读回调和写回调函数。

这里需要注意的是，ASF 库提供的用户回调函数和传统的中断服务函数还有一定的差异，特别是读回调函数，只有在启动了读函数(usart_read_buffer_job)之后并收到设定的字节数量后才会进行回调，所以在代码结构中，采用先读后写的方式，并在回调函数中进行对 LED0 的亮灭操作，具体的软件流程如图 5.6.8 所示。

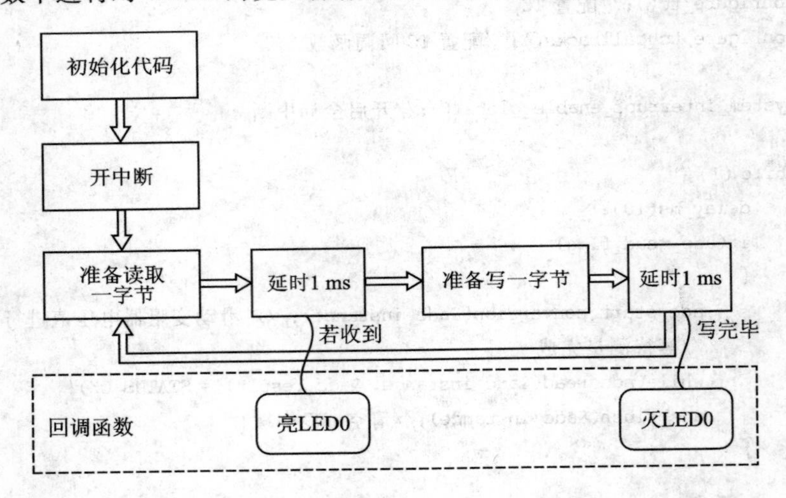

图 5.6.8 UART 串口实验软件流程

软件流程中，在读和写操作之间做了 1 ms 的延时，目的是在此期间等待回调事件的发生，以触发相应的回调函数。当然，在调用了读和写操作后，回调事件可能随时触发，图中只是给出了一种最理想的回调事件触发顺序。

(3) 代码实现

新建 Xplianed Pro 样板工程后，在 ASF Wizard 中选择添加以下模块：

- Delay routines(service)模块；
- SERCOM USART 模块(callback 模式)。

另外，使用了默认的系统时钟和 GCLK 源(8 MHz)，在 main.c 中添加相关的功能代码，相关配置代码参考 4.4 节中的例程部分，主要代码如下：

```
//(example\uart\uart_self_test\src\main.c)
//读回调函数(当 usart_read_buffer_job 中的接收字符达到要求数量后,发生回调)
void usart_read_callback(const struct usart_module * const usart_module)
{
    if(rx_buffer[0] == TEST_CHAR)              //如果收到字符等于测试字符
    port_pin_set_output_level(LED_0_PIN, LED_0_ACTIVE);      //则亮 LED0
    rx_buffer[0] = 0;
                                                             //清空 rx_buffer
}
//写回调函数(当 usart_write_buffer_job 中的字符全部发送完毕后,发生回调)
void usart_write_callback(const struct usart_module * const usart_module)
{
    port_pin_set_output_level(LED_0_PIN, !LED_0_ACTIVE);//发送完字符后,熄灭 LED0
}
int main(void)
{
    system_init();                             //初始化板载外设(LED0 和 SW0 的 GPIO)
    delay_init();                              //初始化 delay
    configure_usart();  //配置 SERCOM4 的回调模式、波特率:115200、TX - PB08、RX - PB09
    configure_usart_callbacks();               //注册回调函数
    system_interrupt_enable_global();          //开启全局中断
    while (true) {
    usart_read_buffer_job(&usart_instance,(uint8_t *)rx_buffer,
    sizeof TEST_CHAR);                         //准备读取 1 个字符
        delay_ms(1);
    usart_write_buffer_job(&usart_instance,(uint8_t *)(&TEST_CHAR),
    sizeof TEST_CHAR);                         //准备发送 1 个字符
        delay_ms(1);
    }
}
```

2. PC 串口命令行实验

上一个实验初步验证了串口通信的自收发功能,而在实际的应用中,串口通常作为与 PC 交互的接口,来输出或输入一些调试信息。在这个实验中,主要将使用 printf 和 scanf 功能来实现一个简单的 PC 串口命令行的实验。

本实验将实现串口菜单的打印,并且允许用户通过 PC 串口发送"1"来点亮 LED0,发送"0"来熄灭 LED0,发送其他命令将返回错误提示。

(1) 硬件描述

由于 USART 通信的电平为 TTL 电平(0～3.3 V),而 PC 串口通信的电平为 RS-232 电平(+15～-15 V),所以一般需要外部芯片来完成物理电平的转换。5.5 节中介绍过,在母板上的 USB 口中提供了一个虚拟串口(连接至 PA24 和 PA25),并已经集成了电平转换功能，所以这里不需要额外的外部电路。

所需的硬件模块和外设如下：

➢ 母板上的 LED0；

➢ 母板 USB 提供的虚拟串口（连接至 PA24 和 PA25）；

➢ SERCOM3 的 USART 模式。

(2) stdio 的重定向

在 PC 上有过 C 编程经验的读者对 stdio 库中提供的 printf 和 scanf 函数一定不会陌生，这两个函数能提供 PC 命令行界面的输入和输出，使用起来十分方便。

在 ASF 库中，也提供了标准输入/输出的库，但是如果要将其功能映射到某个串口上，则需要进行相关的配置以及必要的重定向工作。

首先在 ASF Wizard 中选择添加 Standard serial I/O 模块，并在子项的 SERCOM USART 中选择 polled 模式。同时，库中提供了一个 stdio_serial_init 初始化函数，可用于将 stdio 的功能映射至所需的串口上。

在这个函数中，初始化了两个回调指针 ptr_put 和 ptr_get，这两个指针分别对应 printf 和 scanf 调用的底层回调函数的入口，库中默认将其指向 usart_serial_putchar 和 usart_serial_getchar 两个内联函数，这两个函数分别完成了串口的写字节和读字节的功能。

由于 scanf 函数一般为阻塞函数，即需要等待用户输入回车符后才会返回，而库中 usart_serial_getchar 函数中为非阻塞调用，所以这里需要对 ptr_put 指针进行重定向，具体代码如下：


```
(example\uart\uart_PC\src\stdio_uart_init.c)
//重写 ptr_get 回调函数(函数的参数与返回值需要与 ptr_get 的类型兼容)
void usart_getchar(struct usart_module * const module,uint8_t * c)
{
    uint16_t temp;
    while(usart_read_wait(module, &temp)! = STATUS_OK);
    *c = temp;
}
/* 如果使用 scanf,在 ASF Awards 中必须使用 stdio 模块中 uart 的 polled 模式。*/
void stdio_usart_init(void)
{
    struct usart_config config_usart;
    ……//串口初始化过程(波特率 115200,使用 SERCOM3,TX - PA24,RX - PA25
stdio_serial_init(&usart_instance,EDBG_CDC_MODULE, &config_usart);
ptr_get = (void (*)(void volatile*,char*))&usart_getchar;  //重定向 ptr_get 指针
    usart_enable(&usart_instance);
    ……
}
```

(3) 软件结构

实验本身的功能并不十分复杂，是一个以用户输入为驱动的循环结构，具体的软件流程如图5.6.9所示。

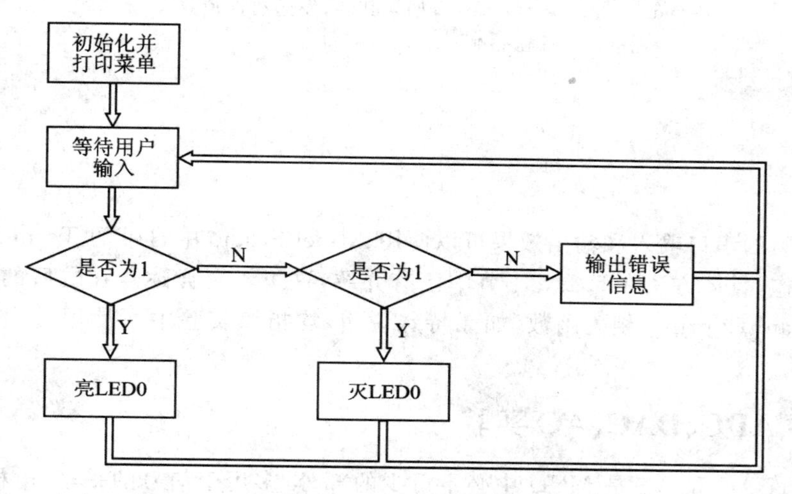

图5.6.9 PC串口命令行实验软件流程

(4) 代码实现

新建 Xplianed Pro 样板工程后，进行 stdio 重定向的相关步骤和添加相关代码，并且使用默认的系统时钟和 GCLK 源(8 MHz)，在 main.c 中添加相关的功能代码，主要代码如下：

```
//(example\uart\uart_PC\src\main.c)
int main (void)
{
    int select;
    system_init();                    //初始化板载外设(LED0 和 SW0 的 GPIO)
    stdio_usart_init();               //初始化 stdio 的串口
    printf("%s",menuDisplay);         //串口打印菜单
    while (1)
    {
        setbuf(stdin, NULL);          //清空系统接收缓存
        scanf("%d",&select);          //等待接受用户选择(以\r\n 结束)
        switch(select)
        {
            case 0:                   //如果选择为 0,则熄灭 LED0
                port_pin_set_output_level(LED_0_PIN, ! LED_0_ACTIVE);
                printf("LED0 lighted off! \r\n");
                break;
            case 1:                   //如果选择为 1,则亮起 LED0
```

```
            port_pin_set_output_level(LED_0_PIN, LED_0_ACTIVE);
            printf("LED0 lighted on! \r\n");
            break;
        default:                    //如果其他,发送错误消息
            printf("Command Error! \r\n");
            break;
        }
    }
}
```

该实验的串口输入和输出效果可以使用 Atmel Studio 中自带的 Terminal Window 来操作,具体方法在 5.1.3 小节中已有介绍,这里不再详述。在之后的例程中,若使用 scanf 和 printf 相关函数,如无特殊说明,均指该实验中所使用的串口输入/输出功能。

5.6.4 ADC、DAC、AC 实验

ADC、DAC 和 AC 是 MCU 中必不可少的部分,多用于信号的采集、电机的驱动等。本小节对 SAM D20 中的 AC、ADC 和 DAC 部分给出三个实验:ADC 和 DAC 自检实验;利用 DAC 和 ADC 作为 AC 的两个比较实验;通过热敏电阻 A/D 值计算温度的实验。

1. ADC 和 DAC 自检实验

ADC 和 DAC 的自检实验即将 DAC 的输出作为 ADC 的输入,比较设定的 DAC 值和计算的 ADC 值。本实验,通过串口发送 DAC 值,随后将 ADC 计算的 A/D 值通过串口返回。

(1) 硬件描述

所需的硬件模块和外设如下:

- ➢ SAM D20 ADC 和 DAC;
- ➢ 母板 USB 提供的虚拟串口(连接至 PA24 和 PA25);
- ➢ SERCOM3 的 USART 模式。

本实验利用了 DAC 的外部输出 PA02(EXT3 的 3 号引脚)和 ADC 的模拟通道 1 输入 PA03(EXT3 的 4 号引脚)。做该实验时,用跳线帽短接 EX3 的 3、4 号引脚。

(2) 软件结构

该实验的软件结构较简单,即完成初始化后,等待串口发送 DAC 值,随后 ADC 采样,输入 A/D 值。需要注意的是,这里 DAC、ADC 的分辨率都为 10 位,所以给出的 DAC 的最大值不能超过 1023。具体的软件流程如图 5.6.10 所示。

(3) 代码实现

新建 Xplianed Pro 样板工程后,在 ASF Wizard 中选择添加以下模块:

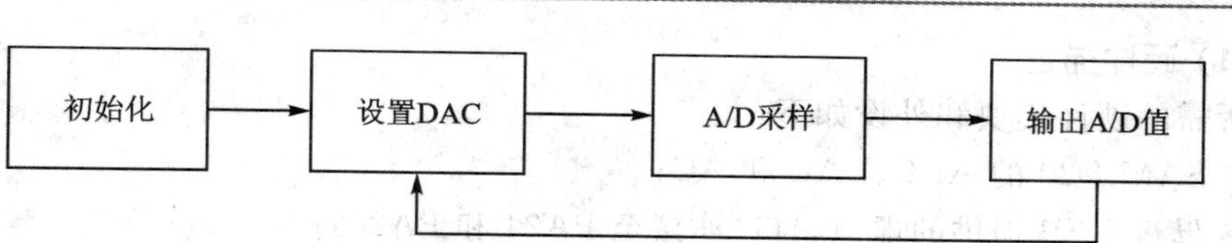

图 5.6.10 ADC和DAC自检实验软件流程

- Delay routines(service)模块；
- ADC-Analog-to-Digital Converter(driver)(polled)模块；
- DAC-Digital-to-Analog Converter(driver)(polled)模块；
- Standar serial I/O(stdio)(driver)(子项的 SERCOM USART 中选择 polled 模式)。

另外，使用了默认的系统时钟和 GCLK 源(8 MHz)，添加 stdio_uart_init. c/h，在 main. c 中添加相关的功能代码，主要代码如下：

```
while (1) {
    printf("Input DAC values(0 - 1023):\n");
    scanf("%u",(int *)&dac_values);                 //读取 DAC 值
    if(dac_values<1024){
            printf("DAC values: %d\n",(int)dac_values);
            //设置 DAC 的值
            dac_chan_write(&dac_instance, DAC_CHANNEL_0, dac_values);

            delay_ms(1);
            adc_start_conversion(&adc_instance);//启动 ADC
            //等待 ADC 完成转换
            while (adc_read(&adc_instance, &adc_values)!= STATUS_OK){}
            printf("ADC values: %d\n",adc_values);//输出 ADC 值
            adc_flush(&adc_instance);//清空 ADC 中的缓存
            dac_values = 0xffff;//使 DAC 值为默认大于 1023 的值
    }
    else printf("Error! \n");
}
```

2. AC 比较器实验

AC 比较器实验，是用于比较 AC 比较器两个输入值的大小。本实验中，AC 的负输入是 DAC 的输出，AC 的正输入是扩展板上滑动变阻器的电压值。程序一开始设置 DAC 的输出，随后可以不断地改变滑动变阻器的阻值从而改变电压，当滑动变阻器的电压值大于 DAC 的输出值时，母板上的 LED0 亮；当滑动变阻器的电压值小于 DAC 的输出值时，母板上的 LED0 灭。

(1) 硬件描述

所需的硬件模块和外设如下：

- SAM D20 的 ADC、DAC 和 AC；
- 母板 USB 提供的虚拟串口(连接至 PA24 和 PA25)；
- SERCOM3 的 USART 模式；
- 扩展板上的滑动变阻器。

硬件原理图如图 5.6.11 所示。

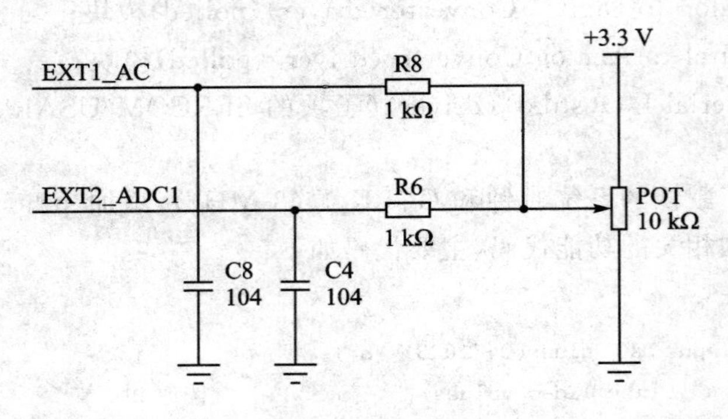

图 5.6.11 硬件原理图

EXT1_AC 是 EXT1 的引脚 17，即 PA04。EXT2_ADC1 是 EXT2 的引脚 3，即 PA10。还应注意滑动变阻器接 3.3 V，所以 ADC 的参考电压最好设置成 3.3 V。但是 SAMD20 内部的 ADC 参考电压没有直接的 3.3 V。所以，通过选择二分之一的 3.3 V，并使 ADC 的增益为 0.5 来达到 ADC 参考电压为 3.3 V 的效果。

(2) 软件结构

该实验，首先完成初始化及 DAC 的输出，然后通过 SW0 按键来触发读取滑动变阻器的 ADC 值，利用 LED0 来表示 AC 的输出。具体流程如图 5.6.12 所示。

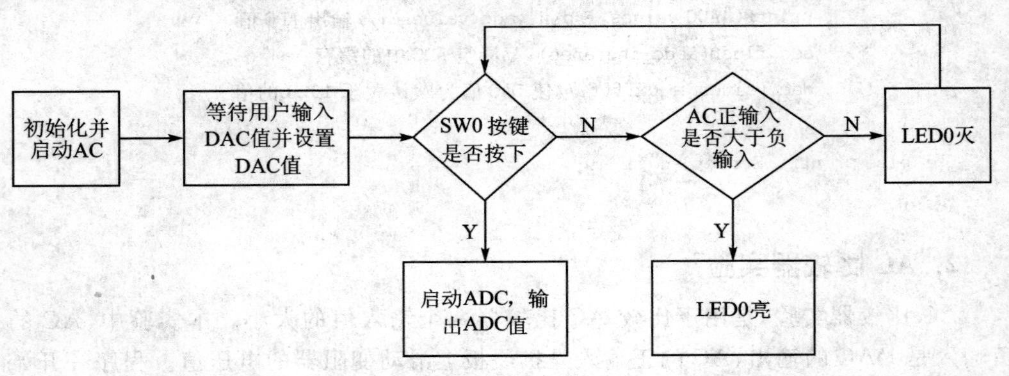

图 5.6.12 AC 比较器实验软件流程

(3) 代码实现

新建 Xplianed Pro 样板工程后，在 ASF Wizard 中选择添加以下模块：

➢ Delay routines(service)模块；

➢ ADC——Analog-to-Digital Converter(driver)(polled)模块；

➢ DAC——Digital-to-Analog Converter(driver)(polled)模块；

➢ Standar serial I/O(stdio)(driver)(子项的 SERCOM USART 中选择 polled 模式)；

➢ AC——Analog Comparator(driver)(polled)模块。

使用默认的系统时钟和 GCLK 源(8 MHz)，添加 stdio_uart_init.c/h，在 main.c 中添加相关的功能代码，主要代码如下：

```
uint8_t ac_last_comparison = AC_CHAN_STATUS_UNKNOWN;
//设置 DAC 值
printf("Input DAC values(0 - 1023):\n");
scanf(" %u",(int * )&dac_values);
printf("DAC values: %d\n",(int)dac_values);
dac_chan_write(&dac_instance, DAC_CHANNEL_0, dac_values);

while (1) {
        //是否有按键按下，有按键按下则串口输出 ADC 值
        if (port_pin_get_input_level(BUTTON_0_PIN) == BUTTON_0_ACTIVE){
                adc_start_conversion(&adc_instance);
                while(adc_read(&adc_instance, &adc_values)!= STATUS_OK){}
                printf("ADC values: %d\n",adc_values);
                adc_flush(&adc_instance);
                delay_ms(500);
        }
        //判断 AC 是否完成比较
        if (ac_chan_is_ready(&ac_instance, AC_CHAN_CHANNEL_0)){
                do{
                    ac_last_comparison =
                    ac_chan_get_status(&ac_instance,AC_CHAN_CHANNEL_0);
                }while (ac_last_comparison & AC_CHAN_STATUS_UNKNOWN);
                //如果 AC 正输入大于负输入，则 LED0 亮
                if (AC_CHAN_STATUS_POS_ABOVE_NEG & ac_last_comparison){
                    port_pin_set_output_level(LED_0_PIN, LED_0_ACTIVE);
                }
                //如果 AC 负输入大于正输入，则 LED0 灭
                if(AC_CHAN_STATUS_NEG_ABOVE_POS & ac_last_comparison){
                    port_pin_set_output_level(LED_0_PIN, !LED_0_ACTIVE);
                }
        }
}
```

3. 热敏电阻测温实验

热敏电阻测温实验，即由于热敏电阻阻值随温度的变化而变化，从而使热敏电阻的电压值会产生相应的变动。通过 ADC 得到热敏电阻的 A/D 值，然后利用热敏电阻的温度-阻值对照表(分度表)，通过查表函数计算得到温度值。

(1) 硬件描述

所需的硬件模块和外设如下：

- SAM D20 的 ADC；
- 母板 USB 提供的虚拟串口(连接至 PA24 和 PA25)；
- SERCOM3 的 USART 模式；
- 扩展板上的 103AT2 热敏电阻。

硬件原理图如图 5.6.13 所示。

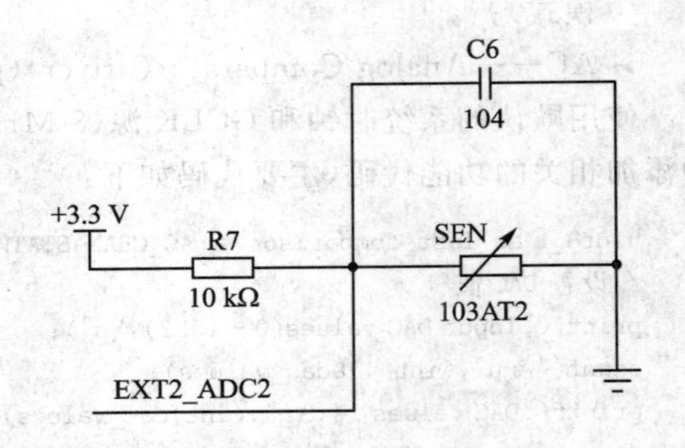

图 5.6.13　硬件原理图

EXT2_ADC2 是 EXT2 的引脚 4，即 PA11。103AT2 热敏电阻的电阻-温度特性曲线是负斜率的，即阻值越大温度越低。在室温 25 ℃时，电阻为 10 kΩ，B 值为 3 435 K。热敏电阻的 B 值是通过 25 ℃时和 85 ℃时的电阻值计算得出的。B 值与产品电阻温度系数正相关，即 B 值越大，其电阻温度系数也就越大。B 值大的产品其电阻值变化更大，因此也就更灵敏。

(2) 软件结构

该实验中，ADC 不断采样热敏电阻的电压值。通过串口触发查表函数，输出温度值与 A/D 值。注意，本实验中，ADC 是不断采样的工作模式，非上面两个实验的单次采样模式；并且查表后的温度，即输出的温度是实际温度乘以 10 的结果。具体流程如图 5.6.14 所示。

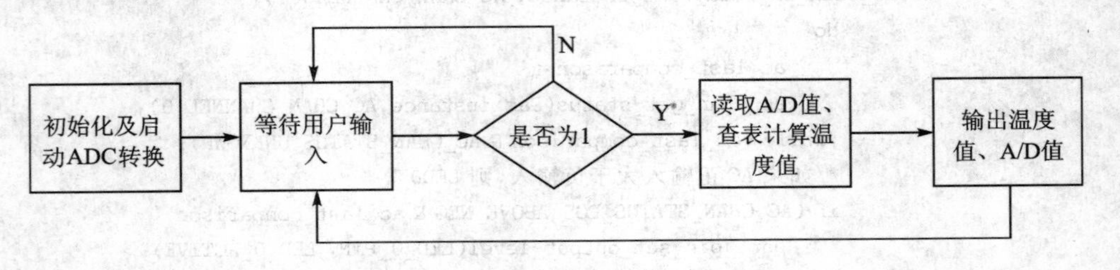

图 5.6.14　热敏电阻测温实验软件流程

(3) 代码实现

新建 Xplianed Pro 样板工程后，在 ASF Wizard 中选择添加以下模块：

- Delay routines(service)模块；
- ADC——Analog-to-Digital Converter(driver)(polled)模块；

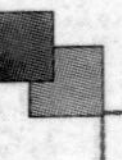

➤ Standar serial I/O(stdio)(driver)(子项的 SERCOM USART 中选择 polled 模式)。

使用默认的系统时钟和 GCLK 源(8 MHz),然后在 main.c 中添加相关的功能代码,然后添加 stdio_uart_init.c/h,主要代码如下:

```
int temp;
adc_start_conversion(&adc_instance);  //启动 ADC,注意:ADC 配置成不断采样模式

while (1) {
    printf("Read Temperature? \n");    //等待用户发送命令
    setbuf(stdin, NULL);
    scanf(" % d",&temp);

    if(temp == 1){  //如果为 1,则读 ADC 的值
        while (adc_read(&adc_instance, &adc_values)!= STATUS_OK){}
        StartNTC(adc_values);      //NTC 测温度,利用阻值温度对照表。
        temp_values = NTCTemperature;
        printf("Temperature: % d\n",temp_values);    //输出温度值 * 10
        delay_ms(1);
        printf("AD values: % d\n",adc_values);        //输入 AD 值
        temp = 0;
    }
}
```

5.6.5 I²C 与 EEPROM 通信实验

I²C 是 MCU 用于和外设通信的一个常用总线协议,特点是占用 I/O 线少,控制简单的特点。本实验是 SAM D20 利用 I²C 与外部 EEPROM 芯片 AT24C02 通信。

1. 硬件描述

所需的硬件模块和外设如下:

➤ SAM D20 I²C 主机模块;

➤ 母板 USB 提供的虚拟串口(连接至 PA24 和 PA25);

➤ SERCOM3 的 USART 模式;

➤ 扩展板上的 AT24C02(U1)。

硬件原理图如图 5.6.15 所示。

EXT2_SDA 是 EXT2 上的引脚 11,即 PA08;EXT2_SCL 是 EXT2 上的引脚 12,即 PA09。该实验只用到了 AT24C02(U1)芯片。但是,从图中可以看出 I²C 的多个从机的拓扑结构。同时,还应注意的是 SDA 和 SCL 都有上拉电阻,再一次说明 I²C 空闲时,应保持拉高状态。AT24C02 的 WP 写保护引脚没有接,说明对

AT24C02 的擦除写入都能正常执行。而 HTS211 的芯片连接就是简单的 VCC、地及 I²C 的接口。

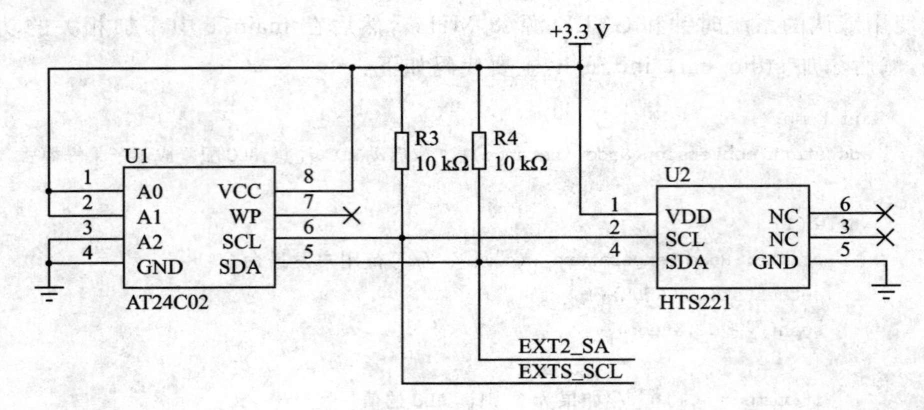

图 5.6.15 硬件原理图

2. AT24C02 简单介绍

AT24C02 是一个 256×8 b(2K)的 EEPROM,常用于保存一些应用系统的配置参数。其内部字节地址为 8 位。

(1) 与 AT24C02 的通信

AT24C02 的设备地址是与硬件相关的。图 5.6.16 所示为 AT24C02 的设备地址格式。

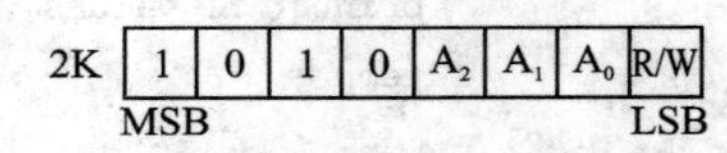

图 5.6.16 AT24C02 设备地址

从硬件原理图可以看出,AT24C02 的 A2、A1、A0 为 011。所以,AT24C02 的设备地址读时为 0xA7,AT24C02 的设备地址写时为 0xA6。这里需要注意的是:ASF 库中,已将读/写位的赋值操作封装在库函数中了,即不需要自己去控制读/写位,只需要提供高 7 位的地址位即可。这里传给 I²C 的读/写库函数时,只需要传递 0x53(01010011)即可。

当发送完毕设备地址,从机应答 ACK 后,就可以发送想要读/写的字节地址了。AT24C02 支持读/写 1 字节和连续读/写多字节,并且读有两种方法:读取任意地址的数据和读取上一次读/写地址的下一个地址的数据。本实验只用到了读取任意地址的数据,并且读/写都是只读/写 1 字节数据。

AT24C02 的通信时序格式如表 5.6.1 和表 5.6.2 所列。

表 5.6.1 向 AT24C02 写 1 字节数据

主机	起始信号	设备地址+写		字节地址		数据		终止信号
从机			ACK		ACK		ACK	

表 5.6.2 从 AT24C02 读 1 字节数据

主机	起始信号	设备地址+写		字节地址		重新开始信号	设备地址+读			NACK	终止信号
从机			ACK		ACK			ACK	数据		

从表中可以看出，从 AT24C02 读取数据时，首先发送的设备地址+写，为了写入读取的寄存器地址；然后在重新发起一次 I^2C 通信操作。值得注意的是，在这两次 I^2C 通信之间是没有终止信号的。对应到 ASF 库中，需要调 i2c_master_write_packet_wait_no_stop()。

3. 软件结构

本实验，首先完成初始化。然后通过串口接收命令，如果为 1，则写入 1 字节数据到 EEPROM；如果为 2，则从 EEPROM 中读取 1 字节数据。具体流程见图 5.6.17。

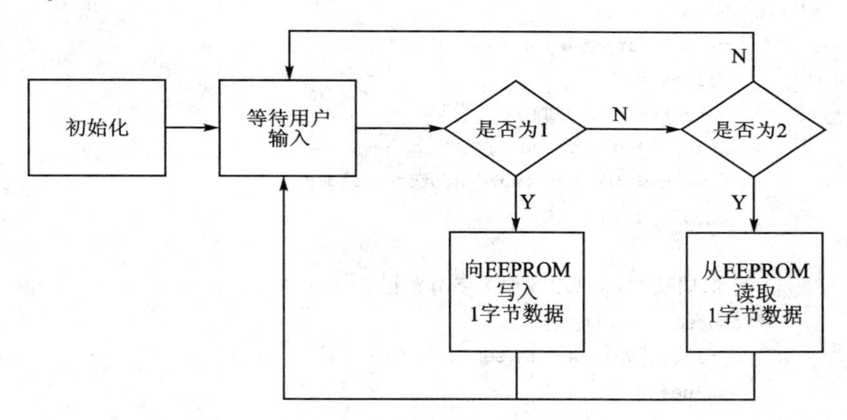

图 5.6.17 I^2C 与 EEPROM 读/写实验软件流程

4. 代码实现

新建 Xplianed Pro 样板工程后，在 ASF Wizard 中选择添加以下模块：

- Delay routines(service)模块；
- SERCOM I^2C——Master Mode I^2C(driver)(polled)；
- Standar serial I/O(stdio)(driver)(子项的 SERCOM USART 中选择 polled 模式)。

使用默认的系统时钟和 GCLK 源(8 MHz)，添加 stdio_uart_init.c/h，主要代码如下：

```
int main (void)
{
    system_init();
```

```
    configure_i2c_master();
    delay_init();
    stdio_usart_init();

    system_interrupt_enable_global();

    // Insert application code here, after the board has been initialized.
    int choose,values;
    while (1) {
        //从串口读取命令
        printf("write a value to eeprom (1) or read a value from eeprom(2)\n");
        setbuf(stdin, NULL);
        scanf(" % d",&choose);
        //为 1 则写入 1 字节数据到 EEPROM 中
        if(choose == 1){
            printf("Input a value:\n");
            values = 0;
            setbuf(stdin, NULL);
            scanf(" % d",&values);
            eeprom_write_byte(word_address,values);
            choose = 0;
        }
        //为 2,则从 EEPROM 中读取 1 字节数据
        if(choose == 2){
            printf("Values from eeprom(0xAA) is:");
            values = 0;
            eeprom_read_byte(word_address,&values);
            printf(" % d\n",values);
            choose = 0;
        }
    }
}
void eeprom_write_byte(const uint8_t address,int8_t values)
{
    tx_buffer[0] = address;  //字节地址
    tx_buffer[1] = values;   //1 字节数据

    struct i2c_packet packet = {
        .address = EEPROM_ADDRESS, //设备地址
        .data_length = 2,
        .data = tx_buffer,
    };
```

```
    while (i2c_master_write_packet_wait(&i2c_master_instance, &packet)!=
    STATUS_OK) {}
}

void eeprom_read_byte(const uint8_t address,int8_t * values)
{
    uint8_t * addres_temp = &address;//字节地址

    struct i2c_packet packet = {
        .address = EEPROM_ADDRESS, //设备地址
        .data_length = 1,
        .data = addres_temp,
    };
    //使用 i2c_master_write_packet_wait_no_stop 函数,通信结尾不发送停止信号
    while(i2c_master_write_packet_wait_no_stop(&i2c_master_instance, &packet)!=
    STATUS_OK) {}

    packet.data_length = 1;
    packet.data        = values;  //读取后存放的地址
    i2c_master_read_packet_wait(&i2c_master_instance, &packet);
}
```


5.6.6 I²C 与温湿度传感器通信实验

带有 I²C 接口的温湿度传感器现在已经很普遍了。本实验利用的是 HTS211 温湿度传感器。该芯片自带一个温湿度传感器和 ADC,SAM D20 通过 I²C 与 HTS211 通信。

1. 硬件描述

所需的硬件模块和外设如下:

- ➢ SAM D20 I²C 主机模块;
- ➢ 母板 USB 提供的虚拟串口(连接至 PA24 和 PA25);
- ➢ SERCOM3 的 USART 模式;
- ➢ 扩展板上的 HTS211(U2)。

硬件原理图在 5.6.5 小节的图 5.6.15 中已经介绍,这里不再赘述。

2. HTS211 简单介绍

HTS211 是一个相对湿度和温度传感器,包括 1 个传感元件和用于 I²C 通信的模拟前端。自身带 1 个 16 位 ADC,温度测试范围为 −40～120 ℃,湿度测试

范围为0%～100%。

(1) 与HTS211的通信

因为HTS211已经将计算温度和湿度用到的参数值和A/D值放到了HTS211的内部寄存器中，所以首先要做的就是如何读/写HTS211的寄存器。I²C通信的第一步应该考虑从机的地址。HTS211的设备地址是0xBF或者0xBE。最后一位表示读/写位，即0xBF表示SAM D20读HTS211，0xBE表示SAM D20写HTS211。具体如表5.6.3所列。

表5.6.3　HTS211地址与读/写位

命　令	地址位[6:0]	读/写	地址位+读/写位
读	1011111	1	0xBF
写	1011111	0	0xBE

这里需要注意的是：ASF库中，已将读/写位的赋值操作封装在库函数中了，即不需要自己去控制读/写位，只需要提供高7位的地址位即可。这里传给I²C的读/写库函数时，只需要传递0x5F(01011111)即可。

当发送完毕设备地址后，HTS211会发送ACK回复。此时，需要将要读/写的寄存器地址发送给HTS211。HTS211的寄存器地址也是7位，加上最高位1位继续读/写位构成了1字节数据。继续读/写位为1，读/写完本次寄存器，寄存器地址会自动加1，继续读/写下一个寄存器，直到主机回复NACK或者停止I²C通信。

HTS211的通信时序格式如表5.6.4～表5.6.7所列。

表5.6.4　向HTS211写入1字节数据

主机	起始信号	设备地址+写		寄存器地址		DATA		终止信号
从机			ACK		ACK		ACK	

表5.6.5　向HTS211写入多字节数据

主机	起始信号	设备地址+写		寄存器地址		DATA		DATA		终止信号
从机			ACK		ACK		ACK		ACK	

表5.6.6　从HTS211读取1字节数据

主机	起始信号	设备地址+写		寄存器地址		重新开始信号	设备地址+读			NACK	终止信号
从机			ACK		ACK			ACK	DATA		

表 5.6.7　从 HTS211 读取多字节数据

主机	起始信号	设备地址＋写		寄存器地址		重新开始信号	设备地址＋读			ACK		NACK	终止信号
从机			ACK		ACK			ACK	DATA		DATA		

从表中可以看出，从 HTS211 读取数据时，首先发送的设备地址＋写，为了写入读取的寄存器地址。然后在重新发起一次 I²C 通信操作。值得注意的是，在这两次 I²C 通信之间是没有终止信号的。对应到 ASF 库中，需要调用函数 i2c_master_write_packet_wait_no_stop()。

(2) 主要寄存器描述

下面将用于计算温湿度的寄存器进行描述，如表 5.6.8 所列。

表 5.6.8　HTS211 主要寄存器表

地　址	变　量	位 7	位 6	位 5	位 4	位 3	位 2	位 1	位 0
28	(s16)H_OUT	H7	H6	H5	H4	H3	H2	H1	H0
29		H15	H14	H13	H12	H11	H10	H9	H8
2A	(s16)T_OUT	T7	T6	T5	T4	T3	T2	T1	T0
2B		T15	T14	T13	T12	T11	T10	T9	T8
30	(u16)H0_RH_x2	H0.7	H0.6	H0.5	H0.4	H0.3	H0.2	H0.1	H0.0
31	(u16)H1_RH_x2	H1.7	H1.6	H1.5	H1.4	H1.3	H1.2	H1.1	H1.0
32	(u16)T0_degC_x8	T0.7	T0.6	T0.5	T0.4	T0.3	T0.2	T0.1	T0.0
33	(u16)T1_degC_x8	T1.7	T1.6	T1.5	T1.4	T1.3	T1.2	T1.1	T1.0
34	Reserved								
35	T1/T0 MSB	0	0	0	0	T1.9	T1.8	T0.9	T0.8
36	(s16)HO_TO_OUT	7	6	5	4	3	2	1	0
37		15	14	13	12	11	10	9	8
38	Reserved								
39									
3A	(s16)H1_TO_OUT	7	6	5	4	3	2	1	0
3B		15	14	13	12	11	10	9	8
3C	(s16)T0_OUT	7	6	5	4	3	2	1	0
3D		15	14	13	12	11	10	9	8
3E	(s16)T1_OUT	7	6	5	4	3	2	1	0
3F		15	14	13	12	11	10	9	8

表中：H_OUT 是湿度的 A/D 值，T_OUT 是温度的 A/D 值。HTS211 是通过线性插值法来计算温湿度的。线性插值法需要 2 个固定点。对于温度，有 2 个固定

的点(T0_OUT,T0_degC_x8)、(T1_OUT,T1_degC_x8)。其中,T0_OUT 与 T1_OUT 表示固定点的温度 A/D 值;T0_degC_x8 与 T1_degC_x8 表示固定点摄氏度乘以 8 的值。对于湿度,有 2 个固定的点(H0_T0_OUT,HO_RH_x2)、(H1_T0_OUT,H1_RH_x2)。其中,H0_T0_OUT 与 H1_T0_OUT 表示固定点的湿度 A/D 值,H0_RH_x2 与 H1_RH_x2 表示固定点湿度乘以 2 的值。同时,需要注意的是,Tx_degC_x8 与 Hx_RH_x2 都需要扩展成无符号的 16 位。其中,Tx_degC_x8 的第 8 位与第 9 位在寄存器 T1/T0 MSB,地址为 0x35。

(3) 温湿度的计算

因为湿度与温度的计算方法是一样的,所以这里就以温度为例来介绍计算方法。温度的计算是利用线性插值法,如图 5.6.18 所示。

从寄存器中可以得到 T0_degC、T1_degC、T0_OUT、T1_OUT 和 T_OUT,需要求 T_degC。利用线性插值法,得

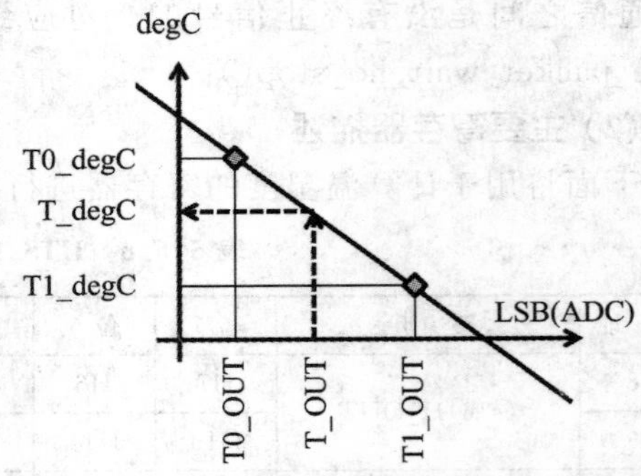

图 5.6.18 线性插值温度与 A/D 值关系

$$T\_degC = \frac{(T0\_degC - T1\_degC)}{(T0\_OUT - T1\_OUT)} \times (T\_OUT - T0\_OUT) + T0\_degC$$

需要注意的是,从寄存器读出的 T0_degC 和 T1_degC 是乘以 8 的结果,再计算时需要除以 8。

3. 软件结构

本实验,首先完成初始化,包括 HTS211 的初始化。然后通过串口接收命令,如果为 1,则读取温度;如果为 2,则读取湿度。具体流程如图 5.6.19 所示。

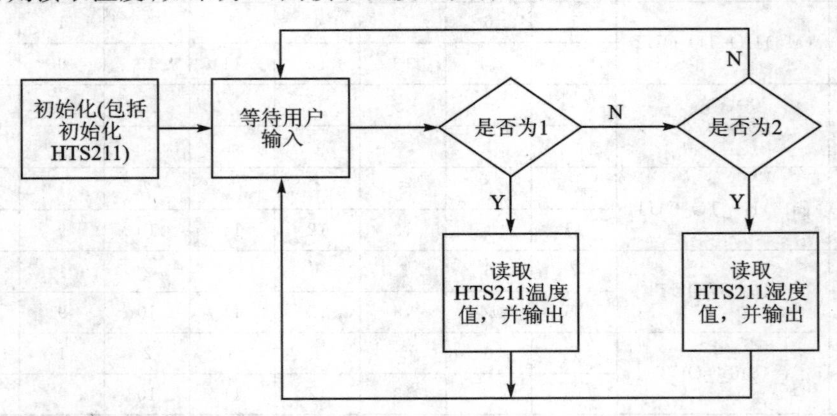

图 5.6.19 I^2C 温湿度实验软件流程

4. 代码实现

新建 Xplianed Pro 样板工程后，在 ASF Wizard 中选择添加以下模块：

- Delay routines(service)模块；
- SERCOM I²C——Master Mode I²C(driver)(polled)；
- Standar serial I/O(stdio)(driver)(子项的 SERCOM USART 中选择 polled 模式)。

使用默认的系统时钟和 GCLK 源(8 MHz)，添加 hts211.h 与 hts211.c，添加 stdio_uart_init.c/h，主要代码如下：

```
//hts211.c 中代码
//HTS211 初始化主要是激活 HTS211 以及将线性插值法中 2 个固定点的数据从寄存器中读出,
//保存到 HTS211 的结构体中,方便多次计算时,不需要每次都从 HTS211 读取
void hts211_init(HTS211 * hts211)
{
    uint16_t reg35_values;

    i2c_hts211_write(0x20,0x80);//激活芯片
    delay_ms(1);

    i2c_hts211_read(0x35,1);
    reg35_values = rx_buffer[0];
    printf("35 reg values:0x%X\n",reg35_values);
    delay_ms(1);

    i2c_hts211_read(0x32,2);    //t0_degc,t1_degc
    hts211->t0_degc = (reg35_values&0x03)<<8 | rx_buffer[0];
    hts211->t1_degc = (reg35_values&0x0C)<<6 | rx_buffer[1];
    printf("to_degc and t1_degc values: %d\t%d\n",hts211->t0_degc,hts211->t1_degc);
    delay_ms(1);

    i2c_hts211_read(0x3C,2);    //t0_out
    hts211->t0_out_values = rx_buffer[1] * 256 + rx_buffer[0];
    printf("t0_out values: %d\n",hts211->t0_out_values);
    delay_ms(1);

    i2c_hts211_read(0x3E,2);    //t1_out
    hts211->t1_out_values = rx_buffer[1] * 256 + rx_buffer[0];
    printf("t1_out values: %d\n",hts211->t1_out_values);
    delay_ms(1);
    //温度线性直线的斜率
```

```
    hts211 ->K_temp = (float)(hts211 ->t0_degc - hts211 ->t1_degc)/(float)
    (hts211 ->t0_out_values - hts211 ->t1_out_values);

    i2c_hts211_read(0x30,2);    //h0_RH,h1_RH
    hts211 ->h0_RH = (uint16_t)rx_buffer[0];
    hts211 ->h1_RH = (uint16_t)rx_buffer[1];
    printf("h0_RH and h1_RH values: %d\t%d\n",hts211 ->h0_RH,hts211 ->h1_RH);
    delay_ms(1);

    i2c_hts211_read(0x36,2);    //h0_out
    hts211 ->h0_out_values = rx_buffer[1]*256 + rx_buffer[0];
    printf("h0_out values: %d\n",hts211 ->h0_out_values);
    delay_ms(1);

    i2c_hts211_read(0x3A,2);    //h1_out
    hts211 ->h1_out_values = rx_buffer[1]*256 + rx_buffer[0];
    printf("h1_out values: %d\n",hts211 ->h1_out_values);
    delay_ms(1);
    //湿度线性直线的斜率
    hts211 ->K_humidity = (float)(hts211 ->h0_RH - hts211 ->h1_RH)/(float)
    (hts211 ->h0_out_values - hts211 ->h1_out_values);

}
//读取温度值
void i2c_hts211_temp_read(HTS211 *hts211)
{
    float hts211_temp;

    i2c_hts211_write(0x21,0x01);
    delay_ms(1);
    do
    {
    i2c_hts211_read(0x27,1);
    } while ((rx_buffer[0]&0x01) == 0);
    delay_ms(1);

    i2c_hts211_read(0x2A,2);    //t_out
    hts211 ->t_out_values = rx_buffer[1]*256 + rx_buffer[0];
    printf("t_out values: %d\n",hts211 ->t_out_values);
    delay_ms(1);

    //温度乘以10,输出的时候避开小数。所以输出是温度*10的值
```

```
    hts211_temp = (hts211 ->K_temp * (hts211 ->t_out_values - hts211 ->t0_out_
    values) + hts211 ->t0_degc) * 10 / 8;
    printf("Temperature : % d\n",(int)hts211_temp);
}

void i2c_hts211_humidity_read(HTS211 * hts211)
{
    float hts211_humidity;

    i2c_hts211_write(0x21,0x01);
    delay_ms(1);
    do
    {
    i2c_hts211_read(0x27,1);
    } while ((rx_buffer[0]&0x02) == 0);
    delay_ms(1);

    i2c_hts211_read(0x28,2);    //h_out
    hts211 ->h_out_values = rx_buffer[1] * 256 + rx_buffer[0];
    printf("h_out values: % d\n",hts211 ->h_out_values);
    delay_ms(1);
    //湿度乘以 10,输出的时候避开小数。所以输出是湿度 * 10 的值
    hts211_humidity = (hts211 ->K_humidity * (hts211 ->h_out_values - hts211 ->h0_
    out_values) + hts211 ->h0_RH) * 10 / 2;
    printf("Humidity : % d\n",(int)hts211_humidity);
}
//main.c 中的代码
    int temp1;
    printf("HTS211 init .....\n");
    hts211_init(&hts211);
    delay_ms(10);

    while (1) {
        printf("Read temperature or humidity:\n");
        setbuf(stdin, NULL);
        scanf(" % d",&temp1);
        if(temp1 == 1){
            printf("Read temperature! \n");
            i2c_hts211_temp_read(&hts211);
            temp1 = 0;
        }
        if(temp1 == 2){
```

```
            printf("Read humidity! \n");
            i2c_hts211_humidity_read(&hts211);
            temp1 = 0;
        }
    }
}
```

5.6.7 I²C 与加速度传感器通信实验

如今运动传感器的应用非常广泛，如：自由落体检测、单/双击识别、手持设备的智能省电、步数计、游戏和虚拟现实输入设备、冲击识别与记录及振动监测与补偿等。本实验采用意法(ST)半导体公司推出的一款 LIS3DH 低功耗、高性能、三轴数字输出加速计。在$\pm 2g/\pm 4g/\pm 8g/\pm 16g$全量程范围内，LIS3DH 可提供非常精确的测量数据输出，其可编程的 FIFO(先入先出)存储器模块和两个可编程中断信号输出引脚，可立即向主处理器通知动作检测、单击/双击事件等其他状况。具有标准的 I²C/SPI 串行输出接口与 SAM D20 进行通信，还自带嵌入式温度传感器并具备自检功能。

1. 硬件描述

所需的硬件模块和外设如下：

- SAM D20 I²C 主机模块；
- 母板提供的 DGI 接口(连接至 PA08 和 PA09)；
- 扩展板上的 LIS3DH(U3)。

LIS3DH 原理图如图 5.6.20 所示。其中，EXT1_SCL 通过扩展接口 EXT1 的引脚 12 连接到 SAM D20 的 PA09 上，EXT1_SDA 通过扩展接口 EXT1 的引脚 11 连接到 SAM D20 的 PA08 上，EXT1_INT 通过扩展接口 EXT1 的引脚 9 连接到 SAM D20 的 PB04 上。

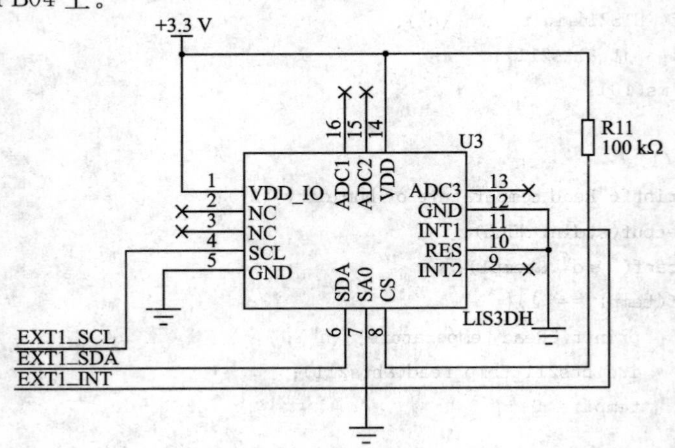

图 5.6.20 三轴加速度传感器 LIS3DH 原理图

2. LIS3DH 简单介绍

芯片的具体应用场合和特性已经在本节开头介绍，这里主要描述其引脚、框图、在 XPB 板上需要用到的 I^2C 通信原理和主要寄存器，如表 5.6.9 所列和图 5.6.21 所示。

表 5.6.9 引脚功能描述

引脚号	名 称	功 能
1	Vdd_IO	I / O引脚的电源
2	NC	未连接
3	NC	未连接
4	SCL SPC	I^2C 串行时钟(SCL) SPI 串口时钟(SPC)
5	GND	0 V 电源
6	SDA SDI SDO	I^2C 串行数据(SDA) SPI 串行数据输入(SDI) 3 线接口串行数据输出(SDO)
7	SDO SA0	SPI 串行数据输出(SDO) I2C 次重要位设备地址 (SA0)
8	CS	SPI 使能 I^2C/SPI 模式选择(1：I^2C 模式；0：SPI 使能)
9	INT2	惯性中断 2
10	RES	接地
11	INT1	惯性中断 1
12	GND	0 V 电源
13	ADC3	模/数转换输入 3
14	VDD	电源
15	ADC2	模/数转换输入 2
16	ADC1	模/数转换输入 1

当需要启动传感器进行数据采集或者将采集来的数据传回主机时，就要与 LIS3DH 进行通信。I^2C 通信的第一步应该考虑从机的地址(SAD)，表 5.6.10 所列为在不同模式下读/写命令的对应的地址，LIS3DH 的从机地址是 001100x，SDO/SA0 引脚可以用于修改设备地址的次重要位。如果 SA0 连接的是 V_{CC}，最后一位

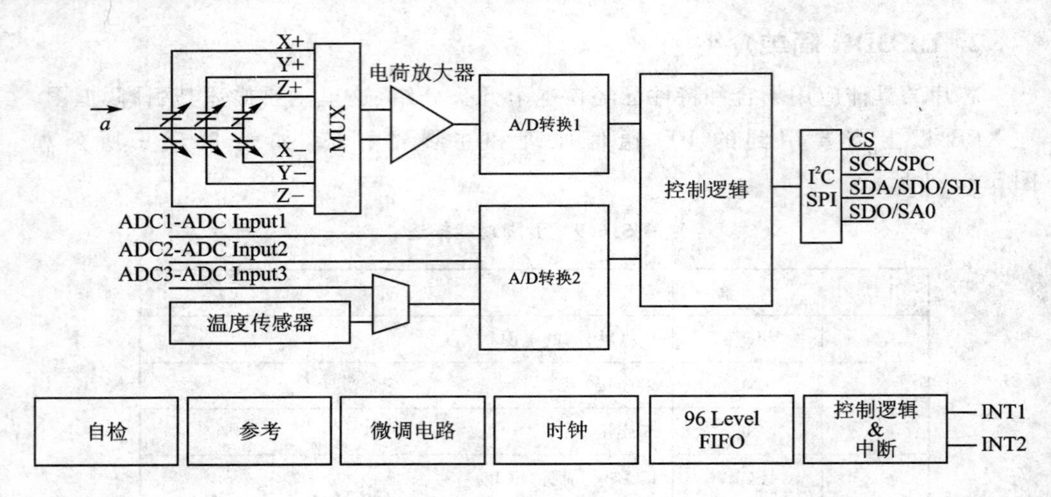

图 5.6.21 LIS3DH 框图

(LSB)为1(地址0011001);如果SA0接地,最后一位为0(地址0011000)。该解决方案允许连接和处理接到同一I²C线的两个不同的加速度计。对于本次试验,由原理图可如地址为0011000。

表 5.6.10 SAD+读/写模式

命 令	SAD[6:1]	SAD[0] = SA0	R/W	SAD+R/W
读	001100	0	1	00110001 0x31
写	001100	0	0	00110000 0x30
读	001100	1	1	00110011 0x33
写	001100	1	0	00110010 0x32

从表5.6.10中可以看到,完整的地址是由前7位的从机地址加上最后一位的读/写位构成。但需要注意的是,实验所用的ASF库中,已经将读/写位的赋值操作封装在库函数中了,即不需要自己去控制读/写位,只需要提供高7位的地址位即可。比如表中的完整的地址为0x30,但在ASF库中,给I²C写操作函数的地址参数赋值时,只需要给出地址位的高7位0x18(0001 1000)。

当设备地址发送完毕后,LIS3DH会发送ACK回复。此时,需要将要读/写的寄存器地址发送给LIS3DH。LIS3DH的寄存器地址也是7位,加上最高位1位继续读/写位构成了1字节的数据。当继续读/写位为1时,读/写完本次寄存器,寄存器地址会自动加1,继续读/写下一个寄存器,直到主机回复NACK或者停止I²C通信,如表5.6.11~表5.6.14所列。

表 5.6.11 主机向从机写入 1 字节数据

主机	起始信号	设备地址＋写		寄存器地址		DATA		终止信号
从机			ACK		ACK		ACK	

表 5.6.12 主机向从机写入多字节数据

主机	起始信号	设备地址＋写		寄存器地址		DATA		DATA		终止信号
从机			ACK		ACK		ACK		ACK	

表 5.6.13 主机从从机读取 1 字节数据

主机	起始信号	设备地址＋写		寄存器地址		重新开始信号	设备地址＋读			NACK	终止信号
从机			ACK		ACK			ACK	DATA		

表 5.6.14 主机从从机读取多字节数据

主机	起始信号	设备地址＋写		寄存器地址		重新开始信号	设备地址＋读			ACK		NACK	终止信号
从机			ACK		ACK			ACK	DATA		DATA		

从表中可以看出，从 LIS3DH 读取数据时，首先发送的设备地址＋写，为了写入读取的寄存器地址。然后在重新发起一次 I^2C 通信操作。值得注意的是，在这两次 I^2C 通信之间是没有终止信号的。对应到 ASF 库中，需要调用函数 i2c_master_write_packet_wait_no_stop()。LIS3DH 的主要寄存器如表 5.6.15 所列。

表 5.6.15 主要寄存器

名 称	类 型	寄存器地址		默 认	注 释
		十六进制	二进制		
保留(不修改)		00～06			保留
STATUS_REG_AUX	r	07	000 0111		
OUT_ADC1_L	r	08	000 1000	output	
OUT_ADC1_H	r	09	000 1001	output	
OUT_ADC2_L	r	0A	000 1010	output	
OUT_ADC2_H	r	0B	000 1011	output	
OUT_ADC3_L	r	0C	000 1100	output	
OUT_ADC3_H	r	0D	000 1101	output	
INT_COUNTER_REG	r	0E	000 1110		
WHO_AM_I	r	0F	000 1111	00110011	虚拟寄存器

续表 5.6.15

名 称	类 型	寄存器地址		默 认	注 释
		十六进制	二进制		
保留(不修改)		10~1E			保留
TEMP_CFG_REG		1F	001 1111	00000111	
CTRL_REG1	rw	20	010 0000	00000000	
CTRL_REG2	rw	21	010 0001	00000000	
CTRL_REG3	rw	22	010 0010	00000000	
CTRL_REG4	rw	23	010 0011	00000000	
CTRL_REG5	rw	24	010 0100	00000000	
CTRL_REG6	rw	25	010 0101	00000000	
REFERENCE	rw	26	010 0110	00000000	
STATUS_REG2	r	27	010 0111	00000000	
OUT_X_L	r	28	010 1000	output	
OUT_X_H	r	29	010 1001	output	
OUT_Y_L	r	2A	010 1010	output	
OUT_Y_H	r	2B	010 1011	output	
OUT_Z_L	r	2C	010 1100	output	
OUT_Z_H	r	2D	010 1101	output	
FIFO_CTRL_REG	rw	2E	010 1110	00000000	
FIFO_SRC_REG	r	2F	010 1111		
INT1_CFG	rw	30	011 0000	00000000	
INT1_SOURCE	r	31	011 0001	00000000	
INT1_THS	rw	32	011 0010	00000000	
INT1_DURATION	rw	33	011 0011	00000000	
保留	rw	34~37		00000000	
CLICK_CFG	rw	38	011 1000	00000000	
CLICK_SRC	r	39	011 1001	00000000	
CLICK_THS	rw	3A	011 1010	00000000	
TIME_LIMIT	rw	3B	011 1011	00000000	
TIME_LATENCY	rw	3C	011 1100	00000000	
TIME_WINDOW	rw	3D	011 1101	00000000	

3. 软件结构

本实验，首先完成系统初始化及 LIS3DH 的初始化。然后通过串口接收命令，如果为 1，则每隔 1 s 读取一次 A/D 值。具体的软件流程如图 5.6.22 所示。

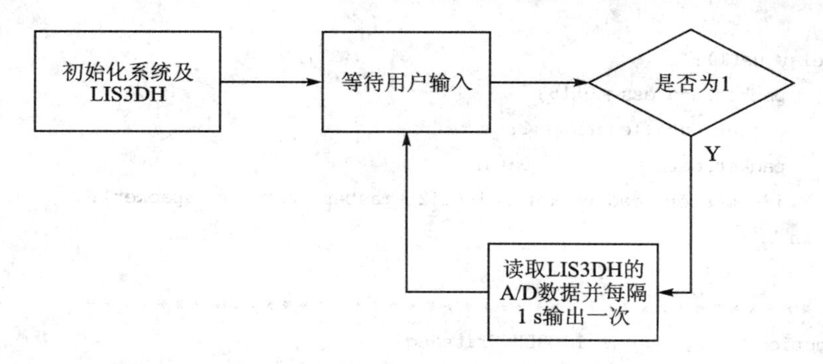

图 5.6.22　I^2C 加速度实验软件流程

4. 代码实现

新建 Xplianed Pro 样板工程后，在 ASF Wizard 中选择添加以下模块：

➢ Delay routines(service)模块；

➢ SERCOM I^2C——Master Mode I^2C(driver)(polled)；

➢ Standar serial I/O(stdio)(driver)(子项的 SERCOM USART 中选择 polled 模式)。

使用默认的系统时钟和 GCLK 源(8 MHz)，添加 lis3dh_driver.h 与 lis3dh_driver.c，添加 stdio_uart_init.c/h，主要代码如下：

```
//lis3dh_driver.c 中代码
//实现对寄存器的读/写功能
/*****************************************************
 * Function Name :          LIS3DH_ReadReg
 * Description    :         Generic Reading function. It must be fullfilled with either
 *                :         I2C or SPI reading functions
 * Input          :         Register Address
 * Output         :         Data REad
 * Return         :         None
*****************************************************/
u8_t LIS3DH_ReadReg(u8_t Reg, u8_t * Data) {
  //To be completed with either I2C or SPI reading function
  //i.e. * Data = SPI_Mems_Read_Reg( Reg );
        struct i2c_packet packet = {
        .address = 0x18,
        .data_length = 1,
```

```
        .data       = &Reg,
    };
    while (i2c_master_write_packet_wait_no_stop(&i2c_master_instance, &packet)! =
    STATUS_OK) {}

    delay_us(1);
        packet.address = 0x18;
        packet.data_length = 1;
        packet.data         = Data;
        i2c_master_read_packet_wait(&i2c_master_instance, &packet);
  return 1;
}
/**********************************************************
 * Function Name :        LIS3DH_WriteReg
 * Description   :        Generic Writing function. It must be fullfilled with either
 *               :        I²C or SPI writing function
 * Input         :        Register Address, Data to be written
 * Output        :        None
 * Return        :        None
**********************************************************/
u8_t LIS3DH_WriteReg(u8_t WriteAddr, u8_t Data) {
    //To be completed with either I²C or SPI writing function
    //i.e. SPI_Mems_Write_Reg(WriteAddr, Data);
    uint8_t tx_temp[2];
    tx_temp[0] = WriteAddr;
    tx_temp[1] = Data;
        struct i2c_packet packet = {
        .address = 0x18,
        .data_length = 2,
        .data      = tx_temp,
    };
        while (i2c_master_write_packet_wait(&i2c_master_instance, &packet)! =
        STATUS_OK) {}
  return 1;
}
//main.c 中的代码
    system_init();
    delay_init();
    configure_i2c_master();
    stdio_usart_init();
    LIS3DH_SetODR(LIS3DH_ODR_100Hz);
    LIS3DH_SetMode(LIS3DH_NORMAL);
```

```
LIS3DH_SetFullScale(LIS3DH_FULLSCALE_2);
LIS3DH_SetAxis(LIS3DH_X_ENABLE | LIS3DH_Y_ENABLE | LIS3DH_Z_ENABLE);
//接下来的三行为使能温度传感器,可在对应的寄存器中读出温度的 A/D 值
LIS3DH_SetADCAux(MEMS_ENABLE);
LIS3DH_SetBDU(ENABLE);
LIS3DH_SetTemperature(MEMS_ENABLE);
while (1) {
    int temp;
    scanf(" % d",&temp);
    if (temp == 1)
    {
        while(1)
        {
            AxesRaw_t data;
            LIS3DH_GetAccAxesRaw(&data);
            printf( "X = % 6d Y = % 6d Z = % 6d \r\n", data.AXIS_X, data.AXIS_Y,
            data.AXIS_Z);
            delay_s(1);
        }
    }
}
```


5.6.8 彩屏 LCD_TFT SPI 驱动实验

LCD_TFT 液晶显示屏,是薄膜晶体管型液晶显示屏,其显示技术是微电子技术与 LCD 技术巧妙结合的高新技术。TFT 液晶为每个像素都设有一个半导体开关,每个像素都可以通过点脉冲直接控制,因而每个节点都相对独立,并可以连续控制,不仅提高了显示屏的反应速度,同时可以精确控制显示色阶,实现不同字体、不用颜色的文字及彩色图片的显示。

LCD_TFT 设备模块主要由控制器和驱动器组成。在嵌入式设备中,控制器一般采用 MCU 来控制,驱动器一般都集成在 LCD 屏中。控制器(MCU)通过常用通信接口协议(并行通信、SPI 通信、UART 通信),对驱动器进行参数配制和控制,最终由驱动器对 LCD_TFT 进行显示驱动。

本实验采用 SAM D20 作为 LCD_TFT 模块的控制器,采用 SPI 串行通信协议(这种通信协议控制简单,占用 I/O 口较少),控制集成在 LCD_TFT 上的 ST7735 驱动器,来实现对 LCD_TFT 模块的驱动,以及常用的显示控制。其中,SAM D20 的 SPI 模块作为主机 SPI,LCD_TFT(ST7735 驱动器)作为从机 SPI。下面对几个重要的方面进行介绍。

1. 硬件描述

以下给出了本实验所需的硬件模块和外设：

(1) 扩展板上的 LCD_TFT 液晶模块

彩屏 LCD_TFT 参数：

- 1.77 in LCD_TFT 液晶屏；
- 显示点阵数：128×RGB×160 点；
- 可视区域：宽×高为 28.03 mm×35.04 mm；
- LCD 模式：262K 全彩；
- 白色背光；
- 可显示 10 行，每行 16 个字符(字体大小为 16×8)；
- LCD 模块上的驱动芯片：ST7735。

(2) ST7735 LCD 驱动芯片简介

ST7735 是一款用于驱动点阵型、262K 色 LCD_TFT 的单芯片控制器、驱动器。该芯片可以采用串行外设接口(SPI)，或 8 位、9 位、16 位、18 位的并行接口，接到一个外部的微控制器。通过外 ST7735 驱动芯片，进行相关寄存器的参数配制，实现对 LCD 的显示控制。

ST7735 LCD 驱动器的主要性能特征：

- 单芯片 TFT-LCD 驱动器，片上集成了可以存储 132×162×18 位的显示数据 RAM；
- 两种可选的显示分辨率：132×RGB×162 和 128×RGB×160；
- 两种可选的颜色显示模式：262K 全彩、8 色；
- 支行 SPI 和并行接口两种通信方式；
- 通过配制相关的寄存器，可以很方便实现 LCD 多种常用显示控制。

(3) 母板上的 SERCOM0 串行通信接口

将 SERCOM0 模块的配置为 SPI 模式，具体参数配置如下：

- 配置 SERCOM0 串行通信接口为 SPI 主机模式；
- SPI 的引脚复用设置集为 E；
- 8 位数据长度；
- 数据位传输：最高位(MSB)优先发送；
- 时钟源选择：通用时钟发生器 0；
- SPI 模块传输速率(波特率)：1.2 MHz。

(4) 基于 SAM D20J18 的 LCD_TFT 硬件电路设计原理图

如图 5.6.23 所示为 LCD_TFT 硬件电路图。

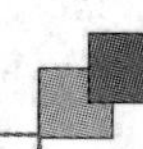

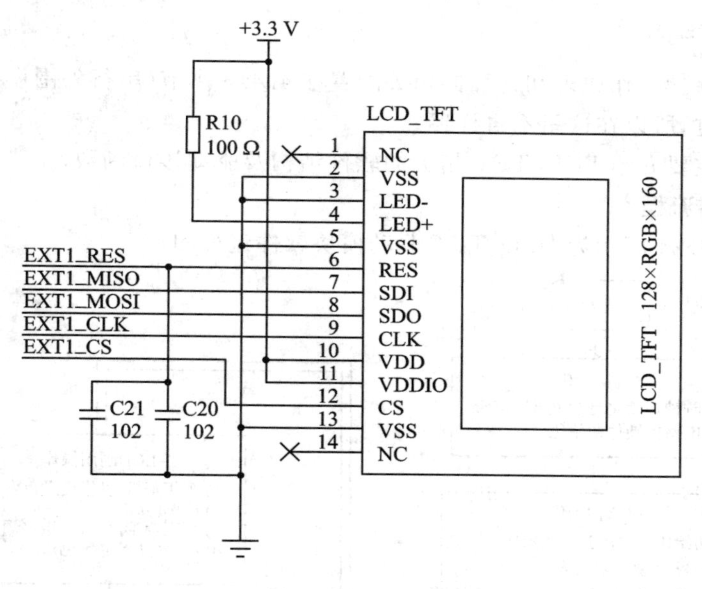

图 5.6.23 LCD_TFT 硬件电路图

(5) LCD_TFT 模块引脚定义及各引脚的功能

表 5.6.16 所列为 LCD_TFT 模块引脚定义及各引脚的功能描述。

表 5.6.16 LCD_TFT 模块引脚定义及各引脚的功能描述

序 号	LCD_TFT 引脚	连接到 SAM D20 引脚	功能描述
1	NC		空脚
2	VSS		接地
3	LED−		背光负极
4	LED+		背光正极
5	VSS		接地
6	RESET	PIN_PB07	LCD 复位引脚
7	SDI/RS	PIN_PB06	LCD 寄存器选择引脚
8	SDO	PIN_PA06	LCD 数据输入引脚(SPI_MOSI)
9	CLK	PIN_PA07	SPI 时钟输引脚(SPI_CLK)
10	VDD		电源(2.6～3.3 V)
11	VDDIO		电源(2.6～3.3 V)
12	CS	PIN_PA05	LCD 片选引脚(SPI_CS)
13	VSS		接地
14	NC		空脚

2. 软件结构

由于 SPI 的工作原理和寄存器相关配置在 4.4.3 小节(串行外围设备接口)中已经详细介绍过,所以在这里不再详述。

下面将主要介绍 LCD_TFT 相关的软件结构及驱动接口函数。

(1) 软件流程

如图 5.6.24 所示为 LCD_TFT 驱动模块软件流程图。

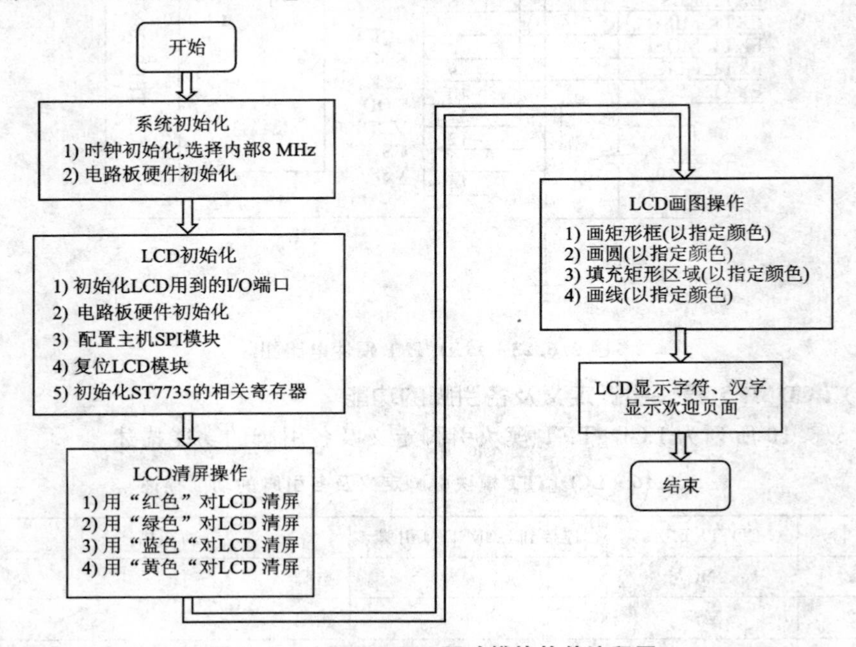

图 5.6.24 LCD_TFT 驱动模块软件流程图

(2) 接口函数

表 5.6.17 所列为 LCD_TFT 接口函数功能描述。

表 5.6.17 LCD_TFT 接口函数功能描述

序 号	接口函数	功能描述

1	system_init()	系统初始化:时钟初始化、电路板硬件初始化
		● system_clock_init();//时钟初始化
		● system_board_init();//电路板硬件初始化

2	Init_LCD_TFT_ST7735()	"彩屏 LCD_TFT_ST7735" 初始化
		● Init_GPIO_LCD_TFT_ST7735();
		//初始化:"彩屏 LCD_TFT_ST7735"IO 端口
		● configure_spi_master();//配置主机 SPI 模块
		● Reset_LCD_TFT_ST7735();
		//复位"彩屏 LCD_TFT_ST7735"模块
		● Init_Register_LCD_TFT_ST7735();
		//初始化:LCD 驱动芯片 ST7735 的寄存器

续表 5.6.17

序号	接口函数	功能描述
3	void ST7735_WriteRegIndex(u16 index)	向ST7735写"控制命令寄存器地址"——"彩屏LCD_TF"
4	void ST7735_WriteData(u16 data)	向ST7735写"8位数据"——"彩屏LCD_TF"
5	void Send_OneByte_SPI(unsigned char byte)	主机SPI发送字节数据给从机SPI(LCD_)——"彩屏LCD_TF"
6	void Delay_LCD_TFT(unsigned inttimeValue)	LCD_TFT模块用到的延时程序——"彩屏LCD_TF"
7	void Set_LCD_TFT_PIN (unsigned char gpio_pin, unsigned char level)	指定GPIO为输出引脚,并输出指定电平值——"彩屏LCD_TF"
8	void LCD_TFT_SetWindow (u16 xSta, u16 ySta, u16 xEnd, u16 yEnd)	设置显示窗口的大小(起点和终点)——"彩屏LCD_TF"
9	void LCD_TFT_SetCursor(u16 x, u16 y)	设置GRAM的光标位置——"彩屏LCD_TF"
10	void LCD_TFT_WriteRAM_CMD(void)	向ST7735写GRAM命令地址控制命令——"彩屏LCD_TF"
11	void LCD_TFT_Clear(u16 color)	全屏清屏——"彩屏LCD_TFT"
12	void LCD_TFT_DrawPoint(u16 x, u16 y, u16 color)	画点(指定坐标,颜色)——"彩屏LCD_TF"
13	void LCD_TFT_DrawLine(u16 x1, u16 y1,u16 x2, u16 y2,u16 color)	画线——"彩屏LCD_TF"
14	void LCD_TFT_DrawRectangle (u16 xSta, u16 ySta, u16 xEnd, u16 yEnd,u16 color)	画矩形框——"彩屏LCD_TF"
15	void LCD_TFT_DrawCircle(u16 x0,u16 y0,u8 r,u16 color)	画圆——"彩屏LCD_TF"
16	void LCD_TFT_FillRectangle (u16 xSta,u16 ySta,u16 xEnd, u16 yEnd,u16 color)	填充一块LCD矩形区域(指定大小、颜色)——"彩屏LCD_TF"
17	void LCD_TFT_ShowChar (u16 line,u16 column,u8 AscNum, u8 Font,u16 pointColor,u16 backColor)	显示字符(指定坐标,字体大小,颜色)——"彩屏LCD_TF"
18	void LCD_TFT_ShowString (u16 line,u16 column,u8 * ArrayPoint, u8 Font,u16 pointColor,u16 backColor)	显示字符串(指定坐标,字体大小,颜色)——"彩屏LCD_TF"
19	void LCD_TFT_Show_ChFont2424 (u16 x,u16 y,u8 index, u16 pointColor,u16 backColor)	显示1个24*24的汉字——"彩屏LCD_TF"
20	void LCD_TFT_Show_WelcomePage(void)	显示欢迎页面——"彩屏LCD_TF"

3. 关键代码

主要代码如下:

```
#include <asf.h>    //SAM D20 软件库 -- 头文件
#include "LCD_TFT_ST7735.h"  //"彩屏 LCD_TFT_ST7735" - 驱动程序(外部资源) - 头文件
/******************************************************
* 函数名 - Function:void Init_LCD_TFT_ST7735(void)
```

```
* 描述 - Description:"彩屏 LCD_TFT_ST7735" 初始化: 所有相关资源的初始化
* 输入参数 - Input:None
* 输出参数 - output:None
*****************************************************/
void Init_LCD_TFT_ST7735(void) //"彩屏 LCD_TFT_ST7735" 初始化: 所有相关资源的初始化
{
    Init_GPIO_LCD_TFT_ST7735();//初始化: "彩屏 LCD_TFT_ST7735"I/O 端口
    configure_spi_master(); //配置主机 SPI 模块:端口初始化、配置 SPI 功能
    Reset_LCD_TFT_ST7735(); //复位"彩屏 LCD_TFT_ST7735"模块
    Init_Register_LCD_TFT_ST7735(); //初始化:"彩屏 LCD_TFT_ST7735"控制芯片的
                                    //寄存器
}

/*****************************************************
* 函数名 - Function:int main(void)
* 描述 - Description:主函数,所有程序运行的入口
* 输入参数 - Input:None
* 输出参数 - output:None
*****************************************************/
int main(void)
{
    system_init();//系统初始化: 时钟初始化(8 MHz 内部振荡器)、电路板硬件初始化

Init_LCD_TFT_ST7735();//"彩屏 LCD_TFT_ST7735"初始化: 所有相关资源的初始化

    LCD_TFT_Clear(RED);    //用"红色"对 LCD 清屏
    LCD_TFT_Clear(GREEN);  //用"绿色"对 LCD 清屏
LCD_TFT_Clear(BLUE);       //用"蓝色"对 LCD 清屏
    LCD_TFT_Clear(YELLOW); //用"黄色"对 LCD 清屏

    LCD_TFT_DrawRectangle( 20,20,120,120,BLACK); //画一个 50 * 50 的正方形框(指定颜色)
    Delay_LCD_TFT(3000);  //延时子程序

    LCD_TFT_DrawCircle(70,70,50,BLUE); //画圆 - 以(70,70)为圆点,半径 r = 50(指定颜色)
    Delay_LCD_TFT(3000);  //延时子程序

    LCD_TFT_FillRectangle(35,35,105,105,RED); //填充一个 70 * 70 的矩形区域(指定颜色)
    Delay_LCD_TFT(3000);  //延时子程序

    LCD_TFT_DrawLine(20,20,120,120,BLUE);  //画直线 -(指定颜色)
    Delay_LCD_TFT(3000);  //延时子程序
    LCD_TFT_DrawLine(120,20,20,120,BLUE);
```

```
    Delay_LCD_TFT(3000);  //延时子程序

    LCD_TFT_Show_WelcomePage();//显示"欢迎页面"-"彩屏 LCD_TFT"
    while (true)
    {
    }
}
```

4. 具体实验操作及实验现象

(1) 实验步骤

① 将PC与板载仿真器通过USB线相连；

② 打开Atmel Studio集成开发工具，选择File→Open→Project/Solution导入SPI_LCD_TFT文件夹中的项目工程：SPI_LCD_TFT.atsln

③ 选择"编译菜单 "对该工程进行编译。然后选择"全速运行菜单 "将编译好的代码下载到实验板中，并全速运行程序。也可以选择"菜单 "，将编译好的代码下载到实验板中，再通过"菜单 "单步调试程序，或者选择"菜单 "全速运行程序，或者选择"复位菜单 "对实验板进行复位操作。在调试过程中，用户可以通过"退出菜单 "返回源程序的编辑界面。

(2) 实验现象

系统上电，运行程序后，LCD_TFT将根据程序实现常用的显示功能，包括画线、画矩形框、画圆、填充矩形域、显示汉字等。LCD_TFT具体显示过程，如表5.6.18所列。

表5.6.18 LCD_TFT实验现象

序 号	显示内容	显示现象
1	清屏操作 分别用不同颜色，对LCD进行清屏操作	清屏顺序 1)用"红色"对LCD清屏 2)用"绿色"对LCD清屏 3)用"蓝色"对LCD清屏 4)用"黄色"对LCD清屏
2	画正方形矩形框 画圆 填充矩形区域 画线	

续表 5.6.18

序　号	显示内容	显示现象
3	显示欢迎页面	

5.6.9　TF 卡实验

TF 卡又称为 Mini SD 卡，由于其体型小巧，且有较大的存储容量，现在广泛用做各种智能设备的存储介质。

在本实验中，将在 SAM D20 平台上实现对 TF 卡中文件的读/写操作。由于将会涉及较多内容，所以采用分层的编程结构来对其进行描述，如图 5.6.25 所示。

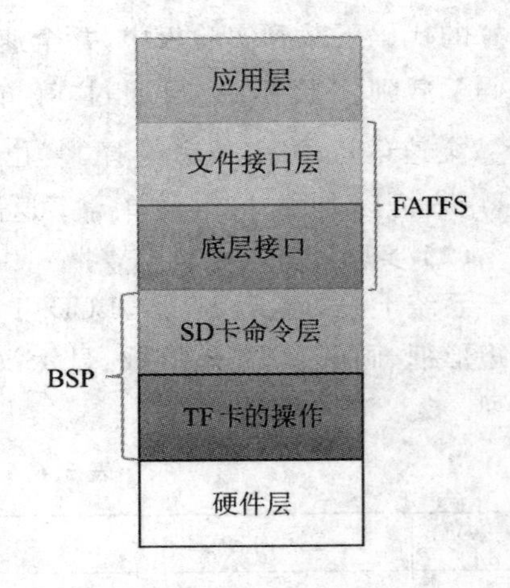

图 5.6.25　分层结构

从图中可知，这里将整个实例分为 6 层。其中，TF 卡的操作和部分 SD 卡命令集的读/写操作将会与板级平台相关，即 SAM D20 中的有关外设和 I/O 操作；而 FATFS 通过调用底层接口来屏蔽具体物理平台细节，并向应用层提供通用的文件操作接口，这样在应用层就可以很方便地对 TF 卡中的文件进行所需的操作。

下面将对几个重要的方面进行介绍。

1. 硬件描述

TF 卡使用标准的 3.3 V 电压供电，如果高于 4 V，则 TF 卡将无法正常工作，图 5.6.26所示为扩展板上的 TF 卡槽的原理图，使用 4 线连接至第 2 组排针，具体功能可参考表 5.5.2。

以下给出了本实验所需的硬件模块和外设：

- 扩展板上的 TF 卡槽(连接至 PA16～PA19)；
- SERCOM1 的 SPI 模式；
- 母板 USB 提供的虚拟串口(连接至 PA24 和 PA25)；
- SERCOM3 的 USART 模式(用于打印信息)。

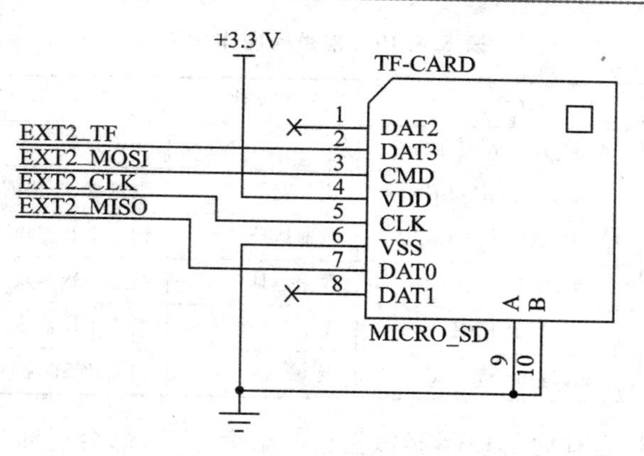

图 5.6.26　硬件原理图

2. TF卡的底层操作

TF卡有两种通信接口——SDO和SPI，前者一般用于高速设备的操作，后者更适用于嵌入式低速设备。这里，扩展板上使用SPI接口与TF卡通信。

对于SPI通信而言，底层操作也就是数据的读和写操作。在ASF库中已经提供了使用SPI读、写一段数据的库函数(spi_read_buffer_wait 和 spi_write_buffer_wait)，这里使用的是SPI的polled模式。

值得注意的是，TF通信过程一般分为初始化阶段和读/写阶段，在初始化阶段SPI时钟频率不能高于400 kHz，进入读/写阶段后SPI时钟频率可以在几十MHz。所以，在底层的初始化过程中需要配置SPI的时钟。

底层初始化和操作代码可参见example\spi \spi_sd_card\src\HAL_SDCard.c中的代码，这里不再详述。

3. SD卡命令集

TF卡属于SD卡中的一类，并共享SD卡规范中的命令集，这里将简要介绍一些重要的命令格式和通信过程。详细可以参考完整的SD卡规范文档。

对于主机端，即MCU端，通常采用6字节(Byte)的定长命令格式与TF卡进行通信。这些命令一共分为12类，分别为class0～11。其中，第1字节的低6位代表命令码，表5.6.19所列为常用的操作命令；第2～5字节包含了一个32位的参数；第6字节的高7位代表前5字节的CRC校验和。图5.6.27所示为主机发送命令的通用格式。

<table>
<tr><td colspan="8">字节1</td><td colspan="5">字节2~5</td><td colspan="8">字节6</td></tr>
<tr><td>7</td><td>6</td><td>5</td><td>4</td><td>3</td><td>2</td><td>1</td><td>0</td><td>31</td><td>32</td><td>······</td><td>1</td><td>0</td><td>7</td><td>6</td><td>5</td><td>4</td><td>3</td><td>2</td><td>1</td><td>0</td></tr>
<tr><td>0</td><td>1</td><td colspan="6">命令字</td><td colspan="5">参数</td><td colspan="7">CRC校验</td><td>1</td></tr>
</table>

图 5.6.27　发送命令的通用格式

表 5.6.19 常用的操作命令

命令码	命令字	参 数	描 述
0	GO_IDLE_STATE	无	重置介质
0x10	SET_BLOCKLEN	块长度	设置读、写块的长度
0x11	READ_BLOCK	数据地址	读一个数据块
0x18	WRITE_BLOCK	数据地址	写一个数据块
0x37	APP_CMD	无	发送扩展命令
0x29	SD_SEND_OP	无	初始化 SD 卡(扩展命令)

对于 TF 卡端,当其内部控制器每收到一个命令后,都会返回一个应答字。其应答字的格式通常有 R1、R1b、R2、R3 等,其中 R1 是最常用的一种格式。R1 的长度通常为 1 字节,其低 6 位表示卡的当前状态及可能出现的错误。图 5.6.28所示为 R1 的应答格式。

1字节							
7	6	5	4	3	2	1	0
0	PE	AE	EE	CE	IC	ER	IS

图 5.6.28 R1 的应答格式

当 SAM D20 与 TF 卡通信时,其过程如下:SAM D20 初始化 SPI 接口,使用低速模式,SPI 总线发出 80 个时钟,并使用 GO_IDLE_STATE命令复位 TF 卡,之后使用 APP_CMD 和 SD_SEND_OP 命令激活卡,获取卡的标准(这里 TF 卡一般为 v2.0),再使用 SET_BLOCKLEN 命令设置读、写数据块的长度,这样就完成了 TF 卡的初始化阶段。

进入读/写阶段后,提高 SPI 时钟至 2 MHz。对于写操作,SAM D20 发送 WRITE_BLOCK 命令,TF 卡回应 R1 格式的成功消息(0x00);当 SAM D20 接收到了起始令牌 0xFE 后,便开始发送 512 字节的数据,之后再发送 2 字节的 CRC 校验码。读操作与之类似,这里不再详述。

有关 SD 卡命令操作层的代码,具体可参见 example\spi \spi_sd_card\src\mmc.c 文件。

4. FatFs 的移植

在众多文件系统中,FatFs 对于小型嵌入式应用是一个不错的选择,它占用代码和内存都相对较小,便于低端 MCU 管理。只要合理地移植底层接口,就可以将其应用到具体的应用中,一旦移植成功,用户层就可以方便地调用几个应用接口函数,对文件进行操作。

在 FatFs 中,将存储介质中的空间从逻辑上分为 4 个部分:引导记录区(DBR)、文件分配表(FATx)、文件目录区(FDT)及数据区(DATA)。

对于一般的应用而言,没有必要使用 FatFs 的全部功能,所以可以有选择性地去除一些额外的功能,但基本的读、写及查询等功能必须保留。在考虑到以上因素后,需要对 FatFs 中的一些宏定义进行设置,表 5.6.20 所列为重要的宏定义。

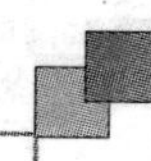

表 5.6.20　FatFs 中的重要宏定义

宏　名	设　置	功　能
_FS_READONLY	0	将 FS 设置为可读/写
_FS_TINY	1	使用 Tiny 型文件系统
_MAX_SS	512	最大扇区大小
_LFN_UNICODE	0	使用二进制编码

同时，要使 FatFs 正常运行，必须实现它的几个底层接口函数 DiskIO，包含 disk_initialize、disk_read、disk_write 等 6 个底层函数，分别对应对 TF 卡的初始化、读操作及写操作等，需要利用 5.6.8 小节中的 SD 卡操作命令来完成这些底层函数的功能。表 5.6.21 所列为部分函数的声明形式和功能。具体实现可参见 example\spi \spi_sd_card\src\diskio. c 中的代码。

表 5.6.21　底层函数

函数名	功　能
DSTATUS disk_initialize (BYTE drv)	存储媒介初始化
DSTATUS disk_status (BYTE drV)	状态检测。检测是否支持当前的存储媒介
DRESULT disk_write (BYTE drv, const BYTE * buff, DWORD sector,BYTE count)	写扇区函数，* buff 存储要写入的数据， sector 是开始写的起始扇区， count 是需要写的扇区数
DRESULT disk_ioctl (BYTE drv,BYTE ctrl, void * buff);	存储媒介控制函数。ctrl 是控制代码， * buff 存储或接收控制数据

FatFs 向用户接口层提供了一系列的 API，经过以上的配置，用户层便可调用其中的一些函数了，这些函数的形式在表 5.6.22 中列出。其中，这些函数的返回值为 FRESULT 类型，是一个枚举类，当返回 0 时，表示操作成功，当返回非零值时，表示某个错误类型。

表 5.6.22　应用接口函数

函数名	功　能
FRESULT f_mount (BYTE, FATFS *)	挂载文件系统
FRESULT f_open (FIL * , const TCHAR * , BYTE)	打开文件
FRESULT f_close (FIL *)	关闭文件
FRESULT f_write (FIL * , const void * , UINT, UINT *)	写文件
FRESULT f_sync (FIL *)	同步文件

有关以上函数的具体实现，可参见 example\spi \spi_sd_card\src\ff. c 文件中的代码。

5. 软件结构

移植 FatFs 完毕后，应用层的操作和逻辑结构就十分容易了。这里作为测试例程，将在 TF 卡中建立一个新文件 Text.txt，并在其中写入一段字符串后，关闭文件；之后再打开该文件，进行读取验证，并通过串口反馈相关信息。

根据以上的过程，软件结构将十分简单，如图 5.6.29 所示。

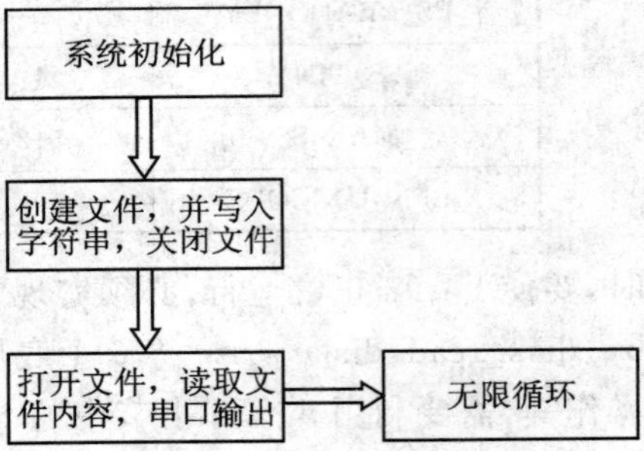

图 5.6.29　TF 卡及文件系统读/写实验软件流程

6. 代码实现

新建 Xplianed Pro 样板工程后，在 ASF Wizard 中选择添加以下模块：

- ➢ Delay routines(service)模块；
- ➢ SERCOMSPI 模块(polled 模式)；
- ➢ Standard serial I/O 模块(子项的 SERCOM USART 中选择 polled 模式)。

使用默认的系统时钟和 GCLK 源(8 MHz)，添加 HAL_SDCard.c/h、mmc.c/h、diskio.c/h中的相关代码，并加入 FatFs 的相关文件(ff.c/h、ffconf.h、integer.h)，之后添加 stdio_uart_init.c/h，最后在 main.c 中添加相关的功能代码，主要代码如下：

```
//(example\spi\spi_sd_card\src\main.c)
FRESULT WriteFile(const char * fileName,const char * text, WORD size)
{
    FRESULT rc;                                              /* 返回代码 */
    FATFS fatfs;                                             /* 文件系统对象 */
    FIL fil;                                                 /* 文件对象 */
    UINT bw;                                                 /* 写入长度 */
    f_mount(0, &fatfs);                                      //加载文件系统
    rc = f_open(&fil, fileName, FA_WRITE | FA_CREATE_ALWAYS); //打开文件
    if (rc)                                                  //处理异常错误代码
    {
        printf("f_open exception code: %d\r\n",rc);
        return  rc;
    }
    rc = f_write(&fil, text, size, &bw);                     //写入文件
    if(rc)                                                   //处理异常错误代码
    {
        printf("f_write exception code: %d\r\n",rc);
        rc = f_close(&fil);
        return  rc;
    }
```

```
    rc = f_close(&fil);
    printf("Write File Operation Success! \r\n");
    return rc;
}

FRESULT PrintFile(const char * fileName)
{
    FRESULT rc;                                          /* 返回代码 */
    FATFS fatfs;                                         /* 文件系统对象 */
    FIL fil;                                             /* 文件对象 */
    UINT br;                                             /* 读取长度 */
    f_mount(0, &fatfs);                                  //加载文件系统
    rc = f_open(&fil, fileName, FA_READ);                //打开文件
    if (rc)                                              //处理异常错误代码
    {
        printf("f_open exception code: %d\r\n",rc);
        return  rc;
    }
#define MAX_BUF_SIZE 256
    unsigned char buffer[MAX_BUF_SIZE];
    int read_size = f_size(&fil);
    //如果文件长度大于最大存储长度,则将读取长度置为最大存储长度
    if(read_size > MAX_BUF_SIZE)
        read_size = MAX_BUF_SIZE;

    rc = f_read(&fil, buffer, read_size, &br);           //读取文件
    if (rc)                                              //处理异常错误代码
    {
        printf("f_read exception code: %d\r\n",rc);
        f_close(&fil);
        return rc;
    }
    printf("Print %s:\r\n%s\r\n",fileName,buffer);
    rc = f_close(&fil);
    return rc;
}

int main (void)
{
    system_init();
    stdio_usart_init();
    WriteFile("TEST.TXT",file_content,strlen(file_content));
    PrintFile("TEST.TXT");
    while (1);
}
```

5.6.10 ATSHA204 加密芯片单线通信实验

XPB 扩展板上配置了一个 Atmel 公司的 ATSHA204 加密芯片，其内部实现了 SHA－256 Hash 加密算法。本实验中，SAM D20 芯片使用单线连接与 ATSHA204 芯片进行通信，利用 Atmel 公司提供的 ATSHA204 固件库来验证加密芯片的质询－响应通信机制。

1. ATSHA204 芯片介绍

(1) 芯片特征

ATSHA204 是 Atmel 公司推出的 CryptoAuthenticationTM 系列高安全性硬件认证器件成员之一，是首款带有 4.5 Kbit EEPROM 和硬件 SHA－256 加速器的经优化的交钥匙认证器件。该芯片具有保护 EEPROM 内容的增强安全特性，包括有源金属护罩、内存加密、安全测试模式、干扰保护和电压篡改检测。其设计采用与 Atmel 公司的 Common Criteria Certified TPM 相同的方法和组件，并内置高质量随机数据发生器，可用于加密协议以防止重放攻击(replay attack)。

(2) 通信过程

SHA204 芯片拥有多种封装，包括 SOT－3、SOIC－8、UDFN－8 和 TSSOP－8，带有单线或 I²C 等不同通信接口。在 XPB 扩展板上配置的芯片采用 SOT－3 封装，并使用单线接口。

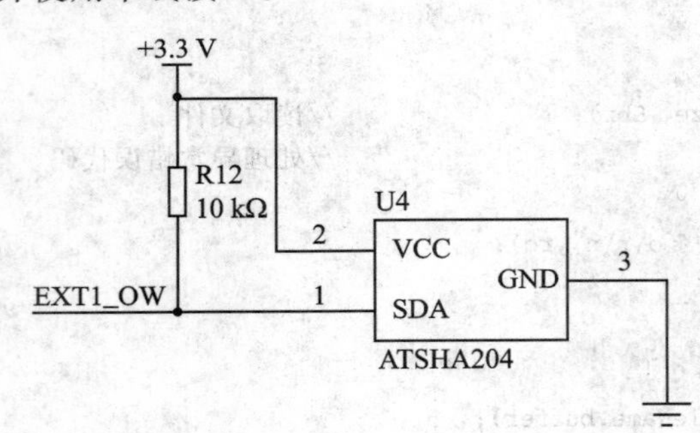

图 5.6.30 ATSHA204 原理图

在单线接口模式下，微控制器 SAM D20 仅使用引脚 PB03 与 SHA204 芯片的 SDA 引脚进行连接，最高通信速率可以达到 26 kb/s。在单线接口通信过程中，总是最低有效位数据先出现在总线上。在 XPB 扩展板上的 ATSHA204 原理图如图 5.6.30所示，其中 EXT1_OW 通过扩展接口 EXT1 的引脚 8 连接到 SAM D20 的 PB03 上。

为了介绍单线通信过程，首先需要引入几个通信中使用到的基本概念：

- 令牌　I/O 令牌是指总线上传输的一个数据位或者一次加密芯片唤醒事件。
- 标志　一个标志由 8 个令牌组成，用于表达下一组将要传输的数据的方向和意义。
- 块　指在命令或传输标志之后传输的数据块，由字节计数、分组及校验和组成。
- 分组　块中传输数据的核心内容，是加密命令的输入/输出参数或者加密芯片的状态信息。

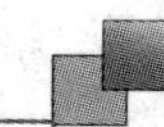

接下来将对这些概念做进一步介绍：

1) I/O令牌

在单线接口中，可能传输的I/O令牌如表5.6.23所列。

表5.6.23 单线接口传输I/O令牌

I/O令牌		简 介
输入类：发送到ATSHA204	唤醒	将加密芯片从休眠或者空闲状态唤醒
	0输入	向加密芯片发送一个0位0
	1输入	向加密芯片发送一个1位1
输出类：ATSHA204发出	0输出	加密芯片发出的一个0位0
	1输出	加密芯片发出的一个1位1

两个方向传输的I/O令牌波形相同，但是在时间长度上略有不同。图5.6.31所示为数据位1和数据位0的时序图。

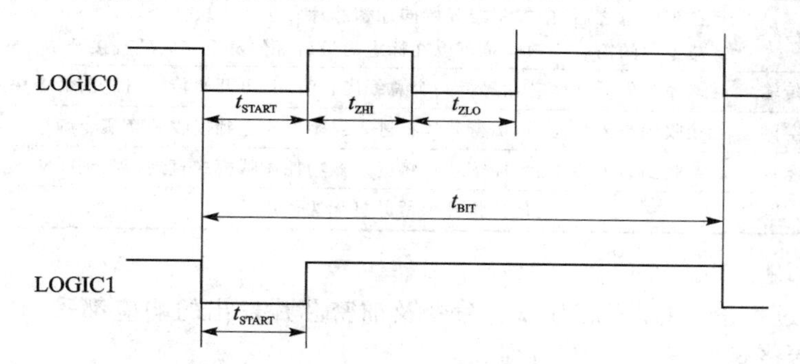

图5.6.31 数据位1和数据位0的时序图

表5.6.24介绍了数据位1和数据位0的输入和输出时序对应的具体时长。

表5.6.24 输入和输出时序对应的具体时长

μs

参 数	符 号	传输方向	最小值	典型值	最大值
启动脉冲长度	t_{START}	至加密芯片	4.1	4.34	4.56
		至控制器	4.6	6.0	8.6
零传输高脉冲	t_{ZHI}	至加密芯片	4.1	4.34	4.56
		至控制器	4.6	6.0	8.6
零传输低脉冲	t_{ZLO}	至加密芯片	4.1	4.34	4.56
		至控制器	4.6	6.0	8.6
位时长	t_{BIT}	至加密芯片	37	39	—
		至控制器	41	54	78

唤醒令牌与数据令牌有所不同，需要在SDA引脚上设置更长的低脉冲，来避免同数据令牌的低脉冲相混淆。处于休眠或空闲状态时，加密芯片将忽略接收的数据

令牌，直到接收到唤醒令牌为止。不要向唤醒状态的加密芯片发送唤醒令牌，这将导致加密芯片失去与控制器的同步。图5.6.32所示为唤醒令牌的时序图，其中 t_{WLO} 最短时长为60 μs，t_{WHI} 最短时长为2.5 ms。

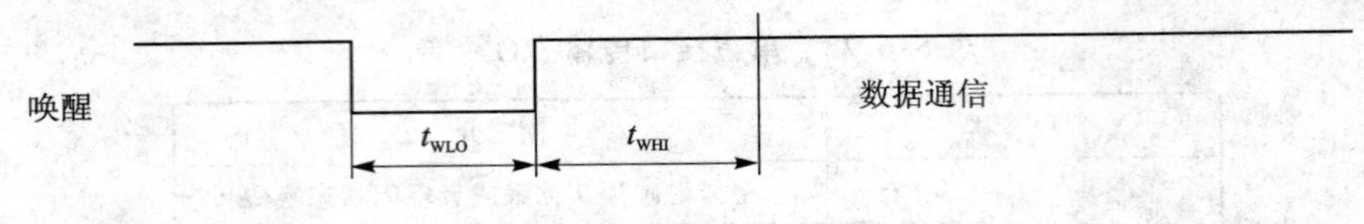

图 5.6.32 唤醒令牌的时序图

2) I/O 标志

在单线通信过程中，微控制器是主设备，所以在任何I/O操作之前，微控制器需要向加密芯片发送一个8位的标志来标志接下来将要执行的I/O操作。表5.6.25列出了通信过程中使用到的I/O标志。

表 5.6.25 I/O 标志

标志值	标志名	标志含义
0x77	命令	在该标志之后，微控制器开始向加密芯片发送命令块。 命令块的第一个数据位可以在标志的最后一位发送完成后直接开始
0x88	传输	该命令告诉加密芯片等待一个总线周转时间，再开始传输对之前命令块的响应
0xBB	空闲	接收到空闲标志后，加密芯片将进入空闲模式直到接收到唤醒令牌
0xCC	休眠	接收到休眠标志后，加密芯片将进入低功耗休眠模式直到接收到唤醒令牌
其他值将被保留并且无法使用		

3) I/O 块

在通信过程中，向加密芯片发送命令及加密芯片发出的响应都采用相同的块格式，块的构造格式如表5.6.26所列。

4) 命令分组

当加密芯片接收到一个块的所有字节后，将变为忙碌状态并且开始执行分组命令指定的操作。命令分组格式如表5.6.27所列。

表 5.6.26 I/O 块格式

字节编号	名 称	含 义
0	长度计数	需要传输的块的字节数，包括计数长度字节、分组字节和校验和字节
1～(*N*-2)	分组	命令、参数与数据、响应
N-1,*N*	校验和	使用CRC-16验证长度计数和分组内的字节数据。CRC 多项式为0x8005

表 5.6.27 命令分组格式

字节编号	名 称	含 义
0	操作码	操作命令
1	参数1	第一个参数，与具体有关
2～3	参数2	第二个参数，与具体有关
4+	数据	可选输入数据

由于ATSHA204可以接收的命令较多,限于篇幅就不再进行详细介绍,表5.6.28所列为它所能接受的命令及其简介。

表5.6.28　ATSHA204所支持的命令

命令名	操作码	简　介
DeriveKey	0x1C	从目标键或父键获取键值
DevRev	0x30	返回芯片版本信息
GenDig	0x15	使用随机或输入值及键生成数据保护摘要
HMAC	0x11	使用HMAC/SHA-256计算键及其他内部数据的响应
CheckMac	0x28	验证其他Atmel CryptoAuthentication设备的MAC结果
Lock	0x17	阻值对设备数据区的修改
MAC	0x08	使用SHA-256计算键和其他内部数据的响应
Nonce	0x16	生成一个32字节的随机数和内部存储随机数
Pause	0x01	选择将一个共享总线上的设备置为空闲状态
Random	0x1B	生成一个随机数
Read	0x02	从设备读取4个字节数据,可以使用加密也可以不加密
UpdateExtra	0x20	当配置区锁定后,更新第84或85字节
Write	0x12	向设备写入4个字节数据,可以使用加密也可以不加密

2. ATSHA204固件库

在实验代码中,对ATSHA204的操作是基于该芯片对应的固件库进行实现,所以,下面将对该固件库进行简单介绍。

ATSHA204固件库采用了分层式设计,从底至上分别为:物理层(physical)、通信层(communication)、指挥调度层(command marshaling)和应用层(application)。图5.6.33所示为该固件库的分层结构图。

(1) 物理层

物理层分为硬件相关和硬件无关两部分。该固件库支持两种物理接口:I²C接口和单线接口(SWI)。物理层对物理接口进行抽象后提供了一个公共调用接口。从图5.6.33中可以看出,源文件sha204_i2c.c实现了I²C接口的硬件无关部分,而SWI接口的硬件无关部分由源文件sha204_swi.c实现。在具体硬件层面,大多数微控制器都配有I²C模块,所以I²C接口直接通过I²C模块来实现,而SWI接口则借助GPIO或者UART模块来实现。在本实验中采用了GPIO并结合延时操作实现了SWI通信,与硬件相关的函数都在源文件bitbang_phys.c中实现。

由于该固件库目前仅提供了对Atmel AVR AT90USB1287和Atmel AT91SAM9两种微控制器的物理接口实现,所以对本书使用的微控制器SAM D20仍需自己实现硬件相关接口函数。前面已经提到,本实验中SWI通信使用GPIO结合延时操作实现,在实现通信接口函数时,为了保证延时的精确性,本实验关闭了编

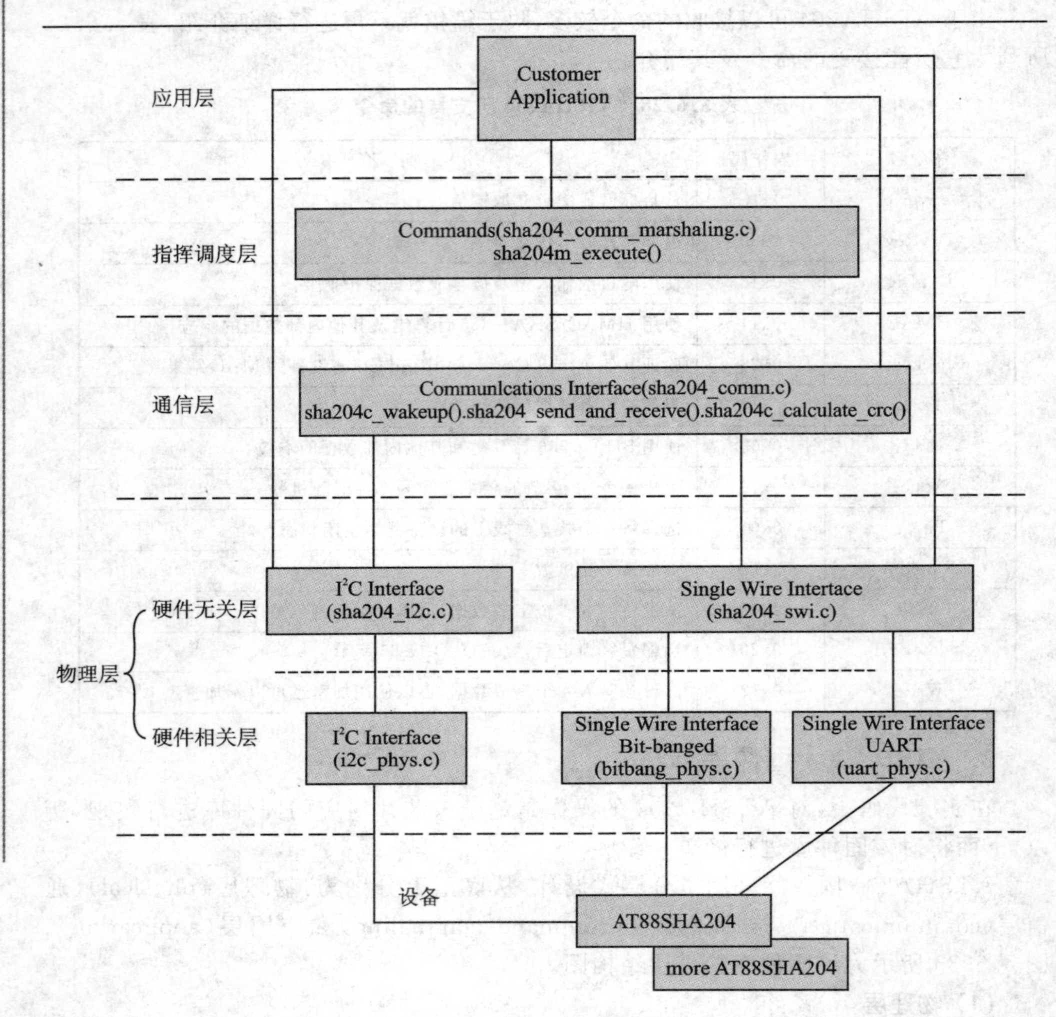

图 5.6.33 ATSHA204 固件库的分层结构图

译器的优化选项，所以在使用本实验代码创建新项目时请关闭编译器的优化选项。关闭编译器的优化选项具体操作为：首先，单击 AtmelStudio 集成开发环境菜单栏的"项目"选项即可以看到"工程属性"选项。然后，单击"工程属性"选项将弹出属性页面。接下来，可以在属性页面中的 Toolchain 选项中找到对编译工具的设置，单击 ARM/GNU C Complier 的 Optimization 子项后即弹出编译器优化设置。最后，在 Optimization Level 下拉列表框中选择 None(-O0)项即可关闭优化选项。

(2) 通信层

通信层为加密芯片与应用软件之间的数据交换提供了直接通道。数据交换操作通过向加密芯片发送一个命令并读取命令执行后的响应来实现。当数据通信发生错误后，该层还将重新尝试进行新的数据通信。从图 5.6.33 中可以看出，源文件

sha204_comm.c 实现了通信层函数，该文件的主要函数为 sha204c_wakeup()、sha204_send_and_receive()、sha204c_calculate_crc()。表 5.6.29 所列为这些函数的简单描述。

表 5.6.29　函数功能描述

函数名	功能描述
sha204c_wakeup()	用于唤醒加密芯片并且接收响应
sha204_send_and_receive()	执行通信序列：向发送缓存添加 CRC，发送命令，延时，接收响应并验证
sha204c_calculate_crc()	用于计算 CRC

(3) 指挥调度层

指挥调度层以通信层为基础实现了对命令操作的支持。从图 5.6.33 中可以看出，源文件 sha204_comm_marshaling.c 实现了指挥调度层函数，该层的主要函数是 sha204m_execute()。表 5.6.30 所列为这些函数的简单描述。

表 5.6.30　函数功能描述

函数名	功能描述
sha204m_execute()	生成一个命令分组，发送它并接收响应

3. 实验流程

为了安全地控制固件(SAM D20)的执行，固件必须与一个硬件设备绑定，并且这个设备的机密内容不能被克隆或重现。固件使用质询-响应机制(challenge-response mechanism)来确保硬件板正常地执行。

固件，作为客户端，发送一个质询(challenge)给硬件设备(加密芯片)。客户端希望从加密芯片处得到一个响应(response)。假如这个响应是正确的，固件继续正常执行。

实现流程包括以下主要步骤：

① 固件产生一个质询(challenge)。

② 固件调用函数 sha204c_wakeup()唤醒加密芯片。

③ 固件调用函数 sha204m_execute()向加密芯片发送 MAC 命令，加密芯片使用 MAC 命令中的质询进行加密，并产生响应(response)返回给固件。

④ 接收完数据后，固件调用函数 sha204p_sleep()将加密芯片置为休眠状态。

⑤ 最后，固件将收到的响应与希望得到的响应作比较。假如不匹配，固件停止执行，或者导致执行异常。

本实验的主要代码实现如下：

```
int main(void)
{
    system_init();
    delay_init();
```

```
stdio_usart_init();
// 使用“volatile”声明方便调试
volatile uint8_t ret_code;
uint8_t i;
//设置命令缓存的长度为 MAC 命令的大小
static uint8_t command[MAC_COUNT_LONG];
//设置响应缓存的长度为 MAC 响应的大小
static uint8_t response[MAC_RSP_SIZE];
// 模式 0 下希望得到的响应
static const uint8_t mac_mode0_response_expected[MAC_RSP_SIZE] =
{
        MAC_RSP_SIZE,                                        // 长度计数
        0x06, 0x67, 0x00, 0x4F, 0x28, 0x4D, 0x6E, 0x98,
        0x62, 0x04, 0xF4, 0x60, 0xA3, 0xE8, 0x75, 0x8A,
        0x59, 0x85, 0xA6, 0x79, 0x96, 0xC4, 0x8A, 0x88,
        0x46, 0x43, 0x4E, 0xB3, 0xDB, 0x58, 0xA4, 0xFB,
        0xE5, 0x73                                           // CRC
};
// MAC 命令在模式 0 下的质询
const uint8_t challenge[MAC_CHALLENGE_SIZE] = {
    0x00, 0x11, 0x22, 0x33, 0x44, 0x55, 0x66, 0x77,
    0x88, 0x99, 0xAA, 0xBB, 0xCC, 0xDD, 0xEE, 0xFF,
    0x00, 0x11, 0x22, 0x33, 0x44, 0x55, 0x66, 0x77,
    0x88, 0x99, 0xAA, 0xBB, 0xCC, 0xDD, 0xEE, 0xFF
};
system_interrupt_enable_global();
//显示质询数据
printf("The Challenge : ");
for(i = 0; i<sizeof(challenge);i++)
  printf("0x%x ",challenge[i]);
printf("\n");
//显示期望得到的响应数据
printf("The Expected Response : \nSize : %d\n",
mac_mode0_response_expected[0]);
for(i = 1; i<sizeof(mac_mode0_response_expected);i++)
    printf("0x%x ",mac_mode0_response_expected[i]);
printf("\n");
// 对硬件接口进行初始化
sha204p_init();
for (i = 0; i < sizeof(response); i++)
    response[i] = 0;
//唤醒加密芯片
```

```
    ret_code = sha204c_wakeup(&response[0]);
    if (ret_code!= SHA204_SUCCESS)
    {
        printf("WakeUp Error\n");
        goto IdleState;
    }
    // 发送 MAC 命令,并将模式设置为 0
    ret_code = sha204m_execute(SHA204_MAC, 0, 0, MAC_CHALLENGE_SIZE, (uint8_t *)
    challenge,0, NULL, 0, NULL, sizeof(command), &command[0], sizeof(response),
    &response[0]);
    if (ret_code!= SHA204_SUCCESS) {
        evaluate_ret_code(ret_code);
        printf("Execute Error\n");
        goto IdleState;
    }
    //使加密芯片进入休眠状态.
    ret_code = sha204p_sleep();
    //显示接收到的响应
    printf("The Received Response : \nSize : %d\n",response[0]);
    for(i = 1; i<sizeof(response);i++)
        printf("0x%x ",response[i]);
    printf("\n");
    //将 MAC 命令的响应与期望得到响应进行对比
    ret_code = SHA204_SUCCESS;
    for (i = 0; i < SHA204_RSP_SIZE_MAX; i++) {
        if (response[i]!= mac_mode0_response_expected[i])
            ret_code = SHA204_GEN_FAIL;
    }
    //显示比较结果
    if(ret_code == SHA204_SUCCESS)
      printf("Success! \n");
    else
      printf("Wrong Response! \n");
IdleState:
    while (1)
    {     //无限循环
    }
    return (int) ret_code;
}
```

第6章

SAM D20项目实例:云气象站

在前面介绍了 SAM D20 的特点、外设原理和开发环境的基础上,本章将结合 SAM D20 低功耗应用、模块实验例程、嵌入式 WiFi 低功耗模块以及云服务平台,介绍一个物联网应用产品的项目实例:低功耗的 WiFi 温湿度采集系统——云气象站。

6.1 云气象站系统方案设计

图 6.1.1 所示为云气象站架构图。云气象站的主要功能:通过数据采集系统对当地环境的温湿度进行实时监控,并将采样得到的温湿度数据通过无线 WiFi 通信低功耗模块,发送到嵌入式云服务平台,在云服务网站上对当地环境的温湿度进行实时地显示和监控。主要包括低功耗数据采集系统、嵌入式云服务平台两大功能模块。

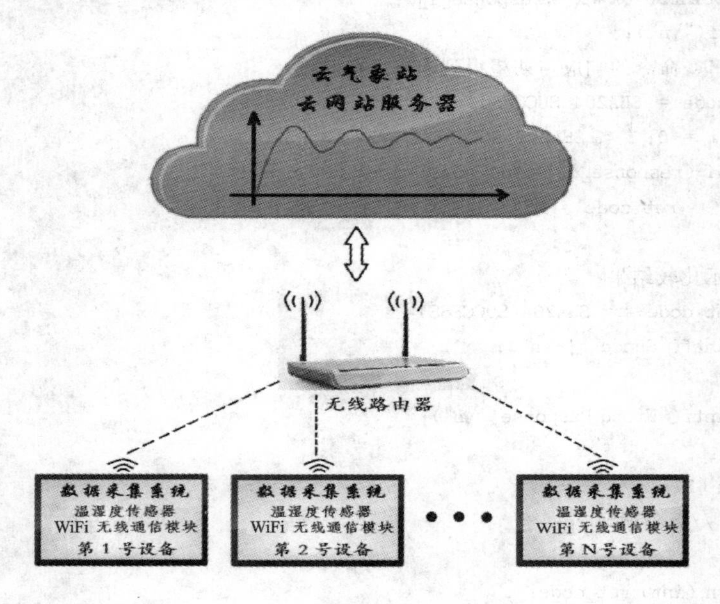

图 6.1.1 云气象站架构图

具体功能及要求如下:

➢ 利用 HTS221 温湿度传感器对本地环境的温湿度进行采集;

➢ 充分利用 SAM D20 微控制器的低功耗特性,尽可能降低设备的功耗;

➢ 利用云服务平台(云网站),对温湿度采集系统进行实时监控。

下面将介绍系统的软硬件设计,给出各程序模块的流程图和实验结果,并作简要分析。

6.1.1 低功耗数据采集系统

低功耗数据采集系统的系统框图,如图 6.1.2 所示。系统硬件由 SAM D20 Xplained Pro 评估板和 XPB 扩展板组成。此数据采集系统,可以在保持很低功耗情况下,定时采样当前环境的实时温湿度,并且将采样到的数据发送给远程 WEB 服务器。

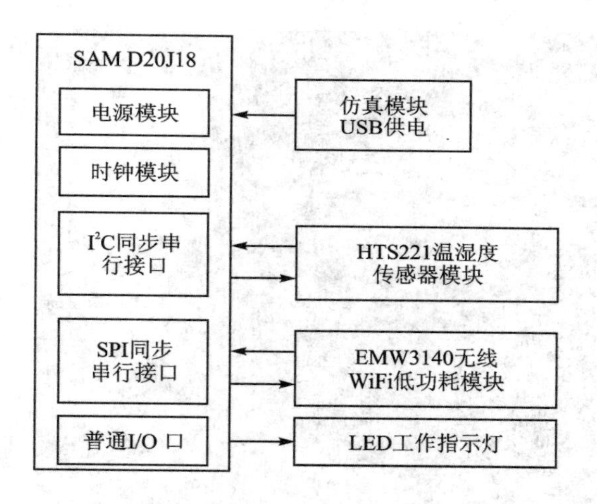

图 6.1.2 低功耗数据采集系统的系统框图

其主要功能模块如下:(模块的详细介绍,将在 6.2 节"系统硬件设计"中阐述)

➢ SAM D20J18 微控制器模块;

➢ HTS221 温湿度传感器模块;

➢ EMW3140 无线 WiFi 低功耗通信模块。

6.1.2 云服务平台

云服务平台通过为用户提供完整的系统 API 接口,实现与嵌入式终端设备的数据通信。当各种设备实现网络化后,设备将自动链接至云服务器。同时,用户可以通过 PC 机、智能手机等访问云服务网站,实时查看嵌入式终端设备的相关数据,并对其进行监控。

此项目中,使用了 Emlab 嵌入式系统实验室开发的云服务平台。它可为用户提供嵌入式相关的云服务,并通过实时数据处理,提供安全可靠的状态监控。主要包括:

① 实时数据交互——在嵌入式设备与应用之间,提供多种格式的双向实时数据交互。

② 监控与数据分析——自定义通知和提醒规则;历史数据为数据分析提供支持。

6.2 系统硬件设计

为验证系统设计,低功耗数据采集系统的硬件采用了现成的SAM D20 Xplained Pro评估板和XPB扩展板,实物如图6.2.1所示。主控芯片为SAM D20J18,采用Cortex-M0+内核的高性能嵌入式微控制器,具有高速度、低工作电压、超低功耗和模块化控制灵活等技术特点。

图6.2.1 低功耗数据采集系统的实物图

该设计用到的硬件模块主要包括:电源模块、HTS221温湿度传感器模块、EMW3140无线WiFi模块和LED工作指示灯等。

6.2.1 HTS221温湿度传感器模块

HTS211是一个相对湿度和温度传感器,包括一个模拟传感元件和用于I^2C通信的数字接口。自身带有一个16位ADC,温度测试范围为−40～120 ℃,湿度测试范围为0%～100%。芯片详细参数和具体的使用方法,请参阅HTS221数据手册和5.6.6小节“I^2C与温湿度传感器通信实验”。

6.2.2 EMW3140低功耗WiFi模块

EMW3140是上海庆科信息技术有限公司(www.mxchip.com)开发的一款嵌入

式低功耗 WiFi 模块,采用了高性能 WiFi 网络处理器,并集成了陶瓷天线。该模块支持 802.11b/g/n 标准,在安全加密方面支持标准 WEP/WPA/WPA2。此外,EMW3140 的低功耗特性能够满足手持设备的功耗需求。

1. EMW3140 详细参数

- 采用 SPI 通信接口;
- 内置 MAC 地址;
- 网络标准为 802.11b/g/n;
- 工作频率为 2.4 GHz;
- 发射功率:+10dBm @802.11n (MSC 7)、+12dBm @802.11g、+18dBm @802.11b;
- 最低接收功率:-86 dBm @11Mb/s 8% PER、-73 dBm @54Mb/s 10% PER、-70 dBm @HT20 MSC7 10%PER;
- 调制模式:CCK and OFDM with BPSK, QPSK, 16 QAM, 64 QAM;
- 硬件加密:WEP / WPA / WPA2;
- 支持速率:802.11n 最高 65 Mb/s、802.11g 6~54 Mb/s、802.11b 1~11 Mb/s;
- 天线配置:I-PEX plug 外部天线或使用板载陶瓷天线。

2. EMW3140 功能特点

- 具有超低功耗的特点,低功耗模式下,保持 WiFi 连接时,芯片内部的电流只有 1~2 mA,就绪状态下仅为 1μA,并且能快速唤醒。
- 提供精简易懂的主机驱动接口和 API 函数,对主机 CPU 的处理能力和存储器要求极低。
- 业界领先的 802.11n 实现强大的 Wlan 信号 rate-over-range 性能,支持帧聚合、RIFS、Half guard interval 和 STBC, LDPC。
- 内部集成 IPv4 和 IPv6 协议,支持 TCP/UDP,命令接口符合 BSD 编程习惯,通用性强。

EMW3140 低功耗 WiFi 模块对用户 CPU 的处理能力和内存要求较低,并具有低功耗特性,非常适合嵌入式设备的应用。

6.2.3 SAM D20 所需的模块资源

SAM D20 系统时钟模块:

- 采用 24 MHz DFLL 时钟倍频;
- DFLL 倍频模块时钟源:8 MHz 内部振荡器(OSC8M);

➢ 通用时钟发生器0的时钟振荡源:24 MHz DFLL倍频;

➢ 通用时钟发生器1的时钟振荡源:8 MHz内部振荡器(OSC8M);

➢ 通用时钟发生器2的时钟振荡源:32.768 kHz的高精度内部振荡器(OSC32K)。

母板上的SERCOM2串行通信接口——I²C模块(用于与HTS221温湿度传感器通信):

➢ 配置SERCOM2串行通信接口为I²C工作模式;

➢ 时钟源选择:通用时钟发生器1;

➢ I²C模块传输速率(波特率):100 kHz。

母板上的SERCOM1串行通信接口——SPI模块(用于与EMW3140 WiFi模块通信):

➢ 配置SERCOM1串行通信接口为SPI主机模式;

➢ 时钟源选择:通用时钟发生器0;

➢ SPI的引脚复用设置集为E;

➢ 8位数据长度;

➢ 数据位传输:最高位(MSB)优先发送;

➢ SPI模块传输速率(波特率):8 MHz。

I/O口外部中断模块(用于EMW3140 WiFi模块的调试):

➢ 使能I/O口上拉功能;

➢ 下降沿捕获中断。

母板上的SERCOM3串行通信接口——USART模块(用于显示WiFi的调试信息):

➢ 配置SERCOM3串行通信接口为USART工作模式;

➢ 时钟源选择:通用时钟发生器1;

➢ 轮询模式;

➢ 波特率:115 200;

➢ 从数据的低位开始传输;

➢ 无奇偶校验;

➢ 8位数据位;

➢ 1位停止位。

RTC实时时钟模块(用于定时将微控制器从休眠中唤醒):

➢ 默认为:每5 s中断并唤醒一次微控制器(间隔时间,可以通过软件配置);

➢ 时钟源选择:通用时钟发生器2。

6.2.4　主要模块的硬件原理图

图 6.2.2 所示为数据采集系统主要模块的原理图，包括 EMW3140 WiFi 模块、HTS221 温湿度传感器模块。

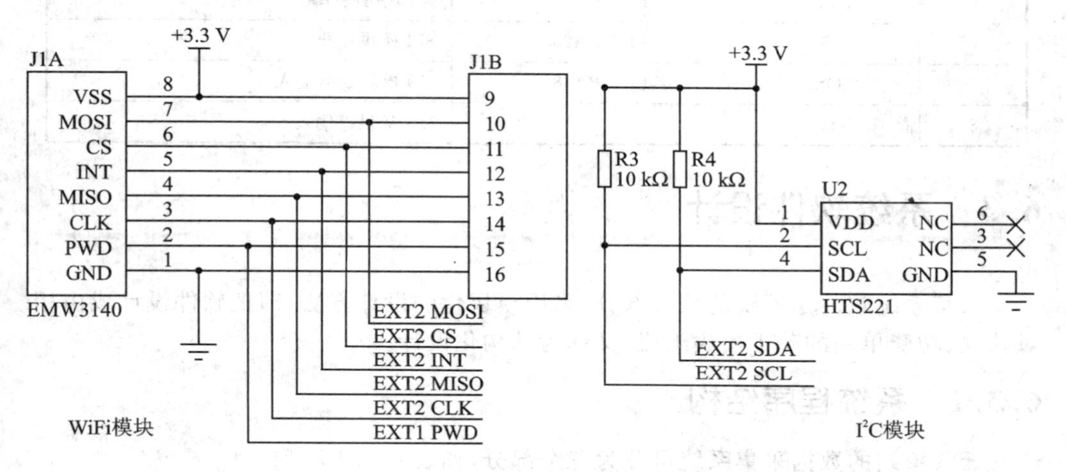

图 6.2.2　主要模块的硬件原理图

6.2.5　硬件模块引脚功能定义

表 6.2.1 所列为 HTS221 温湿度传感器模块的引脚功能定义；表 6.2.2 所列为 EMW3140 WiFi 模块的引脚功能定义。

表 6.2.1　HTS221 温湿度传感器模块引脚功能定义

序　号	HTS211 引脚	连接到 SAM D20 引脚	功能描述
1	VDD	—	3.3 V 供电输入
2	SCL	PIN_PA08	I²C 时钟引脚
3	NC	—	空脚
4	SDA	PIN_PA09	I²C 数据引脚
5	GND	—	接地
6	NC	—	空脚

表 6.2.2　EMW3140 WiFi 模块引脚功能定义

序　号	EMW3140 引脚	连接到 SAM D20 引脚	功能描述
1	GND	—	接地
2	PWD	PIN_PB05	电源开关:0＝断电；1＝WLAN 唤醒
3	CLK	PIN_PA19	SPI 模块时钟引脚

续表 6.2.2

序　号	EMW3140 引脚	连接到 SAM D20 引脚	功能描述
4	MISO	PIN_PA16	SPI 模块数据输出
5	INT	PIN_PA21	外部中断引脚
6	CS	PIN_PA20	SPI 模块片选
7	MOSI	PIN_PA18	SPI 模块数据输入
8	VSS	—	3.3 V 供电输入

6.3　系统软件设计

采集系统软件是系统的核心部分,采用模块化的设计方法,即把软件设计成由相对独立、功能单一的若干模块组成,又称为结构化设计。

6.3.1　系统程序结构

云气象站的数据采集系统可分为三个部分,如表 6.3.1 所列。

表 6.3.1　云气象站的数据采集系统工作流程

	流　程	实验现象
系统初始化部分	禁用:系统总中断→系统时钟(倍频、使能 3 个通用时钟)→通用 IO 口初始化→初始化 RTC、配置 RTC 中断→配置:I^2C 串口通信模块→初始化:HTS221 温湿度传感器 →初始化: SPI 模块→系统定时中断: 1 ms 中断一次→初始化: UART 模块(串口输出 WiFi 的调试信息)→初始化:IO 口外部中断模块→EMW3140 WiFi 模块进行复位操作→使能:系统总中断	黄色 LED 常亮
配置 WiFi 模块部分	启动 WiFi→连接到无线路由器→启动 IP 自动获取→等待获取 IP→MCU 和 WiFi 模块都先进入低功耗休眠模式→启动 RTC 中断→进入 While 循环	黄色 LED 常亮 注:配置要等待较长时间,约 15 s
系统进入工作部分(低功耗软件结构)	进入 While 循环→RTC 定时 5 s 唤醒 MCU→采样温湿度→设置 WiFi 模块进入高性能模式→新建 TCP Socket 套接字→连接到远程 WEB 服务器→连接成功后,将采样到的数据通过 WiFi 发出→数据发送成功后→本地客户端,主动断开 TCP 套接字连接→设置 WiFi 模块进入低功耗模式→让 MCU(D20)进入低功功耗模式→等待下次 RTC 唤醒→重复上面的操作	黄色 LED 每 5 s 亮一段时间。其中,亮时表示系统处于工作状态;暗时表示系统进入休眠低功耗状态

6.3.2　低功耗软件结构设计

系统的低功耗不仅取决于硬件,更重要的是合理的软件设计。此项目通过对SAM D20微控制器的合理控制、EMW3140 WiFi模块低功耗的使用,以及通过合理的软件结构设计,使系统的总体功耗达到最低。

1. SAM D20微控制器的低功耗应用

SAM D20微控制器采用Cortex-M0+处理器,非常适合"物联网"应用。SAM D20有两个软件可选的休眠模式:空闲(IDLE)和待机(STANDBY)。在空闲模式下,CPU停止工作,而其他所有的功能都可以保持运行。在待机状态下,微控制器本身的功耗最低,除了那些选择继续运行的外设,所有的时钟和模块都停止运行。

该设计中,为了使SAM D20微控制器的功耗降到最低,结合了以下几种控制方式:

① 休眠模式选择功耗最低的待机模式。

② 进入待机休眠模式之前,禁用未使用的功能模块及时钟模块,进一步降低功耗。

③ 微控制器的工作频率越高、使能的时钟模块越多,则功耗越大。故在系统进入休眠待机模式后,只剩下一个RTC定时中断模块的时钟仍在工作,其时钟源选用的是频率最小的32.768 kHz内部振荡器,使功耗得到进一步降低。

④ 通过使能的I/O口外部中断,将微控制器从休眠模式中唤醒。

⑤ 数据采集系统在不进行数据采集和数据通信时,尽可能地让SAM D20微控制器进入待机休眠模式,使其功耗降到最低。

2. EMW3140 WiFi模块的低功耗应用

EMW3140无线WiFi模块的驱动程序中,提供了两种可配置的工作模式:低功耗模式和高性能模式。在进入低功耗模式后,还具有快速唤醒功能。由于WiFi模块的功耗比微控制器的功耗大得多,故关键在于如何尽可能地让WiFi模块处于低功耗状态。

此设计中,为了尽可能地降低WiFi模块的功耗,结合了以下几种控制方式:

① 为了让WiFi模块更多地处于低功耗状态,故系统只有在微控制器采集完温湿度数据后,才使能WiFi模块进入高性能模式,并且在与WEB服务器完成数据交互后,马上让WiFi模块再次进入低功耗模式,尽可能地减少WiFi模块产生的功耗。

② 因为在WiFi模块的初始配置过程中,需要一定的配置时间,特别是IP地址的动态获取,需要较长时间,在此期间WiFi模块处于高性能模式(功耗较大)。但是,因为对于WiFi模块的初始配置,只在第一次上电时才需要进行配置,故将初始配置程序放在While循环体之前,在低功耗工作采集中,不需要再次对WiFi模块配

置,从而降低一部分功耗。

3. 系统低功耗结构说明

在考虑好 SAM D20 和 EMW3140 的低功耗应用后,下面将对系统的低功耗结构进一步说明。

在此设计中,使用 RTC(实时时钟)产生的中断唤醒功能,通过配置 RTC 的中断间隔时间,来决定数据采集系统何时进行数据采集和传输。RTC 定时中断间隔时间越长,则系统总体功耗越低。故用户可以根据具体的需求,配置 RTC 的定时中断时间。

在对 SAM D20 的初始化、EMW3140 的配置及 RTC 的中断功能和定时时间配置完成后,系统将进入低功耗工作模式。此时,数据采集系统的大部分时间将处于低功耗状态,只有当产生 RTC 定时中断时,才将 SAM D20 微控制器唤醒并进行相应的数据采集,待数据采集完之后,才将 EMW3140 WiFi 设置为高性能模式进行数据传输。一次数据采集和传输完成后,系统又马上将 SAM D20 和 EMW3140 都进入低功耗模式。

如上所述,通过对 SAM D20 的时钟和功能模块、EMW3140 WiFi 模块进行合理的控制,可以实现整个系统的低功耗应用。

6.3.3 系统软件流程图

云气象站的数据采集总体结构流程如图 6.3.1 所示。图 6.3.2 所示为 EMW3140 WiFi 模块的配置流程图。图 6.3.3 所示为采集系统的低功耗工作流程图。

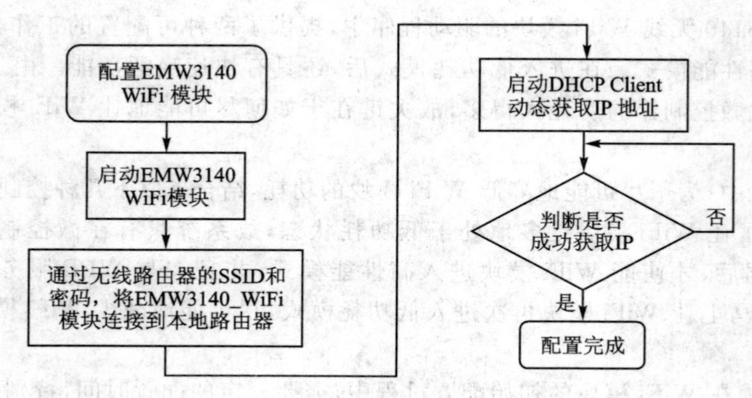

图 6.3.1　WiFi 模块的配置流程图

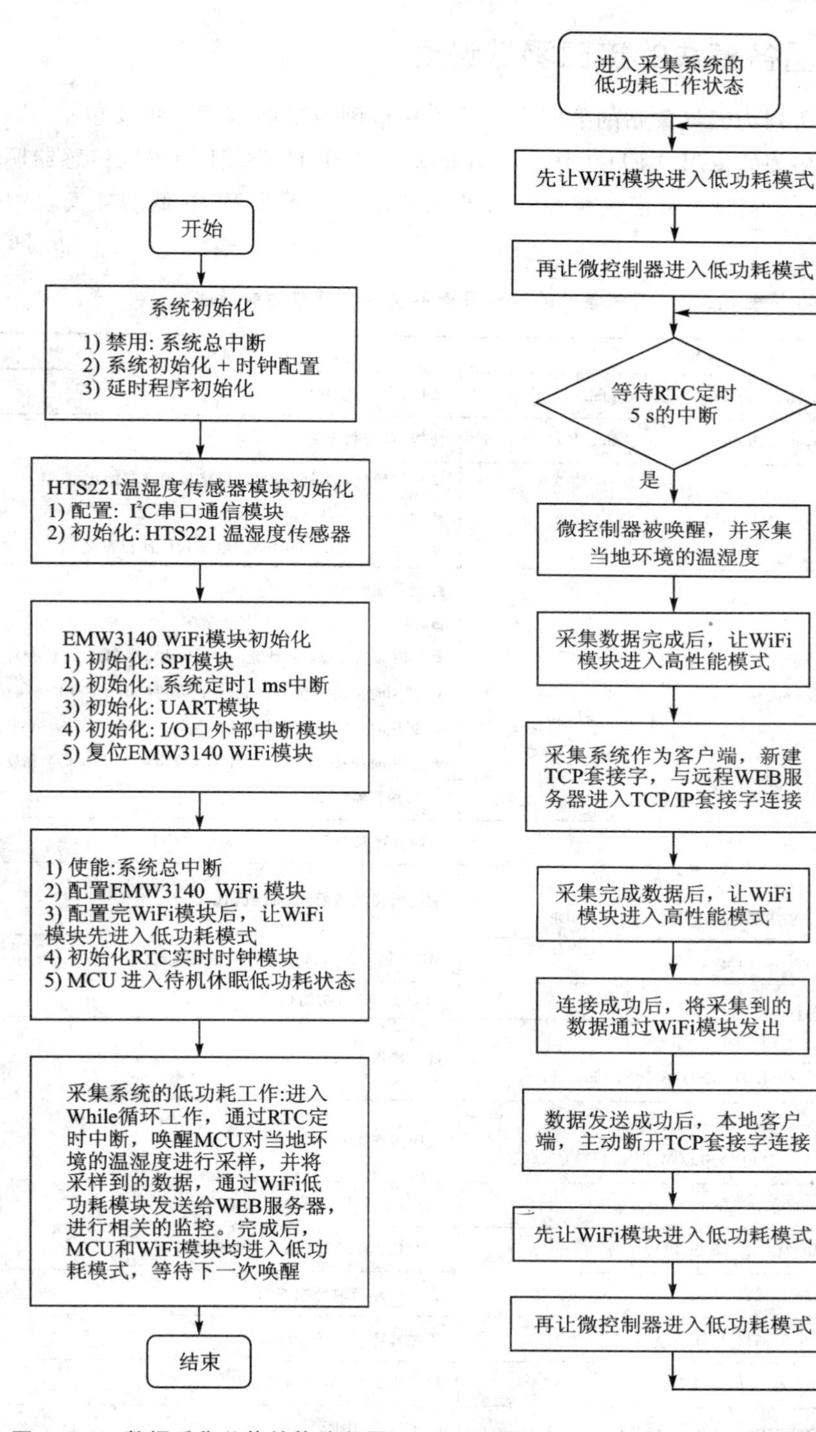

图 6.3.2　数据采集总体结构流程图

图 6.3.3　采集系统的低功耗工作流程图

6.3.4 项目各模块的接口函数说明

表 6.3.2 所列为云气象站的数据采集系统接口函数功能描述。主要包括:SAM D20 微控制器相关的 API、LED 工作指示灯相关的 API、HTS221 温湿度传感器模块相关的 API、RTC 实时时钟模块相关的 API、EMW3140 无线 WiFi 低功耗模块相关的 API。

表 6.3.2 云气象站的数据采集系统接口函数功能描述

接口函数			功能描述
SAM D20 系统部分	01	system_interrupt_disable_global()	禁用:系统总中断
	02	system_interrupt_enable_global()	使能:系统总中断

	03	system_init()	系统初始化:时钟初始化、电路板硬件初始化
			● system_clock_init();//时钟初始化
			● system_board_init();//电路板硬件初始化

	04	configure_clock()	配制系统时钟: ● 采用 24 MHz DFLL 时钟倍频; ● DFLL 倍频模块时钟源:8 MHz 内部振荡器(OSC8M); ● 通用时钟发生器 0 的时钟振荡源:24 MHz DFLL 倍频; ● 通用时钟发生器 1 的时钟振荡源:8 MHz 内部振荡器; ● 通用时钟发生器 2 的时钟振荡源:32.768 kHz 的高精度内部振荡器
	05	delay_init()	延时程序初始化
	06	system_set_sleepmode (SYSTEM_SLEEPMODE_STANDBY)	配制低功耗的模式:待机休眠
	07	system_sleep()	MCU 进入到待机休眠的低功耗模式
LED 工作指示灯	01	leds_init()	LED 灯 IO 口初始化
	02	port_pin_set_output_level (LED_YELLOW_PIN, LED_OPEN)	打开工作指示灯
	03	port_pin_set_output_level (LED_YELLOW_PIN, LED_CLOSE)	关闭工作指示灯
HTS221 温湿度传感器模块	01	configure_i2c_master()	配置:I^{2}C 串口通信模块(用于与 HTS221 通信)
	02	hts211_init(&hts211)	初始化:HTS221 温湿度传感器
	03	i2c_hts211_temp_read(&hts211)	实时采样当地环境的温度
	04	i2c_hts211_humidity_read(&hts211)	实时采样当地环境的湿度
RTC 实时时钟模块	01	rtc_setup()	初始化 RTC 实时时钟模块
	02	configure_rtc_callbacks()	配置 RTC 中断

续表 6.3.2

接口函数			功能描述
EMW3140 无线 WiFi 低功耗 模块	01	bsp_spi_config()	初始化：SPI模块(与EMW3140通信)
	02	bsp_systick_config()	初始化：系统定时中断1 ms中断一次
	03	bsp_uart_config()	初始化：UART模块(串口输出WiFi的调试信息)
	04	bsp_interrupt_init()	初始化：I/O口外部中断模块
	05	bsp_pwd_reset()	对EMW3140 WiFi模块进行复位操作
	06	api_set_power_mode (HIGH_PERFORMANCE_MODE)	WiFi模块工作模式：高性能模式
	07	api_set_power_mode (LOW_POWER_MODE)	WiFi模块工作模式：低功耗模式
	08	configure_EMW3140_WIFI()	配置EMW3140_WiFi模块
	09	Combined_Data_Packet_WIFI()	组装数据包,用于WiFi发送
	10	Send_Data_EMW3140_WiFi(socket, TxBuffer, TxCounter, 0)	将采集到的数据,通过WIFI模块发送出去

6.3.5　项目关键代码

主要代码如下：

```
/*=*=*=*=*=*=*=*=*=*=*=*=*=*=*=*=*=*=*=*=*=*=*=*=*=*=*=*=*=*=*=*=*=*=*=*=*=
◆项目 - Project:          云气象站
◆设计者 - Author:         BlueS
◆处理器 - Processor:      SAM D20J18
◆编译器 - Complier:       Atmel Studio 6.1    or higher
◆仿真器 - IDE:            Atmel Studio 6.1    or higher
◆版本 - Version:          V1.0
◆日期 - Date:             2013 - 12 - 01
①②③④⑤⑥⑦⑧⑨⑩
~~~~~~~~~~~~~~~~~~~~~~~~~~~~~~~~~~~~~~~~~~~~~~~~~~~~~~~~~~~~~~~~~~~~~~~~~~
 *  文件名 - FileName:             Main.c
 *  附属文件 - Dependencies:        asf.h;  stdio_uart_init.h;  bsp.h;
                                  api.h;  emw3140_wifi.h;  hts211.h;
 *  文件描述 - File Description:      ( 源程序 - Source File)
   ■01)D20 系统主频率：采用 24 MHz  DFLL 倍频(倍频时钟源)(系统先倍频到 48 MHz 后，
       再用分频器 2 分频,得到 24 MHz)
     DFLL 倍频模块时钟源：8 MHz  内部振荡器(OSC8M)(在 8 MHz 基础上倍频的)
     GCLK_GENERATOR_0  的时钟振荡源：  24 MHz  DFLL 倍频
   ■02) 系统定时中断：1 ms 中断一次
      (使用系统滴答定时器,即使用 SysTick_Config(定时参数)函数)
      定时器模块时钟源：GCLK_GENERATOR_0 (通用时钟)
   ■03)   SPI 模块(与 EMW3140 通信)：速度为 8 MHz
         SPI 模块时钟源：  GENERATOR_0 (通用时钟)
```

```
■04)  I/O口外部中断模块：EIC_LINE   5  （使用第5路I/O外部中断）
■05)  UART模块(串口输出WIFI的调试信息)：注：使用的是“Atmel Studio ”自带的虚
      拟串口
      波特率:115 200 b/s
      轮询(polled)模式:从数据的低位开始传输,无奇偶校验,8位数据位,1位停止位
      UART模块时钟源：GCLK_GENERATOR_1（通用时钟）
      GCLK_GENERATOR_1的时钟振荡源:8 MHz  内部振荡器(OSC8M)
■06)  RTC  实时时钟模块:用于定时唤醒MCU,默认为每5s唤醒一次MCU,进行温湿度
      采样和WiFi发送数据
      RTC  模块时钟源:GCLK_GENERATOR_2（通用时钟）
      GCLK_GENERATOR_2的时钟振荡源：32.768 kHz的高精度内部振荡器(OSC32K)
■07)  外接晶振：32.768 kHz  晶体振荡器(XOSC32K)--未使用
■08)  I²C模块(与HTS221温湿度传感器通信):速度为100 kHz
      I²C模块时钟源:GENERATOR_1（通用时钟）
      GCLK_GENERATOR_1的时钟振荡源:8 MHz  内部振荡器(OSC8M)
■09)  SAM  D20的系统总中断,在默认情况下,是使能的。故在编程时,
      最好先把总中断禁用后,再初始化程序,初始化完后,再重新打开总中断
■10)  WEB服务器相关信息：
      网址：  http://cloud.emlab.net:20080/emlab/index.php
~~~~~~~~~~~~~~~~~~~~~~~~~~~~~~~~~~~~~~~~~~~~~~~~~~~~~~~~~~~~~~~~~~~~~
*  修改记录 - Change History:
   作者时间版本内容描述
   Author      Date           Rev      Comment
   -----------------------------------------------------------
   BlueS     2013-12-01       1.0
                xxxx-xx-xx    x.x
                xxxx-xx-xx    x.x
~~~~~~~~~~~~~~~~~~~~~~~~~~~~~~~~~~~~~~~~~~~~~~~~~~~~~~~~~~~~~~~~~~~~~
*  公司 - Company:              CS-EMLAB  Co. , Ltd.
*  软件许可协议 - Software License Agreement:
   Copyright (C) 2012-2020     CS-EMLAB  Co. , Ltd.     All rights reserved.
*=*=*=*=*=*=*=*=*=*=*=*=*=*=*=*=*=*=*=*=*=*=*=*=*=*=*=*=*=*=*=*=*=*=*=*/
   //==D20  软件库相关头文件================================//
#include <asf.h>         //SAM  D20  软件库头文件
#include <stdio_uart_init.h>

   //==EMW3140   WiFi模块相关头文件=========================//
#include "bsp.h"
#include "api.h"
#include "emw3140_wifi.h" //“emw3140_wifi  模块” - 驱动程序(外部资源)

   //==HTS221温湿度传感器模块相关头文件==============//
#include "hts211.h" //“HTS221  温湿度传感器(ST公司)” - 驱动程序 - 头文件(外部资源)
/****************************************************************
*函数名 - Function:     int main(void)
```

```
 * 描述 - Description：   主函数
 * 输入参数 - Input：      None
 * 输出参数 - output：     None
 * 注意事项 - Note：    ▲01)    ▲02)    ▲03)    ▲04)
 *************************************************/
int main (void)
{
//==** 禁用：系统总中断 ** =============================//
    system_interrupt_disable_global();  //禁用：系统总中断

//== ** 系统初始化 + 时钟配置 ** ======================//
    system_init();             //系统初始化
    configure_clock();         //配制系统时钟

//== ** 延时程序初始化 ** ==============================//
    delay_init();              //延时程序初始化

//== ** 用户按键、LED 灯 I/O 口初始化 ** =================//
    user_keys_init() ;         //用户按键 I/O 口初始化
    leds_init();               //LED 灯 I/O 口初始化

//== ** HTS221 温湿度传感器(ST 公司)模块 ** ==============//
    configure_i2c_master();//配置： I2C 串口通信模块(用于与 HTS221 通信)
    hts211_init(&hts211);  //初始化： “HTS221 温湿度传感器(ST 公司)”

//== ** EMW3140_WIFI 模块用到的各个模块的初始化 ** =====//
    bsp_spi_config();          // 初始化：SPI 模块(与 EMW3140 通信)
    bsp_systick_config();      //初始化：系统定时中断：1 ms 中断一次
    bsp_uart_config();         //初始化：UART 模块(串口输出 WiFi 的调试信息)
    bsp_interrupt_init();      //初始化：I/O 口外部中断模块
    bsp_pwd_reset();           //对 EMW3140  WiFi 模块进行复位操作

//== ** 使能:系统总中断 ** =================================//
    system_interrupt_enable_global();  //使能:系统总中断

//== ** 配置 EMW3140_WIFI 模块 ** ============================//
    port_pin_set_output_level(LED_YELLOW_PIN, LED_OPEN);  //“打开”工作指示灯

        //配置 EMW3140_WIFI 模块： 启动 WiFi→连接到无线路由器→启动 IP 自动获取
        //→等待获取 IP→新建 TCP  Socket 套接字→连接到远程服务器
    configure_EMW3140_WIFI();    //配置 EMW3140_WIFI 模块

//== ** 配置完 WiFi 模块后,让 WiFi 模块先进入低功耗模式 ** ======//
    api_set_power_mode(LOW_POWER_MODE);//WiFi 模块工作模式：低功耗模式
```

```
//== **RTC 实时时钟模块** ================================//
    rtc_setup();   //初始化 RTC 实时时钟模块(时钟源 GCLK_GENERATOR_2)
    configure_rtc_callbacks();   //配置 RTC 中断

    port_pin_set_output_level(LED_YELLOW_PIN, LED_CLOSE);  //"关闭"工作指示灯

//== **让 MCU 也进入待机休眠状态,等待第一次唤醒** =========//
    system_set_sleepmode(SYSTEM_SLEEPMODE_STANDBY); //配制低功耗的模式：待机休眠
    system_sleep();         // MCU 进入待机休眠的低功耗模式

//== **初始化：系统工作状态** ===========================//
    WorkState = STATE_MAIN_WORK; //STATE:主要工作模式

//== **进入 While 循环工作状态** ===========================//
    while(1)
    {
        //"处理"各系统"状态"下的事务（状态机）
        switch(WorkState)
        {

            case STATE_MAIN_WORK:
                //--"打开"工作指示灯-----------------------//
                port_pin_set_output_level(LED_YELLOW_PIN, LED_OPEN);

                //--实时采样温度、湿度-----------------------//
                i2c_hts211_temp_read(&hts211);      //实时采样当地环境的"温度"
                i2c_hts211_humidity_read(&hts211);  //实时采样当地环境的"湿度"

                //-- 组装数据包,用于 WiFi 发送----------------//
                Combined_Data_Packet_WIFI();  // 组装数据包

                //--发送完数据前,让 WiFi 模块先进入"高性能"模式--//
                api_set_power_mode(HIGH_PERFORMANCE_MODE);

                //--将采集到的数据,通过 WiFi 模块发送出去-----------//
                Send_Data_EMW3140_WIFI(socket, TxBuffer, TxCounter, 0);

                if (count ++ == 1000000)  //新版 EMW3140 提供的例程中,使用的程序
                {
                    api_period_handler(); //处理 WiFi 模块
                    count = 0;
                }
                //--发送完数据后,让 WiFi 模块先进入"低功耗"模式----//
                api_set_power_mode(LOW_POWER_MODE);//WiFi 模块工作模式：低功耗模式
```

```
        //--"关闭"工作指示灯---------------------------//
        port_pin_set_output_level(LED_YELLOW_PIN, LED_CLOSE);

        WorkState = STATE_SLEEP_MODE;  //STATE:低功耗休眠模式
        break;

    case STATE_SLEEP_MODE:
        //--最后让 MCU 进入低功耗---------------------------//
            //配制低功耗的模式:待机休眠
        system_set_sleepmode(SYSTEM_SLEEPMODE_STANDBY);
        system_sleep();         // MCU 进入待机休眠的低功耗模式

        WorkState = STATE_MAIN_WORK; //STATE:主要工作模式
        break;
//////////////////////////////////////////////
    default:
        break;
    }
  }
}
```

6.4 Emlab 云服务平台

Emlab 云服务平台是由 Emlab 嵌入式系统实验室(www.emlab.net)研发的开放物联网平台。Emlab 云服务平台作为一个开放的公共物联网接入平台,目的是使传感器数据的接入、存储和展现变得轻松简单。

6.4.1 云服务平台的设计

本平台采用 PHP 语言开发,使用 MySQL 数据库,为嵌入式应用提供 REST 风格的 API,同时数据的交互采用 JSON 格式。

1. Requests 请求

所有的 API 都需要接收请求。对于一个 RESTful API,首先要定义好 URL 规则,比如希望提供一个接口给所有的设备。URL 结构可能类似于这样:api/devices 或者 api/devices/<device_id>。数据的交互采用 JSON 格式,一方面它可以很好地与 javascript 进行交互操作,同时 PHP 也可以很简单地通过 json_encode 和 json_decode两个函数来进行编码和解码。

然后,提供几种结构来定义所希望的操作。通过使用 HTTP 请求方法(GET、POST、PUT 和 DELETE),便可不需额外定义任何东西。这些方法涵盖了我们所需要的每一个 CRUD(create、retrieve、update 和 delete)操作:GET=查看,POST=创

建,PUT=更新,DELETE=删除。于是,以针对设备(Device)的操作为例,设计出以下五种 API:

① GET request to /api/devices——罗列出所有设备的信息;

② GET request to /api/devices/<device_id>——列出设备号为<device_id>的设备的信息;

③ POST request to /api/devices——创建设备;

④ PUT request to /api/devices/<device_id>——更新设备号为<device_id>的设备的信息;

⑤ DELETE request to /api/devices/<device_id>——删除设备号为<device_id>的设备。

同样地,还是以针对设备(Device)的操作为例,得到其资源模型,如图 6.4.1 所示。

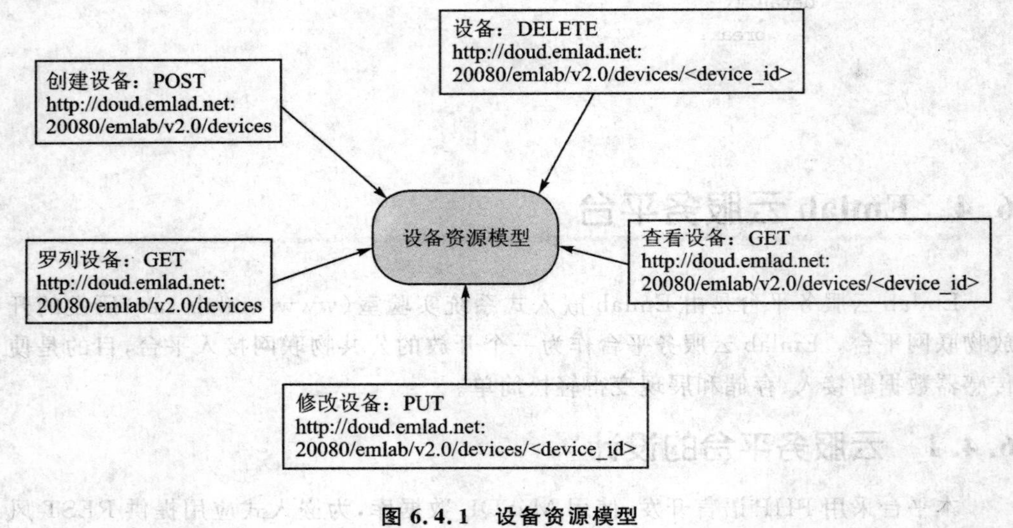

图 6.4.1　设备资源模型

2. Responses 响应

一个 API 操作的响应包括两个主要部分:响应体和状态码。默认地,选择 JSON 格式作为响应体的格式。状态码则是使用 HTTP 的状态码,如一个用户提交数据(POST)到/api/devices,创建成功需要返回一个成功创建的消息,简单发送一个 201 状态码(Created)即可。或者 MySQL 服务器挂了,造成接口临时性的中断,则发送一个 503 状态码(Service Unavailable)。

6.4.2　云服务平台的结构及流程

6.4.1 小节简单介绍了针对设备这个资源的 RESTful API 的设计,整个云服务平台有以下四种资源:

➢ 设备(Device) 对应现实生活中的实际设备,表示一组数据源(传感器)的集合。一个设备只有一个IP地址。
➢ 数据源(Datasources) 相当于传感器,一个设备支持多个数据源(传感器)。
➢ 数据点(Datapoints) 是由timestamp和value组成的键值对,timestamp为时间戳,value为数值。
➢ 用户(User) 用于区分不同使用者所需要接收的数据。一个用户可以有多个设备。

针对不同的阶段、不同的参与者及对不同资源的不同操作,整个系统架构流程如图6.4.2所示。

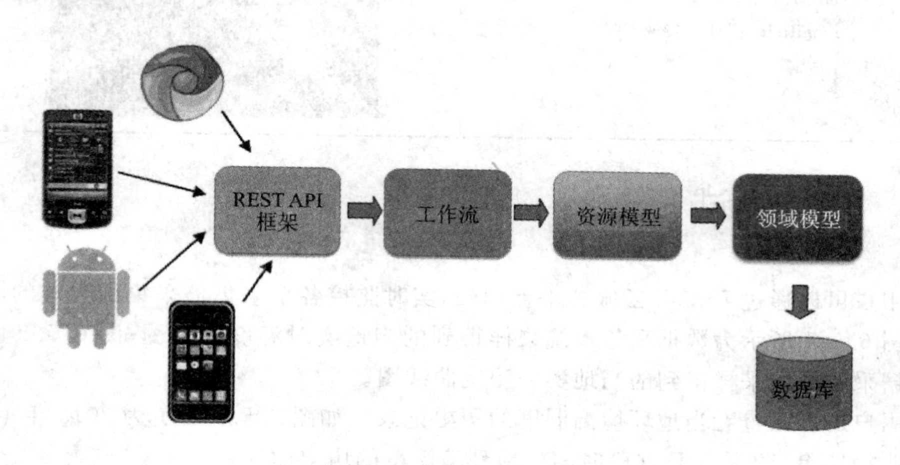

图6.4.2 云服务平台的系统架构流程图

以创建设备的操作为例,API定义如表6.4.1所列。

表6.4.1 创建设备的API定义

URL	http://cloud.emlab.net:20080/emlab/v2.0/devices
数据格式	JSON
Method	POST
返回	新设备的信息(JSON格式)

嵌入式传感器设备、手机设备等,通过向以上接口发送一定规范的JSON格式数据,服务器的框架收到数据后,解析数据,并操作数据库,再将处理结果以JSON格式的处理结果返回给请求端。

使用curl工具测试:curl-X POST http://cloud.emlab.net:20080/emlab/v2.0/devices-H "Content-Type: application/json" --data-binary @datafile.txt -H "APIkey: *****"。其内容如表6.4.2所列。

表 6.4.2　程序内容

datafile.txt 中的内容	返　回

{
"title":"my device",
"about":"my device",
"tags":["home","room"],
"location":{
"local":"shanghai",
"latitude":"31.227919",
"longitude":"121.439031"
}
}
	{
	"deviceid": 37,
	"title": "my device",
	"about": "my device",
	"userid": 22,
	"tags": [
	"home",
	"room"
	],
	"location": {
	"local": "shanghai",
	"latitude": "31.227919",
	"longitude": "121.439031"
	}
	}

6.5　功能测试

用户可以通过 Emlab 云服务平台网站,实时监控各个采集器采集的当地的温湿度。图 6.5.1 所示为数据采集系统采样得到的当地实时温度曲线图;图 6.5.2 所示为数据采集系统采样得到的当地实时湿度曲线图。

用户还可以查看当地环境温湿度的历史记录。如图 6.5.3 所示为 2013 年 12 月 5 日到 2013 年 12 月 9 日这段时间当地环境温度的历史曲线。

Emlab 嵌入式云服务平台网址为 http://cloud.emlab.net:20080/emlab/index.php。

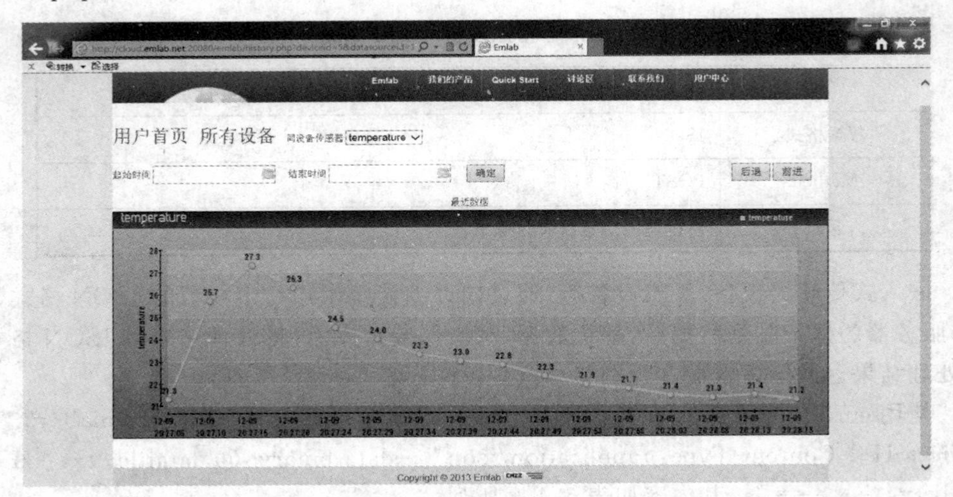

图 6.5.1　数据采集系统采样得到的当地实时温度曲线图

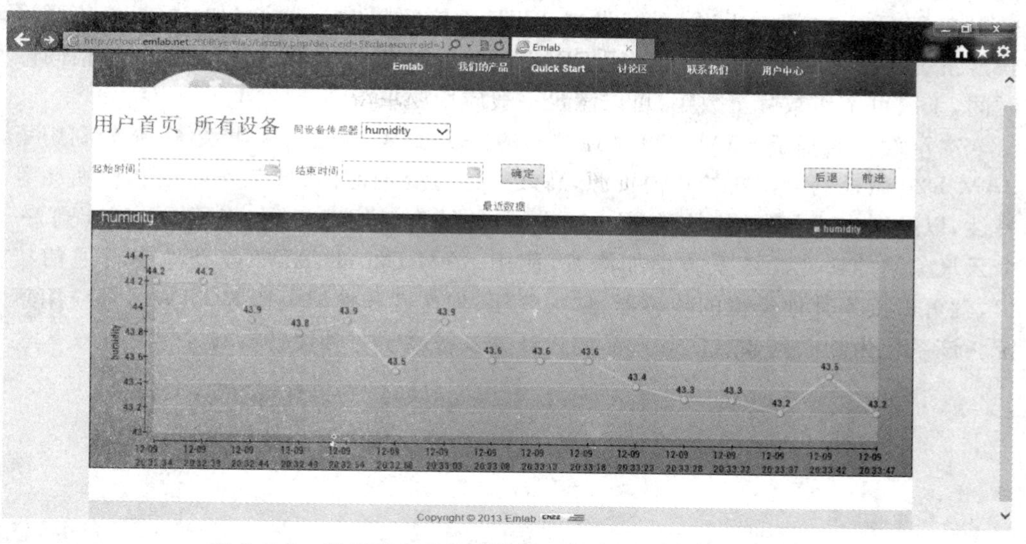

图 6.5.2 数据采集系统采样得到的当地实时湿度曲线图

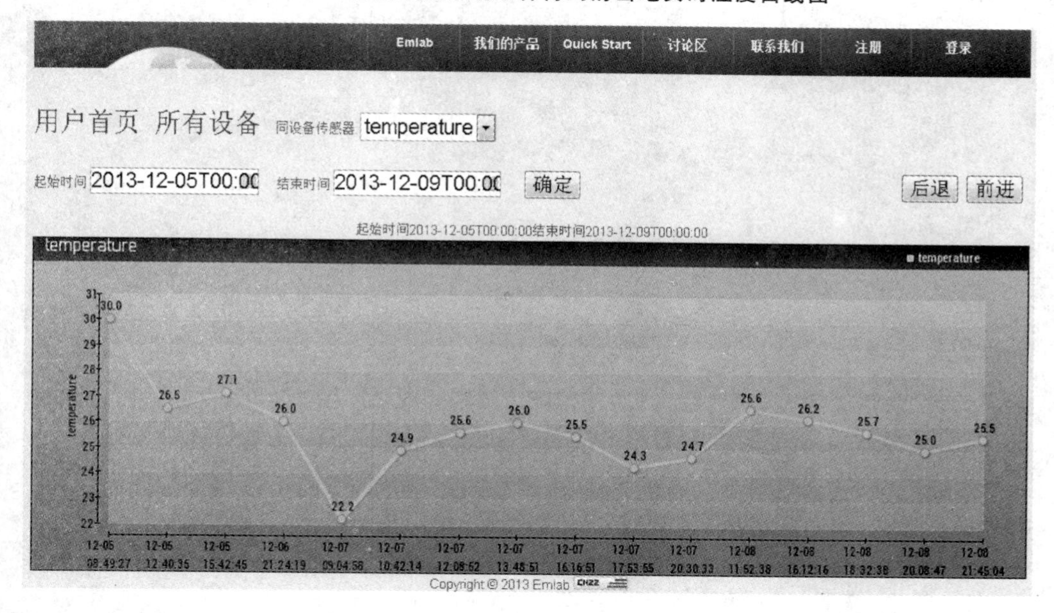

图 6.5.3 2013 年 12 月 5 日到 2013 年 12 月 9 日当地环境温度的历史曲线图

采集器的功耗主要取决于与云端服务器的 WiFi 数据传输间隔时间。由于 MCU 工作在低功耗的休眠模式，温湿度传感器的功耗很小，定时激活进行温湿度数据采集的时间也很短，所以这部分耗电非常少（平均电流在 μA 级）。WiFi 模块激活工作时，平均电流约为 50 mA（瞬时电流可达 200 mA）。每次 WiFi 激活工作时间主要取决于无线路由器和网络状态（加入网络、安全认证、DHCP、DNS、数据传输等），一般在 2～8 s 之间。所以,系统设置 WiFi 通信间隔时间越长(如 10 min 甚至更长),系统的平均功耗就越低。使用 ER18505M 一次性锂电池,根据不同的通信间隔时间,系统可工作数月至数年,可以满足一般应用要求。

本章设计的基于 SAM D20 微控制器的低功耗 WiFi 数据采集系统,充分利用了 SAM D20 微控制器丰富的片内资源,高效的运算处理能力、低工作电压和低功耗等特性,以及嵌入式 WiFi 模块的低功耗应用,并结合云服务平台(云网站),实现了一个云气象站的功能。该系统稍加修改,使用 SAM D20 的 ADC 或其他串行通信接口,就可以接入其他类型的传感器,如大气压、加速度和模拟电压等,组成各种应用系统。该系统为物联网领域实际产品的设计开发提供了一种设计参考。

附录A ASF库函数列表

ASF 库函数列表见表 A-1～A-18。

表 A-1 系统控制(SYSTEM)

函数名	作用
uint32_t system_get_device_id(void)	获取设备 ID
void system_voltage_reference_enable(const enum system_voltage_reference vref)	使能系统参考电压
void system_voltage_reference_disable(const enum system_voltage_reference vref)	禁止系统参考电压
void system_init(void)	系统初始化
void bod_get_config_defaults(struct bod_config * const conf)	获取欠压监测(BOD)模块的默认配置
enum status_code bod_set_config(const enum bod bod_id, struct bod_config * const conf)	获取某个 BOD 模块的配置
enum status_code bod_enable(const enum bod bod_id)	使能某个 BOD 模块
enum status_code bod_disable(const enum bod bod_id)	禁止某个 BOD 模块
bool bod_is_detected(const enum bod bod_id)	检测某个 BOD 模块的状态
void bod_clear_detected(const enum bod bod_id)	清除某个 BOD 模块的状态
void system_clock_source_xosc_get_config_defaults(struct system_clock_source_xosc_config * const config)	获取外部高速振荡源的默认参数
void system_clock_source_xosc_set_config(struct system_clock_source_xosc_config * const config)	设置外部高速振荡源的参数
void system_clock_source_xosc32k_get_config_defaults(struct system_clock_source_xosc32k_config * const config)	获取外部 32 kHz 振荡源的默认参数
void system_clock_source_xosc32k_set_config(struct system_clock_source_xosc32k_config * const config)	设置外部 32 kHz 振荡源的参数
void system_clock_source_osc32k_get_config_defaults(struct system_clock_source_osc32k_config * const config)	获取内部 32 kHz 振荡源的默认参数

续表 A-1

函数名	作用
void system_clock_source_osc32k_set_config(struct system_clock_source_osc32k_config * const config)	设置内部 32 kHz 振荡源的参数
void system_clock_source_osc8m_get_config_defaults(struct system_clock_source_osc8m_config * const config)	获取内部 8 MHz 振荡源的默认参数
void system_clock_source_osc8m_set_config(struct system_clock_source_osc8m_config * const config)	设置内部 8 MHz 振荡源的参数
void system_clock_source_dfll_get_config_defaults(struct system_clock_source_dfll_config * const config)	获取 DFLL 振荡源的默认参数
void system_clock_source_dfll_set_config(struct system_clock_source_dfll_config * const config)	设置 DFLL 振荡源的参数
enum status_code system_clock_source_write_calibration(const enum system_clock_source system_clock_source, const uint16_t calibration_value, const uint8_t freq_range)	写入振荡源的校正参数
enum status_code system_clock_source_enable(const enum system_clock_source system_clock_source)	使能某个振荡源
enum status_code system_clock_source_disable(const enum system_clock_source clk_source)	禁止某个振荡源
bool system_clock_source_is_ready(const enum system_clock_source clk_source)	检查某个振荡源是否启动
uint 32_t system_clock_source_get_hz(const enum system_clock_source clk_source)	获取某个振荡源的频率

表 A-2 时钟管理(GCLK)

函数名	作用
void system_clock_init(void)	系统时钟初始化
bool system_gclk_is_syncing(void)	检查总线同步状态
void system_gclk_init(void)	初始化 GCLK 模块
void system_gclk_gen_get_config_defaults(struct system_gclk_gen_config * const config)	获取时钟发生器的默认配置
void system_gclk_gen_set_config(const uint8_t generator, struct system_gclk_gen_config * const config)	配置某个时钟发生器的参数
void system_gclk_gen_enable(const uint8_t generator)	使能某个时钟发生器
void system_gclk_gen_disable(const uint8_t generator)	禁止某个时钟发生器

续表 A-2

函数名	作　用
void system_gclk_chan_get_config_defaults(struct system_gclk_chan_config * const config)	获取时钟通道的默认配置
void system_gclk_chan_set_config(const uint8_t channel, struct system_gclk_chan_config * const config)	配置某个时钟通道的参数
void system_gclk_chan_enable(const uint8_t generator)	使能某个时钟通道
void system_gclk_chan_disable(const uint8_t generator)	禁止某个时钟通道
uint32_t system_gclk_gen_get_hz(const uint8_t generator)	获取某个时钟发生器的频率
uint 32_t system_gclk_chan_get_hz(const uint8_t channel)	获取某个时钟通道的频率

表 A-3　电源管理(POWER)

函数名	作　用
enum status_code system_set_sleepmode(const enum system_sleepmode sleep_mode)	设置睡眠模式
void system_sleep(void)	系统进入睡眠
enum system_reset_cause system_get_reset_cause(void)	检查系统复位原因
void system_main_clock_set_failure_detect(const bool enable)	使能或禁止检测系统主时钟失效
void system_cpu_clock_set_divider(const enum system_main_clock_div divider)	设置 CPU 内核时钟的分频系数
uint32_t system_cpu_clock_get_hz(void)	获取 CPU 内核频率
enum status_code system_apb_clock_set_divider(const enum system_clock_apb_bus bus, const enum system_main_clock_div divider)	设置 APB 总线的分频系数
uint32_t system_apb_clock_get_hz(const enum system_clock_apb_bus bus)	获取 APB 总线频率
void system_ahb_clock_set_mask(const uint32_t ahb_mask)	使能或禁止多个 AHB 总线时钟
void system_ahb_clock_clear_mask(const uint32_t ahb_mask)	禁止所有 AHB 总线时钟
enum status_code system_apb_clock_set_mask(const enum system_clock_apb_bus bus,const uint32_t mask)	使能或禁止 APBx 上多个外设总线时钟
enum status_code system_apb_clock_clear_mask(const enum system_clock_apb_bus bus,const uint32_t mask)	禁止 APBx 上所有外设总线时钟

表 A-4 系统中断控制(INTURRUPT)

函数名	作 用
void system_interrupt_enter_critical_section(void)	进入临界区域
void system_interrupt_leave_critical_section(void)	离开临界区域
bool system_interrupt_is_global_enabled(void)	检查全局中断状态
void system_interrupt_enable_global(void)	使能全局中断
void system_interrupt_disable_global(void)	禁止全局中断
bool system_interrupt_is_enabled(const enum system_interrupt_vector vector)	检查某个中断向量状态
void system_interrupt_enable(const enum system_interrupt_vector vector)	使能某个中断向量
void system_interrupt_disable(const enum system_interrupt_vector vector)	禁止某个中断向量
enum system_interrupt_vector system_interrupt_get_active(void)	获取使能的中断向量
bool system_interrupt_is_pending(const enum system_interrupt_vector vector)	检查某个中断向量是否挂起
enum status_code system_interrupt_set_pending(const enum system_interrupt_vector vector)	挂起某个中断向量
enum status_code system_interrupt_clear_pending(const enum system_interrupt_vector vector)	清除某个中断向量的挂起状态
enum status_code system_interrupt_set_priority(const enum system_interrupt_vector vector, const enum system_interrupt_priority_level priority_level)	设置某个中断向量的优先级
enum system_interrupt_priority_level system_interrupt_get_priority(const enum system_interrupt_vector vector)	获取某个中断向量的优先级

表 A-5 外部中断(EXTINT)

函数名	作 用
bool extint_is_syncing(void)	检查总线同步状态
void extint_reset(void)	复位模块
void extint_enable(void)	使能模块
void extint_disable(void)	禁止模块
void extint_enable_events(struct extint_events * const events)	使能一个或多个通道的事件功能
void extint_disable_events(struct extint_events * const events)	禁止一个或多个通道的事件功能

续表 A-5

函数名	作　用
void extint_chan_get_config_defaults(struct extint_chan_conf * const config)	获取外部通道的默认参数
void extint_chan_set_config(const uint8_t channel, const struct extint_chan_conf * const config)	设置某个外部通道的参数
void extint_nmi_get_config_defaults(struct extint_nmi_conf * const config)	获取NMI通道的默认参数
enum status_code extint_nmi_set_config(const uint8_t nmi_channel, const struct extint_nmi_conf * const config)	设置NMI通道的参数
bool extint_chan_is_detected(const uint8_t channel)	检查某个外部通道的状态
void extint_chan_clear_detected(const uint8_t channel)	清除某个外部通道的状态
bool extint_nmi_is_detected(const uint8_t nmi_channel)	检查NMI通道的状态
void extint_nmi_clear_detected(const uint8_t nmi_channel)	清除NMI通道的状态
enum status_code extint_register_callback(const extint_callback_t callback, const enum extint_callback_type type)	注册中断回调函数和类型
enum status_code extint_unregister_callback(const extint_callback_t callback, const enum extint_callback_type type)	解绑中断回调函数和类型
enum status_code extint_chan_enable_callback(const uint32_t channel, const enum extint_callback_type type)	使能某个通道的回调功能
enum status_code extint_chan_disable_callback(const uint32_t channel, const enum extint_callback_type type)	禁止某个通道的回调功能

表 A-6　事件系统(EVENT)

函数名	作　用
void events_init(void)	初始化事件系统
bool events_is_syncing(void)	检查总线同步状态
void events_chan_get_config_defaults(struct events_chan_config * const config)	获取事件通道默认参数
void events_chan_set_config(const enum events_channel event_channel, struct events_chan_config * const config)	设置某个事件通道的参数
void events_user_get_config_defaults(struct events_user_config * const config)	获取事件用户默认参数
void events_user_set_config(const uint8_t user, struct events_user_config * const config)	设置某个事件用户的参数
bool events_chan_is_ready(const enum events_channel event_channel)	检查某个事件通道状态

续表 A-6

函数名	作 用
bool events_user_is_ready(const enum events_channel event_channel)	检查某个事件用户状态
void events_chan_software_trigger(const enum events_channel event_channel)	触发软件事件

表 A-7 存储控制器(NVM)

函数名	作 用
void system_flash_set_waitstates(uint8_t wait_states)	设置 Flash 读取等待时钟数
void nvm_get_config_defaults(struct nvm_config * const config)	获取 NVM 硬件参数
enum status_code nvm_set_config(const struct nvm_config * const config)	设置 NVM 硬件参数
bool nvm_is_ready(void)	检查 NVM 状态
void nvm_get_parameters(struct nvm_parameters * const parameters)	获取 NVM 页表等参数
enum status_code nvm_write_buffer(const uint32_t destination_address, const uint8_t * buffer,uint16_t length)	将用户数据写入目标地址
enum status_code nvm_read_buffer(const uint32_t source_address, uint8_t * const buffer,uint16_t length)	将目标地址开始的数据读取到用户数组
enum status_code nvm_update_buffer(const uint32_t destination_address, uint8_t * const buffer,uint16_t offset,uint16_t length)	更新目标地址开始的数据
enum status_code nvm_erase_row(const uint32_t row_address)	擦除目标地址所在的 row
enum status_code nvm_execute_command(const enum nvm_command command, const uint32_t address,const uint32_t parameter)	执行特定的 NVM 命令
bool nvm_is_page_locked(uint16_t page_number)	检查某页的 LOCK 状态
enum nvm_error nvm_get_error(void)	获取最后次执行错误

表 A-8 端口(PORT)

函数名	作 用
PortGroup * port_get_group_from_gpio_pin(const uint8_t gpio_pin)	获取与给定的逻辑 GPIO 引脚关联的端口模块组的实例
uint 32_t port_group_get_input_level(const PortGroup * const port, const uint32_t mask)	读取端口引脚的逻辑电平并以位码形式返回逻辑电平
uint 32_t port_group_get_output_level(const PortGroup * const port, const uint32_t mask)	读取端口引脚的逻辑输出电平并以位码形式返回当前电平

续表 A-8

函数名	作 用
void port_group_set_output_level(PortGroup * const port, const uint32_t mask,const uint32_t level_mask)	将端口引脚设置为给定的逻辑电平
void port_group_toggle_output_level(PortGroup * const port, const uint32_t mask)	翻转端口引脚的逻辑电平
void port_get_config_defaults(struct port_config * const config)	将给定的端口引脚/组结构体初始化为默认值
void port_pin_set_config(const uint8_t gpio_pin, const struct port_config * const config)	将端口引脚配置写入硬件模块
void port_group_set_config(PortGroup * const port, const uint32_t mask, const struct port_config * const config)	将端口引脚组配置写入硬件模块
bool port_pin_get_input_level(const uint8_t gpio_pin)	读取端口引脚的逻辑电平并以布尔值形式返回逻辑电平
bool port_pin_get_output_level(const uint8_t gpio_pin)	读取端口引脚的逻辑输出电平并以布尔值形式返回逻辑电平
void port_pin_set_output_level(const uint8_t gpio_pin, const bool level)	将端口引脚输出电平设置为给定逻辑值
void port_pin_toggle_output_level(const uint8_t gpio_pin)	翻转端口引脚的输出电平

表 A-9 引脚复用(PINMUX)

函数名	作 用
void system_pinmux_get_config_defaults(struct system_pinmux_config * const config)	将引脚配置结构体初始化为默认值
void system_pinmux_pin_set_config(const uint8_t gpio_pin, const struct system_pinmux_config * const config)	将端口引脚配置写入硬件模块
void system_pinmux_group_set_config(PortGroup * const port, const uint32_t mask, const struct system_pinmux_config * const config)	将端口引脚组配置写入到硬件模块
Port Group * system_pinmux_get_group_from_gpio_pin(const uint8_t gpio_pin)	根据给定的 GPIO 引脚号检索端口模块组实例

续表 A-9

函数名	作 用
void system_pinmux_group_set_input_sample_mode(PortGroup * const port, const uint32_t mask, const enum system_pinmux_pin_sample mode)	为一组引脚配置输入采样模式,控制何时对物理I/O引脚采样并存储到MCU中
void system_pinmux_group_set_output_strength(PortGroup * const Port, const uint32_t mask, const enum system_pinmux_pin_strength mode)	为一组引脚设置输出驱动,控制缓冲单元电流
void system_pinmux_group_set_output_slew_rate(PortGroup * const port, const uint32_t mask, const enum system_pinmux_pin_slew_rate mode)	为一组引脚配置输出转换速率模式,控制物理输出引脚响应I/O引脚值改变的速率
void system_pinmux_group_set_output_drive(PortGroup * const port, const uint32_t mask, const enum system_pinmux_pin_drive mode)	为一组引脚配置输出驱动模式,控制缓冲单元特性
uint 8_t system_pinmux_pin_get_mux_position(const uint8_t gpio_pin)	获得指定逻辑GPIO引脚的外设复用器选定的外设
void system_pinmux_pin_set_input_sample_mode(const uint8_t gpio_pin, const enum system_pinmux_pin_sample mode)	配置GPIO引脚的输出采样模式,控制何时对物理I/O引脚采样并存储到MCU中
void system_pinmux_pin_set_output_strength(const uint8_t gpio_pin, const enum system_pinmux_pin_strength mode)	配置GPIO引脚的输出驱动,控制缓冲单元电流
void system_pinmux_pin_set_output_slew_rate(const uint8_t gpio_pin, const enum system_pinmux_pin_slew_rate mode)	配置GPIO引脚的输出转换速率模式,控制物理输出引脚响应I/O引脚值改变的速率
void system_pinmux_pin_set_output_drive(const uint8_t gpio_pin, const enum system_pinmux_pin_drive mode)	配置GPIO引脚的输出驱动模式,控制缓冲单元特性

表A-10 定时/计数器(TC)

函数名	作 用
bool tc_is_syncing(const struct tc_module * const module_inst)	确定硬件模块是否正在与总线同步
void tc_get_config_defaults(struct tc_config * const config)	将配置结构体初始化为默认值
enum status_code tc_init(struct tc_module * const module_inst, Tc * const hw, const struct tc_config * const config)	初始化TC模块实例
void tc_enable_events(struct tc_module * const module_inst, struct tc_events * const events)	使能TC模块事件输入或输出
void tc_disable_events(struct tc_module * const module_inst, struct tc_events * const events)	禁用TC模块事件输入或输出
enum status_code tc_reset(const struct tc_module * const module_inst)	复位TC模块
void tc_enable(const struct tc_module * const module_inst)	使能TC模块
void tc_disable(const struct tc_module * const module_inst)	禁用TC模块
uint 32_t tc_get_count_value(const struct tc_module * const module_inst)	获取TC模块计数值
enum status_code tc_set_count_value(const struct tc_module * const module_inst, const uint32_t count)	设置TC模块的计数值
void tc_stop_counter(const struct tc_module * const module_inst)	停止计数器
void tc_start_counter(const struct tc_module * const module_inst)	启动计数器
uint 32_t tc_get_capture_value(const struct tc_module * const module_inst, const enum tc_compare_capture_channel channel_index)	获取TC模块捕获值
enum status_code tc_set_compare_value(const struct tc_module * const module_inst, const enum tc_compare_capture_channel channel_index, const uint32_t compare_value)	设置TC模块比较值
enum status_code tc_set_top_value(const struct tc_module * const module_inst, const uint32_t top_value)	设置计数最大/周期值
uint32_t tc_get_status(struct tc_module * const module_inst)	获得当前模块状态
void tc_clear_status(struct tc_module * const module_inst, const uint32_t status_flags)	清除模块状态标志

表 A-11　看门狗(WDT)

函数名	作　用
enum status_code wdt_register_callback(const wdt_callback_t callback, const enum wdt_callback type)	注册回调函数
enum status_code wdt_unregister_callback(const enum wdt_callback type)	解除回调函数注册
enum status_code wdt_enable_callback(const enum wdt_callback type)	使能指定类型的回调函数
enum status_code wdt_disable_callback(const enum wdt_callback type)	禁用指定类型的回调函数
bool wdt_is_syncing(void)	确定硬件模块是否与总线同步
void wdt_get_config_defaults(struct wdt_conf * const config)	将 WDT 配置结构体初始化为默认值
enum status_code wdt_init(const struct wdt_conf * const config)	初始化并配置 WDT
enum status_code wdt_enable(void)	使能 WDT
enum status_code wdt_disable(void)	禁用 WDT
bool wdt_is_locked(void)	确定看门狗的持续运行状态是否被锁定
void wdt_clear_early_warning(void)	清除 WDT 早期预警中断周期标志
bool wdt_is_early_warning(void)	确定 WDT 早期预警中断周期是否设置
void wdt_reset_count(void)	复位 WDT

表 A-12　实时时钟(RTC)

函数名	作　用
bool rtc_count_is_syncing(void)	确定硬件模块是否与总线同步
void rtc_count_get_config_defaults(struct rtc_count_config * const config)	获取 RTC 默认配置
void rtc_count_reset(void)	复位 RTC 模块，将其重置为默认值
void rtc_count_enable(void)	使能 RTC 模块
void rtc_count_diable(void)	禁用 RTC 模块

表 A－12

函数名	作　用
enum status_code rtc_count_init(const struct rtc_count_config * const config)	使用给定配置初始化 RTC 模块
enum status_code rtc_count_frequency_correction(const int8_t value)	晶振过快或过慢校准
enum status_code rtc_count_set_count(const uint32_t count_value)	设置计数目标值
uint32_t rtc_count_get_count(void)	获取当前计数值
enum status_code rtc_count_set_compare(const uint32_t comp_value, const enum rtc_count_compare comp_index)	设置用于比较的值
enum status_code rtc_count_get_compare(uint32_t * const comp_value, const enum rtc_count_compare comp_index)	获取指定比较寄存器的当前值
enum status_code rtc_count_set_period(uint16_t period_value)	设置给定周期值
enum status_code rtc_count_get_period(uint16_t * const period_value)	获取当前周期值
bool rtc_count_is_overflow(void)	检查 RTC 是否溢出
void rtc_count_clear_overflow(void)	清除 RTC 溢出标志
bool rtc_count_is_compare_match(const enum rtc_count_compare comp_index)	检查 RTC 比较匹配
enum status_code rtc_count_clear_compare_match(const enum rtc_count_compare comp_index)	清除 RTC 比较匹配标志
void rtc_count_enable_events(struct rtc_count_events * const events)	使能 RTC 事件输出
void rtc_count_disable_evnets(struct rtc_count_evnets * const events)	禁用 RTC 事件输出
enum status_code rtc_count_register_callback(rtc_count_callback_t callback, enum rtc_count_callback callback_type)	为指定的回调类型注册回调函数
enum status_code rtc_count_unregister_callback(enum rtc_count_callback callback_type)	解除指定的回调函数
void rtc_count_enable_callback(enum rtc_count_callback callback_type)	使能指定的回调类型
void rtc_count_disable_callback(enum rtc_count_callback callback_type)	禁用指定的回调类型

表 A－13　通用同步异步串行收发器(USART)

函数名	作　用
void usart_register_callback(struct usart_module * const module, usart_callback_t callback_func, enum usart_callback callback_type)	注册回调函数
void usart_unregister_callback(struct usart_module * const module, enum usart_callback callback_type)	解除回调函数

续表 A-13

函数名	作　用
void usart_enable_callback(struct usart_module * const module, enum usart_callback callback_type)	使能指定的回调函数
void usart_disable_callback(struct usart_module * const module, enum usart_callback callback_type)	禁用回调函数
enum status_code usart_write_job(struct usart_module * const module, const uint16_t tx_data)	异步写一个字符
enum status_code usart_read_job(struct usart_module * const module, uint16_t * const rx_data)	异步读取一个字符
enum status_code usart_write_buffer_job(struct usart_module * const module,uint8_t * tx_data, uint16_t length)	异步写入缓存
enum status_code usart_read_buffer_job(struct usart_module * const module, uint8_t * rx_data, uint16_t length)	异步读取缓存
void usart_abort_job(strutc usart_module * const module, enum usart_transceiver_type transceiver_type)	取消正在进行的读取/写入操作
enum status_code usart_get_job_status(struct usart_module * const module, enum usart_transceiver_type transceiver_type)	获取正在进行的或上次传输操作的状态
enum status_code usart_write_wait(struct usart_module * const module, const uint16_t tx_data)	使用 USART 传输一个字符
enum status_code usart_read_wait(struct usart_module * const module, const uint16_t rx_data)	使用 USART 接收一个字符
enum status_code usart_write_buffer_wait(struct usart_module * const module,const uint8_t * tx_data, uint16_t length)	使用 USART 传输缓存长度的字符
enum status_code usart_read_buffer_wait(struct usart_module * const module,uint8_t * rx_data, uint16_t length)	使用 USART 接收缓存长度的字符
void usart_enable_transceiver(const struct usart_module * const module, enum usart_transceiver_type transceiver_type)	使能收发器
void usart_disable_transceiver(const struct usart_module * const module, enum usart_transceiver_type transceiver_type)	禁用收发器
void usart_disable(const struct usart_module * const module)	禁用 USART 模块
void usart_enable(const struct usart_module * const module)	使能 USART 模块
void usart_get_config_defaults(struct usart_config * const config)	将传入的 USART 接口配置结构体初始化为默认值

续表 A-13

函数名	作　用
enum status_code usart_init(struct usart_module * const module, Sercom * const hw, const struct usart_config * const config)	初始化 USART 模块
bool usart_is_syncing(const struct usart_module * const module)	检查 USART 的寄存器是否与时钟域同步
void usart_reset(const struct usart_module * const module)	复位 USART 模块

表 A-14　串行外围设备接口(SPI)

函数名	作　用
void spi_register_callback(struct spi_module * const module, spi_callback_t callback_func, enum spi_callback callback_type)	注册回调函数
void spi_unregister_callback(struct spi_module * module, enum spi_callback callback_type)	解除回调函数
void spi_enable_callback(struct spi_module * const module, enum spi_callback callback_type)	使能指定类型的回调函数
void spi_disable_callback(struct spi_module * const module, enum spi_callback callback_type)	禁用回调函数
enum status_code spi_write_buffer_job(struct spi_module * const module,uint8_t * tx_data, uint16_t length)	异步写入缓存
enum status_code spi_read_buffer_job(struct spi_module * const module, uint8_t * rx_data, uint16_t length, uint16_t dummy)	异步读取缓存
enum status_code spi_transceive_buffer_job(struct spi_module * const module, uint8_t * tx_data, uint8_t * rx_data, uint16_t length)	异步读取和写入缓存
void spi_abort_job(struct spi_module * const module,enum spi_job_type job_type)	放弃正在进行的任务
enum status_code spi_get_job_status(const struct spi_module * const module, enum spi_job_type job_type)	检索当前任务的状态
void spi_get_config_defaults(struct spi_config * const config)	将 SPI 配置结构体设置为默认值
void spi_slave_inst_get_config_defaults(struct spi_slave_inst_config * const config)	将 SPI 从设备配置结构体初始化为默认值
void spi_attach_slave(struct spi_slave_inst * const slave, struct spi_slave_inst_config * const config)	添加一个 SPI 从设备

续表 A-14

函数名	作 用
enum status_code spi_init(struct spi_module * const module, Sercom * const hw, const struct spi_config * const config)	初始化 SPI 模块
void spi_enable(struct spi_module * const module)	使能 SPI 模块
void spi_disable(struct spi_module * const module)	禁用 SPI 模块
void spi_reset(struct spi_module * const module)	复位 SPI 模块
bool spi_is_write_complete(struct spi_module * const module)	检测 SPI 传输是否结束
bool spi_is_ready_to_write(struct spi_module * const module)	检测 SPI 模块是否可以写入数据
bool spi_is_ready_to_read(struct spi_module * const module)	检测 SPI 模块是否可以读取数据
enum status_code spi_write(struct spi_module * module, uint16_t tx_data)	发送一个字符
enum status_code spi_write_buffer_wait(struct spi_module * const module,const uint8_t * tx_data, uint16_t length)	发送缓存长度的字符
enum status_code spi_read(struct spi_module * const module,uint16_t * rx_data)	读取最新接收到的字符
enum status_code spi_read_buffer_wait(struct spi_module * const module, uint8_t * rx_data, uint16_t length, uint16_t dummy)	读取缓存长度的字符
enum status_code spi_transceive_wait(struct spi_module * const module, uint16_t tx_data, uint16_t * rx_data)	发送并读取一个字符
enum status_code spi_transceive_buffer_wait(struct spi_module * const module, uint8_t * tx_data, uint8_t * rx_data, uint16_t length)	发送并读取缓存长度的字符
enum status_code spi_select_slave (struct spi_module * const module, struct spi_slave_inst * const slave, bool select)	选择从设备
bool spi_is_syncing(struct spi_module * const module)	确定 SPI 模块是否与总线同步

表 A-15 内部集成电路总线(I^2C)

函数名	作 用
void i2c_master_register_callback(struct i2c_master_module * const module,i2c_master_callback_t callback, enum i2c_master_callback callback_type)	注册主设备回调函数
void i2c_master_unregister_callback(struct i2c_master_module * const module, enum i2c_master_callback callback_type)	取消主设备回调函数

续表 A-15

函数名	作　用
void i2c_master_enable_callback(struct i2c_master_module * const module, enum i2c_master_callback callback_type)	使能主设备回调函数
void i2c_master_disable_callback(struct i2c_master_module * const module, enum i2c_master_callback callback_type)	禁用主设备回调函数
enum status_code i2c_master_read_packet_job(struct i2c_master_module * const module,struct i2c_packet * const packet)	启动一次读取数据包操作
enum status_code i2c_master_read_packet_job_no_stop(struct i2c_master_module * const module,struct i2c_packet * const packet)	启动一次读取数据包操作，当完成时不发送STOP
enum status_code i2c_master_write_packet_job(struct i2c_master_module * const module,struct i2c_packet * const packet)	启动一次写数据包操作
enum status_code i2c_master_write_packet_job_no_stop(struct i2c_master_module * const module,struct i2c_packet * const packet)	启动一次写数据包操作，当完成时不发送 STOP
void i2c_master_cancel_job(struct i2c_master_module * const module)	取消当前正在执行的操作
enum status_code i2c_master_get_job_status(struct i2c_master_module * const module)	获取当前执行任务的状态
bool i2c_slave_is_syncing(const struct i2c_slave_module * const module)	返回模块当前的同步状态
void i2c_slave_get_config_defaults(struct i2c_slave_config * const config)	获取 I²C 从设备默认配置
enum status_code i2c_slave_init(struct i2c_slave_module * const module, Sercom * const hw, const struct i2c_slave_config * const config)	初始化 I²C 从设备模块
void i2c_slave_enable(const struct i2c_slave_module * const module)	使能 I²C 从设备模块
void i2c_slave_disable(const struct i2c_slave_module * const module)	禁用 I²C 从设备模块
void i2c_slave_reset(struct i2c_slave_module * const module)	复位 I²C 从设备模块
enum status_code i2c_slave_write_packet_wait(struct i2c_slave_module * const module,struct i2c_packet * const packet)	从设备向主设备发送一个数据包
enum status_code i2c_slave_read_packet_wait(struct i2c_slave_module * const module,struct i2c_packet * const packet)	从设备读取主设备的数据包
enum i2c_slave_direction i2c_slave_get_direction_wait(struct i2c_slave_module * const module)	从设备等待总线上的启动条件
enum i2c_slave_direction i2c_slave_get_direction(struct i2c_slave_module * const module)	从设备等待总线上的启动条件

续表 A-15

函数名	作　用
uint 32_t i2c_slave_get_status(struct i2c_slave_module * const module)	获取当前模块状态
void i2c_slave_clear_status(struct i2c_slave_module * const module, uint32_t status_flags)	清除模块状态标志
void i2c_slave_enable_nack_on_address(struct i2c_slave_module * const module)	当地址匹配时，使能从设备发送 NACK
void i2c_slave_disable_nack_on_address(struct i2c_slave_module * const module)	当地址匹配时，禁用从设备发送 NACK
void i2c_slave_register_callback(struct i2c_slave_module * const module, i2c_slave_callback_t callback,enum i2c_slave_callback callback_type)	注册从设备回调函数
void i2c_slave_unregister_callback(struct i2c_slave_module * const module, enum i2c_slave_callback callback_type)	取消从设备回调函数
void i2c_slave_enable_callback(struct i2c_slave_module * const module, enum i2c_slave_callback callback_type)	使能从设备回调函数
void i2c_slave_disable_callback(struct i2c_slave_module * const module, enum i2c_slave_callback callback_type)	禁用从设备回调函数
enum status_code i2c_slave_read_packet_job(struct i2c_slave_module * const module,struct i2c_packet * const packet)	启动一次读出数据包操作
enum status_code i2c_slave_write_packet_job(struct i2c_slave_module * const module,struct i2c_packet * const packet)	启动一次写数据包操作
void i2c_slave_cancel_job(struct i2c_slave_module * const module)	取消当前正在进行的任务
enum status_code i2c_slave_get_job_status(struct i2c_slave_module * const module)	获取正在进行任务的状态
bool i2c_master_is_syncing(const struct i2c_master_module * const module)	返回主设备模块的同步状态
void i2c_master_get_config_defaults(struct i2c_master_config * const config)	获取 I^2C 主设备的默认配置
enum status_code i2c_master_init(struct i2c_master_module * const module, Sercom * const hw, const struct i2c_master_config * const config)	初始化 I^2C 主设备模块
void i2c_master_enable(const struct i2c_master_module * const module)	使能 I^2C 主设备模块
void i2c_master_disable(const struct i2c_master_module * const module)	禁用 I^2C 从设备模块
void i2c_master_reset(struct i2c_master_module * const module)	复位 I^2C 主设备模块

续表 A－15

函数名	作　用
enum status_code i2c_master_read_packet_wait(struct i2c_master_module * const module,struct i2c_packet * const packet)	主设备读取从设备的数据包
enum status_code i2c_master_read_packet_wait_no_stop(struct i2c_master_module * const module,struct i2c_packet * const packet)	主设备读取从设备的数据包,当完成时不发送 STOP
enum status_code i2c_master_write_packet_wait(struct i2c_master_module * const module,struct i2c_packet * const packet)	主设备向从设备发送数据包
enum status_code i2c_master_write_packet_wait_no_stop(struct i2c_master_module * const module,struct i2c_packet * const packet)	主设备向从设备发送数据包,当完成时不发送 STOP
void i2c_master_send_stop(struct i2c_master_module * const module)	主设备在总线上发送 STOP

表 A－16　模拟比较器(AC)

函数名	作　用
enum status_code ac_reset(struct ac_module * const module_inst)	复位并禁用 AC
enum status_code ac_init(struct ac_module * const module_inst, Ac * const hw, struct ac_config * const config)	初始化并配置 AC
bool ac_is_syncing(struct ac_module * const module_inst)	确定 AC 是否与总线同步
void ac_get_config_defaults(struct ac_config * const config)	将 AC 配置结构体初始化为默认值
void ac_enable(struct ac_module * const module_inst)	使能 AC 模块
void ac_disable(struct ac_module * const module_inst)	禁用 AC 模块
void ac_enable_evnets(struct ac_module * const module_inst, struct ac_events * const events)	使能 AC 事件
void ac_disable_events(struct ac_module * const module_inst, struct ac_events * const events)	禁用 AC 事件
void ac_chan_get_config_defaults(struct ac_chan_config * const config)	将 AC 通道配置结构体初始化为默认值
enum status_code ac_chan_set_config(struct ac_module * const module_inst, const enum ac_chan_channel channel,struct ac_chan_config * const config)	将 AC 通道配置结构体写入硬件模块
void ac_chan_enable(struct ac_module * const module_inst, const enum ac_chan_channel channel)	使能 AC 通道
void ac_chan_disable(struct ac_module * const module_inst, const enum ac_chan_channel channel)	禁用 AC 通道

续表 A－16

函数名	作　用
void ac_chan_trigger_singe_shot(struct ac_module * const module_inst, const enum ac_chan_channel channel)	在单次触发模式下的比较器上触发一次比较
bool ac_chan_is_ready(struct ac_module * const module_inst, const enum ac_chan_channel channel)	确定指定的比较器通道是否可用于比较
uint 8_t ac_chan_get_status(struct ac_module * const module_inst, const enum ac_chan_channel channel)	确定比较器通道的输出状态
void ac_chan_clear_status(struct ac_module * const module_inst, const enum ac_chan_channel channel)	清除中断状态标志
void ac_win_get_config_defaults(struct ac_win_config * const config)	将 AC 窗口配置结构体初始化为默认值
enum status_code ac_win_set_config(struct ac_module * const module_inst, enum ac_win_chan_channel const win_channel, struct ac_win_config * const config)	设置窗口中断
enum status_code ac_win_enable(struct ac_module * const module_inst, const enum ac_win_chan_channel win_channel)	使能一个 AC 窗口通道
void ac_win_disable(struct ac_module * const module_inst, const enum ac_win_chan_channel win_channel)	禁用一个 AC 窗口通道
bool ac_win_is_ready(struct ac_module * const module_inst, const enum ac_win_chan_channel win_channel)	确定指定的窗口比较器是否可用于比较
uint 8_t ac_win_get_status(struct ac_module * const module_inst, const enum ac_win_chan_channel win_channel)	确定指定的窗口比较器的状态
void ac_win_clear_status(struct ac_module * const module_inst, const enum ac_win_chan_channel win_channel)	清除中断状态标志

表 A－17　模/数转换器(ADC)

函数名	作　用
void adc_register_callback(struct adc_module * const module, adc_callback_t callback_func, enum adc_callback callback_type)	注册回调函数
void adc_unregister_callback(struct adc_module * module, enum adc_callback callback_type)	解除回调函数
void adc_enable_callback(struct adc_module * const module, enum adc_callback callback_type)	使能回调函数
void adc_disable_callback(struct adc_module * const module, enum adc_callback callback_type)	禁用回调函数

续表 A－17

函数名	作　用
enum status_code adc_read_buffer_job(struct adc_module * const module, uint16_t * buffer, uint16_t samples)	从 ADC 读取多个采样
enum status_code adc_get_job_status(struct adc_module * module, enum adc_job_type type)	获取当前任务状态
void adc_abort_job(struct adc_module * module,enum adc_job_type type)	放弃正在进行的任务
enum status_code adc_init(struct adc_module * const module_inst, Adc * hw, struct adc_config * config)	初始化 ADC 模块
void adc_get_config_defaults(struct adc_config * const config)	将 ADC 配置结构体初始化为默认值
uint32_t adc_get_status(struct adc_module * const module_inst)	获取 ADC 模块的当前状态
void adc_clear_status(struct adc_module * const module_inst, const uint32_t status_flags)	清除 ADC 模块的状态标志
bool adc_is_syncing(struct adc_module * const module_inst)	确定 ADC 是否与总线同步
enum status_code adc_enable(struct adc_module * const module_inst)	使能 ADC 模块
enum status_code adc_disable(struct adc_module * const module_inst)	禁用 ADC 模块
enum status_code adc_reset(struct adc_module * const module_inst)	复位 ADC 模块
void adc_enable_events(struct adc_module * const module_inst, struct adc_events * const events)	使能 ADC 事件
void adc_disable_evnets(struct adc_module * const module_inst, struct adc_events * const events)	禁用 ADC 事件
void adc_start_conversion(struct adc_module * const module_inst)	启动一次 ADC 转换
enum status_code adc_read(struct adc_module * const module_inst, uint16_t * result)	读取 ADC 转换结果
void adc_flush(struct adc_module * const module_inst)	清空 ADC 流水线
void adc_set_window_mode(struct adc_module * const module_inst, const enum adc_window_mode window_mode, const int16_t window_lower_value, const int16_t window_upper_value)	设置 ADC 窗口模式
void adc_set_gain(struct adc_module * const module_inst, const enum adc_gain_factor gain_factor)	设置 ADC 增益因子
enum status_code adc_set_pin_scan_mode(struct adc_module * const module_inst, uint8_t inputs_to_scan, const uint8_t start_offset)	设置 ADC 的引脚扫描模式

续表 A-17

函数名	作　用
void adc_disable_pin_scan_mode(struct adc_module * const module_inst)	禁用ADC的引脚扫描模式
void adc_set_positive_input(struct adc_module * const module_inst, const enum adc_positive_input positive_input)	设置ADC的正输入引脚
void adc_set_negative_input(struct adc_module * const module_inst, const enum adc_negative_input negative_input)	为差分模式设置ADC的负输入引脚
void adc_enable_interrupt(struct adc_module * const module_inst, enum adc_interrupt_flag interrupt)	使能中断
void adc_disable_interrupt(struct adc_module * const module_inst, enum adc_interrupt_flag interrupt)	禁用中断

表 A-18　数/模转换器(DAC)

函数名	作　用
enum status_code dac_register_callback(struct dac_module * const module, const dac_callback_t callback, const enum dac_callback type)	注册回调函数
enum status_code dac_unregister_callback(struct dac_module * const module, const enum dac_callback type)	取消回调函数
enum status_code dac_chan_enable_callback(struct dac_module * const module, const uint32_t channel, const enum dac_callback type)	使能指定的类型和通道的回调函数
enum status_code dac_chan_disable_callback(struct dac_module * const module, const uint32_t channel, const enum dac_callback type)	禁用指定的类型和通道的回调函数
bool dac_is_syncing(struct dac_module * const dev_inst)	确认DAC是否与总线同步
void dac_get_config_defaults(struct dac_config * const config)	将DAC配置结构体初始化为默认值
enum status_code dac_init(struct dac_module * const dev_inst, Dac * const module, struct dac_config * const config)	初始化DAC模块
void dac_reset(struct dac_module * const dev_inst)	复位DAC模块
void dac_enable(struct dac_module * const dev_inst)	使能DAC模块
void dac_disable(struct dac_module * const dev_inst)	禁用DAC模块
void dac_enable_events(struct dac_module * const module_inst, struct dac_events * const events)	使能DAC事件

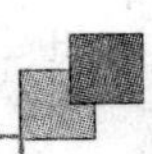

续表 A-18

函数名	作　用
void dac_disable_events(struct dac_module * const module_inst, struct dac_events * const events)	禁用 DAC 事件
void dac_chan_get_config_defaults(struct dac_chan_config * const config)	将 DAC 通道配置结构体初始化为默认值
void dac_chan_set_config(struct dac_module * const dev_inst, const enum dac_channel channel,struct dac_chan_config * const config)	将 DAC 通道配置结构体写入硬件模块
void dac_chan_enable(struct dac_module * const dev_inst, const enum dac_channel channel)	使能 DAC 通道
void dac_chan_disable(struct dac_module * const dev_inst, const enum dac_channel channel)	禁用 DAC 通道
void dac_chan_enable_output_buffer(struct dac_module * const dev_inst, const enum dac_channel channel)	使能输出缓存
void dac_chan_disable_output_buffer(struct dac_module * const dev_inst, const enum dac_channel channel)	禁用输出缓存
enum status_code dac_chan_write(struct dac_module * const dev_inst, enum dac_channel channel, const uint16_t data)	将数据写入 DAC
uint32_t dac_get_status(struct dac_module * const module_inst)	获取当前模块状态
void dac_get_status(struct dac_module * const module_inst, uint32_t status_flags)	清除模块状态标志

附录 B

字母缩写说明

AC ：模拟比较器
ADC ：模/数转换器
AHB ：高性能总线
APB ：外设总线
API ：应用程序调用接口
ASF ：Atmel 软件框架
BOD ：欠压检测器
CPU ：核心运算处理部件
DAC ：数/模转换器
DFLL ：数字锁频环
DNL ：差分非线性度
EIC ：外部中断控制器
ENOB ：有效位数
ESR ：晶体等效串联电阻
ETM ：集成跟踪选项
EVSYS ：事件系统
GCLK ：通用时钟控制器
GND ：(数字)地
GNDANA ：模拟地
GPIO ：通用输入/输出端口
I/O ：输入/输出
I^2C ：内部集成电路总线
INL ：积分非线性
ISR ：中断服务程序
LP ：低功耗
LSB ：最低有效位
MCU ：微控制器
MPU ：存储器保护单元

MSB　：最高有效位
NMI　：不可屏蔽中断
NVIC　：嵌套中断向量控制器
NVM　：非易失性存储器
PAC　：外设访问控制器
PCB　：印制电路板
PM　：电源管理器
POR　：上电复位
PORT　：端口
PTC　：触摸控制器
PWM　：脉冲宽度调制
QFN　：方形扁平无引脚封装
QFP　：方型扁平式封装技术
QL　：快速锁定
RES　：分辨率
RTC　：实时时钟控制器
SERCOM　：串行通信模块
SFDR　：无失真动态范围
SINAD　：信噪和失真
SNR　：信噪比
SPI　：串行外围设备接口
SWD　：两线串行线调试
SYSCTRL　：系统控制器
TC　：通用定时/计时器
THD　：总谐波失真
TUE　：总不可调整误差
USART　：通用同步异步串行收发器
VCC　：电路电源端
VDD　：芯片数字电源端
VDDANA　：芯片模拟电源端
VDDCORE　：内核电源端
WDT　：看门狗定时器

参考文献

[1] ATMEL. SAM D20 Complete Data Sheet[OL]. http://www.atmel.com/.
[2] ATMEL. SAM D20ASF Programmer Manual[OL]. http://www.atmel.com/.
[3] ATMEL. Getting started with SAM D20[OL]. http://www.atmel.com/.
[4] ATMEL. AVRStudio Extension Developer's Kit User Guide[OL]. http://www.atmel.com/.
[5] ATMEL. SAM D20 Xplained Pro User Guide[OL]. http://www.atmel.com/.
[6] ATMEL. Atmel Embedded Debugger User Guide[OL]. http://www.atmel.com/.
[7] ATMEL. Developing Extension Boards for the Xplained Pro Evaluation Kits[OL]. http://www.atmel.com/.
[8] ATMEL. SAM D20 Schematic Checklist[OL]. http://www.atmel.com/.
[9] ATMEL. QT1 Xplained Pro User Guide[OL]. http://www.atmel.com/.
[10] ATMEL. QTouch Library Peripheral Touch Controller User Guide[OL]. http://www.atmel.com/.
[11] ATMEL. AT24C02Two-wire Serial EEPROM[OL]. http://www.atmel.com/.
[12] ATMEL. ATSHA204Crypto Authentication[OL]. http://www.atmel.com/.
[13] ST. HTS221Capacitive digital relative humidity and temperature sensor[OL]. http://www.st.com/.
[14] ST. LIS3DH MEMS digital output motion sensor ultra-low-power high performance 3-axes nano accelerometer[OL]. http://www.st.com/.
[15] SITRONIX. ST7735Color Single-Chip TFT Controller[OL]. http://www.crystalfontz.com/.
[16] SEMITEC. NTC 103AT2 Data for Reference[OL]. http://www.semitec.co.jp/.
[17] MXCHIP. EMW3140 User Guide[OL]. http://www.mxchip.com/.